数学领域
本科教育教学改革试点
工作计划（"101 计划"）
研究成果

高等学校数学类专业人才培养
战略研究报告暨核心课程体系

数学领域本科教育教学改革试点
工作计划工作组　组编

田　刚　柳　彬　主编

中国教育出版传媒集团
高等教育出版社·北京

图书在版编目（CIP）数据

高等学校数学类专业人才培养战略研究报告暨核心课程体系／数学领域本科教育教学改革试点工作计划工作组组编；田刚，柳彬主编 . -- 北京：高等教育出版社，2024.11（2025.8 重印）. -- ISBN 978-7-04-062757-2

Ⅰ.O1

中国国家版本馆 CIP 数据核字第 2024PG7495 号

Gaodeng Xuexiao Shuxuelei Zhuanye Rencai Peiyang Zhanlüe
Yanjiu Baogao ji Hexin Kecheng Tixi

策划编辑	兰莹莹	责任编辑	高　旭	封面设计　王　洋	版式设计	徐艳妮
责任校对	刘娟娟	责任印制	赵义民			

出版发行	高等教育出版社	网　　址	http://www.hep.edu.cn	
社　　址	北京市西城区德外大街4号		http://www.hep.com.cn	
邮政编码	100120	网上订购	http://www.hepmall.com.cn	
印　　刷	北京盛通印刷股份有限公司		http://www.hepmall.com	
开　　本	787mm×1092mm 1/16		http://www.hepmall.cn	
印　　张	39.5			
字　　数	950千字	版　　次	2024 年 11 月第 1 版	
购书热线	010-58581118	印　　次	2025 年 8 月第 2 次印刷	
咨询电话	400-810-0598	定　　价	128.00 元	

本书如有缺页、倒页、脱页等质量问题，请到所购图书销售部门联系调换
版权所有　侵权必究
物　料　号　62757-00

本书编委会

主　编：田　刚　柳　彬

编　委：（按姓氏拼音排序）

前 言

写作背景

2021 年 11 月，教育部决定在部分高校实施计算机领域本科教育教学改革试点工作（简称 "101 计划"）。随后于 2023 年 1 月，决定在数学、物理、化学、生命科学等基础学科启动 "101 计划"。"101 计划" 就是计划在基础学科领域从本科生出发，从教育教学的基本规律和基础要素着手，培养未来在基础研究和应用领域的创新型领军人才。

2023 年 4 月，在北京大学举行了基础学科 "101 计划" 启动会。教育部领导在启动会上提到，用两年时间，完成数学、物理、化学、生命科学等基础学科的核心课程建设，使其在未来成为中国学科建设和教育改革的一项品牌，该品牌的第一力量体现在名课、名师和名教材。

为此，数学 "101 计划" 希望以教学改革为抓手，从本科生出发，从教育教学的基本规律和基础要素着手，汇聚国内数学领域具有丰富教学经验与最高学术水平的教师和专家团队，充分借鉴国际先进做法和宝贵经验，培养未来能够在基础研究和应用领域有所突破的创新型领军人才，成为加强我国数学学科人才培养的突破口。数学 "101 计划" 的核心在于建立核心课程体系和核心教材体系，以提高课堂教学质量和效果为最终目标。在核心课程体系建设方面，要集中国内优势力量，建设好 12 门优秀课程，构建课程体系与知识图谱；在核心教材建设方面，将基于核心课程体系的建设成果，建设一批 "世界一流、中国特色" 的优秀教材。并通过现场课堂观察和研讨等课堂提升活动，培养一批优秀的核心课程授课教师。

写作思路

本书是在教育部高等教育司的指导下，在数学 "101 计划" 工作组和秘书处的统一协调下，由 26 所参与高校、12 门核心课程建设组的数十位骨干教师共同完成的。本书是数学 "101 计划" 开展一年多来的建设成果的综合展示，可以从多角度体现数学 "101 计划" 的总体思想和工作思路，给出了 12 门核心课程的知识体系。本书可作为 "101 计划" 后续工作的 "白皮书"，特别是为课程体系与教材建设提供了较全面的参考资料，也可作为国内相关高校、院系的教师与学生在数学类专业建设和课程学习方面的参考书。

本书的内容沿如下思路展开：

(1) 对国内外数学本科生教育的现状进行调研、分析和总结。

(2) 针对数学 "101 计划" 的 12 门核心课程，厘清并凝练知识点、构建课程体系，并以此为基础支撑课堂教学和课程教材编写工作。

(3) 汇集 26 所高校的数学本科专业的培养方案，为其他相关院校制定教学计划提供参考。

本书结构

本书共分为三个部分。

第 1 部分 "高等学校数学类专业人才培养战略研究报告"：对国内外数学本科教育教学的现状进行调研，较系统地整理了国内外数学学科布局、人才培养模式、人才需求和课程体系方面的现状，并对其进行了分析。全面介绍了数学 "101 计划" 的基本情况。

第 2 部分 "高等学校数学类专业核心课程体系"：全面介绍了数学 "101 计划" 重点建设的 12 门核心课程的知识体系，对每门课程的教学内容、教学目标进行了简要介绍，并列出了每门课程的重要知识点，明确了知识点之间的关联。

第 3 部分 "高等学校数学类专业人才培养方案"：给出了 26 所参与数学 "101 计划" 高校的数学本科专业的培养方案和教学计划，目的是促进参与高校之间的信息交流，以及供相关院校的教师和学生参考。

致谢

感谢教育部高等教育司领导的悉心指导。感谢 26 所参与数学 "101 计划" 高校的关心和帮助，他们在提供各高校的数学类专业培养方案的同时，还对参与课程建设的教师给予人力物力的支持。感谢北京大学教务部等相关部门对数学 "101 计划" 的多方面协助。

本书第 1 部分 "高等学校数学类专业人才培养战略研究报告" 由李若、李增沪、王凯、尤建功、张伟年负责执笔，柳彬负责修订。第 2 部分 "高等学校数学类专业核心课程体系" 由 12 门核心课程建设负责人与参与建设的教师共同完成，由秘书处整理和审核。第 3 部分 "高等学校数学类专业人才培养方案" 由参与高校负责提供，由柳彬进行了审核。

最后要感谢高等教育出版社的领导和各位编辑老师给予的大力支持。

由于内容较多、时间紧迫，难免会有疏漏，敬请各位读者批评指正。

本书编写组

2024 年 4 月

目 录
CONTENTS

高等学校数学类专业人才培养战略研究报告

第一部分分析了数学类专业国内外学科布局、人才培养模式和人才需求，对比了数学类专业国内外课程体系的差异，最后介绍了"101计划"的建设目标和工作进展。

1. 数学类专业学科布局

在当前科技迅猛进步的时代，数学不仅是科学的基础，更在全球教育领域中占据了举足轻重的地位。要提升我国数学类专业在国际舞台上的竞争力并满足社会发展对数学人才的广泛需求，关键在于着力提高我国高等院校数学类专业的本科生(研究生)培养质量。这就需要我们深入了解和分析国内外数学类专业的教育现状，对比各国之间学科布局的差异。

1.1　国内学科布局

国内学科布局由教育部主导和监管，进行相关专业的备案和审批工作，并依据国家发展的需要和行业动态进行专业结构的动态调整，持续提升教育对高质量发展的支撑力、贡献力，有的放矢培养国家战略人才和急需紧缺人才。此外，科研项目的指导和学术组织的影响也是重要的。国家自然科学基金委员会在数学领域的支持方向往往反映了当前数学研究的重点和未来的发展方向，通过该基金会发布的项目指南，可以洞察到中国数学研究的前沿领域和战略重点。数学学术组织则致力于推动学术交流和人才培养，共同推进中国数学学科的繁荣发展。

1.1.1　教育部学科分类

国内学科目录分为"学科门类""一级学科"和"二级学科"三个层次。为适应我国经济、社会、科技和高等教育的发展，国务院学位委员会、教育部多次组织开展了学科专业目录修订工作，于 2022 年印发《研究生教育学科专业目录(2022 年)》。该目录包括 14 个学科门类、117 个一级学科，博士专业学位类别 36 个，硕士专业学位类别 31 个。

学科专业目录是国家进行学位授权审核与学科专业管理、学位授予单位开展学位授予与人才培养工作的基本依据。数学属于理学门类下的一级学科，具体包括基础数学、计算数学、概率论与数理统计、应用数学、运筹学与控制论等二级学科。2011 年，新增"统计学"一级学科。与数学相关的一级学科、二级学科布局如表 1-1 所示。

根据《普通高等学校本科专业设置管理规定》，教育部也于 2023 年度组织开展了普通高等学校本科专业设置和调整工作。在同步发布的《普通高等学校本科专业目录》中，共有 4 个数学类、4 个统计学类本科专业，如表 1-2 所示。其中，特设专业是满足社会经济发展特殊需求所设置的专业，在专业代码后加"T"表示。

表 1–1　国内数学相关的一级学科、二级学科布局

一级学科	一级学科代码	二级学科	二级学科代码
数学	0701	基础数学	070101
		计算数学	070102
		概率论与数理统计	070103
		应用数学	070104
		运筹学与控制论	070105
统计学	0714	数理统计学	
		经济统计	
		生物统计学	
		统计机器学习	
		金融统计与经济计量	
		风险管理与精算学	
		教育与心理统计学	
		数据科学与统计应用	

表 1–2　数学相关的普通高等学校本科专业目录

专业代码	专业名称
070101	数学与应用数学
070102	信息与计算科学
070103T	数理基础科学
070104T	数据计算及应用
071201	统计学
071202	应用统计学
071203T	数据科学
071204T	生物统计学

此外，高等教育机构还可根据教育部的指导和社会需求，结合自身特色和优势自主设置二级学科，满足特定行业或领域的专业人才需求。

1.1.2　国家自然科学基金学科分类目录

在 2024 年度国家自然科学基金委申请指南中，数学专业申报方向集中于数学物理科学部，继续加大力度支持以推进学科发展、促进原始创新、培养高水平研究人才和适应国家长期需求为主要目的的基础研究。此外，交叉科学部设置物质科学领域(T01)，负责基于数学、物理、化学等基础学科的交叉科学研究。数学相关的申请代码和申请方向如表 1–3 所示。

表1-3 数学相关的申请方向代码和申请方向

学科代码	学科方向	申请方向代码	申请方向
A01	代数与几何	A0101	数学史、数理逻辑与公理集合论
		A0102	解析数论与组合数论
		A0103	代数数论
		A0104	群与代数的结构
		A0105	李理论及其推广
		A0106	表示论与同调理论
		A0107	代数几何与复几何
		A0108	整体微分几何
		A0109	几何分析
		A0110	辛几何与数学物理
		A0111	代数拓扑与几何拓扑
		A0112	一般拓扑学
A02	分析学	A0201	单复变函数论
		A0202	多复变函数论
		A0203	复动力系统
		A0204	几何测度论与分形
		A0205	调和分析与逼近论
		A0206	非线性泛函分析
		A0207	算子理论
		A0208	空间理论
		A0209	马氏过程与统计物理
		A0210	随机分析与随机过程
		A0211	概率极限理论与随机化结构
A03	微分方程与动力系统	A0301	常微分方程
		A0302	差分方程
		A0303	动力系统与遍历论
		A0304	椭圆与抛物型方程
		A0305	双曲型方程
		A0306	混合型、退化型偏微分方程
		A0307	无穷维动力系统与色散理论
		A0308	可积系统及其应用
A04	统计与运筹	A0401	数据采样理论与方法
		A0402	统计推断与统计计算
		A0403	贝叶斯统计与统计应用
		A0404	大数据统计学
		A0405	连续优化

续表

学科代码	学科方向	申请方向代码	申请方向
		A0406	离散优化
		A0407	随机优化与统计优化
		A0408	组合数学
		A0409	图论及其应用
		A0410	算法复杂性与近似算法
A05	计算数学	A0501	算法基础理论与构造方法
		A0502	数值代数
		A0503	数值逼近与计算几何
		A0504	微分方程数值解
		A0505	反问题建模与计算
		A0506	复杂问题的可计算模型与数值模拟
		A0507	新型计算方法
A06	数学与其他学科的交叉	A0601	控制中的数学方法
		A0602	信息技术与不确定性的数学理论与方法
		A0603	经济数学与金融数学
		A0604	生物与生命科学中的数学
		A0605	符号计算与机器证明
		A0606	人工智能中的数学理论与方法
		A0607	数据科学中的数学理论与方法
		A0608	安全中的数学理论
		A0609	与其他领域的交叉

国家自然科学基金数学类专业的申报方向涵盖了近年来数学领域的主要发展方向，反映了当前数学研究的热点和趋势。对于本科生和研究生的人才培养具有重要的意义，不仅有助于确定高等教育机构的教育内容和前瞻性，还对学生的研究兴趣引导起到了关键作用。

1.1.3　国内学术组织和专业委员会

中国数学会(Chinese Mathematical Society, CMS)是国内与数学类专业人才直接相关的学术组织，该组织是中国科学技术协会的一个重要组成部分。中国数学会成立于1935年7月，作为中国数学工作者的学术性法人社会团体，它致力于团结广大数学工作者，推动数学的发展，以及促进科技人才的成长和提高。下属的学科分会有概率统计分会、计算数学分会、均匀设计分会、数学史分会、生物数学专业委员会、组合数学与图论专业委员会、计算机数学专业委员会、奇异摄动专业委员会、非线性泛函分析专业委员会、数理逻辑专业委员会、医学数学专业委员会、数学教育分会。

中国数学会的主要工作有组织学术交流活动、编辑出版数学刊物、开展国际学术交流、举办数学竞赛、开展普及工作、组织促进数学教育改革的活动、根据国家建设和学科发展的需要举办培训班或讨论班等。

此外，还有成立于 1990 年的中国工业与应用数学学会(Chinese Society for Industrial and Applied Mathematics，CSIAM)，其目标是促进数学与工业界的联系，解决社会经济发展和技术进步中的数学问题，并支持应用数学的研究与教育发展。该学会还负责举办全国大学生数学建模竞赛。

中国科学技术协会下还包括其他与数学相关的学术组织，如中国优选法统筹法与经济数学研究会、中国运筹学会和中国系统工程学会等，这些组织在各自领域内进行专业研究和学术交流，共同促进数学及其应用领域的进步。

1.2　国外学科分类

国外学科专业布局的特点具有多样性和灵活性。在许多国家，特别是在欧美地区，高等教育体系通常以通识教育为基础，鼓励学生在不同学科之间进行交叉学习，并允许学生根据个人兴趣和职业规划来调整专业方向。下面通过国外学科划分体系、国外科研资金管理机构、国外学术组织三方面对国外数学学科划分进行调研。

1.2.1　国外学科划分体系

在国外地区，学科划分体系通常分为三个层次，从高到低可称为学科大类、一级学科和二级学科。学科大类主要用于对学科群进行归纳和统计。例如，在美国，数学(Mathematics)通常与科学(Science)、技术(Technology)、工程(Engineering)一起划分为STEM 领域。而在法国，数学通常被划分在"科学、技术与健康"(Sciences, Technologies et Santé)领域之下，这有助于组织和统一相关领域的教学和研究活动。数学通常被划归为一个独立的一级学科，这意味着它被视为一个具有独特性质和研究范围的领域。在数学这一一级学科下，通常会设有多个二级学科，这些二级学科代表了数学内的不同研究方向和专业领域。

美国与加拿大的高等教育机构采用由美国教育部国家教育统计中心发布的学科分类系统，即 Classification of Instructional Programs (CIP)。这个系统为各类学术项目提供了标准化的分类方法，便于教育管理和数据分析。在最新的于 2020 年发布的 CIP 系统中，包含了 50 个两位数代码、473 个四位数代码、2325 个六位数代码。数学相关的学科分类主要集中在 "27 Mathematics and Statistics"，具体包括以下几个主要分类：数学(27.01 Mathematics)、应用数学(27.03 Applied Mathematics)、统计学(27.05 Statistics)、应用统计学(27.06 Applied Statistics)、其他数学和统计学(27.99 Mathematics and Statistics, Other)。此外，还有一些与数学发展有直接联系的交叉学科分类，例如：生物数学、生物信息学和计算生物学(26.11 Biomathematics, Bioinformatics, and Computational Biology)、数学与计算机科学(30.08 Mathematics and Computer Science)、数理经济学

(30.49 Mathematical Economics)、数学与大气/海洋科学(30.50 Mathematics and Atmospheric/Oceanic Science)。

法国高等教育、研究与创新部(Ministre de l'Enseignement Supérieur, de la Recherche et de l'Innovation)是法国高等教育行政主管部门，职责涉及国家高等教育、科学研究以及创新发展的管理和规划。在其2014年发布的《研究法典》(Code de la recherche)中，包含了4个群组、17个学科大类、93个专业，其所使用三位数字编码的每一位数分别代表群组、学科大类、专业，在这一分类体系中数学被归类为编号114。法国高校一般开设有基础数学、应用数学本科课程，以及基础数学、数学+计算机/人工智能、数学+金融、数学+生命科学、数学+计算机在人文社科领域的应用、数学+物理等硕士方向课程。

欧洲其他国家高等教育机构一般按自身情况设立相关专业。不同国家的高等教育机构可根据欧洲学分互认体系(European Credit Transfer System，ECTS)进行学分的互认和转换，由于ECTS提供了一个共同的框架，它极大地促进了欧洲各国之间的教育合作与交流。

1.2.2 国外科研资金管理机构

美国国家科学基金会(National Science Foundation，NSF)是一个关键的美国政府机构，专门负责管理和分配用于非医学领域的科学和工程研究以及教育的资金。该基金会通过其数理科学部(Division of Mathematical and Physical Sciences，DMPS)中的数学科学司(Division of Mathematical Sciences，DMS)来支持数学和统计学的研究项目。DMS具体负责审查和资助各类与数学及其应用领域相关的研究计划，提供多种类型的资助。其中还专门设立了Research Experiences for Undergraduates (REU)项目，旨在为本科生提供暑期科研机会，激发他们对科学和工程事业的兴趣。

法国国家研究署(L'Agence Nationale de la Recherche，ANR)、德国科学基金会(Deutsche Forschungsgemeinschaft，DFG)、英国研究与创新署(UK Research and Innovation，UKRI)下属的工程与物理科学研究理事会(Engineering and Physical Sciences Research Council，EPSRC)也分别在所在国提供了涵盖数学研究各方面的多种类型资助项目。

1.2.3 国外学术组织

美国数学会(American Mathematical Society, AMS)成立于1888年，是美国最著名的数学组织之一。AMS的主要使命是促进数学研究和学术交流，包括数学教育、出版高质量的数学出版物、支持数学研究，并为数学类专业人士提供各种服务。它是数学领域内多种重要出版物的出版者，包括期刊、会议记录、书籍和教材，如著名数学期刊 *Journal of the American Mathematical Society* 以及 *Graduate Studies in Mathematics* (GSM)等多种书籍系列。AMS定期举办多种会议和活动，其中最著名的是它的年度会议，通常称为AMS年会或AMS Joint Mathematics Meetings(JMM)。这是世界上规模最大的数学会议之一，每年吸引成千上万的数学家、学生、教育者和研究人员参加。

AMS 下设多个专门委员会，这些委员会负责处理从教育、出版到科学政策等一系列具体事务。例如，教育委员会专注于提升从 K–12 到高等教育各个层面数学教育的质量，出版委员会负责监督 AMS 的出版活动，科学政策委员会与政府机构和其他外部组织交流以影响数学和科学研究的政策制定。

美国数学协会(Mathematical Association of America, MAA)也是美国重要的专业数学组织之一，专注于数学教育的提升和推广。MAA 成立于 1915 年，致力于通过教育、研究、专业发展和公共政策倡议来服务数学社区，尤其强调本科数学教育的改进和支持。MAA 组织并支持多种数学竞赛，包括著名的美国数学竞赛(AMC)、普特南数学竞赛等，这些竞赛旨在激发学生的数学兴趣和才能。

法国数学会(Société Mathématique de France, SMF)、德国数学会(Deutsche Mathematiker–Vereinigung, DMV)和英国数学会(London Mathematical Society, LMS)均属于各自国家中最重要的数学组织。这些学会致力于推动本国的数学研究，并通过提供资金支持、组织学术会议、出版数学期刊和书籍，以及促进数学教育和研究等活动，来扩展数学知识和应用的影响力。

1.2.4　国内外学科分类对比

在数学学科的划分上，中国和国外学术组织确实存在许多共同点，基本框架相似。国外学术组织拥有多个顶尖数学期刊，如 *Annals of Mathematics*，*Journal of the American Mathematical Society* 等，这些期刊发表了大量高水平的数学研究成果，对国内学者和研究人员产生了很强的影响力。中国学者也会积极投稿这些期刊，以展示国内数学研究的实力。

国外高校的专业设置和招生通常具有较大的自主性，这意味着高校可以根据市场需求、区域特色和自身的学术水平来设立专业。教学设置通常以通识教育为主导，也鼓励不同学科之间的交叉与合作，以促进创新和综合发展。学生在选择专业时，可以根据自己的兴趣和未来职业规划进行选择和调整，这为他们提供了更多的发展空间和可能性。

2. 数学类专业培养模式

数学是一门研究数量、结构、空间以及变化等概念的学科，它不仅是自然科学和社会科学中的基础，也是技术和工程领域的重要工具。数学的应用范围极为广泛，涵盖了物理学、工程学、计算机科学、经济学、生物学等多个领域；数学作为基础学科，它不仅是学生必须掌握的核心知识之一，也是培养学生思维能力以及解决实际问题能力的重要工具。

数学，作为科学研究的基石与先导，其重要性不言而喻。它在推动国家与民族的持续发展中，扮演着举足轻重的角色，对其长远发展影响深远。为了培养具有国际视野和创新能力的数学学科拔尖人才，为我国的未来科学发展奠定坚实的人才基础，将教育部基础学科拔尖学生培养试验计划(简称"拔尖计划")做好做实，本报告主要关注面向数学学科本科拔尖人才的培养模式。

2.1 拔尖人才培养模式

2.1.1 国内人才培养创新模式

1. 拔尖人才培养专班模式

数学学科的拔尖人才培养在一些高校采取专班培养模式。这种模式旨在为具有数学才华和潜力的学生提供更为深入和广泛的学习机会，以激发他们的创造性思维和问题解决能力。

北京大学数学学科拔尖创新人才培养的总体目标是为国家培养具有国际视野、在数学及相关行业起引领作用、具有创新精神和实践能力的高素质人才。项目从 2009 年开始启动，经过十多年的探索和实践，已逐步形成"一手抓课堂教学，打下坚实学科基础；一手抓科研训练，提升科研创新能力"的培养模式。拔尖人才的选拔和培养是一个持续的、变化的过程，现采用创新选拔模式，进行拔尖人才的前期选拔，针对优秀的高二学生选拔进入"数学英才班"；面向在校本科生，针对不同专业基础方向面向大二上学期、应用数学及统计学方向面向大二下学期的同学进行严格的人才选拔工作；在实践中不断调整培养方案，形成从放开管理到管放结合，充分发挥学生自我主动性，同时拔尖导师积极引导的管理模式；自实施以来，已成功举办了一系列的基础课程改革、拔尖课程、国际短期课程、暑期学校(国际与国内)、国际暑期科研、国际整学期学习计划、讨论班以及学术报告等，通过各种教学形式促进教学方面的建设和发展。

2009 年"清华学堂人才培养计划"正式启动,清华学堂数学班的根本任务是培养新一代的数学领军人才。此项目选拔立志以数学事业为终身职业并且数学天赋较高的青年学生,使他们受到良好的训练,创造机会使他们在数学的主流方向跟随国际数学大师学习工作,迅速成长为数学领域的专家学者。秉承"清华学堂人才培养计划"的理念,让学堂班引领数学系学生勤奋学习,营造一个崇尚科学、潜心数学、刻苦钻研的学术氛围。学堂班低年级学生通过组织"课程学习讨论班"、高年级学生通过组织不同方向的"数学专题讨论班"来带动所有学生的学习积极性。

上海交通大学于 2009 年开设交大理科班,旨在培养具有坚实数学基础又有很好交叉学科知识,科研能力强、应用能力强、创新思维强的学科领袖型人才;于 2010 年成立致远学院,同年纳入教育部"基础学科拔尖学生培养试验计划",实施滚动式选拔前 10% 的品学兼优、志向远大的数学方向学生;积极引入国际"整合科学(Integrated Science)"的人才培养理念,重新整合培养方案,面向大一新生统一开设高要求的数理基础课程;开展致远荣誉课程评估,旨在打造一批面向拔尖学生、辐射全体学生的优质课程;实行拔尖人才直博生"致远荣誉计划",打造"本博贯通"的拔尖创新人才培养链。为强化拔尖人才培养的辐射效应,2018 年数学科学学院设立数学荣誉班——数学与应用数学(吴文俊班),与致远学院数学班联动,吸收致远学院丰富的人才培养经验,对标国际一流数学学院的荣誉课程体系,扩大基础学科拔尖人才培养规模。

通过拔尖人才专班培养模式,各个学校致力于培养更多具有卓越数学才华和潜力的学生,为他们的未来学术以及职业发展奠定坚实的基础。目前,多所高校也建立了各种拔尖班,如复旦大学设立苏步青计划(苏班),以培养一流人才为目标;中国科学技术大学和中国科学院数学与系统科学研究院签署全面合作协议,共同建设华罗庚数学科技英才班,培养世界级数学精英人才;浙江大学数学求是班,依托国家"珠峰计划",即"基础学科拔尖学生培养试验计划"而设立的基础学科人才培养班,以竺可桢学院为平台、数学科学学院为载体、本科生院为协调,数学科学学院成立数学求是班专业委员会,该委员会管理数学求是班的各类事务,实行年级负责人一班主任负责制;西安交通大学专门成立钱学森学院,充分发挥学科专业资源优势,将入选拔尖计划的数学学科依托数学与统计学院单独编班,建立人才培养特区,多途径落实改革举措。

2. 优化课程体系,探索创新教学方式

高校积极推动完善构建优化课程体系,积极推动教育改革、提升教学质量,培养更多的拔尖创新人才。近年来,拔尖人才培养加强基础核心课程建设,开设荣誉课程、交叉学科课程等,其课程设置相比普通课程更加深入广泛,涵盖高阶数学内容和应用领域。如荣誉课程通常注重培养学生的批判性思维、解决问题的能力以及团队合作精神,激发学生的学习兴趣,增强其学习的主动性和积极性;学生不仅可以拓展自己的学术视野,还可以积累更多的学科知识,提升自己的竞争力;荣誉课程的设置有助于提升整体的教育质量和学生的学术水平,为培养未来数学学科的领袖人才和创新人才奠定坚实的基础。

近年来，高校旨在构建以学生为中心的、多元化的、实践性的教学环境，为培养具有创新精神和实践能力的人才奠定坚实基础。创新教学模式，通过更加灵活多样的教学方法和手段，提升学生的学习兴趣以及积极性，培养其独立思考与解决问题的能力；强调学生的主体性，通过小班教学、讨论班等形式，激发学生的创新思维与协作精神。小班教学注重启发式教学和研讨式学习，教师进行个性化指导，以促进学生更快地理解数学学科知识，并培养其批判性思维和创新能力。小班教学相对于传统的大班教学而言，更加注重学生的个体差异和精细化教学，小班课的精细化、个性化、互动性强等特点，能够更好地满足学生的学习需求，促进学生的全面发展，为培养数学学科高素质人才奠定基础。

3. 深化导师制，开展本科科研

自数学学科拔尖学生培养计划实施以来，国内高校为了促进学生学习数学前沿知识以及其科研能力培养，实行个性化创新人才培养模式，各大高校普遍实行导师制度，大批知名教授学者参与其中，导师们深度指导学生，帮助学生规划学业、课外阅读与科学研究、综合能力培养、创新科研训练等。为了让学生了解各领域的研究动态，对他们的学习和研究有所启发，开阔眼界，了解数学学科前沿的动态，组织各种学术活动，此类活动通常具备国际性、权威性、高知识性以及高互动性等特征，促进学生积极开展科研活动。

近年来，高校注重培养拔尖学生的科研创新能力，搭建学术交流平台，开展各项本科生科研活动，培养学生的科研思维和方法，接触数学学科前沿知识，让本科生可以了解到科研的基本原理和技巧，帮助他们建立科学的研究思路。给予同学更多的科研资源，包括科研经费、实验设备、文献资料、导师指导等，保障他们开展高水平的科研工作，鼓励学生开展科学研究工作。如本科生科研旨在加强学生的科研基础训练，培养本科生独立阅读数学文献、了解科研课题和开展科研工作的能力；组织学生与国内外知名数学学者进行暑期科研，让学生了解前沿尖端的数学学科知识，提升学生的专业知识和科研能力；举办国际暑期学校，更好地提升学生的科研创新能力、跨学科文化交流能力，拓展学生的国际视野、了解数学学科前沿知识。

学生参加的本科生科研项目一般由学校、教育部、自然基金委等各单位支持其项目的开展。如北京大学设立本科生研究型学习项目，并通过各类基金对项目研究活动予以资助，参与项目的学生可以申请"本科生研究型学习课程"(Undergraduate Student Research Study)学分。在 2023 年度，国家自然科学基金试点设立青年学生基础研究项目，采用"以学生独立主持研究工作为主，导师提供指导咨询为辅"的模式，支持优秀本科生作为项目负责人承担科学基金项目，前移资助端口，尽早选拔人才，培养科学素养，激励创新研究，为构建高质量基础研究人才队伍提供"源头活水"。北京市自然科学基金试点本科生"启研"计划，以培养造就一批有望进入世界科技前沿的优秀青年学术人才为目标，探索对高等学校优秀的全日制高年级在读本科生给予早期基础研究项目支持，优中选优，培养本科生热爱钻研的科学兴趣、独立思考的科研思维、善于质疑的批判精神、勇于创新的探索精神和敢闯会创的意志品格；"启研"计划首批试点单位为清华大学、北京大学、中国科学院大学 3 所高校。

2.1.2　国外人才培养模式

国外高校的数学专业人才培养模式涵盖的内容与国内相似，如基础课程、核心课程、高级课程、选修及应用课程、本科生科研等。数学专业的设置及培养具有灵活多样、注重实践应用、教学方法创新、师资力量雄厚以及跨学科整合等特点和优势。

如美国高校数学专业的课程设置不仅丰富多样也非常灵活，涵盖从基础数学到高级数学课程的各个领域，如微积分、线性代数、概率论等，学生可以根据自己的兴趣和需求选择各种数学课程，此外还有大量选修课程供学生选择，以满足不同兴趣和职业发展方向的需求。美国高校数学专业还注重与其他学科如计算机科学、物理学、经济学等的整合。这种跨学科的教学方法有助于学生更全面地理解数学在实际问题中的应用，并提升跨学科解决问题的能力。

国外高校提供本科生科研机会，如麻省理工学院的 UROP(Undergraduate Research Opportunities Program，本科生研究机会计划)项目，让学生在本科阶段就能参与前沿的科学研究。UROP 为学生提供宝贵的学术和专业发展机会，帮助学生建立研究技能，同时加深对特定学术领域的理解。斯坦福大学提供各种本科生研究项目，如 Undergraduate Research Grants (本科生研究资助)，允许学生申请资金支持他们的研究项目，还提供夏季研究项目(Summer Research Programs)，供本科生在假期进行集中的研究工作。

美国顶尖大学和研究机构经常会举办本科生暑期学校或暑期研究项目，这些项目通常为数学和相关学科的本科生提供深入学习的机会。具体的暑期学校项目会因不同的主办单位和目标而有所不同。例如，普林斯顿大学、哈佛大学、麻省理工学院和斯坦福大学这样的高校会组织自己独特的数学学科暑期项目。此外，美国数学学会(AMS)和美国数学协会(MAA)等组织也会提供部分高校的数学学科暑期学校的信息。

2.2　数学专业人才培养计划与项目支持

2.2.1　国内支持计划

基础学科拔尖学生培养试验计划(简称"珠峰计划"或"拔尖计划")是教育部为回应"钱学森之问"而出台的一项人才培养计划，由教育部联合中组部、财政部于 2009 年启动。教育部选择了 19 所大学的数学、物理、化学、生物和计算机 5 个学科率先进行试点，力求在创新人才培养方面有所突破。表 1-4 列出了入选拔尖计划 1.0 数学学科基地的 12 所大学。

2018 年，教育部会同科技部等六部门在前期十年探索的基础上启动实施基础学科拔尖学生培养计划 2.0(以下简称"拔尖计划 2.0")，坚持"拓围、增量、提质、创新"总体思路，在基础理科、基础文科、基础医科领域建设一批基础学科拔尖学生培养基地，着力培养未来杰出的自然科学家、社会科学家和医学科学家，为把我国建成世界主要科学中心和创新高地奠定人才基础。拔尖计划 2.0 的实施范围拓展到数学、物理学、力学、化学、生物科学、计算机科学、天文学、地理科学、大气科学、海洋科学、地球物理学、地质学、心理学、哲学、经济学、中国语言文学、历史学、基础医学、基础药学、中药学 20 个类别。

2019—2021 年，拔尖计划 2.0 基地名单相继公布。表 1-4 列出了所有入选拔尖计划 2.0 的数学学科基地的 29 所大学。

表 1-4　入选拔尖计划 1.0 和 2.0 数学学科基地的高校名单

入选年份	批次	数量	高校名称
2009	拔尖计划 1.0	12	北京大学、清华大学、浙江大学、复旦大学、中国科学技术大学、上海交通大学、南开大学、吉林大学、四川大学、西安交通大学、北京师范大学、山东大学
2019	拔尖计划 2.0 第一批	13	北京大学、清华大学、北京师范大学、中国科学院大学、南开大学、吉林大学、复旦大学、上海交通大学、浙江大学、中国科学技术大学、山东大学、四川大学、西安交通大学
2020	拔尖计划 2.0 第二批	9	北京航空航天大学、大连理工大学、哈尔滨工业大学、同济大学、华东师范大学、南京大学、厦门大学、武汉大学、中山大学
2021	拔尖计划 2.0 第三批	7	北京理工大学、首都师范大学、天津大学、东北师范大学、华中科技大学、湘潭大学、兰州大学

2.2.2　国外支持计划

国外高校本科生科研资助形式多样，针对数学学科本科生科研的基金支持非常广泛，旨在鼓励和支持学生在数学领域进行深入的探索和研究。例如，国家科学基金会(National Science Foundation, NSF)是美国政府资助基础研究和教育的主要机构之一。它提供多种形式的资助，包括研究生研究奖学金、教师职业发展奖以及特定项目的经费支持，这些都可能涵盖数学学科的本科生科研项目。数学科学研究所(Mathematical Sciences Research Institute, MSRI)是一个专注于数学科学的非营利性机构，它提供本科生研究奖学金和研究实习机会，以鼓励学生深入探索数学领域。西蒙斯基金会(Simons Foundation)致力于数学和物理基础科学的研究，它设有多个项目，为数学学科的本科生、研究生以及早期职业数学家提供资助，以支持他们在数学领域的研究工作。克莱数学研究所(Clay Mathematics Institute, CMI)对数学领域的研究有着浓厚的兴趣，并经常为本科生和研究生提供研究资助和奖学金，鼓励学生进行创新性研究。美国数学学会(American Mathematical Society, AMS)不仅是一个学术交流的平台，也提供了一些资助机会，包括本科生研究项目、竞赛以及旅行奖学金等，以支持数学学科的本科生参与研究活动。

此外，还有许多私人基金会、企业和校友捐赠者也为数学学科的本科生科研提供资助，以奖学金、研究经费或实习机会的形式出现，其主要目的是鼓励和支持年轻人在数学领域取得成就；学生可以根据自己的科研兴趣和需求，选择合适的资助项目进行申请。高校内部资助形式也是多样化的，如斯坦福大学本科生研究奖学金(Stanford Undergraduate Research Scholarships)是一项为本科生研究提供资助的主要奖学金，本科生可以申请该奖学金以支持他们的研究活动；哈佛大学本科生科研基金(Harvard Undergraduate Research Fellowships)是为本科生提供的一项重要的研究资助计划，涵盖各个学科领域，该基金旨在支持本科生进行独立研究，或者是与导师合作、参与到研究团队中去。

2.3　国内外人才培养模式对比

国内外高校数学学科人才培养模式在培养目标、课程设置、教学方法、本科生科研等方面都存在着相似之处，从侧面反映了数学学科人才培养的普遍规律和趋势，在一定程度上为国内外高校之间的交流与合作奠定了基础。但是在创新人才培养、课程设置以及科研环境和资源等方面存在一些差异，这些差异反映了不同教育体系和培养目标的特点，也为国内外高校之间的交流与合作提供了机会和挑战。

在创新人才培养方面，国内外都存在一定的精英化培养趋势，但具体实施方式有所不同。国内一些高校通过设置英才班、特殊选拔机制等方式，选拔数学天赋较高的学生进行重点培养，通常提供更为优质的教学资源和个性化的培养方案，旨在培养出高水平的数学人才。而国外的一些高校则更加注重学生的自主选择和自我发展，通过提供丰富的教学资源和研究机会，鼓励学生自主探索和发掘自己的潜力和兴趣。

在课程设置方面，国内高校的数学学科课程设置通常较为系统和全面，注重基础知识和理论的掌握。课程设置通常包括数学分析、代数、几何、概率统计等核心课程，以及一些选修课程，以满足学生不同的兴趣和需求。而国外高校的数学课程设置则更加注重课程的多样性和灵活性，除了核心课程外，还提供了大量的选修课程，允许学生根据自己的兴趣和职业规划选择课程。

在本科生科研方面，国内高校已经开始重视本科生科研能力的培养，通过设立科研项目、提供科研指导等方式，鼓励本科生参与科研活动。然而，相对于国外高校而言，国内本科生参与科研的机会和深度还有待提高。国外的一些高校则非常注重本科生科研能力的培养，为学生提供了大量的科研机会和资源，鼓励学生通过科研活动深入探索数学领域的前沿问题，培养创新能力和解决问题的能力。

3. 数学类专业人才需求

3.1 国内数学类专业人才需求

数学类专业的特点使得数学类专业人才就业前景广阔，毕业生可继续从事数学领域的教学与研究，可转行成为其他学科的研究人员；可在金融行业、互联网企业、软件企业专业岗位任职，在政府部门、企事业单位的信息技术部门、教育部门等单位从事计算机相关的技术开发、教学、科研及管理等工作，同时也可以进行自主创业。

3.1.1 国内高校就业

从部分专业统计机构的统计数据中可以发现，数学类专业就业具有整体稳定、高位维持、稳定提升的特点。

数学类专业学生毕业后部分成为大中小学教师、科研院所研究人员，部分成为金融行业、互联网企业、软件企业、政府信息技术部门、教育部门技术人员。大数据、云计算、人工智能和5G等新兴产业进一步拓宽了数学类专业毕业生的就业渠道与方式。

3.1.2 国内单位人才需求

数学类需求占比逐年提高。信息化时代背景下，所有产业都在进行数字化转型。数字化技术包括传统的 IT 技术和以人工智能、大数据、云计算为代表的新兴技术。近年来，数字经济助力我国经济提质增效，也将深刻影响着我国的就业形势。数字经济的蓬勃发展，促进新增市场主体快速成长，将创造大量就业岗位。数字产业化是数字经济发展的先导力量，数字金融、软件和信息技术服务业、互联网行业及其他新兴产业的发展将大规模提升对数学人才的需求。未来 10 年，是中国突破核心技术的关键 10 年，华为等高新技术企业意识到数学是解决"卡脖子"问题的关键，因此有数学背景的核心技术人员规模会逐渐扩大，数学人才需求量巨大。

3.2 国外数学类专业人才需求

国外数学类专业人才除一部分成为各科研院所的研究人员(不限于数学)外，其他主要以金融行业、互联网企业、软件企业专业岗位任职为主，也有一部分进行自主创业，还有一部分在政府、教育、服务业等其他行业从事数学和统计学相关的技术管理等工作。

3.2.1　国外高校人才就业

美国高校数学类专业毕业生就业平均薪酬较高，就业面广。据统计，目前中国籍的留学生中，科学和工程领域留在国外的比例平均达 87%。从专业上来看，赴美留学生中数学类专业毕业生的就业形势较好，深受大公司、政府部门的欢迎。在美国数学类专业毕业生之所以就业前景较好，是因为各大美国科研院所对数学人才的需求较高，同时美国的计算机行业就业市场非常大并且充分意识到数学背景的重要性，因此他们非常青睐数学类专业毕业生。

中国经济正在积极寻求从出口导向型、低技术、劳动密集型向以科学、技术和创新为基础的新型经济转型。数学的重要性被提高到前所未有的高度，许多大企业也意识到原始创新需要数学人才的深度参与，这势必会增大对数学人才的需求，中国政府比以往更加重视吸引海外高层次人才，陆续出台政策吸引中国海外人才和外国的技术人才。这些政策包括国家级人才计划、国家级青年人才计划等，对海外人才的工作、生活保障，如工作环境、住房、税收政策、医疗保健、对配偶和子女的支持，都是影响国家吸引海外人才的重要因素。这些政策和保障性措施的效果已经显现出来，正源源不断地吸引着海外数学人才回国谋求职业发展。近年来，数学人才的回国量呈现井喷的趋势。

3.2.2　国外单位人才需求

美国 STEM(科学、技术、工程及数学)人才紧缺，此类人才严重依赖技术移民。据统计，美国高校培养的科技类人才无法满足其数学相关岗位的需求，像谷歌、苹果这样的大型科技企业一直雇用大量技术移民填补人才短缺，美国同时出现职位空缺与持续失业表明劳动力的需求与供应并不匹配。

3.3　国内外人才需求对比

国内外高校数学类专业就业情况良好，行业平均薪资处于较高水平。值得注意的是，目前在国内就业市场中工商管理类人才需求量第一，而在美国等发达国家数学和计算机人才需求量第一；此外，美国等发达国家数学人才严重依赖于外国人才和移民，而我国数学人才都是以国内高校培养的人才为主。随着中国对原始创新的迫切需求，数学人才的需求也将不断提高。

4. 数学类专业课程体系

4.1 数学类专业课程基本情况

经过长期的实践和发展，国内高校已经形成完整的数学类专业课程体系。各高校数学学科积极推动完善构建优化课程体系，积极推动教育改革、提升教学质量，培养更多的拔尖创新人才。近年来，拔尖创新人才培养加强基础核心课程建设，开设荣誉课程、交叉学科课程等，其课程设置相比普通课程更加深入广泛，涵盖高阶数学内容和应用领域。如荣誉课程通常注重培养学生的批判性思维、解决问题的能力以及团队合作精神，激发学生的学习兴趣，增强其学习的主动性和积极性；学生不仅可以拓展自己的学术视野，还可以积累更多的学科知识，提升自己的竞争力；荣誉课程的设置有助于提升整体的教育质量和学生的学术水平，为培养未来数学学科的领袖人才和创新人才奠定坚实的基础。

近年来，为构建以学生为中心的、多元化的、实践性的教学环境，为培养具有创新精神和实践能力的人才奠定坚实基础，各高校创新教学模式，通过更加灵活多样的教学方法和手段，提升学生的学习兴趣以及积极性，培养其独立思考与解决问题的能力；强调学生的主体性，通过小班教学、讨论班等形式，激发学生的创新思维与协作精神。小班教学注重启发式教学和研讨式学习，教师进行个性化指导，以促进学生更快地理解数学学科知识，并培养其批判性思维和创新能力。小班教学相对于传统的大班教学而言，更加注重学生的个体差异和精细化教学，小班课的精细化、个性化、互动性强等特点，能够更好地满足学生的学习需求，促进学生的全面发展，为培养数学学科高素质人才奠定基础。数学专业课程体系涵盖了当今广泛而丰富的数学基础知识以及其他科学和工程技术所需的基本工具和方法。学生在低年级通过数学分析和高等代数的学习接受关于严密逻辑推理和数学证明的培训。在此基础上，通过实分析、复分析、几何学、抽象代数、微分方程、概率论、数学模型、应用数学导论等核心课程，全面了解现代数学的主要分支。通过选修课程，学生可以选择探索数学中的不同主题，以获得对数学主要领域的良好的认知，了解数学在各个学科中的应用。

数学学科在人才的选拔和培养方面形成了有效的体制机制。通过夏令营、金秋营等活动发现和选拔国内优秀学生投身数学专业学习；通过荣誉课程、拔尖人才计划、本科生科研等举措激发学生的学习研究兴趣，培养优秀数学苗子。这些措施在一些学校取得了很好的人才培养效果。

2019 年北京大学牵头，联合全国 20 余所大学成立数学"双一流"建设联盟，引领了数学学科建设改革创新。

4.2　数学专业课程设置

国内大学数学课程体系一般包括：①公共基础课程；②专业必修课程(含专业基础课和专业核心课)；③选修课程(含专业选修课和自主选修课)。本科生研讨课和科研活动训练也是重要的培养环节。

北京大学(并参考其他知名大学)的数学专业必修课程统一设置(含毕业论文)，数学选修课程按照四个专业分别设置：数学与应用数学专业(含基础数学方向和金融数学方向)、统计学专业(含概率方向、统计学方向和生物统计方向)、信息与计算科学专业(含计算数学方向和信息科学方向)、数据科学与大数据技术专业。

专业基础课

数学分析Ⅰ、数学分析Ⅱ、高等代数Ⅰ、高等代数Ⅱ。

专业核心课

数学分析Ⅲ、几何学、抽象代数、复变函数、常微分方程、概率论、数学模型/应用数学导论(数学与应用数学专业)、数学模型/统计思维(统计学专业)、数学模型/应用数学导论/机器学习基础(信息与计算科学专业)、并行与分布式计算基础(数据科学与大数据技术专业)。

数学与应用数学专业选修课

基础数学方向选修课(选7门)：拓扑学、微分几何、实变函数、微分流形、群与表示、泛函分析、数论基础、偏微分方程、基础代数几何。

金融数学方向必选课：金融数学引论、数理统计、应用随机过程；**限选课(选4门)**：实变函数、金融经济学、金融数据分析导论、寿险精算、证券投资学、衍生证券基础、金融时间序列分析、泛函分析、测度论、应用随机分析、统计学习、统计模型与计算方法、深度学习与强化学习。

数学与应用数学自主选修课

在理学部的课程、理学部的非数学课程和全校的课程中分别选择规定数量的课程。

统计学专业选修课

概率方向必选课：数理统计、应用随机过程(实验班)；**限选课(选5门)**：实变函数、应用回归分析、测度论、偏微分方程、泛函分析、应用随机分析、微分几何、拓扑学、应用多元统计分析、高维概率论。

统计学方向必选课：数理统计、应用随机过程；**限选课(选5门)**：实变函数、应用回归分析、测度论、应用多元统计分析、非参数统计、统计学习、贝叶斯理论与算法、统计模型和计算方法、试验设计、抽样调查、高维概率论、应用随机分析、凸优化、深度学习与强化学习。

生物统计方向必选课：数理统计、应用回归分析；**限选课(选5门)**：实变函数、测度论、应用随机过程、应用多元统计分析、非参数统计、统计学习、贝叶斯理论与算法、统计模型和计算方法、应用时间序列分析/金融时间序列分析、生物统计、生存分析、生物信息中的数学、模型与方法。

统计学自主选修课

在理学部的课程、理学部的非数学课程和全校的课程中分别选择规定数量的课程。

信息与计算科学专业选修课

计算数学方向必选课：数值代数、数值分析、最优化方法；**限选课(选 4 门)**：实变函数、偏微分方程、泛函分析、大数据分析中的算法、偏微分方程数值解、随机模拟方法、图像处理中的数学方法、应用偏微分方程、流体力学引论、计算系统生物学、计算流体力学、并行计算Ⅱ。

信息科学方向必选课：人工智能、程序设计技术与方法；**限选课(选 5 门)**：信息科学基础、数理逻辑、集合论与图论、计算机图形学、计算机图像处理、机器学习基础、理论计算机科学基础、算法设计与分析、数字信号处理、最优化方法/深度学习与强化学习。

信息与计算科学自主选修课

在理学部的课程、理学部的非数学课程和全校的课程中分别选择规定数量的课程。

数据科学与大数据技术专业选修课

必选课：计算方法 B、机器学习基础；**限选课(选 4 门)**：实变函数、泛函分析、应用随机过程、深度学习与强化学习、数值代数、最优化方法、大数据分析中的算法、机器学习数学导引(英文)、数理统计、应用回归分析、应用多元统计分析、人工智能、程序设计技术与方法/程序设计实习、理论计算机科学基础。

数据科学与大数据技术自主选修课

在理学部及信息与工程科学部课程、理学部的非数学课程和全校的课程中分别选择规定数量的课程。

4.3 国外知名大学数学课程情况

普林斯顿大学实行开放专业制度，即学生在入学后不需要立即确定专业，在大学的前两年有机会探索各种学科，接触不同的领域，直到他们最终决定自己的专业。在选择进入数学系之后，学生必须完成该系的课程学习要求。该校的数学本科课程用 100 到 499 之间的数字编号，其中百位数字代表难度，数字越大难度越高。数学系的学生为毕业需要修学至少 31 门课程，其中至少 19 门来自数学系之外。数学系对学生修读课程的难度有明确要求，学生需要修读 8 门 300 和 400 或更高编号的数学系课程，包括：

① 1 门实分析类课程(例如，多元分析、实分析引论、分析Ⅰ：傅里叶级数与偏微分方程、积分理论与希尔伯特空间、概率论)；

② 1 门复分析类课程(例如，复分析及应用、分析Ⅱ：复分析)；

③ 1 门代数类课程(例如，应用代数、代数Ⅰ)；

④ 1 门几何或拓扑学类课程(例如，微分几何导论、拓扑学)，或者一门离散数学课程(例如，图论导论、组合数学、博弈论)；

⑤ 另外 4 门 300 或更高编号的课程；

⑥ 8 门课程中至多可以有 3 门是其他系的同级别的课程。

普林斯顿大学本科数学课程及编号：

MAT 100 – Calculus Foundations

MAT 102 – Survey of Calculus

MAT 103 – Calculus Ⅰ

MAT 104 – Calculus Ⅱ

MAT 175 – Mathematics for Economics/Life Sciences

MAT 191 – An Integrated Introduction to Engineering, Mathematics, Physics

MAT 192 – An Integrated Introduction to Engineering, Mathematics, Physics

MAT 199 – Math Alive

MAT 201 – Multivariable Calculus

MAT 202 – Linear Algebra with Applications

MAT 203 – Advanced Vector Calculus

MAT 204 – Advanced Linear Algebra with Applications

MAT 214 – Numbers, Equations, and Proofs

MAT 215 – Single Variable Analysis with an Introduction to Proofs

MAT 217 – Honors Linear Algebra

MAT 218 – Multivariable Analysis and Linear Algebra Ⅱ

MAT 300 – Multivariable Analysis Ⅰ

MAT 305 – Mathematical Logic

MAT 306 – Advanced Logic

MAT 320 – Introduction to Real Analysis

MAT 323 – Topics in Mathematical Modeling

MAT 325 – Analysis Ⅰ: Fourier Series and Partial Differential Equations

MAT 330 – Complex Analysis with Applications

MAT 335 – Analysis Ⅱ: Complex Analysis

MAT 345 – Algebra Ⅰ

MAT 346 – Algebra Ⅱ

MAT 355 – Introduction to Differential Geometry

MAT 365 – Topology

MAT 375 – Introduction to Graph Theory

MAT 377 – Combinatorial Mathematics

MAT 378 – Theory of Games

MAT 380 – Probability and Stochastic Systems

MAT 385 – Probability Theory

MAT 391 – Mathematics in Engineering Ⅰ

MAT 392 – Mathematics in Engineering Ⅱ

MAT 393 – Mathematical Programming

MAT 407 – Theory of Computation

MAT 419 – Topics in Number Theory

MAT 425 – Analysis Ⅲ: Integration Theory and Hilbert Spaces

MAT 427 – Ordinary Differential Equations

MAT 429 – Topics in Analysis

MAT 449 – Topics in Algebra

MAT 459 – Topics in Geometry

MAT 473 – Cryptography

MAT 474 – Introduction to Analytic Combinatorics

MAT 478 – Topics in Combinatorics

MAT 486 – Random Processes

MAT 493 – Mathematical Methods of Physics

4.4　研讨课程和科研训练

国内很多大学的数学专业开设研讨课程，结合不同研究专题进行研讨活动，对学有余力的学生进行早期的科研训练，包括查找和使用数学文献，通过口头演讲和书面报告，清晰而准确地阐述文献中的成果。通过研讨课程和科研训练，学生学会如何超越教科书中的经典知识，与同学和研究人员合作，探索新近的研究文献。通过这种合作，学会从各种来源加深对数学的理解，扩展方法和技术，提高数学表达能力，在不断发展的研究领域中确定自己的定位和目标。结合科研训练，国内大学一般要求学生撰写本科生毕业论文。

普林斯顿大学重视学生的自主学习(Independent Work)。该校数学系三、四年级的学生会进行由老师指导的自主学习。三年级学生的自主学习通常包括两个学期的研讨班，也可以选择在老师指导下完成某个主题的文献阅读并撰写阅读报告。四年级学生的自主学习最终要撰写毕业论文。毕业论文大致分为三种类型：

① 取得可以发表的新结果(例如，新的定理、新的证明、本质的新例子、对某个结果进行分析的数值模拟或计算机程序等)；

② 探索数学与其他学科的联系；

③ 综述当代数学某个本质性领域。

斯坦福大学数学系也有关于本科毕业论文的要求，但学生可通过选修若干本科生或研究生的特定课程替代毕业论文。麻省理工学院等也有本科生的研究项目。同时也有很多欧美知名大学对于本科生毕业论文没有统一和明确的要求。

5. "101 计划"简介与建设进展

经过四十多年的建设，我国数学高等教育大大向前迈进，已经形成学科门类齐全、区域布局合理、人才队伍强大、教学体系完善、科研影响全球、能够跻身世界前列的大好局面。在此基础上推进数学学科高水平发展，可支撑大数据时代的底层逻辑、支持人工智能时代的基础算法、满足数字经济时代的人才需求，提供经济社会发展的内生动力。为了达成这样的目标，经过调研分析，我们认识到：高校或学术组织现有的课程体系与学术标准需要进一步提升并形成更大的国际影响力；课程体系需要按新的学科发展趋势整合并形成更加统一的规范；课程知识点也需要结合学科发展补充和加强。用新的课程体系和教学内容适应数学专业的快速发展，并且更好地支持本硕博一贯制人才培养，促成留学人才回流，吸引国际高层次人才，更好地同国外高校交流。这是我们推行"101 计划"的动机和方向。

我们将通过"101 计划"建立一套完整的数学专业课程体系和内容规范，形成具有中国特色的人才培养核心理念与模式，制定核心课程的核心知识点以及相应的难度要求，建立课程教学质量评估标准，更好地将我国数学专业教学水平推向新的高度，从而促进学术研究和应用交叉。

5.1 建设目标

"101 计划"的总体目标为汇聚国内数学领域具有丰富教学经验与学术水平的教师及专家团队，充分借鉴国际先进资源和经验，完成"名教材建设、名师培养和名课打造"，围绕"课程建设"和"课堂提升"两大主题开展工作。用两年时间建设一批数学领域的名课、名师、名教材，打造一批优秀的教学团队。具体包括以下建设目标：

● 核心课程体系建设。集中国内优势力量，建设好 12 门核心优秀课程，形成完整的数学核心课程体系，包括课程知识点建设和在线资源建设等。

● 核心教材体系建设。基于核心课程体系的建设成果，建设一批"世界一流、中国特色、101 风格"的优秀核心教材，形成数学学科核心教材体系。

● 课堂教学效果建设。通过现场听课、教学研讨、学术交流等活动提升课堂教学水平，加强教学感染力，引导教学内容同新时代学科发展同步，促进教学目标瞄准科学前沿和国家重大需求，培养一批优秀的核心课程授课教师。

5.2 组织架构

在教育部高等教育司的指导下,"101 计划"成立了专家委员会和工作组,并在北京大学设立"101 计划"秘书处,负责计划工作的日常管理和会议组织等工作,就 12 门核心课程成立了课程建设小组,遴选了 26 所院校开展工作,如图 1.1 所示。

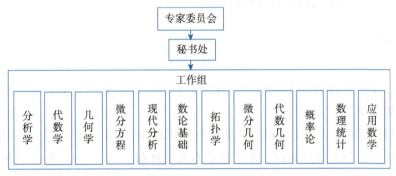

图 1.1　组织架构

5.3 课程建设

经过专家委员会委员和工作组各成员单位的研讨,遴选出 12 门核心课程。为每门课程组建一个课程建设团队(2~3 所高校参与)。课程建设团队的主要工作包括:

(1) 将每门课程梳理出关键知识点,完成每个知识点和具体讲授方式的整理,并在课程实践中进行迭代改进;

(2) 为每个知识点撰写详细的教学内容,着重于教学手段与教学方法改进;

(3) 组织撰写课程配套教材(包括电子版配套材料)。

课程建设的年度工作任务安排如下:

2023 年:(1)形成基本完整的知识点和教学手册;(2)组织开展教材撰写和课程实践平台建设。

2024 年:(1)在 26 所院校进行试用,经过反馈迭代,形成定稿的教学手册;(2)完成课程对应教材的撰写工作。

5.4 课堂提升

课堂提升工作主要关注课堂教学方式和教学效果的改进。课堂提升组由工作组各单位的教师组成,成员包括核心建设课程的授课老师和相关专家,主要工作包括:

(1) 现场听课:安排专家参加课堂现场听课;

(2) 组织听课专家讨论和反馈,改进课堂教授方式,提高讲课效果;

(3) 定期组织专家会议：研讨工作安排与遇到的问题；

(4) 安排教师培训：形成一整套教师培训体系。

课程提升的年度工作任务安排如下：

2023 年：按学期组织专家现场听课、组织研讨会、安排教师培训，形成课堂提升的完整方案。

2024 年：整体方案的试运行和持续改进。

5.5 进度安排

2023 年 2 月：(1)确定课程建设组、课堂提升组成员名单；(2)确定课程建设和课堂提升活动的详细方案。

2023 年春季学期：(1)完成春季学期课程知识点和讲授方法的整理，形成文档；(2)5月之前安排中期交流，经过研讨，形成知识点参考样板；(3)7—8 月安排学期总结，形成相关课程知识点的完整版本。

2023 年秋季学期：(1)完成秋季学期课程知识点和讲授方法的整理，形成文档；(2)11月安排中期交流，经过研讨，形成知识点参考样板；(3)次年 1 月安排学期总结和年度总结，形成相关课程知识点的完整版本。

2024 年 2 月：完成所有课程的知识点总结的完整文档(征求意见稿)。

2024 年：(1)按照课程开设的安排，分春季学期和秋季学期，在 26 所学校进行实践和循环迭代，形成定稿的完整教学手册；(2)各课程团队组织写作队伍，完成教材撰写。

高等学校数学类专业核心课程体系

第二部分包括数学类专业的 12 门核心课程及其知识体系，从课程定位、课程目标、课程设计、课程知识点和课程英文摘要 5 个方面对每一门课程进行描述，明确了数学类专业的核心教学内容及专业建设内涵。12 门核心课程名称如下：

◆ 分析学

◆ 代数学

◆ 几何学

◆ 微分方程

◆ 现代分析

◆ 数论基础

◆ 拓扑学

◆ 微分几何

◆ 代数几何

◆ 概率论

◆ 数理统计

◆ 应用数学

分析学 (Analysis)

分析学是一门基础和重要的核心课程，分为两大部分：

A. 数学分析   B. 复分析

A. 数学分析(Mathematical Analysis)

一、数学分析的课程定位

数学分析作为数学专业系统能力培养体系中的核心课程，主要以微积分为核心讲授分析学中定性分析、定量分析等基本分析方法，为后继课程提供必要的基础。通过该课程的教学，为学生搭建完整的微积分知识体系，让学生体会初步的分析学基本思想方法，培养学生的计算能力、证明能力、创造数学知识和应用数学知识的能力，锻炼和提高学生的思维能力，初步掌握分析问题和解决问题的思想方法。因此，数学分析是数学专业最重要的专业基础课程之一。

二、数学分析课程的目标

通过本课程的学习，使学生能熟练掌握极限、导数、积分的各种计算方法，清晰地理解微积分的历史背景、理论基础、应用方法以及分析学的基本思想方法和技巧，获得较好的逻辑思维能力与推理论证能力，并为后续的常微分方程、复变函数、偏微分方程、实变函数、泛函分析等课程的学习打下坚实的基础。

三、数学分析课程设计

本课程共安排 3 个学期完成教学任务，每学期一般安排每周 4 + 2 课时。以课堂讲授为主，一般每周安排主讲课 4 学时，习题课 2 学时。

课程讲授知识点的方式：从历史背景出发，以问题为导向引出基本概念和基本处理方法，围绕微分和积分这一对矛盾讲解数学分析的基本理论知识；兼顾基础知识、进阶知识和前沿内容的讲解，使学生能更好地理解和运用分析学的基本思想方法。

基础部分：首先从实数的基本性质出发建立序列极限的基本概念，接着利用极限研究函数的连续性、可微性、可积性等，然后建立微积分的基本定理，并且将微积分的理论推广到高维空间中；除此之外还包括级数和 Fourier 分析等硬分析的部分内容。

进阶部分：介绍零测集和勒贝格定理、重积分的变量替换公式的证明、高维空间中的散度定理、微分形式和不动点定理。

前沿部分：帮助学生了解微积分与现代微分几何、理论物理等学科前沿之间的联系。

数学分析模块及其关系如图 2.1 所示。

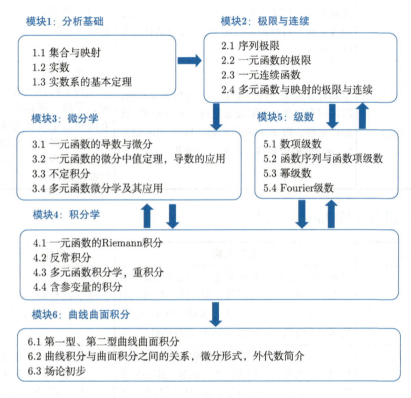

图 2.1　数学分析模块及其关系图

四、数学分析课程知识点

模块 1：分析基础 (Fundamentals of Analysis)

知识点	主要内容	目标	参考学时
1. 集合与映射 (Sets and Mappings)	集合，关系、映射与函数，映射的运算(和、差、复合、逆等)，有序集，有限集，可数集，不可数集，集合的势，Bernstein 定理，集合的运算(子集、包含、交、并、对称差等原始初等运算)，集合的 Cartesian 乘积，集合论初步	初步了解第三次数学危机与集合论，熟悉、掌握集合与映射的基本概念与运算，掌握可列集	4

续表

知识点	主要内容	目标	参考学时
2. 实数 (Real Number System)	自然数公理，数学归纳法，稠密性，完备公理，实数的公理系统，实数的阿基米德性质，有理数，实数的构造，Dedekind 分割，有界集，确界存在定理，实数的连续性，实数的运算，实数与数轴，实数的无穷小数表示，实数的 p 进制表示，广义实数系，不等式，n 次方根，指数函数与对数函数的定义，*实数的构造及唯一性	了解第一次数学危机，理解建立实数系的原因和基本思想，对实数系有一个新的审视，熟悉、掌握实数的基本性质	6
3. 实数系的基本定理 (Fundamental Theorems of Real Numbers)	单调有界原理，柯西基本列，柯西收敛准则，闭区间套定理，有限覆盖定理，聚点原理，致密性定理，数 e 和欧拉常数，Lebesgue 数，Lebesgue 覆盖定理，紧集，列紧集	对实数系基本定理有一个初步而整体的了解，尽快掌握其中除有限覆盖定理外的基本定理，在接下来的学习中，熟练、掌握这些定理	6

模块 2：极限与连续(Limits and Continuity)

知识点	主要内容	目标	参考学时
1. 序列极限 (Limits of Numerical Sequences)	数列的极限，数列极限的定义，数列极限的基本性质，唯一性、有界性、保序性，数列极限的存在性，无穷小量、无穷大量，Stolz 定理，数列的上极限和下极限，Stolz 定理的推广	熟练掌握数列极限的定义基本性质和运算	6
2. 一元函数的极限 (Limits of One Variable Functions)	一元函数极限的定义，函数极限的性质，函数极限概念的推广，单侧极限，函数极限的局部性，函数极限的判别方法，函数极限与数列极限的关系，一些重要极限，函数的上、下极限	熟练掌握数列极限的定义、基本性质和运算，掌握函数极限与数列极限之间的联系	6
3. 一元连续函数 (Continuous Functions of One Variable)	连续的定义，单侧连续，间断点及其分类，基本初等函数的连续性。连续函数的代数性质(函数连续性在加、减、乘、除、复合、反函数等代数运算下的保持性)，连续函数的局部分析性质，局部有界性、保序性，连续函数在区间上的介值性，一致连续的定义、性质，连续函数的整体性质，闭区间上的连续函数的有界性、最值性、介值性、一致连续性，连续性与连通性，连续性与紧性，几类重要的连续函数，Lipschitz 连续，Hölder 连续，单调函数的连续性和间断点的跳跃性、可数性，不动点，压缩映像原理，*利用极限定义指数函数、对数函数与三角函数	掌握一元连续函数的定义和基本性质，并能够熟练应用	10

续表

知识点	主要内容	目标	参考学时
4. 多元函数与映射的极限与连续 (Multi-Variable Functions and Their Continuity, Limits of Mappings)	n 维欧氏空间中的点集拓扑简介，点列及其极限，收敛点列，聚点，开集与闭集，紧集，连通集，区域，欧氏空间 $\mathbf{R}^n$ 中的基本定理，多元函数的极限定义和性质，多元函数极限的代数运算，累次极限与多元极限的关系，向量值函数的定义、极限及其性质，多元连续函数，多元连续向量值函数，连续函数在紧集上的全局分析性质，闭集上连续函数的延拓，*连续函数的拓扑学定义及其性质	掌握欧氏内积和距离的基本概念，掌握连续映射的概念，了解连续映射的性质和空间拓扑性质的关系，理解压缩映射原理	8

模块 3：微分学(Differential Calculus)

知识点	主要内容	目标	参考学时
1. 一元函数的导数与微分 (Derivative and Differentiation of One Variable Functions)	一元导数的数学与物理背景，导数的定义，基本初等函数的导数，单侧导数，Dini 导数，导数的局部性质，导数与连续的关系，导数的代数运算法则，复合函数的导数、反函数的导数、参数式函数的导数、极坐标式函数的导数、隐函数求导、对数求导法，微分的定义，一阶微分的形式不变性，高阶导数，Leibniz 公式，导数与一致连续、导数与单调性	掌握导数的基本概念，导数的经典定义模式，基本性质，基本运算，求导法则，导数与连续的关系，理解微分与导数的关系	10
2. 一元函数的微分中值定理，导数的应用 (Mean Value Theorems of Differentiation, Applications of Derivatives)	Fermat 引理，Rolle 微分中值定理，Lagrange 微分中值定理，Cauchy 微分中值定理，Darboux 定理，L'Hospital 法则，Taylor 公式，Taylor 多项式，带 Peano 余项的 Taylor 公式，带 Lagrange 余项的 Taylor 公式，Maclaurin 公式，Taylor 展开式的唯一性及其求高阶导数等方面的应用，Lagrange 插值多项式，利用导数研究函数：单调性、驻点和极值点、凹凸性、拐点、渐近性、函数作图，平面曲线的曲率和曲率半径，不等式的证明	深刻理解微分中值定理的思想，熟练掌握其内容及其应用，理解和掌握 Taylor 公式及其思想精髓，熟练掌握如何利用导数研究函数的单调性、极值、凹凸性、渐近性等	10
3. 不定积分 (Indefinite Integrals)	原函数与不定积分，原函数的存在性，求原函数的基本方法，换元法，分部积分法，有理函数的不定积分，三角函数有理式的不定积分，无理函数的不定积分，*隐函数的不定积分	熟练掌握求不定积分的基本法则，熟练计算某些类型的不定积分	4

续表

知识点	主要内容	目标	参考学时
4. 多元函数微分学及其应用 (Differentiation of Multi-Variable Functions and Their Applications)	偏导数，全微分，方向导数，梯度，向量值函数的导数与全微分，求导法及其代数运算，四则运算，复合函数求导，高阶偏导数，链式法则，有限增量公式，一阶微分形式不变性，Taylor 公式，隐函数存在定理，单个方程的情况，方程组的情况，逆映射定理，(有限维空间的)开映射定理，多元函数微分学的应用，函数的极值，Hesse 矩阵，条件极值，Lagrange 乘数法，空间曲线的切线与法平面，曲面的切平面与法线，多元凸函数，不等式	理解多元函数与微分有关的基本概念，熟练计算各种偏导数，深刻理解 Taylor 公式，掌握隐函数存在定理、逆映射定理等几个重要的分析学方面的定理，熟练掌握多元微分学的应用	12

模块 4：积分学(Integral Calculus)

知识点	主要内容	目标	参考学时
1. 一元函数的 Riemann 积分 (The Riemann Integral of One Variable Functions)	问题的提出，几何和物理背景，有界闭区间的划分，划分的加细，函数的 Riemann 和，Darboux 上和、下和，Darboux 上积分、下积分，Riemann 积分的定义，Riemann 可积的必要条件，Riemann 可积的充要条件，Lebesgue 零测集，Riemann 可积充要条件再论，可积函数类，Newton-Leibniz 公式，微积分基本定理，定积分的计算，定积分的变量替换，定积分的代数性质，加减运算，分部积分，积分区间的代数运算，定积分的分析性质，第一、第二积分中值定理，定积分的应用，曲线弧长、平面区域的面积、旋转体的侧面积和体积，功、力矩、转动惯量的计算，Guldin 第一、第二定理	掌握定积分的概念和性质，掌握可积函数的判别方法，理解微分与积分之间的联系，掌握定积分在几何上的某些应用，能求平面图形的面积、简单立体的体积、曲线的弧长等	14
2. 反常积分 (Improper Integrals)	无穷限积分的概念和基本性质，无穷限积分敛散性判别法，瑕积分的概念和基本性质，瑕积分的敛散性判别法，Abel 判别法，Dirichlet 判别法，Cauchy 主值积分，反常积分的分部积分和换元公式	理解反常积分的概念，掌握反常积分的敛散性判别方法，掌握经典反常积分的计算方法	6
3. 多元函数积分学，重积分 (Integral Theory of Multi-Variable Functions, Multiple Integrals)	重积分的定义，$\mathbf{R}^n$ 空间子集的体积，闭矩形上的积分，重积分的可积理论与性质，重积分的 Darboux 理论，重积分与累次积分的关系，累次积分次序的交换，重积分的计算，重积分的变量替换，反常重积分，无界区域上的反常重积分，收敛的定义及其判别法，	掌握重积分的概念，会熟练计算重积分，理解变量替换公式的证明思想，理解反	8

续表

知识点	主要内容	目标	参考学时
	有界可求体积的闭区域上无界函数的反常瑕重积分，瑕积分的收敛及其判别法	常重积分的定义，掌握判别其敛散性的基本方法	
4. 含参变量的积分 (Integral with Parametric Variables)	含参变量常义积分，含参变量积分的定义，含参变量积分的连续性、可微性、可积性，含参变量的反常积分，反常积分关于参数的一致收敛性，反常积分号下取极限，含参变量反常积分的连续性，含参变量反常积分的可微性，含参变量反常积分的可积，Euler 积分，Gamma 函数、Beta 函数以及两者的关系，Stirling 公式，余元公式，Arzelà 有界收敛定理	熟练掌握和运用含参变量积分的主要性质，熟悉 Euler 积分的应用	10

模块 5：级数 (Sequences and Series)

知识点	主要内容	目标	参考学时
1. 数项级数 (Numerical Series)	级数的敛散性定义，级数的基本性质，级数收敛的必要条件，绝对收敛，条件收敛，级数敛散判别法，Cauchy 准则，级数收敛的更一般的定义，Cesàro 求和，正项级数，正项级数的性质，比较判别法，d'Alembert 判别法，Cauchy 判别法，Raabe 判别法，Cauchy 积分判别法，任意项级数，交错级数，交错级数的 Leibniz 判别法，Abel 判别法，Dirichlet 判别法，级数的结合律、交换律、分配律，Cauchy 乘积，条件收敛级数的 Riemann 重排定理，无穷乘积	理解级数的基本概念，熟练掌握级数敛散性的几种基本判别方法，掌握级数运算是否满足结合律、交换律、分配律的条件和重要结论	12
2. 函数序列与函数项级数 (Function and Series of Functions)	函数列与函数项级数的关系，函数项级数的逐点收敛，一致收敛，绝对收敛，绝对一致收敛，函数项级数敛散性判别方法，Weierstrass 判别法，Cauchy 判别法，Abel 判别法，Dirichlet 判别法，极限函数与逐项函数分析性质的传承，函数项级数的应用	掌握函数列和函数项级数的收敛判别方法，深刻理解连续、微分、积分等分析中三个重要的属性在级数运算中的传承性，深刻理解一致收敛的概念及其广泛的应用	12
3. 幂级数 (Power Series)	幂级数的收敛半径与收敛域，收敛半径的求法，幂级数的性质，Abel 第一定理、第二定理，实解析函数，初等函数幂级数展开，Taylor 级数，Taylor 级数展开式方法，幂级数求和，Abel 和，Cesàro 和，Tauber 型定理，连续函数的 Weierstrass 第一逼近定理，Peano 曲线，	掌握一类特殊的函数项级数的特点、基本性质、基本结论，理解 Weierstrass 逼近定理等经典结论	10

续表

知识点	主要内容	目标	参考学时
4. Fourier 级数 (Fourier Series)	函数的 Fourier 级数，基本三角函数系，周期为 2π 的函数的 Fourier 级数，正弦级数与余弦级数，周期为 $2T$ 的函数的 Fourier 级数，Fourier 级数敛散性，Fourier 级数的唯一性，Dirichlet 积分，局部性原理，非 Fourier 级数而逐点收敛的三角级数，Riemann-Lebesgue 引理，Fourier 级数的其他敛散性，Dirichlet 核，Fejér 核，Weierstrass 第二逼近定理，均方收敛，一致收敛，最佳均方逼近，Parsavel 等式，Bessel 不等式，广义 Parseval 等式，Fourier 级数的逐项连续、逐项可微、逐项积分，Fourier 变换，速降函数(Schwarz 函数)，Fourier 变换的导数，导数的 Fourier 变换，Fourier 逆变换，卷积的 Fourier 变换，乘积的 Fourier 变换，处处连续但处处不可微函数的构造，处处连续但处处不 Hölder 连续函数	掌握 Fourier 级数的基本性质：收敛性，最佳均方逼近等，在速降函数类中掌握 Fourier 变换的基本性质，了解 Fourier 级数与 Fourier 变换的初步应用	14

模块 6：曲线曲面积分(Line and Surface Integrals)

知识点	主要内容	目标	参考学时
1. 第一型、第二型曲线曲面积分 (Type Ⅰ and Type Ⅱ Line and Surface Integrations)	曲线的弧长，第一型曲线积分的定义，第一型曲线积分的存在性与计算，第二型曲线积分的定义，第二型曲线积分的存在性与计算，曲面的面积，Schwarz 关于曲面面积定义的例子，第一型曲面积分的定义、存在性及其计算公式，曲面的侧，双侧曲面，第二型曲面积分的定义、存在性及其计算公式，*余面积公式	熟练掌握曲线积分的定义，计算及其应用	8
2. 曲线积分与曲面积分之间的关系，微分形式，外代数简介 (Relations between Line and Curve Integrations, Differential Forms, Introduction to Exterior Algebra)	各类积分之间的关系，Green 公式，Gauss 公式，Stokes 公式，曲线积分与路径无关的条件，微分形式，微分形式的运算，外微分简介，闭形式，恰当形式，再谈 Stokes 公式，Brouwer 不动点定理	理解 Green 公式、Gauss 公式与 Stokes 公式，并能应用它们解决问题，了解微分形式的概念，掌握高维欧氏空间中的Gauss-Green公式，理解 Brouwer 不动点定理	10
3. 场论初步 (Introduction to Vector Fields)	数量场的梯度，向量场的向量线，向量场的散度，向量场的旋度，几个重要的微分算子	掌握保守场的判别方法，掌握旋度、散度和 Laplace 算子在曲线坐标中的计算公式	4

五、数学分析课程英文摘要

1. Introduction

Mathematical analysis, as a core course in the systematic ability training system of mathematics majors, mainly focuses on calculus to teach basic analytical methods such as qualitative and quantitative analysis in analysis, providing a necessary foundation for subsequent courses. Through the teaching of this course, we aim to build a complete system of calculus knowledge for students, enabling them to experience basic analytical thinking and methods, cultivate their computational and proof abilities, create mathematical knowledge, and apply mathematical knowledge, exercise and improve their thinking abilities, and gain a preliminary understanding of analytical and problem-solving methods. Therefore, mathematical analysis is one of the most important foundational courses for mathematics majors.

2. Goals

Through the study of this course, students will be able to proficiently master various calculation methods of limits, derivatives, and integrals, and have a clear understanding of the historical background, theoretical foundation, application methods, and basic thinking methods and skills of analysis in calculus. They will acquire good logical thinking and theoretical reasoning abilities, and lay a solid foundation for the subsequent study of ordinary differential equations, complex functions, partial differential equations, real variable functions, functional analysis, and other courses.

3. Covered Topics

Modules	List of Topics	Suggested Hours
1. Fundamentals of Analysis	Sets and Mappings (4), Real Number System(6), Fundamental Theorems of Real Numbers (6)	16
2. Limits and Continuity	Limits of Numerical Sequences (6), Limits of One Variable Functions (6), Continuous Functions of One Variable (10), Multi-Variable Functions and Their Continuity, Limits of Mappings (8)	30
3. Differential Calculus	Derivative and Differentiation of One Variable Functions (10), Mean Value Theorems of Differentiation, Applications of Derivatives(10), Indefinite Integrals (4), Differentiation of Multi-Variable Functions and Their Applications (12)	36

续表

Modules	List of Topics	Suggested Hours
4. Integral Calculus	The Riemann Integral of One Variable Functions (14), Improper Integrals (6), Integral Theory of Multi-Variable Functions, Multiple Integrals (8), Integral with Parametric Variables (10)	38
5. Sequences and Series	Numerical Series (12), Function and Series of Functions (12), Power Series(10), Fourier Series (14)	48
6. Line and Surface Integrals	Type Ⅰ and Type Ⅱ Line and Surface Integrations (8), Relations between Line and Curve Integrations, Differential Forms, Introduction to Exterior Algebra (10), Introduction to Vector Fields (4)	22
Total	22	190

B. 复分析(Complex Analysis)

一、复分析课程定位

  复分析又称复变函数，是数学类专业的重要基础课和专业核心课程，一般在大学二年级学生学过数学分析课程后即可开设。复分析具有优美的思想体系和严密的逻辑体系，与其他数学分支如分析、拓扑、几何等方面的相关课程有紧密的联系，并在自然科学的相关领域有重要应用。本课程包含复分析领域的基础理论知识，多视角展示复变函数特别是全纯函数的优美性质，揭示其与数学其他分支和其他科学领域的联系和应用。

二、复分析课程目标

  通过本课程的学习，使学生深刻理解复变函数特别是全纯函数的基本概念及其几何意义，深刻领会全纯函数的优美性质以及和一般可微映射的本质区别，从分析、拓扑、几何等视角深刻理解和掌握全纯函数的 Cauchy 积分理论、Weierstrass 级数理论、Riemann 共形映射理论和调和函数理论等核心内容以及这些理论之间的逻辑关系和自身特点，熟练掌握复变函数中常用的基本分析技巧和计算方法。通过学习增强学生的逻辑推理能力和分析计算能力，为后续课程的学习和以后进行复分析相关领域研究打好基础。

三、复分析课程设计

  本课程从复数、复平面、复变函数等基础概念出发，着重介绍复变函数的核心内容全纯函数和与之相关的调和函数理论。课程内容包括 6 个模块(见图 2.2 复分析模块及其关系图)。其中第 1 模块包含复变函数论的最基本概念，主要目的为引出全纯函数概念和介绍其基本性质。在这个模块中，复数乘法的几何意义以及辐角的多值性是值得重视的部分，而全纯函数和 Cauchy-Riemann 方程是这部分的核心。第 2 模块到第 5 模块是全纯函数理论的主要内容。第 2 模块是全纯函数积分理论，在引入复积分后，介绍积分理论的核心内容：Cauchy-Goursat 积分定理和 Cauchy 积分公式，以及 Cauchy-Goursat 积分定理的逆定理——Morera 定理，并得到积分理论的几个重要推论，包括反映全纯函数特性的最大模原理。第 3 模块是全纯函数级数理论，在引入复幂级数后，利用 Cauchy 积分得到全纯函数幂级数展开，并由此得到全纯函数的零点孤立性定理、Riemann 可去奇点定理和唯一性定理；幂级数的系数的积分表示使得可以引入 Laurent 级数，由此得到孤立奇点的分类；最后作为应用介绍留数定理与定积分计算。第 4 模块拓扑理论是积分理论的延续，通过积分阐述曲线的绕数并衍生出辐角原理，并进一步得到全纯函数的局部映射性质，从积分和解析延拓的角度阐述多值函数及其单值支，进而延伸出初等 Riemann 曲面概念；第 5 模块主要是全纯映射几何理论，包含分式线性变换等初等共形映射，这部分的核心是复变函数的中心定理——Riemann 映射定理，进一步介绍双曲几何和球面几何等进阶知识。最后第 6 模块是调和函数理论，这部分将建立调和函数与全纯函数对应相关理论，并通过调和函数构造全纯函数，以及在典型域上求解调和函数的核心问题——Dirichlet 问题。

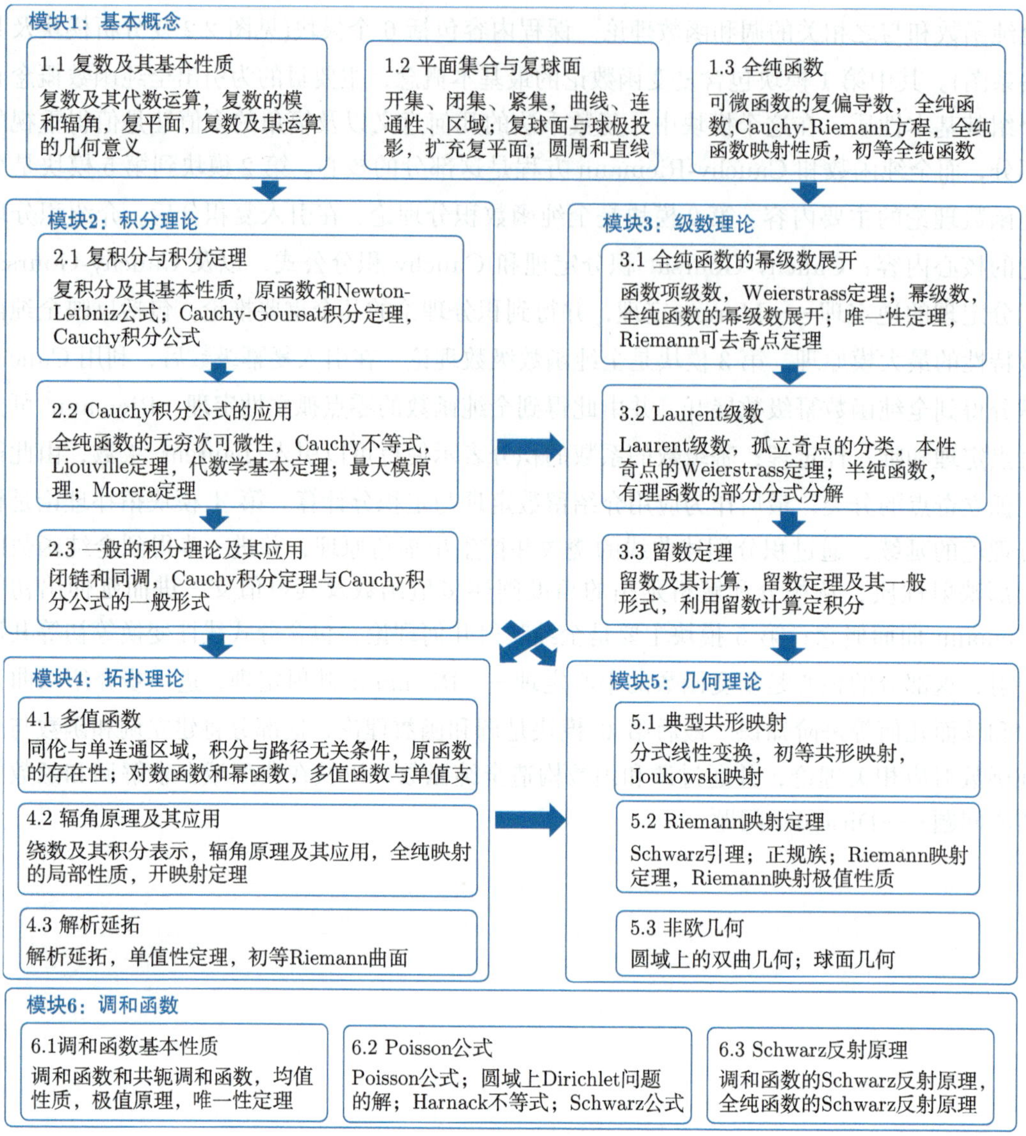

模块1：基本概念

1.1 复数及其基本性质

复数及其代数运算，复数的模和辐角，复平面，复数及其运算的几何意义

1.2 平面集合与复球面

开集、闭集、紧集，曲线、连通性、区域；复球面与球极投影，扩充复平面；圆周和直线

1.3 全纯函数

可微函数的复偏导数，全纯函数，Cauchy-Riemann方程，全纯函数映射性质，初等全纯函数

模块2：积分理论

2.1 复积分与积分定理

复积分及其基本性质，原函数和Newton-Leibniz公式；Cauchy-Goursat积分定理，Cauchy积分公式

2.2 Cauchy积分公式的应用

全纯函数的无穷次可微性，Cauchy不等式，Liouville定理，代数学基本定理；最大模原理；Morera定理

2.3 一般的积分理论及其应用

闭链和同调，Cauchy积分定理与Cauchy积分公式的一般形式

模块3：级数理论

3.1 全纯函数的幂级数展开

函数项级数，Weierstrass定理；幂级数，全纯函数的幂级数展开；唯一性定理，Riemann可去奇点定理

3.2 Laurent级数

Laurent级数，孤立奇点的分类，本性奇点的Weierstrass定理；半纯函数，有理函数的部分分式分解

3.3 留数定理

留数及其计算，留数定理及其一般形式，利用留数计算定积分

模块4：拓扑理论

4.1 多值函数

同伦与单连通区域，积分与路径无关条件，原函数的存在性；对数函数和幂函数，多值函数与单值支

4.2 辐角原理及其应用

绕数及其积分表示，辐角原理及其应用，全纯映射的局部性质，开映射定理

4.3 解析延拓

解析延拓，单值性定理，初等Riemann曲面

模块5：几何理论

5.1 典型共形映射

分式线性变换，初等共形映射，Joukowski映射

5.2 Riemann映射定理

Schwarz引理；正规族；Riemann映射定理，Riemann映射极值性质

5.3 非欧几何

圆域上的双曲几何；球面几何

模块6：调和函数

6.1调和函数基本性质

调和函数和共轭调和函数，均值性质，极值原理，唯一性定理

6.2 Poisson公式

Poisson公式；圆域上Dirichlet问题的解；Harnack不等式；Schwarz公式

6.3 Schwarz反射原理

调和函数的Schwarz反射原理，全纯函数的Schwarz反射原理

图 2.2　复分析模块及其关系图

四、复分析课程知识点

模块 1：基本概念 (Introduction)

知识点	主要内容	能力目标	参考学时
1. 复数及其基本性质(Complex Numbers and Properties)	复数及其代数运算，复数的模与辐角，复平面，复数及其运算的几何意义，利用复数解决一些代数和几何问题	掌握复数的表示及其代数运算，理解复数及其代数运算的几何意义，理解辐角的多值性，掌握利用复数几何性质证明代数不等式与几何定理	4

续表

知识点	主要内容	能力目标	参考学时
2. 平面集合与复球面(Planar Sets and Complex Sphere)	平面拓扑基础(邻域、开集、闭集、紧集，连通性和区域)，球极投影，复球面和扩充复平面	掌握平面集合的基本概念和性质，能运用复数表示平面集合，了解复球面的构造，理解扩充复平面的和复平面的联系和区别，了解直线和圆周的统一	2
3. 全纯函数 (Holomorphic Functions)	复导数和复偏导数，全纯函数，Cauchy-Riemann 方程，全纯函数基本映射性质，初等全纯函数	掌握全纯函数基本概念，深刻理解 Cauchy-Riemann 方程的含义，理解复导数和复偏导数的几何意义，理解全纯函数的保角性，掌握初等全纯函数的定义和基本性质	4

模块 2：积分理论 (Integral Theory)

知识点	主要内容	能力目标	参考学时
1. 复积分 (Complex Integral)	复积分的定义和基本性质，积分基本不等式，原函数和 Newton-Leibniz 公式	掌握复积分定义和基本性质，理解积分基本不等式证明思想，能利用参数方程和 Newton-Leibniz 公式计算简单复积分	2
2. Cauchy-Goursat 积分定理 (Cauchy-Goursat Theorem)	Cauchy 定理，Goursat 定理，Cauchy-Goursat 积分定理	掌握 Cauchy 定理、Goursat 定理、Cauchy-Goursat 积分定理，能利用 Cauchy 定理计算简单复积分	2
3. Cauchy 积分公式(Cauchy Integral Formula, CIF)	Cauhy 积分公式，全纯函数的无穷次可微性，Morera 定理及其应用	掌握 Cauchy 型积分的全纯性，熟练掌握 Cauchy 积分公式及其证明，能利用 Cauchy 积分公式计算简单复积分，掌握 Morera 定理及相关推论	2
4. Cauchy 积分公式的应用 (CIF and Its Applications)	导函数的 Cauchy 积分公式，Cauchy 不等式，Liouville 定理，代数学基本定理，最大模原理	掌握 Cauchy 积分公式的重要应用，会用 Cauchy 不等式进行估计，熟练掌握 Liouville 定理和代数基本定理的证明，深刻理解最大模原理及其应用	2
5. 一般的积分理论及其应用 (General Integral Theory and Applications)	一般形式的 Cauchy 积分定理和 Cauchy 积分公式，原函数存在性的判别条件	掌握一般闭曲线或闭链上的 Cauchy 积分定理和 Cauchy 积分公式、了解其证明思想，掌握原函数存在性的充要条件	4

模块 3：级数理论 (Series Theory)

知识点	主要内容	能力目标	参考学时
1. 函数列与幂级数 (Sequences and Power Series)	函数列和函数项级数的收敛性，Weierstrass 定理，幂级数及其收敛半径，幂级数和函数的全纯性	掌握函数列和函数项级数的各种收敛性，掌握 Weierstrass 定理及其证明，掌握幂级数收敛半径的求法，简单幂级数求和	2
2. 全纯函数的幂级数展开 (Power Series Expansion for Holomorphic Functions)	全纯函数的幂级数展开，幂级数系数积分表示和 Cauchy 不等式，零点孤立性定理，Riemann 可去奇点定理，唯一性定理	理解幂级数系数积分表示的优点，掌握全纯函数幂级数展开的求法，知道全纯函数奇点和幂级数收敛半径的关系，理解唯一性定理的实质，掌握唯一性定理的证明	2
3. Laurent 级数与半纯函数 (Laurent Series and Meromorphic Functions)	全纯函数的 Laurent 级数，孤立奇点及其分类，本性奇点的 Weierstrass 定理，半纯函数和有理函数	掌握 Laurent 级数的收敛性、环域上全纯函数的 Laurent 级数展开，掌握可去奇点、极点和本性奇点的定义及其判别，掌握有理函数的部分分式分解，了解一般半纯函数的部分分式分解	4
4. 留数定理与积分计算 (Residue Theorem and Typical Integrals)	留数和留数定理，利用留数定理计算几类典型定积分	掌握留数定义和留数计算方法，熟练掌握利用留数定理计算各类典型积分的方法	4

模块 4：拓扑理论 (Topological Theory)

知识点	主要内容	能力目标	参考学时
1. 同伦及积分与路径无关 (Homotopy and Independence of Integral Path)	曲线同伦，单连通区域，积分与路径无关，单连通区域上的 Cauchy 积分定理	掌握同伦的概念，了解什么是单连通区域，理解单连通区域上全纯函数积分与路径无关、单连通区域上有原函数	2
2. 多值函数 (Multivalued Function)	对数函数和幂函数，连续的辐角函数的存在性，多值函数及其单值支	掌握对数函数和幂函数的基本性质，理解沿曲线连续的辐角函数存在性，了解多值函数和辐角以及积分路径的关系，掌握单值支的概念，能确定简单初等多值函数的单值支，了解单连通区域上非零全纯函数的对数可以取到单值支	4

续表

知识点	主要内容	能力目标	参考学时
3. 辐角原理及其应用(Argument Principle and Its Applications)	绕数及其积分表示、辐角原理和 Rouché 定理及其应用, Hurwitz 定理, 全纯映射的局部性质, 开映射定理	掌握绕数及其积分表示, 熟练掌握辐角原理和 Rouché 定理及其应用, 能利用辐角原理判断函数方程在指定区域内根的个数的方法, 理解全纯映射局部性质	4
4. 解析延拓 (Analytic Continuation)	解析延拓的概念, 幂级数的解析延拓, 单值性定理; 初等 Riemann 曲面	理解解析延拓基本概念, 了解解析延拓和多值函数的关系, 掌握单值性定理及其证明, 了解对数函数和幂函数的 Riemann 曲面	2

模块 5: 几何理论 (Geometric Theory)

知识点	主要内容	能力目标	参考学时
1. 分式线性变换 (Möbius Transformation)	分式线性变换定义, 分式线性变换映射性质, 交比	掌握分式线性变换定义和代数性质, 熟练掌握分式线性变换的基本映射性质(保向性、共形性、保圆性, 保对称性等), 掌握交比定义以及分式线性变换关于交比的不变性	2
2. 初等共形映射 (Elementary Conformal Mapping)	初等共形映射, Joukowski 函数	了解初等函数的单叶性区域及其上的映射性质, 掌握 Joukowski 函数的映射性质, 会求简单区域间的初等共形映射	2
3. Schwarz 引理 (Schwarz Lemma)	Schwarz 引理, 单位圆盘的全纯自同构群, Schwarz-Pick 定理	熟练掌握 Schwarz 引理及其证明, 掌握 Schwarz-Pick 定理, 能够熟练利用 Schwarz 引理及其推广证明不等式, 掌握不等式成为等式的充要条件	2
4. 正规族(Normal Family)	Arzelà-Ascoli 定理, Montel 定理	掌握正规族定义以及 Montel 正规定则, 能够判定给定全纯函数族正规性	2
5. Riemann 映射定理 (Riemann Mapping Theorem)	Riemann 映射定理及其应用, Riemann 映射的极值性质	深刻体会 Riemann 映射的重要意义, 掌握 Riemann 映射定理的证明, 了解 Riemann 映射的极值性质, 了解 Riemann 映射定理的一些应用	2
6. 双曲几何与球面几何 (Hyperbolic Geometry and Spherical Geometry)	双曲度量, 测地线, 双曲三角形的面积, 球面几何	了解圆上双曲几何以及球面几何的基本性质	2

模块 6：调和函数 (Harmonic Function)

知识点	主要内容	能力目标	参考学时
1. 调和函数 (Harmonic Function)	调和函数，共轭微分和共轭调和函数，调和函数孤立奇点，均值性质，极值原理，唯一性定理	掌握调和函数的基本性质，了解调和函数和全纯函数的对应关系，理解共轭调和函数的存在性，熟练掌握均值性质及其证明，掌握调和函数极值原理和唯一性定理	2
2. Poisson 公式 (Poisson Formula)	Poisson 公式，Harnack 不等式，Poisson 积分的边值性质，圆域上 Dirichlet 问题的解，Schwarz 公式	熟练掌握 Poisson 公式及其证明，了解 Harnack 不等式和 Schwarz 引理的关系，掌握圆域 Dirichlet 问题解的存在唯一性，了解 Schwarz 公式和圆域上 Schwarz 问题的求解	2
3. Schwarz 反射原理(Schwarz Reflection Principle)	调和函数和全纯函数的Schwarz 反射原理，Christoffel 公式	掌握 Schwarz 反射原理与应用，能利用反射原理求某些区域间的共形映射，了解 Christoffel 公式	2

五、复分析课程英文摘要

1. Introduction

Complex Analysis, also known as Functions of One Complex Variable, is an important basic course and professional core course for mathematics majors, which is usually offered to sophomores, when they have learned the course of Mathematical Analysis. Complex Analysis have a beautiful theoretical system and a rigorous logical system。It is closely related to subsequent courses of other branches of mathematics, such as analysis, topology and geometry. They also have important applications in many fields of natural sciences. This course contains the basic theoretical knowledge of complex analysis, demonstrates the beautiful theory of complex functions, with an emphasis on the theory of holomorphic functions from multiple perspectives, and reveals their connections and applications with other branches of mathematics and other fields of sciences.

2. Goals

To help students gain a deep understanding of the basic concepts of functions of a complex variable, particularly holomorphic functions and their geometric meanings, comprehend the exquisite properties of holomorphic functions and the essential differences between holomorphic functions and general differentiable mappings.

To help students deeply understand the Cauchy integral theory of holomorphic functions, the Weierstrass series theory, Riemann's mapping theory, and the theory of harmonic functions from the viewpoints of analysis, topology, and geometry, understand the logical relationship between these theories and their own characteristics.

To help students master the fundamental analytical techniques and computational methods commonly used in complex analysis. To help students improve their logical reasoning ability and analytical and computational ability, and build a solid foundation for the study of subsequent courses and future researches in the field of complex analysis.

3. Covered topics

Modules	List of Topics	Suggested Hours
1. Introduction	Complex Numbers and Properties (4), Planar Sets and Complex Sphere (2), Holomorphic Functions (4)	10
2. Integral Theory	Complex Integral (2), Cauchy-Goursat Theorem (2), Cauchy Integral Formula, CIF(2), CIF and Its Applications (2), General Integral Theory and Applications (4)	12
3. Series Theorey	Sequences and Power Series (2) Power Series Expansion for Holomorphic Functions (2), Laurent Series and Singularities (2), Meromorphic Functions (2), Residue Theorem and Typical Integrals (4)	12
4. Topological Theory	Homotopy and Independence of Integral Path (2), Multivalued Function (4), Argument Principle and Its Applications (4), Analytic Continuation (2)	12
5. Geometric Theory	Möbius Transformation (2), Elementary Conformal Mapping (2), Schwarz Lemma (2), Normal Family (2), Riemann Mapping Theorem (2), Hyperbolic Geometry and Spherical Geometry (2)	12
6. Harmonic Function	Harmonic Function (2), Poisson Formula (2), Schwarz Reflection Principle (2)	6
Total	25	64

代数学 (Algebra)

一、代数学课程定位

大学数学类专业的基础数学课程主要由三类课程组成：分析类课程，代数类课程，拓扑与几何类课程。代数学是其中的三大支柱类课程之一。本课程包括高等代数、抽象代数、有限群表示论三门。高等代数是大学数学类专业的两门基础课之一，在第一年开设，共两学期，主要内容为线性代数和部分多项式理论。抽象代数一般在大学二年级开设，也是两学期，是讲授近现代代数学的第一门专业课。有限群表示论一般在三年级开设，讲授一学期，是现代表示论的基础。这些课程不但本身是现代代数学的入门课程，同时是后继代数类课程，包括李代数、交换代数、代数数论、李群等的基础，对于大学数学类高质量人才的培养至关重要。

二、代数学课程目标

培养学生熟练掌握代数学的基本概念、理论和求解相关问题的思路和方法；引导学生使用代数学的语言来描述数学研究对象，运用代数学的基本理论方法解决数学其他领域和其他科学领域中出现的重要问题。训练学生的抽象思维和解决实际问题的能力。让学生了解代数学发展中重要的思想、方法，以及现代代数学的发展趋势。为后继代数类各门课程或者日后从事代数学的研究打下坚实的代数基础。

三、代数学课程设计

代数学课程强调从具有相同运算规律的数学对象中，抽象出可用若干概念和公理定义的代数体系，再对这些代数体系进行研究，获得其普遍成立的性质，并进行分类。本课程包含的高等代数、抽象代数、有限群表示论都沿袭这一做法，高等代数主要介绍线性空间这一抽象概念，由此出发，我们将介绍线性空间上的线性变换，带有度量的线性空间(欧几里得空间)及其推广，同时讲授处理线性问题常用的理论基础：线性方程组的解的结构理论、矩阵论。作为处理矩阵的常用工具之一，我们也介绍一般域上多项式的基本性质。抽象代数围绕群、环、域、模这四类最重要的代数体系展开，同时介绍历史上著名的高次方程根式解理论、即 Galois 理论。有限群表示论是群论与模论的桥梁，我们不但介绍其基本理论，而且涉及很多群论历史上的重要结果。本课程的最后，我们专门介绍现代表示论的基本理论，包括结合代数的表示，李代数的表示以及李群的表示，我们还特别强调了现代表示理论中若干热点的研究课题。

本课程包含 7 个模块，具体内容请见图 2.3。

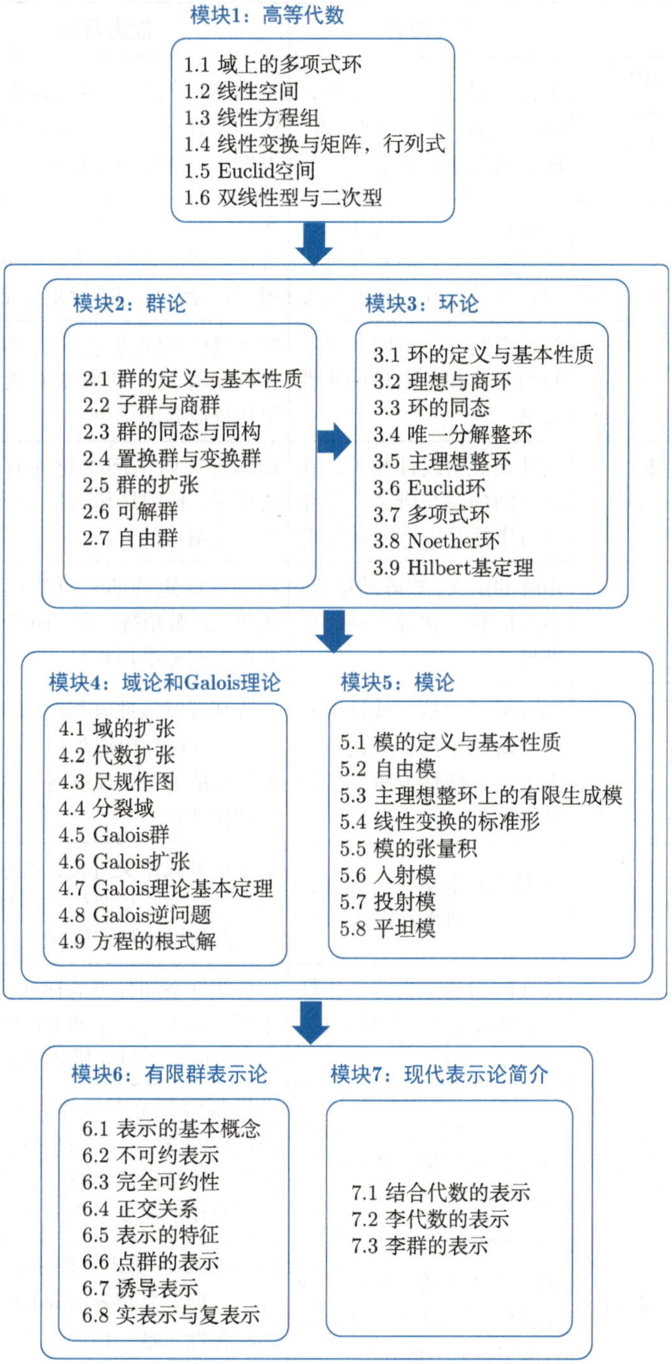

模块1：高等代数

1.1 域上的多项式环
1.2 线性空间
1.3 线性方程组
1.4 线性变换与矩阵，行列式
1.5 Euclid空间
1.6 双线性型与二次型

模块2：群论

2.1 群的定义与基本性质
2.2 子群与商群
2.3 群的同态与同构
2.4 置换群与变换群
2.5 群的扩张
2.6 可解群
2.7 自由群

模块3：环论

3.1 环的定义与基本性质
3.2 理想与商环
3.3 环的同态
3.4 唯一分解整环
3.5 主理想整环
3.6 Euclid环
3.7 多项式环
3.8 Noether环
3.9 Hilbert基定理

模块4：域论和Galois理论

4.1 域的扩张
4.2 代数扩张
4.3 尺规作图
4.4 分裂域
4.5 Galois群
4.6 Galois扩张
4.7 Galois理论基本定理
4.8 Galois逆问题
4.9 方程的根式解

模块5：模论

5.1 模的定义与基本性质
5.2 自由模
5.3 主理想整环上的有限生成模
5.4 线性变换的标准形
5.5 模的张量积
5.6 入射模
5.7 投射模
5.8 平坦模

模块6：有限群表示论

6.1 表示的基本概念
6.2 不可约表示
6.3 完全可约性
6.4 正交关系
6.5 表示的特征
6.6 点群的表示
6.7 诱导表示
6.8 实表示与复表示

模块7：现代表示论简介

7.1 结合代数的表示
7.2 李代数的表示
7.3 李群的表示

图 2.3　代数学模块及其关系图

四、代数学知识点

模块 1：高等代数（Advanced Algebra）

知识点	主要内容	能力目标	参考学时
1. 集合，群、环、域的基本概念(Sets, Fundamental Notions of Groups, Rings and Fields)	集合、偏序，等价关系，Zorn 引理，选择公理，群、环、域的基本概念	掌握从已知集合构造新集合的方法，理解 Zorn 引理，选择公理的内容，了解群环域基本概念	10
2. 域上的一元多项式 (Polynomials of One Indeterminate over a Field)	多项式函数，辗转相除，最大公因式，因式分解定理，有理数域上的多项式	理解一元多项式理论的主要结果，会计算多项式的最大公因数，能利用因式分解定理推导重要结论	14
3. 线性空间(Vector Spaces)	线性空间，子空间，子空间的交与和，向量的线性关系	理解线性空间的定义，了解从具有相同运算规律的数学对象中提炼出代数概念的思想	10
4. 线性空间的基与维数 (Base and Dimension of Vector Spaces)	线性无关与线性相关，线性空间的基与维数，基变换与坐标变换，维数公式	理解将无限的问题化为有限问题的思想，特别是利用基来研究线性空间的结构的方法	10
5. 矩阵及其运算 (Matrices and Their Operations)	矩阵的定义，矩阵的运算，矩阵的秩，初等变换，标准形	熟练掌握矩阵的运算规律和计算技巧，理解矩阵的秩和矩阵在初等变换下的标准形理论	16
6. 线性方程组 (Systems of Linear Equations)	Gauss 消元法，线性方程组有解的条件，齐次线性方程组，线性方程组解的结构	熟练掌握解线性方程组的 Gauss 消元法，掌握利用矩阵行变换解线性方程组的方法，理解线性方程组解的结构理论	12
7. 行列式（Determinant)	行列式的定义，行列式的性质，行列式与矩阵的秩	掌握行列式定义过程，熟练掌握行列式的性质，掌握行列式的计算技巧，会利用行列式研究矩阵的性质	10
8. 线性映射，商空间 (Linear Mappings, Quotient Spaces)	线性映射的定义与基本性质，维数定理，线性同构，线性空间的分类	理解线性空间分类的标准，掌握利用不变量进行数学研究的思想，理解利用商体系研究代数体系的方法	8
9. 线性变换，矩阵的特征值 (Linear Transformations, Eigenvalues of Matrices)	不变子空间，矩阵的特征值与特征向量，矩阵可对角化的条件	掌握将空间分解为不变子空间进行研究的方法，熟练掌握求矩阵特征值与特征向量的方法，熟知矩阵可对角化的充要条件	10
10. Jordan 标准形（Jordan Canonical Forms)	多项式环上的矩阵及其应用，复数域上矩阵的 Jordan 标准形，最小多项式	熟练掌握多项式矩阵求标准形的方法，理解复矩阵 Jordan 标准形的存在性与唯一性的证明，掌握最小多项式的理论	10

续表

知识点	主要内容	能力目标	参考学时
11. 内积空间(Inner Product Spaces)	内积和范数，正交化方法，最小二乘解，正规和自伴随，酉变换	掌握从一组向量组得到一组正交向量组的方法，了解最小二乘解的原理和意义，掌握正规变换，酉变换的定义和性质	12
12. 群与群的几何 (Groups and Geometry)	群的同态与同构，内积空间中的旋转与旋转群，反射和反射群，正交变换的几何	初步了解应用群研究内积空间几何的思想和方法，掌握旋转和旋转群的主要性质	10
13. 多元多项式 (Polynomials of Several Indeterminates)	多元多项式，对称多项式，结式和二元高次方程组，多元多项式的几何	掌握对称多项式基本定理，掌握将对称多项式写成初等对称多项式的步骤和方法	6
14. 双线性型和二次型 (Bilinear Forms and Quadratic Forms)	双线性型，对称、反称双线性型，非退化双线性型，二次型的定义，标准化和规范化，惯性定理，正定二次型和正定矩阵	理解双线性型的概念，掌握基本性质，掌握二次型的标准形理论，并学会利用非退化线性替换求标准形的方法	16
15. 辛空间 (Symplectic Spaces)	广义内积空间，辛空间	了解广义内积空间的概念和性质，初步掌握辛空间的研究技巧	8

模块 2：群论 (Group Theory)

知识点	主要内容	能力目标	参考学时
1. 群的基本概念 (Fundamental Notions of Groups)	群的四种定义与典型例子，群的基本性质，群的阶与元素的阶	熟练掌握常用的群的四种定义，理解元素的阶的定义和基本性质，熟悉一些典型的群，如对称群，置换群，二面体群等	4
2. 循环群 (Cyclic Groups)	循环群的定义，生成元，循环群的分类，循环群的刻画	熟练掌握循环群的定义和基本性质，了解循环群分类定理的内容，了解有限循环群生成元的求法	2
3. 群在集合上的作用 (Group Actions on Sets)	群在集合上的作用的定义与基本性质，典型例子，轨道分解，Cayley 定理	熟练掌握群在集合上作用的概念和意义，熟知一些典型例子，包括群在自身上的左平移作用，共轭作用等	4
4. 陪集，Lagrange 定理 (Cosets, Lagrange's Theorem)	子群，群对子群的左陪集右陪集，子群与指数，Lagrange 定理	掌握子群的定义及判别定理，理解指数的定义，掌握 Lagrange 定理的应用	2

续表

知识点	主要内容	能力目标	参考学时
5. 正规子群与商群 (Normal Subgroups and Quotient Groups)	正规子群的定义及判别方法，商群的定义，一些常见的例子	熟练掌握正规子群定义的实质，了解在正规子群的陪集空间中运算的同余性，了解商群的定义	2
6. Sylow 定理 (Sylow's Theorems)	p 群及其性质，Sylow 三大定理及其意义，Cauchy 定理，单群的判别方法	掌握利用群作用证明 Sylow 三大定理的过程，了解利用 Sylow 定理证明某些有限群不是单群的途径	2
7. 群的同态与同构 (Homomorphisms and Isomorphisms of Groups)	群同态的定义与性质，群的同态基本定理，第一同构定理，第二同构定理	熟练掌握群的同态的定义和性质，理解群的同态基本定理的内容并学会利用证明某些群的同构	4
8. 群的扩张与直积 (Extensions and Direct Products of Groups)	群的外直积，群的半直积与直积	掌握利用群的外直积和半直积的方法构造群的方法，了解群的扩张的定义及其意义	2
9. 有限交换群 (Finite Abelian Groups)	有限交换群的分类和实现，不变因子，初等因子，扭系数	熟练掌握利用 Sylow 定理对有限交换群进行分类的思路和方法，牢记有限交换群的分类结果以及相应的不变量	2
10. 可解群 (Solvable Groups)	可解群的定义和判别，可解群的典型例子	熟练掌握利用导出列判断可解群的方法，了解利用子群和商群断定一个群是可解群的方法	2
11. 正规群列，Jordan-Hölder 定理 (Normal Sequences of Groups, Jordan-Hölder Theorem)	次正规群列，正规群列，合成群列，Jordan-Hölder 定理	了解次正规群列，正规群列的概念和性质，掌握利用群列证明可解群的方法，了解 Jordan-Hölder 定理的内容和证明	4
12. 自由群 (Free Groups)	自由群的定义，群的生成元组，群的一般构造方法	掌握自由群的概念和构造方法，了解利用生成元集和关系描述群结构的方法	4

模块 3：环论 (Ring Theory)

知识点	主要内容	能力目标	参考学时
1. 环的基本概念 (Fundamental Notions of Rings)	环的定义，零因子，消去律，无零因子环，整环，特征	熟练掌握环的概念和基本性质，了解无零因子环的定义，了解几种特殊环的定义和常见例子	4

续表

知识点	主要内容	能力目标	参考学时
2. 子环与商环 (Subrings and Quotient Rings)	子环，理想，商环的定义和基本性质	熟练掌握子环和理想的概念以及判别方法，了解生成子环和理想的方法，了解商环的定义和性质	2
3. 环的同态与同构 (Homomorphisms and Isomorphisms of Rings)	环的同态与同构的定义，环的同态基本定理，环的同构定理	熟练掌握环的同态的概念和同态基本定理，学会应用同态基本定理证明某些环同构	4
4. 唯一分解整环 (Uniquely Decomposable Domains)	整除与因子，有限分解条件，因子链条件，素性条件，唯一分解整环	熟练掌握唯一分解整环的定义和判定定理，熟悉几类关于整环的条件	6
5. 素理想与极大理想 (Prime Ideals and Maximal Ideals)	素理想与极大理想，商环为整环或域的条件	熟悉素理想与极大理想的定义，掌握素理想与极大理想的判别方法，学会利用商环来判断一个理想为素理想或极大理想	2
6. 分式域与局部化 (Fields of Fractions and Localizations)	分式域的定义和性质，局部化的概念和方法	牢固掌握分式域的概念、性质和构造方法，了解局部化的思想	2
7. Noether 环 (Noetherian Rings)	升链条件，极大条件，Noether 环的定义	掌握 Noether 环的概念和基本性质，熟悉整环中的一些链条件	2
8. 主理想整环，Euclid 环 (Principal Ideal Domains, Euclidean Rings)	主理想整环与 Euclid 环的定义，基本性质，Gauss 整数环与两平方和定理	熟练掌握主理想整环和 Euclid 环的概念和基本性质，了解二者之间的关系，至少了解一个非 Euclid 环的主理想整环的例子	2
9. 环上的多项式，唯一分解整环上的多项式环 (Polynomials over Rings, Polynomials Rings over Uniquely Decomposable Domains)	环上的多项式的一般定义，一般整环上多项式环的带余除法，唯一分解整环上的多项式环	掌握一般环上定义多项式环的过程，了解一般性质，掌握唯一分解整环上的多项式环是唯一分解整环这一结论的证明	4
10. Hilbert 基定理 (the Hilbert Bais Theorem)	Noether 环上的多项式环，Hilbert 基定理	了解 Noether 环的定义，熟练掌握 Hilbert 基定理的证明	2
11. Eisenstein 判别法 (Eisenstein Critenion)	Noether 环上的多项式的不可约性，Eisenstein 判别法	熟练掌握 Eisenstein 判别法的内容和证明，回顾整数环上多项式环的 Eisenstein 判别法	2

模块 4：域论、Galois 理论（Field Theory and Galois Theory）

知识点	主要内容	能力目标	参考学时
1. 域的基本概念，域的扩张（Fundamental Notions of Fields, Extensions of Fields）	域的基本概念，域的同态性质，域的扩张，维数公式	掌握域的扩张的基本性质，理解为什么单扩张是最重要的扩张，熟悉维数定理的证明和应用	2
2. 代数扩张（Algebraic Extensions）	代数扩张的定义，基本性质，一般扩张的过程，尺规作图	熟练掌握代数扩张的定义，理解代数元和超越元的意义，了解代数扩张的遗传性，了解尺规作图的历史以及古典尺规作图的解决方法	4
3. 多项式的分裂域（Splitting Fields of Polynomials）	多项式的分裂域的定义，存在性与同构意义下的唯一性，自同构	掌握多项式环的分裂域的定义和构造过程，了解多项式的分裂域的自同构个数的主要结论	2
4. 正规扩张（Normal Extensions）	扩张的正规性，正规扩张的性质	掌握域的扩张的正规性，了解分裂域与正规扩张的关系，掌握正规闭包的概念	2
5. 可分扩张（Separable Extensions）	多项式的可分性，元素的可分性，可分扩张的性质	牢固掌握多项式和元素可分的概念和基本性质，掌握可分扩张的定义和刻画，了解可分扩张的遗传性	4
6. Galois 群与 Galois 扩张（Galois Groups and Galois Extensions）	扩张的 Galois 群，Galois 扩张的定义及其判别方法	掌握 Galois 群的定义和基本性质，掌握 Galois 群的计算方法，熟悉 Galois 扩张的概念和几种等价描述	4
7. Galois 理论的基本定理（Fundamental Theorem of Galois Theory）	Galois 扩张的中间域，Galois 群的子群之间的对应关系	牢固掌握 Galois 理论基本定理，掌握通过子群计算中间域的方法	4
8. Galois 逆问题（Galois Inverse Problem）	Galois 逆问题，Galois 群等于 S_n 的扩张	了解 Galois 逆问题的意义，掌握构造 Galois 群为 S_n 的 Galois 扩张的方法	2
9. 方程的根式解（Radical Solutions of Equations）	一个方程的群，方程可用根式解的充要条件	掌握一个方程的群的概念和若干实例，掌握一元高次方程存在根式解的主要定理和证明	4

模块 5：模论 (Modules Theory)

知识点	主要内容	能力目标	参考学时
1. 模的基本概念 (Fundamental Notions of Modules)	模的定义，子模与商模，模的同态	牢固掌握模的基本概念和性质，掌握模的同态基本定理，熟悉若干模的常见例子	2
2. 自由模 (Free Modules)	自由模的定义，秩与基，交换幺环上的自由模	牢固掌握自由模的定义，理解公理化定义的意义，了解自由模的主要性质	3
3. 模同态与矩阵 (Homomorphism of Modules and Matrices)	模同态与矩阵，主理想整环上矩阵的标准形，唯一性，不变因子	熟悉一般环上的矩阵的运算规律与性质，掌握主理想整环上矩阵的标准形理论，理解唯一性的证明	2
4. 主理想整环上的有限生成模 (Finitely Generated Modules over Principal Ideal Domains)	主理想整环上的有限生成模的结构，扭模，不变因子，初等因子，唯一性	牢固掌握主理想整环上的有限生成模的结构，几种分解定理，熟悉初等因子、不变因子的性质并且会进行计算，掌握唯一性的证明方法	6
5. 线性变换的标准形 (Canonical Forms of Linear Transformations)	线性变换的标准形，有理标准形，Jordan 标准形	掌握利用主理想整环上的有限生成模的结构理论研究线性变换标准形的理论依据，了解有理标准形和 Jordan 标准形的存在性和唯一性	3
6. 模的张量积 (Tensor Product of Modules)	模的张量积的定义，张量积的泛性质，交换幺环上模的张量积	掌握模的张量积的定义和构造方法，理解张量积的泛性质，理解线性空间之间的张量积	3
7. 模的正合序列 (Exact Sequences of Modules)	模的正合列，投射模，入射模，平坦模	掌握利用正合序列研究代数结构的思想，理解投射模、入射模、平坦模的定义及主要性质	2
8. 范畴(Catogories)	范畴，函子，积和余积，正向极限，逆向极限	掌握范畴,函子等基本概念和基本理论，了解范畴在现代数学中的重要作用	9
9. Gröbner 基(Gröbner Basis)	代数簇,Hilbert 零点定理，Gröbner 基及其应用	掌握代数簇的概念，掌握 Hilbert 零点定理及其证明，掌握 Gröbner 基的算法	4

模块 6：有限群表示论 (Representation Theory of Finite Groups)

知识点	主要内容	能力目标	参考学时
1. 预备知识 (Preliminaries)	线性变换的矩阵，可对角化的矩阵，群作用与同态，线性空间的张量积	系统回忆高等代数和抽象代数的重要概念，证明若干与张量积有关的同构定理，理解线性空间张量积与矩阵张量积的关系	2
2. 群表示的基本概念 (Fundamental Notions of Representations)	有限群的表示，子表示，商表示，表示的直和，对偶表示	掌握若干重要的有限群表示的例子，特别是正则表示，符号表示，置换表示等	4
3. 不可约表示 (Irreducible Representations)	不可约表示的定义，表示的完全可约性，忠实表示，表示的张量积	掌握表示的完全可约性的两种证明：平均投影法和 Weyl 酉方法（仅适用于复数域或实数域情形）	2
4. 表示的特征标 (Characters of Representations)	特征标的定义及基本性质，Schur 引理	理解特征标的定义及其重要意义，计算若干重要表示的特征标	4
5. 不可约表示的正交性 (Orthogonality of Irreducible Representations)	第一正交性定理，第二正交性定理	理解正交性定理的几种证明，用实例验证正交性定理	2
6. 点群 (Point Groups)	点群的定义，基本性质，点群的分类	复习群论的一些经典结果，包括群的扩张，正规序列，次正规序列，Jordan-Hölder 定理等	2
7. 点群的表示 I (Representations of Point Groups I)	有限循环群的表示，二面体群的表示，正四面体群的表示	掌握前三类点群表示的性质，特征标等	2
8. 点群的表示 II (Representations of Point Groups II)	正八面体的表示，正二十面体的表示，第二类点群的表示	掌握后两类点群表示的性质，特征标。理解从第一类点群表示导出第二类点群表示的技巧	2
9. Mckay 对应 (Mckay Cooorespondence)	SU(2)的有限子群的分类，Mckay 图	理解 Mckay 图与 Dynkin 图的对应关系	2
10. 群代数 (Group Algebra)	群代数的定义，基本性质，群代数的分解	理解群代数的引进动机，掌握通过群代数的方法将表示与模相对应的技巧	4

续表

知识点	主要内容	能力目标	参考学时
11. 群代数的应用 (Applications of Group Algebra)	特征标的整性，$p^a q^b$ 可解性定理，Schur-Weyl 对偶	了解群代数的其他应用，如 Hopf 代数等	4
12. 对称群与交错群的表示 (Representations of Permutation Groups and Alternative Groups)	Young 图，Young 表，Young 对称化子，表示在子群上的限制	熟悉经典的 Young 图，Young 表，了解 Young 图的一些应用，掌握子群表示与群本身表示的关系	2
13. 诱导表示 (Induced Representations)	诱导表示的定义及其性质，诱导表示的特征标	掌握限制表示和诱导表示的技巧，理解诱导表示的特征标	4
14. 实表示与复表示 (Real and Complex Representations)	实表示的复化，复表示的实形式，实特征标	掌握实表示与复表示的相互联系，了解一些不存在实形式的复表示的实例	2
15. Frobenius-Schur 指标 (Frobenius-Schur Index)	不变双线性函数，实形式存在的充要条件	掌握 Frobenius-Schur 指标的定义，了解该指标用来判断表示的类型的作用	2

模块 7：现代表示论简介 (Introduction to Modern Representation Theory)

知识点	主要内容	能力目标	参考学时
1. 结合代数的表示 (Representations of Associative Algebras)	结合代数的基本概念，表示，子表示与不可约性，特征与分类	掌握结合代数的基本概念与性质，了解结合代数表示的基本理论以及研究现状	2
2. 李代数的表示 (Representations of Lie Algebras)	表示的定义与基本性质，表示的特征，半单李代数的表示的分类	掌握李代数的表示的基本概念和基本性质，理解 Schur 引理，掌握半单李代数的表示的分类，理解 Weyl 特征公式与维数公式	2
3. 李群的表示 (Representations of Lie Groups)	李群的概念，李群的李代数，李群的表示，紧李群的表示分类，无限维表示与 (g, K)-模	掌握李群的基本概念，了解李群表示与李代数表示的关系，掌握紧李群表示的主要思想和方法，理解紧李群表示的分类结果，掌握 (g, K)-模的思想	4

五、代数学课程英文摘要

1. Introduction

Algebra, including three courses, Advanced Algebra, Abstract Algebra, and Representation Theory of Finite Groups, is a series of algebraic courses for all students specialized in mathematics. It is well known that there are three types of purely mathematical courses in mathematics, namely Analysis courses, Geometric and Topological courses and Algebraic courses. Algebra is the foundation of all algebraic courses. The series seeks to cultivate students abstract thinking ability. It starts from Advanced Algebra, a one-year course for freshmen, then Abstarct Algebra, a one-year course for sophomores, and then Representation Theory of Finite Groups for juniors. The courses guide students to understand "How mathematicians extract algebraic notions from mathematical objects satisfying the same operation laws", and "how to apply the abstract thinking to obtain important mathematical results", then guide students to understand how to solve difficult problems by abstract algebra techniques.

2. Goals

Can understand the abstract algebraic notions arising in mathematics, can grasp the essence of algebraic thinking and methods and also can understand the algebraic techniques to solve problems, so as to lay a solid foundation for students to learn further algebraic courses such as Lie Algebras, Commutative Algebras, Algebraic Number Theory, Algebraic Curves, Algebraic Geometry and Lie Groups etc.

3. Covered Topics

Modules	List of Topics	Suggested Hours
1. Advanced Algebra	Polynomials over Fields, Vector Spaces, Systems of Linear Equations, Linear Transformations and Matrices, Determinants, Euclidean Spaces, Bilinear Functions and Quadratic Forms	162
2. Group Theory	Definition and Fundamental Properties, Subgroups and Quotient Groups, Homomorphisms and Isomorphisms, Permutation Groups and Transformation Groups, Extensions of Groups, Solvable Groups, Free Groups	34

续表

Modules	List of Topics	Suggested Hours
3. Ring Theory	Definitions and Fundamental Properties, Ideals and Quotient Rings, Homomorphisms, Uniquely factorial Domains, Principal Ideal Domains and Euclidean Domains, Polynomial Rings, Noetherian Rings, The Hilbert Basis Theorem	32
4. Field Theory and Galois Theory	Extensions of Fields, Algebraic Extensions, Construction with Rules and Compasses, Splitting Fields of Polynomials, Galois Groups, Galois Extensions, The Fundamental Theorem of Galois Theory, Galois Inverse Problem, Radical Solutions of Equations	28
5. Modules Theory	Definitions and Fundamental Properties, Free Modules, Finitely Generated Modules Over a Principal Ideal Domain, Canonical Forms of Linear Transformation, Injective Modules, Projective Modules, Flat Modules, Catogories, Gröbner Basis	34
6. Representation Theory of Finite Groups	Definitions and Fundamental Properties, Irreducible Representations, Complete Reducibility, Characters of Representations, Orthogonal Relations, Representations of Point Groups, Induced Representations, Real and Complex Representations	40
7. Introduction to Modern Representation Theory	Representations of Associative Algebras, Representations of Lie Algebras, Representation of Lie Groups	8
Total	73	338

几何学 (Geometry)

一、几何学课程定位

几何学是研究空间中点、线、面等图形的形状、大小、位置关系的一门数学分支，它和其他的数学分支有千丝万缕的联系并相互融合。几何学课程基于尽量少的预备知识，讲述该学科的基本概念、思想、工具、方法和技巧。课程内容涵盖公理化几何学、向量代数、平面和直线的方程、二次曲线和二次曲面、仿射几何、射影几何、Möbius 几何、非 Euclid 几何等主题，并反映该学科的发展历史、当前进展以及和其他数学分支的联系。

二、几何学课程目标

通过课程学习，从基本公理出发建立几何学的理论框架，让学生熟练掌握解析几何的基本概念、思想和方法。培养良好的几何直观，掌握几何语言和代数语言的相互转化，用变换群观点理解几何学各个研究方向的区别和联系，掌握运用几何学的观点和方法解决理论和实际问题的能力。为学生后续的学术和职业生涯打下坚实的基础。

三、几何学课程设计

课程从几何学的发展历史开始，介绍 Euclid 几何的公理系统和解析几何的基本思想和观点。引入向量代数这一基本工具，并在此基础上研究平面和直线的几何性质，对二次曲线和二次曲面进行分类。基于 Klein 用变换群对几何学进行分类的思想，探讨 Euclid 几何、仿射几何、射影几何、Möbius 几何等几何学之间的区别和联系。通过平行公设引入非 Euclid 几何学，并在度量空间的框架下建立椭圆几何和双曲几何的各种模型并探讨它们之间的联系。课程提供宽广的学科视野，强调知识的系统性、思维的连贯性和选题的广泛性。

课程内容包括以下 11 个模块，其中前 8 个模块可作为一学期的课程在大学数学类专业第一个学期或者第二个学期开设，后 3 个模块的内容可以作为选修课或者小学期课程的教学材料。模块之间的逻辑关系如图 2.4 所示。

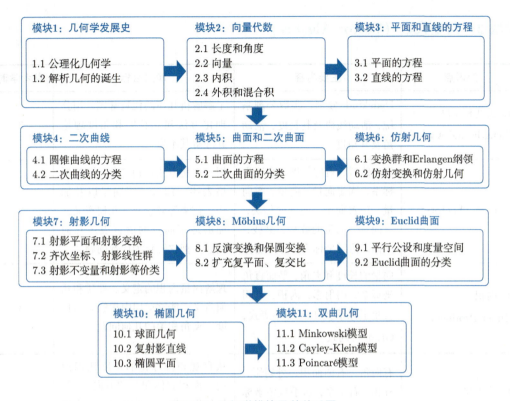

图 2.4　几何学模块及其关系图

四、几何学课程知识点

模块 1：几何学发展史（History of the Development of Geometry）

知识点	主要内容	能力目标	参考学时
1. 公理化几何学（Axiomatic Geometry）	演绎推理，公设，公理，从属关系，顺序关系，全等关系，连续公理	了解公理化几何学产生的背景，理解 Euclid 几何学的基本公理的含义并进行推理	4
2. 解析几何的诞生（The Birth of Analytic Geometry）	坐标，曲线的方程，方程的曲线，曲线的交点与方程组，机械化	了解解析几何产生的背景和基本思想，结合具体例子理解公理化几何、解析几何思想和方法的区别与联系	2

模块 2：向量代数 (Vector Algebra)

知识点	主要内容	能力目标	参考学时
1. 长度和角度 (Lengths and Angles)	Dedekind 分割，实数公理系统，活动线段及其长度，活动角及其角度	了解解析几何的代数基础，用公理化方法建立长度和角度理论并理解其本质	3
2. 向量 (Vectors)	有向线段，有向长度，直线坐标系，固定向量，向量，零向量，位置向量，向量的加法，反向量，向量的数乘，共线，共面，仿射坐标系，重心坐标	用公理化方法得到"方向"的严格表述，深入理解向量以及加法、数乘等概念及其几何意义，能够运用向量的语言表述几何问题并把它转化为代数问题	3
3. 内积 (Inner Product)	向量的长度和夹角，平面直角坐标系，内射影，内积，空间直角坐标系，Schwarz 不等式，Gram 行列式	理解向量内积的定义、性质和几何意义，能够运用内积解决与长度、夹角相关的几何问题	3
4. 外积和混合积 (Cross Product and Triple Product)	有向角，有向面积，外射影，外积，右手系，右手直角坐标系，有向体积，混合积，双重外积公式，Jacobi 恒等式，Lagrange 恒等式	从直观和公理化的角度认识角度、面积和体积的"方向"，理解外积、混合积的概念、性质和几何意义，能够运用外积、混合积解决与长度、角度、旋转相关的几何问题	5

模块 3：平面和直线的方程 (Equations for Planes and Straight Lines)

知识点	主要内容	能力目标	参考学时
1. 平面的方程 (Equations for Planes)	平面的参数方程，法向量，平面的普通方程，点和平面的位置关系，平面和平面的位置关系，二面角	能够运用向量法和坐标法把平面相关的几何问题转化为代数问题，并运用数乘、内积、外积、混合积等运算解决问题	2
2. 直线的方程 (Equations for Straight Lines)	直线的参数方程，点向式方程，普通方程，点和直线的位置关系，直线和平面的位置关系，直线和直线的位置关系，异面直线的公垂线	能够运用向量法和坐标法把直线相关的几何问题转化为代数问题，借助数乘、内积、外积、混合积等向量运算解决问题	2

模块 4：二次曲线 (Quadratic Curves)

知识点	主要内容	能力目标	参考学时
1. 圆锥曲线的方程 (Equations for Conic Curves)	圆锥曲线的焦点，准线，离心率，圆锥曲线的分类（椭圆，双曲线，抛物线），圆锥曲线的参数方程，双曲三角函数	能够在已知几何条件的基础上建立合适的坐标系得出圆锥曲线的方程，并通过方程研究圆锥曲线的几何性质	2
2. 二次曲线的分类 (Classification of Quadratic Curves)	二次曲线的定义，系数矩阵，坐标变换，特殊 Euclid 矩阵，二次型，特征值，二次曲线方程的化简和分类，不变量，半不变量	结合高等代数、数学分析的方法，对二次曲线的方程进行化简，并探求方程的不变量的几何意义，在解决几何问题的同时，让学生熟练掌握矩阵运算、导数运算等高等数学工具	6

模块 5：曲面和二次曲面 (Surfaces and Quadratic Surfaces)

知识点	主要内容	能力目标	参考学时
1. 曲面的方程 (Equations of Surfaces)	球面的方程，旋转面的轴和母线，单参数旋转变换群，圆柱面的方程，柱面的母线和准线，单参数平移变换群，圆锥面的方程，锥面的母线和准线，单参数相似变换群	通过单参数变换群的观点统一认识三种特殊曲面并建立几何直观，能在合适的坐标系下求出曲面的方程并研究它们的几何性质	3
2. 二次曲面的分类 (Classification of Quadratic Surfaces)	二次曲面的定义，二次曲线方程的化简和分类，非退化二次曲面，双曲抛物面，直纹面	在二次曲线理论的基础上进一步研究二次曲面方程的化简和分类，通过平行投影、截交线等观点研究非退化二次曲面的几何性质，用解析几何的方法求出二次曲面中所有的直纹面	2

模块 6：仿射几何 (Affine Geometry)

知识点	主要内容	能力目标	参考学时
1. 变换群和 Erlangen 纲领 (Transformation Groups and Erlangen Program)	平移，旋转，镜像反射，等距变换群，合同等价类，度量性质，等距不变量，Erlangen 纲领，变换群，子几何	通过 Euclid 几何中"全等"概念的剖析引出等距变换群、合同等价类和度量性质的概念，并在此基础上介绍 Klein 的 Erlangen 纲领，即用变换群对几何学进行分类的观点	1
2. 仿射变换和仿射几何 (Affine Transformations and Affine Geometry)	仿射变换群，仿射向量变换，线性同构，仿射矩阵，仿射群，分比，共点线的交比，仿射等价类	在仿射变换保持共线关系不变的基本性质的基础上进行推理，阐述平面仿射变换和向量空间上的线性同构之间的关系，并在此基础上推导仿射变换的表达式，让学生认识常见的仿射性质、仿射不变量和仿射等价类，通过仿射变换巧妙地简化并解决平面几何问题	4

模块 7：射影几何 (Projective Geometry)

知识点	主要内容	能力目标	参考学时
1. 射影平面和射影变换 (Projective Plane and Projective Transformations)	透视原理，中心投影，无穷远点，无穷远直线，射影平面，射影对应，射影变换群	通过绘画中的透视原理引出射影几何的基本问题，并围绕此问题，引入射影平面、射影对应和射影变换群的概念，由此让学生建立几何直观	2
2. 齐次坐标、射影线性群 (Homogeneous Coordinates and Projective Linear Groups)	齐次坐标，射影直线的方程，射影平面上的仿射变换，射影变换的表达式，射影线性群，射影坐标系	通过平面仿射坐标系建立射影平面上的齐次坐标，在此基础上推导出射影直线的方程，探讨仿射变换和射影变换的关系，通过仿射变换的表示矩阵推导射影变换的表达式，在此基础上引入射影线性群和射影坐标系的概念，让学生从代数的观点认识仿射几何和射影几何的区别和联系	3

续表

知识点	主要内容	能力目标	参考学时
3. 射影不变量和射影等价类 (Projective Invariants and Projective Equivalence Classes)	共线点的交比,射影平面上的二次曲线及其射影分类,Desargues 定理,Pascal 定理	让学生了解射影几何中常见的射影不变量,结合几何和代数的方法对射影平面上的二次曲线进行分类,用射影几何的语言描述、并用射影变换的观点和方法解决某些平面几何问题	3

模块 8：Möbius 几何 (Möbius Geometry)

知识点	主要内容	能力目标	参考学时
1. 反演变换和保圆变换 (Inversions and Circle-Preserving Transformations)	反演变换的定义,广义圆,保圆变换,Möbius 变换,保角变换	通过镜像对称变换引入反演变换和广义圆的概念,并在此基础上推导出保持共圆关系不变的变换,即保圆变换的基本性质,由此让学生对这部分内容建立几何直观	2
2. 扩充复平面、复交比 (Extended Complex Plane and Complex Cross-Ratio)	复平面,扩充复平面,齐次复坐标,分式线性变换,复交比	引入复坐标,在此基础上推导出保圆变换的表达式,证明复交比在 Möbius 变换群下不变并探讨其几何意义,由此让学生从代数的角度理解 Möbius 几何的基本内容	2

模块 9：Euclid 曲面 (Euclidean Surfaces)

知识点	主要内容	能力目标	参考学时
1. 平行公设和度量空间(Parallel Postulate and Metric Spaces)	平行公设以及推论,非 Euclid 几何的诞生,模型,度量空间,曲线的长度,最短测地线,测地线,完备性,角度	以平行公设为主线,让学生了解非 Euclid 几何的诞生和发展史,认识到 Euclid 几何和非 Euclid 几何的差别本质上是不同的度量空间上的测地线性质的差异	2
2. Euclid 曲面的分类 (Classification of Euclidean Surfaces)	Euclid 曲面的定义,覆盖映射,覆盖变换,非连续子群,Euclid 曲面的分类(圆柱面、环面,扭转柱面,Klein 瓶),曲面的定向	通过测地线的性质定义从平面到 Euclid 曲面的覆盖映射,从而把 Euclid 曲面分类问题转化为非连续子群分类问题,为学生将来进一步学习拓扑学中更一般的覆盖映射理论打好基础	5

模块 10：椭圆几何 (Elliptic Geometry)

知识点	主要内容	能力目标	参考学时
1. 球面几何 (Spherical Geometry)	球面上的测地线，测地圆，角，等距变换群，球面三角形的余弦公式和正弦公式，球面三角形内角和	从球面距离函数出发，结合几何、代数、分析的方法研究球面的几何性质，证明球面是椭圆几何的模型	2
2. 复射影直线 (Complex Projective Line)	球极投影，复射影直线，酉积，酉变换，酉群，特殊酉群	用球极投影建立球面和复射影直线之间的等距对应，并结合高等代数的酉空间理论研究复射影直线的等距变换群，由此得到椭圆几何和 Möbius 几何的内在联系	3
3. 椭圆平面 (Elliptic Plane)	球心投影，椭圆平面上的距离函数和等距变换	用球心投影建立球面到椭圆平面的二重覆盖映射，并结合覆盖映射理论得到所有局部等距同构于球面的曲面的分类，建立椭圆几何和射影几何的内在联系	2

模块 11：双曲几何 (Hyperbolic Geometry)

知识点	主要内容	能力目标	参考学时
1. Minkowski 模型 (Minkowski Model)	Minkowski 空间，Minkowski 内积，类空（类时，类光）向量，Minkowski 空间上的 Gram 行列式，双曲平面上的测地线，测地圆和角，Lorentz 变换，双曲三角形的余弦公式和正弦公式，双曲三角形内角和	让学生在 Minkowski 空间的基础上认识双曲几何的 Minkowski 模型，从中体会球面几何和双曲几何的区别和联系	3
2. Cayley-Klein 模型 (Cayley-Klein Model)	Cayley-Klein 距离以及等距变换群	将双曲平面作球心投影后即可得到 Cayley-Klein 模型，由此可建立双曲几何和射影几何之间的内在联系	1

续表

知识点	主要内容	能力目标	参考学时
3. Poincaré 模型 (Poincaré Model)	广义酉积，广义酉变换，特殊广义酉变换，特殊广义酉群，Poincaré 圆盘，Poincaré 上半平面，射影特殊线性群	将双曲平面作球极投影后即可得到 Poincaré 模型，它可以在 Möbius 几何的框架下描述，从而得到两个彼此等价的模型——Poincaré 圆盘和 Poincaré 上半平面，并建立特殊广义酉群和特殊线性群之间的内在联系	6

五、几何学课程英文摘要

1. Introduction

Geometry is a branch of mathematics that studies the shapes, sizes, and relative positions of figures such as points, lines, and surfaces in space. It is inextricably linked to and integrated with other fields of mathematics. The geometry course teaches the basic concepts, ideas, tools, methods and techniques of the subject with as little prerequisite knowledge as possible. The course covers axiomatic geometry, vector algebra, equations of planes and straight lines, quadratic curves and surfaces, affine geometry, projective geometry, Möbius geometry, non-Euclidean geometry and other topics, and reflects the historical development, current progress, and connections with other fields of mathematics.

2. Goals

Through the course, the theoretical framework of geometry is established from the basic axioms, so that students will become proficient in the basic concepts, ideas and methods of analytic geometry. They will develop good geometric intuition, master the mutual transformation of geometric and algebraic languages, understand the differences and connections between the various research directions of geometry from the viewpoint of transformation groups, and acquire the ability to solve theoretical and practical problems by applying the ideas and methods in geometry. This will provide students with a solid foundation for their subsequent academic and professional careers.

3. Covered Topics

Modules	List of Topics	Suggested Hours
1. History of the Development of Geometry	Axiomatic Geometry (4),The Birth of Analytic Geometry (2)	6
2. Vector Algebra	Lengths and Angles (3),Vectors (3), Inner Product (3), Cross Product and Triple Product (5)	14
3. Equations for Planes and Straight Lines	Equations for Planes (2), Equations for Straight Lines (2)	4
4. Quadratic Curves	Equations for Conic Curves (2), Classification of Quadratic Curves (6)	8
5. Surfaces and Quadratic Surfaces	Equations for Surfaces (3), Classification of Quadratic Surfaces (2)	5
6. Affine Geometry	Transformation Groups and Erlangen Program(1), Affine Transformations and Affine Geometry (4)	5
7. Projective Geometry	Projective Plane and Projective Transformations (2), Homogeneous Coordinates and Projective Linear Groups (3), Projective Invariants and Projective Equivalence Classes (3)	8
8. Möbius Geometry	Inversions and Circle-Preserving Transformations (2), Extended Complex Plane and Complex Cross-Ratio (2)	4
9. Euclidean Surfaces	Parallel Postulate and Metric Spaces (2), Classification of Euclidean Surfaces (5)	7
10. Elliptic Geometry	Spherical Geometry (2), Complex Projective Line (3), Elliptic Plane (2)	7
11. Hyperbolic Geometry	Minkowski Model (3), Cayley-Klein Model (1), Poincaré Model (6)	10
Total	27	78

微分方程 (Differential Equations)

常微分方程 (Ordinary Differential Equations)

一、常微分方程课程定位

常微分方程课程全面介绍常微分方程初步知识，本课程要求学生理解常微分方程的一般理论，掌握微分方程的基本分析方法和求解技巧，并对平衡点的稳定性和动力系统定性理论的概念有初步认识。

二、常微分方程课程目标

常微分方程课程以培养学生建立、理解、分析、计算微分方程并用于解决实际问题的能力为目标，涉及求解一阶方程的初等积分法和高阶线性方程的基本方法和技巧、高阶线性方程的基本理论和幂级数解、一阶方程的数值解、非线性方程的解的存在性和唯一性、解对初值和参数的连续依赖性及可微性、平衡点的稳定性、平面线性系统定性分析、周期解和极限环等。

三、常微分方程课程设计

常微分方程课程内容包括：基本概念、初等积分法、线性微分方程、一般理论、边值问题、定性理论初步等内容。

基本概念部分包括在工程实际中和生物经济等学科中的微分方程建模，同时解释有什么样的微分方程、有什么样的解、什么是初值条件、什么是边值条件、微分方程有什么标准形式等。

初等积分法部分讲解分离变量方程、一阶线性微分方程、全微分方程与积分因子、首次积分与变换法以及隐式方程的解法。

线性微分方程部分讲解线性系统一般理论，包括解全局存在、叠加原理、广义叠加原理、解空间，进而讲解常系数微分系统、周期系数微分系统、高阶线性微分方程，最后给出若干应用举例。

一般理论部分包括解的存在唯一性定理，涉及 Picard 定理，Peano 定理，Euler 折线，Ascoli 引理等，进而讲解解对初值和参数的依赖性，涉及连续依赖性和可微依赖性。最后讲解奇解，包括 P-判别式、C-判别式以及奇解存在的充分条件。

边值问题部分首先介绍比较定理，在此基础上讲解 Sturm-Liouville 边值和周期边值，最后介绍特征函数的正交性。

定性理论部分包括引入轨道与动力系统概念，讲解 Lyapunov 稳定性和平面平衡点分类，进而介绍双曲性、线性化以及结构稳定性。

上述知识点形成如图 2.5 的布局及思维导图：

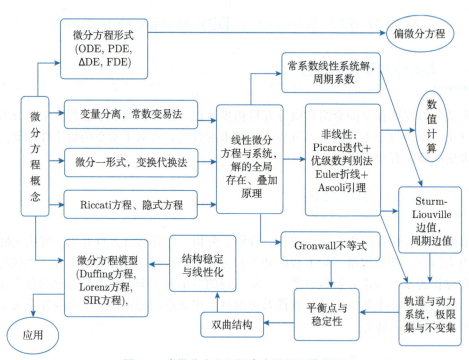

图 2.5　常微分方程知识点布局及思维导图

四、常微分方程课程知识点

模块 1：基本概念 (Basic Concepts)

知识点	主要内容	能力目标	参考学时
1. 微分方程模型 (Differential Equation Model)	Duffing 方程，Lorenz 方程，SIR 方程	通过例子了解几种形式的方程，学习从实际中建模	2
2. 解与定解条件 (Solution and Definite Condition)	常微、偏微、差分、泛函微分方程，定解条件	了解通解、特解、初值条件、边值条件，以及几种类型方程	2

续表

知识点	主要内容	能力目标	参考学时
3. 微分方程形式 (Different Forms of Differential Equations)	高阶形式，高维形式，对称形式，隐含形式	学习方程的几种特殊表达形式以及互化	4

模块 2：初等积分法 (Elemetary Integral Method)

知识点	主要内容	能力目标	参考学时
1. 分离变量方程 (Equations of Separate Variables)	变量分离法，变量代换法	灵活运用数学分析知识解决问题的能力，学会变量代换思想	2
2. 一阶线性微分方程 (First-order Linear Differetial Equations)	常数变易法，通解公式，伯努利方程，黎卡提方程	学会类比的思想，掌握常数变易法，了解微分方程的解不一定有初等函数表示	3
3. 全微分方程 (Fully Differential Equations)	全微分方程判定及求解，积分因子	掌握微分方程同解性和解的表达形式多样性	3
4. 隐式方程 (Implicit Equations)	微分法，参数法	体会隐式方程的通解与显式方程的差异	2
5. 一阶微分方程组 (System of First-order Differential Equations)	首次积分，哈密顿系统	掌握约化的思想，存在首次积分或守恒量能降阶	2
6. 应用问题举例 (Examples of Application)	人口问题，单摆问题，二体问题	运用初等积分法解决应用问题	2

模块 3：线性微分方程 (Linear Differential Equations)

知识点	主要内容	能力目标	参考学时
1. 一般线性理论 (General Theory of Linear Equations)	解的全局存在与唯一性、叠加原理、解空间	综合运用高等代数和数学分析知识解决问题的能力，体会线性理论的完美性	4
2. 常系数线性系统 (Linear System with Constant Coefficients)	求基础解矩阵和通解，解的性质与动力系统	理解完美理论与实际求解之间的鸿沟，锻炼提出新概念和理论的能力	4
3. 周期系数线性系统 (Linear System with Periodic Coefficents)	Floquet 定理，特征指数，特征乘子	了解特征值概念的推广：特征指数到李雅普诺夫指数	2

续表

知识点	主要内容	能力目标	参考学时
4. 高阶线性微分方程 (Higher Order Linear Differential Equations)	特解的待定求法	体会常数变易法与快速求解法之间的优劣	2

模块 4：一般理论 (General Theory)

知识点	主要内容	能力目标	参考学时
1. 存在唯一性定理 (Theorem of the Existence and Uniqueness)	Picard 定理，Peano 定理	掌握 Picard 序列的构造方法，掌握利用 Euler 折线和 Ascoli 引理证明 Peano 定理的技巧	5
2. 初值和参数依赖 (Dependence of Initial Values and Parameters)	连续性，可微性	掌握利用 Gronwall 不等式证明可微性	4
3. 奇解 (Singular Solutions)	P-判别式，C-判别式，奇解	理解奇解的意义，奇解的判别	3

模块 5：边值问题 (Boundary Problems)

知识点	主要内容	能力目标	参考学时
1. 比较定理 (Theorem of Comparison)	Sturm 比较定理	掌握 Sturm 比较定理的证明手法	2
2. Sturm-Liouville 边值 (Sturm-Liouville Boundary Conditions)	特征值和特征函数	了解特征值和特征函数	3
3. 周期边值 (Periodic Boundary Conditions)	特征值和特征函数	了解周期边值条件，特征值和特征函数，与 Sturm-Liouville 定理的异同	3
4. 特征函数的正交性 (Orthogonality of Eigenfunctions)	特征函数的正交性	理解特征函数的正交性，会作函数在特征函数下的展开	1

模块 6：定性理论 (Qualitative Theory)

知识点	主要内容	能力目标	参考学时
1. 轨道与动力系统 (Orbits and Dynamical Systems)	轨道，极限集，不变集，动力系统	掌握极限集和不变集是怎样刻画方程的终极状态和长时间行为的	2
2. Lyapunov 稳定性 (Lyapunov Stability)	稳定性定义及判据	学会用特征值及 Gronwall 不等式判断，学习构造 Lyapunov 函数	4
3. 平面平衡点分类 (Classification of Planar Equilibria)	鞍点、结点、焦点、中心等判定	对线性系统通过特征值确定平衡点定性性质	2
4. 双曲性与线性化 (Hyperbolicity and Linearization)	Hartman 线性化	学习双曲系统的定性性质在怎样的意义下被线性部分决定	4
5. 结构稳定性 (Structural Stability)	双曲系统结构稳定	掌握双曲系统的结构稳定性	2

五、常微分方程课程英文摘要

1. Introduction

The course comprehensively introduces the preliminary knowledge of ordinary differential equations. Students are required to understand the general theory of ordinary differential equations, master the basic analysis methods and solving skills of differential equations, and have a preliminary understanding of the stability of equilibria and the concept of qualitative theory of dynamic systems.

2. Goals

The course aims to cultivate students' ability to establish, understand, analyze, and calculate differential equations for solving practical problems. It involves the elementary integration method for solving first-order equations, basic methods and skills for solving high-order linear equations, the basic theory of high-order linear equations, power series solutions, numerical solutions of first-order equations, the existence and uniqueness of solutions of nonlinear equations, the continuous dependence and differentiability of solutions on initial values and parameters, the stability of equilibria, qualitative analysis of planar linear systems, periodic solutions and limit cycles, etc.

3. Covered Topics

Modules	List of Topics	Suggested Hours
1. Basic Concepts	Differential Equation Model (2), Solution and Definite Condition (2), Different Forms of Differential Equations (4)	8
2. Elementary Integral Method	Equations of Separate Variables (2), First-order Linear Differential Equations (3), Fully Differential Equations (3), Implicit Equations (2), System of First Order Differential Equations (2), Examples of Application (2)	14
3. Linear Differential Equations	General Theory of Linear Equations (4), Linear System with Constant Coefficients (4), Linear System with Periodic Coefficients (2), Higher Order Linear Differential Equations (2)	12
4. General Theory	Theorem of the Existence and Uniqueness (5), Dependence on Initial Values and Parameters (4), Singular Solutions (3)	12
5. Boundary Problems	Theorem of Comparison (2), Sturm-Liouville Boundary Conditions (3), Periodic Boundary Conditions (3), Orthogonality of Eigenfunctions (1)	9
6. Qualitative Theory	Orbits and Dynamical Systems (2), Lyapunov Stability (4), Classification of Planar Equilibria (2), Hyperbolicity and Linearization (4), Structural Stability (2)	14
Total	25	69

偏微分方程 (Partial Differential Equations)

一、偏微分方程课程定位

偏微分方程课程全面介绍偏微分方程基本知识。本课程要求学生理解二阶线性偏微分方程的分类，偏微分方程的边值问题和初值问题的提法，掌握求解位势方程的边值问题、热方程和波动方程的初值问题与初边值问题的基本方法及位势方程、热方程和波动方程的基本理论。为学生学习偏微分方程的研究生课程和与偏微分方程相关的后续课程打下坚实基础。

二、偏微分方程课程目标

偏微分方程课程以培养学生建立、理解、分析、计算偏微分方程并用于解决实际问题的能力为目标，重点介绍三类最简单的二阶线性偏微分方程：位势方程、热方程和波动方程。利用基本解和 Green 函数求解位势方程的边值问题和热方程的初边值问题，利用 Fourier 变换求解热方程及波动方程的初值问题，利用分离变量法求解热方程和波动方程的初边值问题，利用特征线法、球平均法和降维法求解一维、二维和三维波动方程初值问题。同时讲解位势方程和热方程的极值原理和最大模估计、波动方程的能量不等式等。

三、偏微分方程课程设计

偏微分方程课程内容包括：偏微分方程的基本概念、二阶线性偏微分方程的分类、偏微分方程的边值问题和初值问题的提法及适定性问题、位势方程、热方程和波动方程的基本方法和基础理论。

对于位势方程，重点介绍调和函数及其性质，位势方程的基本解和如何使用基本解来构造位势方程边值问题 Green 函数，进而得到位势方程的边值问题解的表达式。然后介绍位势方程最重要的先验估计——极值原理和最大模估计。

对于热方程，重点介绍 Fourier 变换方法和分离变量法。利用 Fourier 变换方法求出热方程初值问题解的表达式，并由此得到热方程的基本解。利用分离变量法来解出一维热方程混合问题解的表达式，由此得到热方程相应问题的 Green 函数。然后介绍关于热方程的初边值问题和初值问题的极值原理和最大模估计。

对于波动方程，重点介绍特征线法、球平均法和降维法，利用这些方法求解出一维、二维和三维波动方程初值问题的解的表达式。然后介绍波动方程重要的概念——特征线（特征锥），推导波动方程的最基本的先验估计——能量不等式。利用分离变量法求解出一维波动方程初值问题解的表达式，然后推导相应的能量不等式。

上述知识点形成如图 2.6 的布局及思维导图：

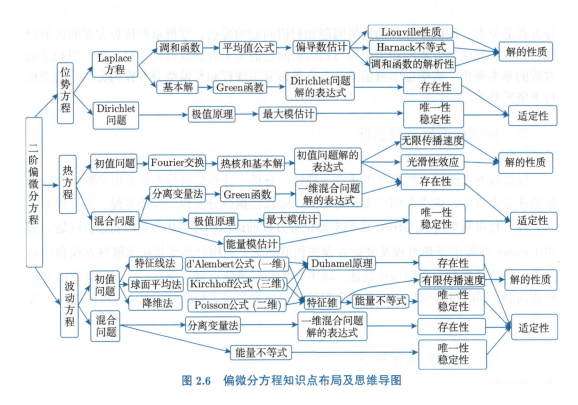

图 2.6　偏微分方程知识点布局及思维导图

四、偏微分方程课程知识点

模块 1：简介 (Introduction)

知识点	主要内容	能力目标	参考学时
1. 基本概念 (Basic Concepts)	定义和实例	了解重要的偏微分方程和方程组	1
2. 分类和适定性 (Classification and Well-posedness)	二阶线性偏微分方程的分类，边值问题和初值问题的提法，适定性问题	了解二阶线性偏微分方程的分类，理解适定性问题的重要性	2

模块 2：位势方程 (The Potential Equations)

知识点	主要内容	能力目标	参考学时
1. 位势方程的推导 (Deduction of the Potential Equations)	变分模型，扩散模型，概率模型	理解位势方程的来源及边值问题	2

续表

知识点	主要内容	能力目标	参考学时
2. 调和函数 (Harmonic Functions)	调和函数的性质	学会调和函数的平均值公式，各阶偏导数的估计，推导 Liouville 性质，Harnack 不等式，调和函数的解析性等	6
3. 基本解和 Green 函数 (Fundamental Solutions and Green Functions)	基本解的含义和 Green 函数的构造	学会如何使用基本解来构造位势方程边值问题 Green 函数，并得到位势方程的边值问题解的表达式，从而解决位势方程的边值问题解的存在性	4
4. 极值原理和最大模估计 (Maximum Principles and Maximum Norm Estimates)	极值原理，Hopf 引理和各种边值问题的最大模估计	学会极值原理的证明方法，学会利用极值原理来证明各种边值问题的最大模估计，理解位势方程边值问题解的唯一性和稳定性	3
5. 能量模估计 (Energy Norm Estimates)	能量模估计的形式	学会能量模估计的证明方法，理解能量模估计和最大模估计的优点和差异	1

模块 3：热方程 (The Heat Equations)

知识点	主要内容	能力目标	参考学时
1. 热方程的推导 (Deduction of the Heat Equations)	扩散模型	理解热方程的来源及初值问题和初边值问题	1
2. 初值问题 (Initial Value Problems)	Fourier 变换，Fourier 逆变换和 Fourier 积分定理	学会从 Fourier 级数导出 Fourier 变换、Fourier 逆变换和证明 Fourier 积分定理	4
3. 初值问题的热核和基本解 (Heat Kernels and Fundamental Solutions)	热核的表达式和基本解的含义	学会如何利用 Fourier 变换方法求出热方程初值问题解的表达式，并由此得到热方程的基本解，理解热方程具有扰动无穷传播速度和光滑化效应的特性	2

71

续表

知识点	主要内容	能力目标	参考学时
4. 初边值问题的 Green 函数 (Green Functions of the Initial-boundary Problems)	特征值问题，分离变量法	学会如何利用分离变量法来解出一维热方程的初边值问题解的表达式，得到热方程相应问题的 Green 函数，理解初边值问题解的存在性	2
5. 极值原理和最大模估计 (Maximum Principles and Maximum Norm Estimates)	极值原理和各种最大模估计	学会热方程极值原理的证明方法，学会利用极值原理来证明各种初边值问题的最大模估计及初值问题的最大模估计，理解相应问题的解的唯一性和稳定性	3
6. 能量模估计 (Energy Norm Estimates)	能量模估计的形式	学会能量模估计的证明方法，理解能量模估计和最大模估计的优点和差异	1

模块 4：波动方程 (The Wave Equations)

知识点	主要内容	能力目标	参考学时
1. 波动方程的推导 (Deduction of the Wave Equations)	弦振动模型、薄膜模型、弹性体模型，Duhamel 原理	理解波动方程的来源及初值问题和初边值问题，简化波动方程的初值问题的求解	2
2. 初值问题 (Initial Value Problems)	特征线方法、球平均方法和降维法	学会利用特征线方法、球平均方法和降维法求出一维、二维和三维波动方程初值问题的解的表达式，得到 d'Alembert 公式，Kirchhoff 公式和 Poisson 公式	5
3. 特征线(特征锥) (Characteristic Lines (Cones))	特征线(特征锥)的含义	由 d'Alembert 公式，Kirchhoff 公式和 Poisson 公式，理解特征锥的概念和波动方程具有扰动有限传播速度的特性	2
4. 初值问题的能量不等式 (Energy Inequalities of Initial Problems)	能量不等式的含义和表达式	理解波动方程初值问题的能量不等式，学会推导波动方程初值问题的能量不等式，理解相应问题的解的唯一性和稳定性	3

续表

知识点	主要内容	能力目标	参考学时
5. 波动方程初边值问题 (Initial-boundary Problems of the Wave Equations)	特征值问题，分离变量法	学会如何利用分离变量法来解出一维波动方程初边值问题解的表达式，理解其物理意义	2
6. 初边值问题的能量不等式 (Energy Inequalities of Initial Problems)	能量不等式的含义和表达式	理解波动方程初边值问题的能量不等式，学会推导波动方程初边值问题的能量不等式，理解相应问题的解的唯一性和稳定性	2

五、偏微分方程课程英文摘要

1. Introduction

The course comprehensively introduces the preliminary knowledge of partial differential equations. Students are required to understand the classification of second order linear partial differential equations, and the formulation of the boundary problems and the initial value problems of partial differential equations, and to master the elementary methods of solving the boundary value problems of the potential equations, the initial value problems and initial-boundary problems of the heat equations and the wave equations, and the fundamental theory of the potential equations, the heat equations and the wave equations. This course will lay a solid foundation for the students to learn the graduate courses of partial differential equations and successive courses related to partial differential equations.

2. Goals

The course aims to cultivate students' ability to establish, understand, analyze, and calculate the partial differential equations for solving practical problems. The course mainly introduces three kinds of the simplest second order linear partial differential equations: the potential equations, the heat equations and the wave equations. We will use the fundamental solutions and Green functions to find the solutions of the boundary value problems of the potential equations and the initial-boundary problems of the heat equations. We will employ the Fourier transform to find the solutions of the initial value problems of the heat equations and the wave equations. We will apply the method of separation of variables to obtain the solutions for the initial-boundary problems of the heat equations and wave equations. We will utilize the methods of the characteristic lines, the spherical means and descent to find the solutions of one-, two- and three-dimensional initial value problems of the wave equations. We will introduce the maximum principles and the maximum norm estimates of the potential equations and the heat equations, and the energy inequalities of the wave equations, etc.

3. Covered Topics

Modules	List of Topics	Suggested Hours
1. Introdcution	Basic Concepts (1), Classification and Well-posedness (2)	3
2. The Potential Equations	Deduction of the Potential Equations (2), Harmonic Functions (6), Fundamental Solutions and Green Functions (4), Maximum Principles and Maximum Norm Estimates (3), Energy Norm Estimates (1)	16
3. The Heat Equations	Deduction of the Heat Equations (1), Initial Value Problems (4), Heat Kernels and Fundamental Solutions (2), Green Functions of the Initial-boundary Problems (2), Maximum Principles and Maximum Norm Estimates (3), Energy Norm Estimates (1)	13
4. The Wave Equations	Deduction of the Wave Equations (2), Initial Value Problems (5), Characteristic Lines (Cones) (2), Energy Inequalities of Initial Problems (3), Initial-boundary Problems of the Wave Equations (2), Energy Inequalities of Initial Problems (2)	16
Total	19	48

现代分析 (Modern Analysis)

实变函数 (Real Analysis)

一、实变函数课程定位

实变函数课程将全面介绍抽象测度以及 Lebesgue 积分的基本知识。本课程要求学生掌握测度和可测函数的基本性质及其构造、抽象 Lebesgue 积分以及 L^p 空间理论，理解 Lebesgue 微分定理、有界变差函数和 Sobolev 空间初步知识，为进一步学习泛函分析和偏微分方程等后续课程打下坚实基础。

二、实变函数课程目标

作为一门数学及相关专业的基础课程，"实变函数"在现代数学中扮演着重要的角色。实变函数课程以培养学生理解和掌握抽象测度以及 Lebesgue 积分为目标，重点介绍抽象 Lebesgue 积分理论及各类收敛模式的关系、欧氏空间上 Lebesgue 测度的构造和性质、Lebesgue 积分和 L^p 空间理论、Lebesgue 微分定理、$\mathbf{R}^1$ 上函数的微分理论和 Sobolev 空间理论初步。

三、实变函数课程设计

实变函数课程内容包括：拓扑学与度量空间初步、抽象 Lebesgue 积分理论、欧氏空间上 Lebesgue 测度的构造和性质、可测函数与连续以及半连续函数的关系、L^p 空间基本理论、Lebesgue 微分定理、覆盖引理、Sard 引理、$\mathbf{R}^1$ 上函数的微分理论以及 Sobolev 空间初步。另外还有关于凸分析初步和 Rademacher 定理证明等附加内容。

直接引入一般空间的 Lebesgue 积分理论并处理各类收敛性之间的关系。对于一些重要的特殊测度(如 Dirac 测度和计数测度)，衔接分析中的其他相关知识，并对卷积和磨光子、测度弱收敛等产生更好的理解。

采用泛函扩张的思想，直接处理 Riemann 积分到 Lebesgue 积分的扩张，使得 Lebesgue 测度的构造十分自然，有利于达到抽象理论与直观之间的平衡。另外还讨论了

Lebesgue 测度在变换群下的性质以及 Lebesgue 测度在 Minkowski 和下的基本不等式。

Lebesgue 微分定理是微分理论中的重要部分。我们采用 Hardy-Littlewood 不等式和 Vitali 覆盖来处理该定理。另外还借助覆盖定理和几何测度论思想处理了 Sard 引理。

对于实值函数或 $\mathbf{R}^1$ 上的函数，通过半连续性函数建立了与 Lebesgue 积分理论的自然联系。另外对于一些重要的例子，如 Lebesgue-Cantor 函数等，指出了它们与概率论、几何测度论，分形几何、动力系统等数学其他分支的密切联系。

通过引入函数弱导数概念，建立 Sobolev 空间以及相关的 L^p 和 Hölder 正则性嵌入定理，为进一步深入学习 Sobolev 空间理论以及现代偏微分方程提供必要的预备知识。

上述知识点形成如图 2.7 的布局及思维导图(见下一页)：

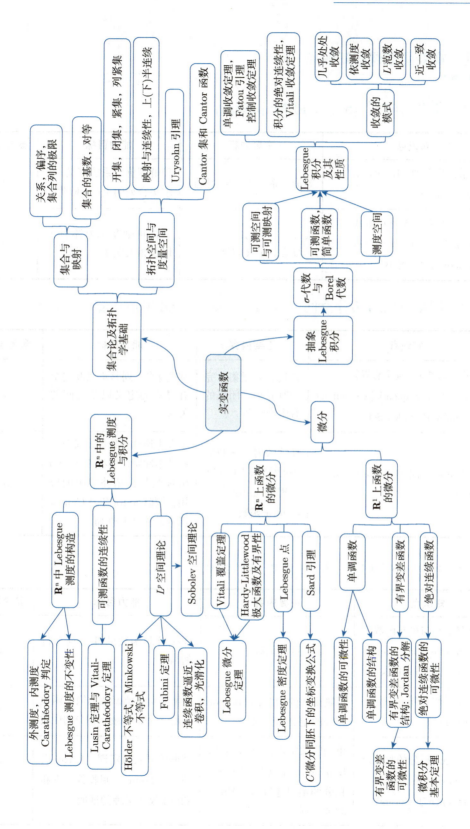

图 2.7 实变函数知识点布局及思维导图

四、实变函数课程知识点

模块 1：集合与映射 (Sets and Mappings)

知识点	主要内容	能力目标	参考学时
1. 关系，集合列 (Relation, Sequence of Sets)	等价关系，集合列的极限	理解等价关系的定义，会求集合列的上(下)限集	4
2. 基数，可数集与不可数集 (Cardinality, Countable Sets and Uncountable Sets)	集合的基数与对等关系，可数集的定义与例子	掌握可数集的基本性质以及相关例子	4

模块 2：度量空间与拓扑空间 (Metric Spaces and Topological Spaces)

知识点	主要内容	能力目标	参考学时
1. 紧集，列紧集，完全有界集 (Compact Sets, Sequentially Compact Sets, Totally Bounded Sets)	紧集，列紧集，完全有界集，闭集的有限交性质	掌握紧集，列紧集以及完全有界集的定义以及之间的关系	3
2. 映射的连续性 (Continuity of Mapping)	连续映射，函数的半连续性，Urysohn 引理，Cantor 集，Cantor 函数	掌握半连续函数的定义及一些基本性质，学习 Urysohn 引理及其在拓扑学中的应用，掌握 Cantor 集及 Cantor 函数的构造和性质	5

模块 3：Lebesgue 积分 (Lebesgue Integral)

知识点	主要内容	能力目标	参考学时
1. 可测空间与可测函数 (Measurable Spaces and Measurable Functions)	σ-代数，可测函数	掌握可测函数的性质及等价刻画	4
2. 简单函数 (Simple Functions)	可测函数的构造，Lebesgue 积分的定义和性质	理解非负可测函数的简单函数逼近以及 Lebesgue 积分的性质	4
3. Lebesgue 积分的收敛定理 (Lebesgue Integral Convergence Theorem)	单调收敛定理，Fatou 引理，Lebesgue 控制收敛定理，积分的绝对连续性，Vitali 收敛定理	掌握单调收敛定理，Fatou 引理，Lebesgue 控制收敛定理和 Vitali 收敛定理的证明	4

知识点	主要内容	能力目标	参考学时
4. 收敛模式（Patterns of Convergence）	几乎处处收敛（逐点收敛），L^1 收敛，依测度收敛，一致收敛，近一致收敛	掌握几乎处处收敛(逐点收敛)，L^1 收敛，依测度收敛，一致收敛，近一致收敛之间的关系	3
5. Lebesgue 测度（Lebesgue Measure）	Lebesgue 测度，内测度外测度，Lebesgue 可测集，Carathéodory 判定	了解 Lebesgue 测度的构造过程及其基本性质，学会利用 Carathéodory 判定证明 Lebesgue 可测集	5
6. 可测函数的连续性（Continuity of Measurable Functions）	Vitali-Carathéodory 定理，Lusin 定理，Fubini 定理。	熟悉 Vitali-Carathéodory 定理和 Lusin 定理，掌握 Fubini 定理的应用	4

模块 4：L^p 空间(L^p Spaces)

知识点	主要内容	能力目标	参考学时
L^p 可积函数空间，Sobolev 空间（L^p Integrable Functions, Sobolev Spaces）	L^p 空间性质，Hölder 不等式，Minkowski 不等式，卷积，弱导数，Sobolev 空间	掌握 L^p 可积函数的连续函数逼近以及积分的平均连续性，学习 Hölder 不等式和 Minkowski 不等式。掌握弱导数及 Sobolev 空间的定义和 Sobolev 函数的性质	4

模块 5：微分（Differential）

知识点	主要内容	能力目标	参考学时
1. Vitali 覆盖，Hardy-Littlewood 极大函数，Sard 引理（Vitali Covering, Hardy-Littlewood Maximum Functions, Sard's Lemma）	Vitali 覆盖定理的证明，Hardy-Littlewood 极大函数的主要性质，Lebesgue 点，Sard 引理	掌握 Vitali 覆盖定理的证明以及 Hardy-Littlewood 极大函数的弱 L^1 性，掌握 Sard 引理和坐标变换公式	4
2. 单调函数，有界变差函数（Monotone Functions, Functions of Bounded Variation）	单调函数的可微性，有界变差函数的性质	熟悉单调函数和有界变差函数的性质及其联系	4
3. 绝对连续函数（Absolutely Continuous Functions）	绝对连续函数的定义性质，微积分基本定理	掌握绝对连续函数的基本性质以及微积分基本定理的应用	4

五、实变函数课程英文摘要

1. Introduction

The course of Real Analysis (Real Variable Functions) will comprehensively introduce the basic knowledge of abstract measure and Lebesgue integral. After learning this course, we would expect the students to master the basic properties of Lebesgue measure and measurable function, abstract Lebesgue integral and L^p spaces theory, we would like to require the students to understand Lebesgue differential theorem, bounded variation functions and basic knowledge of Sobolev spaces, and lay a solid foundation for further study of subsequent courses such as functional analysis and partial differential equations.

2. Goals

As a foundational course in mathematics, Real Analysis plays a significant role in modern mathematics. The Real Analysis course aims to cultivate students' understanding and mastery of abstract measure and Lebesgue integral, focusing on the abstract Lebesgue integration theory, the relationship between various convergence modes, the construction and properties of Lebesgue measure on Euclidean space, Lebesgue integral and L^p spaces theory, Lebesgue differentiation theorem, differential theory of functions on $\mathbf{R}^1$, and preliminary Sobolev spaces theory.

3. Covered Topics

Modules	List of Topics	Suggested Hours
1. Sets and Mappings	Relation, Sequence of Sets (4), Cardinality, Countable Sets and Uncountable Sets (4)	8
2. Metric Spaces and Topological Spaces	Compact Sets, Sequentially Compact Sets, Totally Bounded Sets (3), Continuity of Mapping (5)	8
3. Lebesgue Integral	Measurable Spaces and Measurable Functions (4), Simple Functions(4), Lebesgue Integral Convergence Theorem (4), Patterns of Convergence (3), Lebesgue Measure (5), Continuity of Measurable Functions (4)	24
4. L^p Spaces	L^p Integrable Functions, Sobolev Spaces (4)	4
5. Differential	Vitali Covering, Hardy-Littlewood Maximum Functions, Sard's Lemma (4), Monotone Functions, Functions of Bounded Variation (4), Absolutely Continuous Functions (4)	12
Total	14	56

泛函分析 (Functional Analysis)

一、泛函分析课程定位

泛函分析课程全面介绍泛函分析初步知识，本课程要求学生理解泛函分析的基本理论，掌握无穷维线性空间及其上的连续线性映射的基本概念、性质及其应用，并通过理解泛函分析的思想与方法逐步学会应用泛函分析的抽象理论解决相关的数学和应用问题。

二、泛函分析课程目标

泛函分析是数学专业的专业核心课，课程致力于引导学生进行相关领域的知识探究和能力建设，并兼顾其整体的科学价值引领和人格养成。课程目标包括以下三方面：

(1) 学生获取经典知识：掌握各类抽象线性空间上线性泛函、算子的经典定义、相关性质与重要应用，理解无限维空间相比有限维空间在分析方法与数学直观上本质的区别，掌握泛函分析这一现代数学的基本语言，为后续相关课程的学习和研究打下坚实的基础。

(2) 锻炼学生的抽象思维能力：能够以超脱于欧式空间的一般线性空间为主要载体进行抽象思考，从而转变思考模式，并且能够就数学对象中的本质属性进行归纳和提炼。

(3) 激发学生的科研热情：理解泛函分析在其他数学分支以及工程科学中的重要应用，感受基础数学在理论与应用中的巨大魅力，志在成为具有扎实数学基础的专业领军人才或面向交叉学科的复合型人才。

三、泛函分析课程设计

泛函分析课程内容包括：度量空间与线性空间、Banach 空间与连续线性映射、内积空间、对偶及其应用、有界线性算子与紧算子的谱理论等内容。

度量空间与线性空间部分讲解一般度量空间的基本性质，如收敛性、完备性与 Baire 纲定理、紧性、连续映射的基本性质、压缩映射定理等，无穷维线性空间的概念与性质等。

Banach 空间与连续线性映射部分讲解赋范线性空间的定义与性质、有界线性映射的定义与典型的例子、有限维空间的范数等价性、无穷维空间有界闭集的紧性缺失、有界线性泛函的延拓与凸集分离定理等，进而讲解一致有界定理、开映射定理、闭图像定理等泛函分析中非常重要的定理及其应用。

内积空间部分讲解内积的定义与性质、正交投影、Gram-Schmidt 正交化、标准正交基、Riesz 表示定理、Lax-Milgram 定理及其应用等。

对偶及其应用部分讲解对偶空间的定义与性质、自反空间的定义与性质、弱收敛与弱*收敛的定义与性质、弱紧性的定义与基本性质、转置算子的定义与性质等。

　　有界线性算子和紧算子的谱理论讲解有界线性算子的谱的定义与基本性质、特征值与谱的关系、典型有界线性算子的谱、紧算子的定义与基本性质、紧算子的典型例子、Fredholm 理论、紧算子的谱理论、Hilbert 空间上对称紧算子的谱理论及其应用等。

　　上述知识点形成如图 2.8 的布局及思维导图：

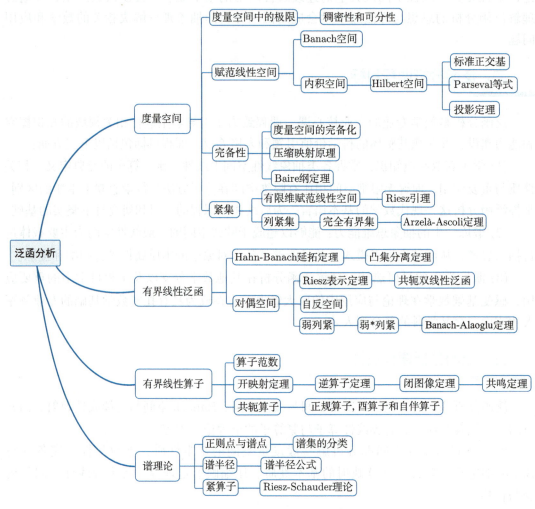

图 2.8　泛函分析知识点布局及思维导图

四、泛函分析课程知识点

模块 1：度量空间与线性空间 (Metric Spaces and Linear Spaces)

知识点	主要内容	能力目标	参考学时
1. 度量空间 (Metric Spaces)	度量空间相关概念的基本定义	了解度量空间的定义与基本性质	1
2. 度量空间的完备性 (Completeness of Metric Spaces)	度量空间的完备性，Baire纲定理，完备化	理解度量空间的完备性与完备化，掌握Baire纲定理	1
3. 度量空间的紧性 (Compactness of Metric Spaces)	度量空间的列紧性，紧性的定义，等价刻画等	了解列紧性与紧性的定义、掌握列紧性与紧性的等价刻画	1
4. 连续函数 (Continuous Functions)	连续函数的定义，等度连续函数，Arzelà-Ascoli引理	了解连续函数的定义、基本性质、掌握等度连续的定义与 Arzelà-Ascoli引理	2
5. 压缩映射定理 (Contraction Mapping Theorem)	压缩映射定理及其应用	掌握压缩映射定理，学会应用压缩映射定理	1
6. 线性空间与线性映射 (Linear Spaces and Linear Mappings)	线性空间与线性映射的定义，基本性质	理解线性空间与线性映射的基本性质	2
7. Hahn-Banach定理 (Hahn-Banach Theorem)	Zorn引理，Hahn-Banach定理及其证明	了解 Zorn 引理，掌握 Hahn-Banach定理及其证明	2

模块 2：赋范线性空间与有界线性算子 (Normed Linear Spaces and Bounded Linear Operators)

知识点	主要内容	能力目标	参考学时
1. 赋范线性空间 (Normed Linear Spaces)	范数的定义，赋范线性空间的基本性质	掌握范数的定义与赋范线性空间的基本性质	1
2. 有界线性算子 (Bounded Linear Operators)	有界线性算子的定义，性质与例子	掌握有界线性算子的定义与基本性质	1
3. 有限维赋范线性空间的等价性 (The Equivalence of Finite Dimensional Normed Linear Spaces)	有限维赋范线性空间的等价性	理解有限维赋范线性空间的等价性	1

知识点	主要内容	能力目标	参考学时
4. 无穷维赋范线性空间的紧性缺失 (Lack of Compactness of Infinitely Dimensional Normed Linear Spaces)	Riesz引理，无穷维空间有界闭集的紧性缺失	掌握无穷维空间有界闭集紧性缺失的意义及其证明	1
5. 有界线性泛函的延拓与凸集分离定理 (Extension of Bounded Linear Functions and Separation of Convex Sets)	赋范线性空间连续线性泛函的延拓，凸集分离定理	理解赋范线性空间连续线性泛函的延拓性质、了解凸集分离定理	2
6. 一致有界定理 (Uniformly Bounded Theorem)	一致有界定理的证明及其意义	掌握一致有界定理及其证明	1
7. 开映射定理 (Open Mapping Theorem)	开映射定理的定义，证明及其推论（有界逆算子定理）等	掌握开映射的定义及其证明	1
8. 闭图像定理 (Closed Graph Theorem)	闭算子的定义，闭图像定理	掌握闭算子的定义与闭图像定理	1
9. 应用 (Applications)	Fourier级数的不收敛性，两点边值问题的稳定性	学会应用有界线性算子的抽象理论解决相关问题	2

模块 3：内积空间 (Inner Product Spaces)

知识点	主要内容	能力目标	参考学时
1. 内积空间 (Inner Product Spaces)	内积空间的定义，一点到闭凸集的距离	掌握内积的定义、性质，以及平行四边形等式等	1
2. 正交投影 (Orthogonal Projection)	正交投影	掌握正交投影的基本性质	1
3. Gram-Schmidt正交化与标准正交基 (Gram-Schmidt Orthogonalization and Canonical Orthonormal Basis)	Gram-Schmidt正交化算法，标准正交基的定义与性质	掌握Gram-Schmidt正交化的基本过程、标准正交基的基本性质	2
4. Riesz 表示定理及其应用，Lax-Milgram 定理 (Riesz Representation Theorem and Its Application, Lax-Milgram Theorem)	Riesz表示定理，Poisson方程的求解，以及Lax-Milgram定理	掌握 Riesz 表示定理、Lax-Milgram定理，并能运用其求解偏微分方程	3

模块 4：对偶及其应用（Duality and Its Applications）

知识点	主要内容	能力目标	参考学时
1. 对偶（Duality）	对偶空间的定义与典型空间的对偶空间	掌握对偶空间的基本定义	1
2. 自反空间（Reflexive Spaces）	自反空间的定义与基本性质	掌握自反空间的定义与基本性质	1
3. 弱收敛与弱*收敛（Weak Convergence and Weak* Convergence）	弱收敛与弱*收敛的定义与性质，弱紧性与弱*紧性	掌握弱收敛与弱*收敛的定义与基本性质、了解弱紧性与弱*紧性	2
4. 转置算子（Transpose Operators）	转置算子的定义与基本性质	理解转置算子的定义与基本性质	1
5. 应用（Application）	变分法与Galerkin方法等	学会应用弱收敛等性质处理相关的应用	2

模块 5：有界线性算子与紧算子的谱理论（Spectral Theory for Bounded Linear Operators and Compact Operators）

知识点	主要内容	能力目标	参考学时
1. 有界线性算子的谱（Spectrum of Bounded Linear Operators）	谱的定义与基本性质	掌握有界线性算子谱的定义与基本性质	2
2. 可逆算子与典型算子的谱（Invertible Operators and Spectral for Some Operators）	可逆算子的基本性质与典型算子的谱	掌握可逆算子的基本性质，学会计算典型算子的谱	2
3. 紧算子的定义与例子（Definition and Examples of Compact Operator）	紧算子的定义与典型例子	掌握紧算子的定义与基本性质	1
4. Fredholm理论（Fredholm Theory）	恒等算子紧扰动的基本性质	掌握恒等算子紧扰动的基本性质	3
5. Hilbert空间中紧算子的谱理论（Spectral Theory for Compact Operators in Hilbert Spaces）	紧算子的谱理论	掌握紧算子的谱理论	1
6. 对称紧算子的谱理论（Spectral Theory for Symmetric Compact Operators）	对称紧算子的定义，基本性质	掌握对称紧算子的定义与基本性质	2
7. 应用（Applications）	两点边值问题的可解性	学会应用算子的谱理论处理相关的应用问题	2

五、泛函分析课程英文摘要

1. Introduction

The functional analysis course gives a thorough introduction to the preliminary knowledge of functional analysis. This course requires students to understand the basic theory of functional analysis, master the basic concepts, properties, and applications of infinite-dimensional linear spaces and continuous linear mappings on them, and gradually learn to apply the abstract theory of functional analysis to solve relevant mathematical and applied problems by understanding the ideas and methods of functional analysis.

2. Goals

Functional analysis is a core course in mathematics major, aiming to guide students in exploring relevant fields of knowledge and building their capabilities, while also considering its overall scientific value and personality development. The objectives of the course include the following aspects:

(1) Acquisition of Classical Knowledge: Mastering the classic definitions, properties, and important applications of linear functionals and operators on various abstract linear spaces, understanding the essential differences between infinite-dimensional spaces and finite-dimensional spaces by both analytical methods and mathematical intuition, mastering the basic language of functional analysis, and laying a solid foundation for the study and research of subsequent related courses.

(2) Cultivation of Abstract Thinking Skills: Being able to think in an abstract way with general linear spaces beyond Euclidean spaces as the main carrier, thereby transforming thinking patterns and being able to extract the essential properties of mathematical objects.

(3) Ignition of Research Enthusiasm: Understanding the important applications of functional analysis in other branches of mathematics and engineering sciences, feeling the great charm of mathematics in theory and applications, and aspiring to become a professional leader with a solid mathematical foundation or a composite talent for interdisciplinary fields.

3. Covered Topics

Modules	List of Topics	Suggested Hours
1. Metric Spaces and Linear Spaces	Metric Spaces (1), Completeness of Metric Spaces (1), Compactness of Metric Spaces (1), Continuous Functions (2), Contraction Mapping Theorem (1), Linear Spaces and Linear Mappings (2), Hahn-Banach Theorem (2)	10
2. Normed Linear Spaces and Bounded Linear Operators	Normed Linear Spaces (1), Bounded Linear Operators (1), The Equivalence of Finite Dimensional Normed Linear Spaces (1), Lack of Compactness of Infinitely Dimensional Normed Linear Spaces (1), Extension of Bounded Linear Functionals and Separation of Convex Sets (2), Uniformly Bounded Theorem (1), Open Mapping Theorem (1), Closed Graph Theorem (1), Applications (2)	11
3. Inner Product Spaces	Inner Product Spaces (1), Orthogonal Projection (1), Gram-Schmidt Orthogonalization and Canonical Orthonormal Basis (2), Riesz Representation Theorem and Its Application, Lax-Milgram Theorem (3)	7
4. Duality and Its Applications	Duality (1), Reflexive Spaces (1), Weak Convergence and Weak* Convergence (2), Transpose Operators (1), Application (2)	7
5. Spectral Theory for Bounded Linear Operators and Compact Operators	Spectrum of Bounded Linear Operators (2), Invertible Operators and Spectral for Some Operators (2), Definition and Example of Compact Operator (1), Fredholm Theory (3), Spectral Theory for Compact Operators in Hilbert Spaces (1), Spectral Theory for Symmetric Compact Operators (2), Applications (2)	13
Total	32	48

数论基础 (Fundamentals of Number Theory)

初等数论 (Elementary Number Theory)

一、初等数论课程定位

本课程是研究整数的性质和方程组整数解的一门学科，也是一个古老的数学分支。数学与应用数学专业的学生学习一些初等数论的基础知识可以加深对数的性质的认识，便于了解和学习与其相关的一些课程。初等数论与中、小学数学教育有着密切的联系，并给现代数学提供理论基础。初等数论在计算技术、通信技术等学科中也得到了广泛的应用。解决数论问题所需的技巧，既是培养数学思维能力的重要内容，更是数学教育以及信息安全工作者必备的基础知识。通过课程学习理解初等数论的知识体系，理解初等数论与代数数论、算术几何、代数几何的关系。课程内容包括整数的可除性理论与同余理论、同余方程组的性质与解法、二次剩余问题与互反律、原根与指标理论、连分数理论、二次型理论等。

二、初等数论课程目标

本课程的目标是通过具体问题引导，培养学生综合运用代数工具、组合工具、分析工具进行数论研究的能力，具体包括：

(1) 理解和掌握初等数论的一些基本概念和基础知识，熟悉初等数论的研究对象和基本方法。

(2) 培养学生的逻辑推理、抽象思维与综合分析的能力。运用初等数论的基础知识与基本理论做一些计算。

(3) 通过对初等数论概念和理论的学习，逐步养成对抽象概念和抽象思维的兴趣，以及理论联系实际的能力。通过适度的练习、相互讨论、自主思考经典数论发展的进程。

三、初等数论课程设计

本课程内容相对抽象，课程设计的整体原则是"问题引入—工具介绍—深入拓展"三步走，使学生理解知识点的来龙去脉，并从中掌握常用研究工具，为后续学习和研究打下扎实基础。课程内容可分为 8 个模块，模块 1，2，3，4，5，6 构建了初等数论的基本体系，模块 3 为代数学的补充，模块 7 和 8 则为两个专题。各模块的关系如图 2.9 所示。

模块 1：建立整数的可除性理论。这一模块围绕算术基本定理展开，分为四部分。第一部分介绍带余除法。第二部分介绍最大公因子，包括辗转相除法与 Bezout 定理，作为 Bezout 定理的应用。第三部分介绍一次不定方程的理论。第四部分介绍素数理论，包括整数的素因子分解、素数的判定与分布问题。

模块 2：建立同余理论。这一模块分为四部分。第一部分为同余理论的基本性质，第二部分介绍剩余类与完全剩余系，第三部分介绍 Euler 函数与简化剩余系，作为简化剩余系的应用，第四部分介绍 Euler 定理与 Fermat 小定理。

模块 3：群、环、域理论。这一模块主要对群、环、域理论做一个简单介绍，分为两部分。第一部分为群的基本理论，包括子群与商群、群同态基本定理、元素的阶，以及本书中用到的循环群和有限生成 Abel 群的结构。第二部分仅仅介绍环和域的概念以及本书所用到的例子。

模块 4：建立同余方程理论。这一模块分为三部分。第一部分为同余方程的基本概念。第二部分建立一元线性同余方程组理论，证明中国剩余定理。第三部分为同余方程的约化理论，利用中国剩余定理可以将一般模的情形约化为素数幂的情形；利用 Hensel 引理将模为素数幂的情形约化为素数模的情形。对素数模的情形，主要研究同余方程的次数与其解数之间的关系。

模块 5：通过研究剩余类乘法群(称为单位群)来研究原根与指标理论，分为三部分。第一部分利用群理论来计算单位群中元素的阶。第二部分介绍单位群的结构，并给出单位群为循环群的判定条件。第三部分通过引入原根与指标的概念将某类高次同余方程转化为一次同余方程。

模块 6：建立二次剩余理论。这一模块的主要结果为二次互反律，分为四部分。第一部分介绍二次剩余的概念与计数。第二部分利用中国剩余定理与 Hensel 引理研究二次剩余判定问题的约化。第三部分通过引入 Legendre 符号来研究奇素数模情形下二次剩余的判定，利用 Gauss 和证明二次互反律，并运用 Jacobi 符号给出二次剩余判定的有效算法。作为应用，第四部分中建立了二次同余方程理论。

模块 7：建立连分数理论，分为三部分。第一部分为连分数的基本性质，包括无理数的连分数逼近、实数的连分数表示、实数的模等价。第二部分介绍循环连分数与二次无理数理论，证明了 Lagrange 定理与 Galois 逆定理，建立了约化二次无理数与纯循环连分数之间的对应。第三部分通过二次无理数的连分数展开研究 Pell 方程解的结构与求解方法。

模块 8：建立二次型理论。这一模块主要是对 Gauss 关于二次型的亏格理论做一个系统的介绍，共分为五部分。第一部分引入二次型的正常等价，分别建立了正定二次型和不定二次型的约化理论。第二部分介绍二次域的理论，引进了二次域的模与序环。第三部分建立二次域模和二次型之间的一一对应。利用模的乘法，第四部分中引入了二次型复合的概念，证明了给定判别式的二次型正常等价类构成有限 Abel 群。第五部分根据二次型在单位群上的取值建立了 Gauss 亏格理论。

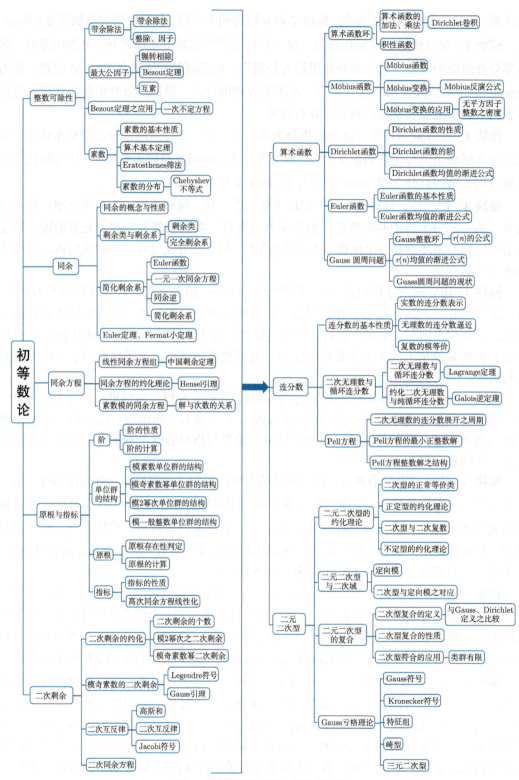

图 2.9　初等数论模块及其关系图

四、初等数论课程知识点

模块 1：整数的可除性理论 (Divibility of Integers)

知识点	主要内容	能力目标	学时
1. 带余除法 (Division Algorithm)	带余除法，因子，整除	证明带余除法，理解因子与整除	1
2. 最大公因子 (Greast Common Divisors)	最大公因子，辗转相除法	理解最大公因子的定义，掌握辗转相除计算最大公因子的过程	2
3. Bezout 定理 (Bezout's Theorem)	Bezout 定理，一次不定方程	学会 Bezout 定理的证明及其在一次不定方程中的应用	1
4. 素数 (Prime)	素数，算术基本定理	证明算术基本定理，了解素数的判定与分布	2

模块 2：同余理论 (Theory of Congruence)

知识点	主要内容	能力目标	学时
1. 同余 (Congruence)	同余	学习同余的概念和基本性质	1
2. 完全剩余 (Complete System of Residues)	剩余类，完全剩余系	熟悉剩余类的概念，了解完全剩余系的构造	2
3. 简化剩余系 (Reduced System of Residues)	Euler 函数，简化剩余类，简化剩余系	了解 Euler 函数的性质，掌握简化剩余系的构造	2
4. Euler 定理、Fermat 小定理 (Euler's theorem, Fermat's little Theorem)	Euler 定理，Fermat 小定理	证明 Euler 定理及其推论 Fermat 小定理，掌握这两个定理的应用	2

模块 3：群、环、域 (Groups, Rings and Fields)

知识点	主要内容	能力目标	学时
1. 群 (Group)	群的定义，子群，商群，群同态基本定理，群中元素的阶，循环群，有限生成 Abel 群	学习群的定义，理解群同态基本定理，运用群中元素阶的性质研究循环群、证明有限生成 Abel 群的结构定理	2

续表

知识点	主要内容	能力目标	学时
2. 环 (Ring)	环的定义，多项式环，二次整数环	学习环的概念，熟悉多项式环，理解二次整数环的一些特性	2
3. 域 (Field)	域的定义，有限域	理解域的概念，证明域中有限的单位根群为循环群	2

模块 4：同余方程 (Congruenco Equation)

知识点	主要内容	能力目标	学时
1. 一元线性同余方程组 (Simultaneous Linear Congruence)	一次同余方程，线性同余方程组	学会求解多元一次同余方程，证明中国剩余定理，熟悉一元一次同余方程组	3
2. 同余方程的约化 (Reduction of Congruence equation)	Hensel 引理	学会将同余方程模为一般整数的情形约化到素数的情形，证明 Hensel 引理	2
3. 素数模的同余方程 (Congrunce Equation Module Prime)	素数模的同余方程解与次数的关系	掌握素数模的同余方程解与次数的关系，证明 Wilson 定理	2

模块 5：阶与原根 (The Group of Units)

知识点	主要内容	能力目标	学时
1. 单位群 U_m (The Group U_m)	群 U_m 中元素的阶	熟悉 U_m 中元素阶的性质并掌握其计算方法	2
2. U_m 的结构 (The Structure of U_m)	U_m 的结构	研究当 m 为 2 的方幂时 U_m 的结构，证明当 m 为奇素数时 U_m 为循环群，利用中国剩余定理得到 U_m 为循环群的条件	3
3. 原根与指标 (Prime Root and Exponent)	原根的定义，指标及其应用	掌握原根存在的充要条件，学会原根的求法，运用指标理论将高次同余方程约化为一次同余方程	3

模块 6：二次剩余 (Quadratic Residues)

知识点	主要内容	能力目标	学时
1. 二次剩余 (Quadratic Residue)	二次剩余的概念，计数问题，二次剩余的约化	理解二次剩余的概念，会算二次剩余的个数，运用中国剩余定理和 Hensel 引理将二次剩余判定中模为一般数约化为奇素数的情形	3

续表

知识点	主要内容	能力目标	学时
2. 二次互反律 (Quadratic Reciprocity)	Legendre 符号，Gauss 和，二次互反律，Jacobi 符号	引进 Legendre 符号，通过 Gauss 和证明二次互反律，学会用 Jacobi 符号来判定二次剩余	5
3. 二次同余方程 (Quadratic Congruence Equation)	二次同余方程之求解	学会利用中国剩余定理、Hensel 引理在解同余方程中的应用，熟悉运用 Jacobi 符号来判定二次同余方程解的存在性	3

模块 7：连分数 (Continued Fractions)

知识点	主要内容	能力目标	学时
1. 连分数 (Continued Fraction)	连分数的基本性质	掌握无理数的连分数逼近，熟悉实数的连分数表示与实数的模等价	3
2. 循环连分数 (Recurring Continued Fraction)	循环连分数，纯循环连分数，二次无理数，约化的二次无理数	证明 Legendre 定理和连分数的 Galois 逆定理，分别建立二次无理数与循环连分数、约化二次无理数与纯循环连分数的对应	3
3. Pell 方程 (Pell's Equation)	Pell 方程解的性质及求解方法	运用一类二次无理数的连分数展开求 Pell 方程的最小解，证明实二次域上的 Dirichlet 单位定理	3

模块 8：二元二次型 (Binary Quadratic Forms)

知识点	主要内容	能力目标	学时
1. 二元二次型的约化理论 (Reduction Theory of Binary Quadratic Forms)	二元二次型的正常等价，二元二次型的约化，类数	理解二元二次型的等价与正常等价，掌握正定二元二次型的约化理论，学会计算给定正定型的约化型，运用连分数理论掌握不定型的约化理论	2
2. 二次域 (Quadratic Field)	序环、模、二次域的类群	掌握二次域中序环与模的基本性质，掌握模上严格相似的概念，建立二元二次型与二次域中模之间的一一对应	2
3. 二元二次型的复合 (Composition of Quadratic Forms)	二元二次型复合的定义和性质	利用模之间的乘法给出二元二次型之间的复合，运用 Dirichlet 的方法计算二次型的复合，证明给定判别式二次型的正常等价类构成有限 Abel 群	2
4. 亏格理论 (Genus Theory)	介绍 Gauss 的亏格理论	引入 Kronecker 符号，计算类群二阶元，建立 Gauss 的亏格理论	4

五、初等数论课程英文摘要

1. Introduction

This course is for basic mathematics majors and plays an important role in the professinal curriculum system. This course is a subject that studies the properties of integers and integer solutions of equations. It is also an ancient branch of mathematics. Students majoring in mathematics and applied mathematics can learn some basic knowledge of elementary number theory to deepen their understanding of the properties of numbers and facilitate understanding and learning of some courses related to them. Elementary number theory is closely related to mathematics education in primary and secondary schools, and provides a theoretical basis for modern mathematics. Elementary number theory has also been widely used in computing technology, communication technology and other disciplines. The skills required to solve number theory problems are not only an important part of cultivating mathematical thinking ability, but also essential basic knowledge for mathematics education and information security workers. Understand the knowledge system of elementary number theory through course study, and understand the relationship between elementary number theory and algebraic number theory, arithmetic geometry, and algebraic geometry. This course includes the divisibility theory and congruence theory of integers, properties of solutions of congruence equations, quadratic remainder problems and reciprocity laws, primitive roots and index theory, continued fraction theory, quadratic form theory, etc.

2. Goals

The goal of this course is to cultivate students' ability to comprehensively use algebraic tools, combinatorial tools, and analytical tools to conduct number theory research through specific problem guidance, including:

(1) Understand and master some basic concepts and basic knowledge of elementary number theory, and be familiar with the research objects and basic methods of elementary number theory.

(2) Cultivate students' abilities of logical reasoning, abstract thinking and comprehensive analysis. Use the basic knowledge and basic theories of elementary number theory to do some calculations.

(3) Through the study of elementary number theory concepts and theories, gradually

develop an interest in abstract concepts and abstract thinking, as well as the ability to connect theory with practice. Through moderate exercises, mutual discussions, and independent thinking about the development process of classical number theory.

3. Covered Topics

The contents of the course are divided into eight modules. The topics are listed in the following table.

Modules	List of Topics	Suggested Hours
1. Divisibility of Integers	Division Algorithm, Divisors, Greast Common Divisors, Euclidean Algorithm, Bezout's Theorem, Least Common Mutiples, Primes, Arithmetic Fundamental Theorem	6
2. Theory of Congruence	Congruence, Residue Classes, Complete System of Residues, Euler's Function, Reduced System of Residues, Euler's Theorem, Fermat's Little Theorem	7
3. Groups, Rings and Fields	Group, Subgroup, Quotient Group, Cyclic Group, Finitely Generated Abel Group, Ring, Polynomial Ring, Quadratic Integer Ring, Field, Finite Field, Root of Unity in a Group	6
4. Congruence Equation	Congruence Equation, Linear Congruence, Chineseremainder Theorem, Simultaneous Linear Congruence, Hensel's Lemma	7
5. The Group of Units	The Group U_p for Odd Prime p, the Group U_m for Arbitary m, Order of Element in U_m, Primitive Root, the Existence of Primitive Root, Application of Primitive Root, Exponent	8
6. Quadratic Residues	Quadratic Residue, the Group of Quadratic Residus, Legendre Symbol, Gauss Sum, Quadratic Reciprocity, Jacobi Sum, Quadratic Residue for Prime-Power Moduli, Quadratic Residue for Arbitary Moduli	11
7. Continued Fractions	Continued Fraction, Continued Fraction Expansion for Real Numbers, Continued Fraction Approximation, Modular Equivalence Between Real Numbers, Irrational Number, Quadratic Irrational Number, Reduced Quadratic Irrational Numbers, Recurring Continued Fraction, Pell's Equation	9

续表

Modules	List of Topics	Suggested Hours
8. Binary Quadratic Forms	Binary Quadratic Forms, Properly Equivalence of Quadratic Forms, Reduction Theroy for Quadratic Forms, Class Number, Quadratic Field, Order, Modules, Positive Modules, Composition of Quadratic Forms, Class Group, Kronecker Symbol, Gauss Symbol, Genus, Gauss's Genus Theory	10
Total	66	64

代数数论 (Algebraic Number Theory)

一、代数数论课程定位

本课程是基础数学专业的课程，在专业课程体系中有重要支撑作用。代数数论课程是离散数学、组合数论课程的延续和深入，是抽象代数、Galois 理论、交换代数课程的具体化，是学生进行研究和理解前沿课题的基础。通过课程学习掌握代数工具及分析工具研究数域的算术性质，掌握局部化方法和各类局部-整体原则，理解代数数论与算术几何、代数几何的关系。课程内容包括代数整数环的结构，数域中的素理想分解，理想类群和单位群，p-进数域，局部域，赋值及其 Galois 理论等。

二、代数数论课程目标

本课程的目标是通过具体问题引导，培养学生综合运用代数工具、组合工具、分析工具进行数论研究的能力，具体包括：

(1) 从整数的唯一分解过渡到理想的唯一分解，理解代数整数环与整数环的不同之处。

(2) 掌握数域扩张的 Galois 理论；学习数的几何，理解代数整数环的类群和单位群。

(3) 学习 p-进数的性质，通过实例了解局部-整体方法，理解数论与几何的关系。

(4) 学习赋值域和局部域的基本性质，掌握赋值扩张的 Galois 理论。

三、代数数论课程设计

本课程内容相对抽象，课程设计的整体原则是"问题引入—工具介绍—深入拓展"

三步走，使学生理解知识点的来龙去脉，并从中掌握常用研究工具，为后续学习和研究打下扎实基础。课程内容可分为 8 个模块，模块 1，2，3 专注于数域的学习，模块 4，5，6 专注于赋值域的学习，模块 7 考虑局部整体方法的一个应用，模块 8 考虑赋值扩张的 Galois 理论。

模块 1：引入代数数和代数整数概念，研究代数整数环的结构，研究域扩张下代数数的迹和范，研究域扩张的判别式和整基。

模块 2：学习 Dedekind 整环的性质，证明理想的唯一分解定理，并应用到代数整数环的研究上；学习域扩张下、特别是 Galois 扩张下的素理想分解，学习分解群、惯性群、以及 Frobenius 自同构。

模块 3：进一步研究代数整数环的结构，引入类群和单位群，证明类群是有限 Abel 群，单位群是有限生成的 Abel 群；掌握 Minkowski 的几何方法，学习 Pell 方程和 CM 域。

模块 4：引入 p-进数域 $\mathbf{Q}_p$，介绍 p-进数的不同构造方法和描述方式，学习 $\mathbf{Q}_p$ 的乘法群，学习 $\mathbf{Q}_p$ 上的多项式方程的 Newton 逼近法。

模块 5：推广 p-进数，引入赋值和赋值域，学习赋值域的基本性质，学习完备赋值域 Hensel 引理、完备赋值域的扩张，学习离散赋值域。

模块 6：深入学习局部域，了解局部域的分类，引入 p-进指数函数和 p-进对数函数，研究局部域的乘法群的结构。

模块 7：引入 Hilbert 符号并学习其基本性质，运用 Hilbert 符号对 $\mathbf{Q}_p$ 上的二次型进行分类，学习二次型与数的表示，证明二次型的局部–整体原则。

模块 8：深入学习赋值扩张的 Galois 理论，分类数域上的赋值，引入高阶分歧群，证明 Herbrand 定理，研究局部域的 Galois 群的结构，研究分歧群与差分的关系。

各模块间的关系如图 2.10 所示。

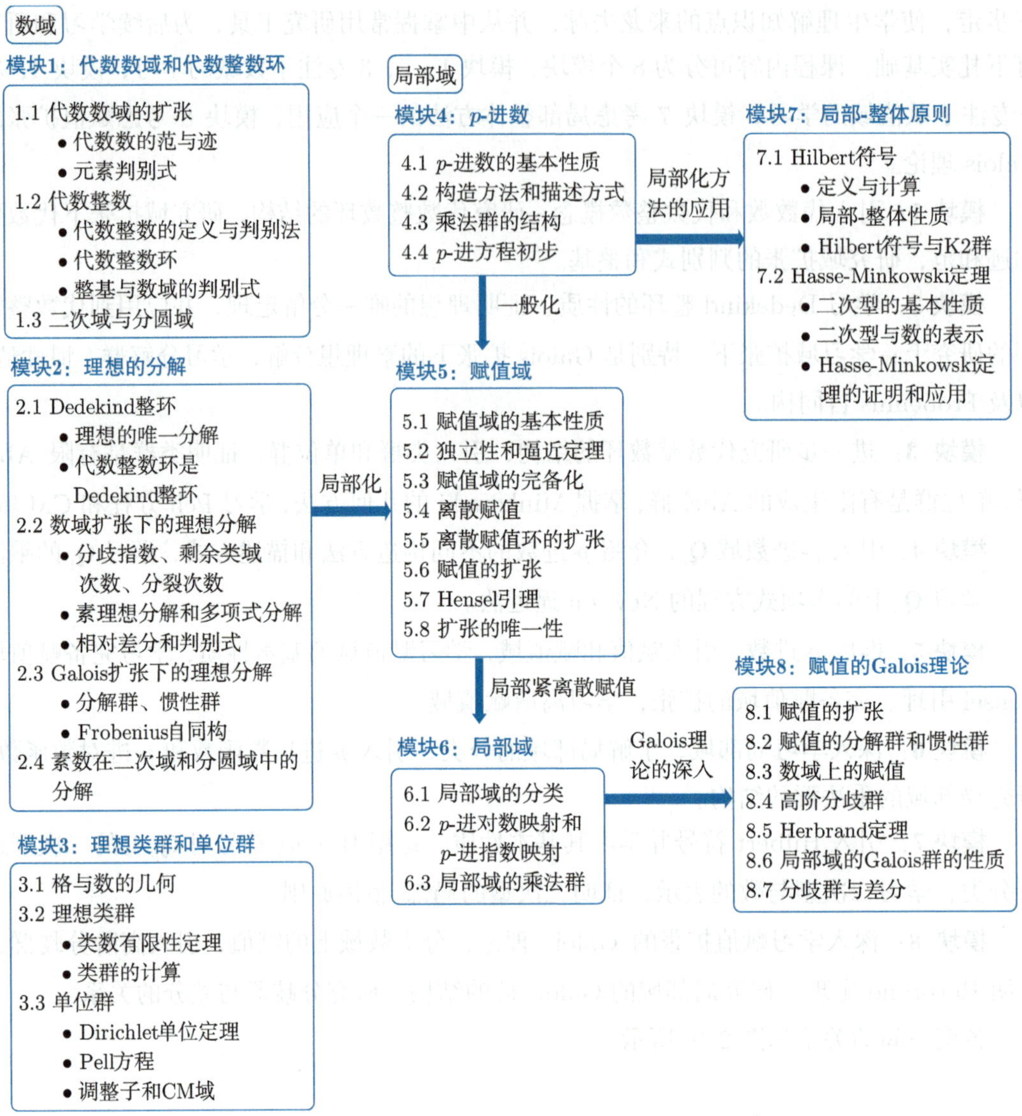

数域

模块1：代数数域和代数整数环

1.1 代数数域的扩张
  ● 代数数的范与迹
  ● 元素判别式
1.2 代数整数
  ● 代数整数的定义与判别法
  ● 代数整数环
  ● 整基与数域的判别式
1.3 二次域与分圆域

局部域

模块4：p-进数

4.1 p-进数的基本性质
4.2 构造方法和描述方式
4.3 乘法群的结构
4.4 p-进方程初步

局部化方法的应用 →

模块7：局部-整体原则

7.1 Hilbert符号
  ● 定义与计算
  ● 局部-整体性质
  ● Hilbert符号与K2群
7.2 Hasse-Minkowski定理
  ● 二次型的基本性质
  ● 二次型与数的表示
  ● Hasse-Minkowski定理的证明和应用

一般化 ↓

模块2：理想的分解

2.1 Dedekind整环
  ● 理想的唯一分解
  ● 代数整数环是Dedekind整环
2.2 数域扩张下的理想分解
  ● 分歧指数、剩余类域次数、分裂次数
  ● 素理想分解和多项式分解
  ● 相对差分和判别式
2.3 Galois扩张下的理想分解
  ● 分解群、惯性群
  ● Frobenius自同构
2.4 素数在二次域和分圆域中的分解

局部化 →

模块5：赋值域

5.1 赋值域的基本性质
5.2 独立性和逼近定理
5.3 赋值域的完备化
5.4 离散赋值
5.5 离散赋值环的扩张
5.6 赋值的扩张
5.7 Hensel引理
5.8 扩张的唯一性

局部紧离散赋值 ↓

模块3：理想类群和单位群

3.1 格与数的几何
3.2 理想类群
  ● 类数有限性定理
  ● 类群的计算
3.3 单位群
  ● Dirichlet单位定理
  ● Pell方程
  ● 调整子和CM域

模块6：局部域

6.1 局部域的分类
6.2 p-进对数映射和p-进指数映射
6.3 局部域的乘法群

Galois理论的深入 →

模块8：赋值的Galois理论

8.1 赋值的扩张
8.2 赋值的分解群和惯性群
8.3 数域上的赋值
8.4 高阶分歧群
8.5 Herbrand定理
8.6 局部域的Galois群的性质
8.7 分歧群与差分

图 2.10　代数数论模块及其关系图

四、代数数论课程知识点

模块 1：代数数域和代数整数环 (Algebraic Number Fields and Ring of Algebraic Integers)

知识点	主要内容	能力目标	参考学时
1. 代数数域 (Algebraic Number Fields)	代数数域的扩张，单扩张定理	学习代数数域的扩张，证明单扩张定理，理解域的嵌入	1

续表

知识点	主要内容	能力目标	参考学时
2. 代数整数 (Algebraic Integers)	代数整数的定义及判别方法	理解代数整数的定义,掌握其判别方法,证明数域的代数整数构成一个环,计算二次域的代数整数环	1.5
3. 范与迹 (Norm and Trace)	代数数的范与迹,范与迹的计算方法与传递性质,迹的双线性性,Hilbert 定理 90	理解代数数的范与迹及其基本性质,通过极小多项式计算代数数的范与迹,学习迹的双线性性及其非退化性,证明 Hilbert 定理 90	3
4. 判别式与整基 (Discriminant and Integral Basis)	元素的判别式,代数数域的整基,代数数域的判别式	学习元素判别式及其计算方法,学习代数数域的整基和代数数域的判别式	1
5. 二次域与分圆域 (Quadratic Fields and Cyclotomic Fields)	二次域与分圆域的代数整数环,唯一分解性质的消失	对二次域和分圆域,计算其代数整数环,计算其判别式,了解唯一分解性质的消失	1.5

模块 2：理想的分解 (Decomposition of Ideals)

知识点	主要内容	能力目标	参考学时
1. Dedekind 整环 (Dedekind Integral Domain)	Dedekind 整环的定义和性质,理想的唯一分解性质,代数整数环是 Dedekind 整环,局部化的一般理论,理想的范	学习 Dedekind 整环的性质,特别是理想分解的唯一性,理解理想分解与元素分解的差异;学习理想的范;学习局部化	4
2. 理想的分解 (Factorization of Ideals)	一般域扩张下素理想的分解,分歧指数、剩余类域次数,相对差分和判别式,Galois 扩张下的素理想分解,分解群、惯性群、Frobenius 自同构,素理想分解和多项式分解的关系,素数在二次域和分圆域中的分解	学习域扩张下素理想的分解,了解分歧指数、剩余类域次数;学习 Galois 扩张下素理想的分解,了解分解群、惯性群、Frobenius 自同构;学习相对差分和判别式,理解其与分歧性的关系;学习素理想分解和多项式分解的关系,计算素数在二次域和分圆域中的分解	10

模块 3：理想类群和单位群 (Ideal Class Group and the Group of Units)

知识点	主要内容	能力目标	参考学时
1. 格 (Lattice)	格的定义,数的几何,Minkowski 定理	学习格的基本性质,证明 Minkowski 的定理	1

续表

知识点	主要内容	能力目标	参考学时
2. 理想类群和类数 (Ideal Class Group and Class Number)	理想类群和类数的定义，类数有限性定理，类数的计算	证明类数的有限性，了解 Minkowski 常数，理解类群计算的复杂性	2
3. 单位群 (Group of Units)	Dirichlet 单位定理，调整子的定义，实二次域的单位群和 Pell 方程，CM 域及其调整子	证明 Dirichlet 单位定理，理解调整子的定义，运用单位定理解 Pell 方程，了解 CM 域的基本性质	3

模块 4：p-进数 (p-adic Numbers)

知识点	主要内容	能力目标	参考学时
1. p-进整数和 p-进数 (p-adic Integers and p-adic Numbers)	p-进整数的构造方法（形式级数、反向极限、完备化、形式幂级数），p-进数与丢番图方程	了解 p-进整数的不同的构造方法和描述形式，理解其关系；了解 p-进数与丢番图方程的初步联系	2
2. p-进数域的乘法群 (Multiplicative Group of p-adic Fields)	$\mathbf{Q}_p$ 乘法群的结构	学习 p-进数域乘法群的结构，了解基本的研究思路	1
3. Newton 逼近法 (Newton's Method)	Newton 逼近法解 p-进方程	学习 $\mathbf{Q}_p$ 上的 Newton 逼近法解法解多项式方程	1

模块 5：赋值域 (Valuations)

知识点	主要内容	能力目标	参考学时
1. 赋值 (Valuations)	赋值的基本性质，赋值的独立性，逼近定理，离散赋值，赋值扩张的分歧指数和剩余类域扩张次数，离散赋值环的扩张，赋值域的完备化	从 $\mathbf{Q}_p$ 过渡到一般的赋值域，理解赋值、特别是非阿赋值的性质；学习赋值的完备化；理解赋值扩张的分歧指数和剩余类域扩张次数；学习离散赋值，并掌握离散赋值环的扩张的分类和构造	5.5
2. Hensel 引理 (Hensel's Lemma)	Hensel 引理	证明完备赋值域上的 Hensel 引理	0.5

续表

知识点	主要内容	能力目标	参考学时
3. 赋值的扩张 (Extensions of Valuations)	完备赋值域情形下扩张的唯一性，域扩张的分歧指数和剩余类域扩张次数	利用 Hensel 引理，证明完备赋值域下赋值扩张的唯一性	1.5
4. Newton 逼近法，Newton 折线 (Newton's Method and Newton Polygon)	非阿完备赋值域上多项式的求根方法以及根的性质	推广 $\mathbf{Q}_p$ 上对应的结果，学习非阿完备赋值域上多项式的求根方法以及根的性质，掌握 Newton 逼近法	1.5

模块 6：局部域 (Local Fields)

知识点	主要内容	能力目标	参考学时
1. 局部域的分类 (Classification of Local Fields)	局部域的分类	通过特征和离散赋值环扩张的性质，把局部域分为两类	0.5
2. p-进分析 (p-adic Analysis)	p-进指数函数，p-进对数函数	引进分析工具，构造 p-进指数函数和 p-进对数函数	1.5
3. 局部域的乘法群 (Multiplicative Group of Local Fields)	局部域的乘法群的结构定理及其应用	对局部域的乘法群进行深入探讨，计算其群结构	1

模块 7：局部–整体原则 (Local-Global Principle)

知识点	主要内容	能力目标	参考学时
1. Hilbert 符号 (Hilbert Symbol)	Hilbert 符号的定义和计算，Hilbert 符号的局部–整体性质	理解 Hilbert 符号的定义和基本性质，掌握计算公式，证明 Hilbert 符号的乘积公式	3
2. K2 群 (K2 Group)	有理数域的 K2 群，Hilbert 符号与 K2 群的关联，二次互反律的新的证明	理解一般符号的定义，理解 K2 群的定义；计算有理数域的 K2 群，给出乘积公式新的证明	2
3. 二次型 (Quadratic Forms)	二次型的基本性质，二次型与数的表示，有限域上二次型的分类，p-进数域上二次型的分类，Witt 环	学习二次型的基本性质，了解二次型与数的表示的基本研究思路，对有限域和 $\mathbf{Q}_p$ 上的非退化二次型进行分类	4

续表

知识点	主要内容	能力目标	参考学时
4. 局部–整体原则 (Local-global Principle)	有理数域上二次型的 Hasse-Minkowski 定理，有理数域上二次型与数的表示，有理数域上二次型的等价，平方和问题	研究有理数域上的二次型，证明 Hasse-Minkowski 定理，运用 Hasse-Minkowski 定理研究有理数域上二次型的等价关系、研究平方和问题，证明 Gauss 的三平方和定理、Gauss 的三角数和定理、Lagrange 的四平方和定理	3

模块 8：赋值的 Galois 理论 (Galois Theory of Valuations)

知识点	主要内容	能力目标	参考学时
1. 赋值的扩张 (Extension of Valuations)	一般域扩张下赋值扩张的性质，赋值的分解群和惯性群；分类数域上的赋值	学习一般域扩张下赋值扩张的性质，定义赋值的分解群和惯性群以及对应的分解域和惯性域	3
2. 高阶分歧群 (Higher Ramification Groups)	下编号高阶分歧群，上编号高阶分歧群，Herbrand 定理，局部域的 Galois 群的性质	定义下编号高阶分歧群，上编号高阶分歧群，了解其基本性质，证明 Herbrand 定理，通过下编号高阶分歧群的商学习局部域的 Galois 群	3.5
3. 差分与判别式 (Difference and Discriminant)	局部域有限可分扩张的差分和判别式，差分的计算，差分与高阶分歧群的关系	定义局部域有限可分扩张的差分和判别式，学习差分的计算方法，计算差分与高阶分歧群的关系	1.5

五、代数数论课程英文摘要

1. Introduction

Algebraic Number Theory is a course for students majored in mathematics and plays an important supporting role in the curriculum system. The course is a continuation and deepening of courses like Discrete Mathematics and Combinatorial Number Theory, and also a concretization of Abstract Algebra, Galois Theory, and Commutative Algebra. It is indispensable for students to conduct research and to understand advanced topics. Through this course, students learn algebraic and analytical tools to study the arithmetic properties of number fields. The course content includes the structure of the ring of algebraic integers, factorization of primes ideals in fields extensions, ideal class groups and unit groups of number fields, p-adic number fields, local fields, valuations and its Galois theory, etc.

2. Goals

The goals of this course are to guide students via specific problems into the field of Algebraic Number Theory and cultivate their ability to comprehensively apply algebraic, combinatorial, and analytical tools in number theory researches. More specifically, our goals are the following:

(1) Make the transition from unique factorization of integers to unique factorization of ideal, understand the differences between the ring of algebraic integer and the ring of integer.

(2) Master the Galois theory of extensions of number fields; understand the geometry of numbers, the ideal class groups and the group of units.

(3) Learn the properties of p-adic numbers, understand the local-global method through examples, and acknowledge the relation between number theory and geometry.

(4) Learn the basic properties of valuations and local fields, and understand the Galois theory of extensions of valuations.

3. Covered Topics

The contents of the course are divided into eight modules. The topics are listed in the following table.

Modules	List of Topics	Suggested Hours
1. Algebraic Number Fields and Ring of Algebraic Integers	Simple Extension Theorem, Integrality, Traces and Norms of Algebraic Numbers, Traces and Bilinear Forms, Hilbert's Theorem 90, Integral Basis, Discriminant, Quadratic Fields, Cyclotomic Fields, Roots of Unity	8
2. Decomposition of Ideals	Dedekind Domain, Factorization of Ideals, Ring of Algebraic Integers, Norms of Ideals, Localizations, Factorization of Prime Ideals under Field Extensions, Ramification Index, Degree of Residue Extensions, Factorization of Prime Ideals Under Galois Extensions, Decomposition Group, Inertia Group, Frobenius Automorphism, Factorization of Prime Ideals and Factorization of Polynomials, Eisenstein Polynomials, Factorization of Prime Numbers in Quadratic Fields and Cyclotomic Fields, Fermat's Last Theorem	14

续表

Modules	List of Topics	Suggested Hours
3. Ideal Class Group and the Group of Units	Lattice, Geometry of Numbers, Minkowski's Theorem, Minkowski Metric, Minkowski Constant, Ideal Class Group, Class Number, the Group of Units, Dirichlet's Unit Theorem, Regulator, Units of Real Quadratic Fields, Pell's Equation, CM Fields	6
4. p-adic Numbers	p-adic Numbers, Inverse Limit, p-adic Metric, Completion, Multiplicative Group of p-adic Fields, p-adic Equations	4
5. Valuations	Valuations, Equivalence of Valuations, Valuations Over $\mathbf{Q}$, Independence of Valuations, Weak Approximation Theorem, Discrete Valuations, Valuation Ring, Structure of Discrete Valuation Rings, Ramification Index, Degree of Residue Extensions, Extensions of Discrete Valuation Rings, Completion, Complete Valuation Fields, Hensel's Lemma, Extensions of Complete Valuation Fields, Newton's Method, Newton Polygon	9
6. Local Fields	Local Fields, Classification of Local Fields, p-adic Logarithm Map, p-adic Exponential Map, Multiplicative Group of Local Fields	3
7. Local-global Principle	Legendre Symbol, Hilbert Symbol, Product Formula, Steinberg Symbol, Tame Symbol, K2 Group, Quadratic Reciprocity Law, Quadratic Forms and Quadratic Modules, Witt Ring, Representation of Numbers, Quadratic Forms Over Finite Fields, Quadratic Forms Over p-adic Number Fields, Quadratic Forms Over $\mathbf{Q}$, the Hasse-Minkowski Theorem, Theorem of Four Squares, Theorem of Three Squares	12
8. Galois Theory of Valuations	Extension of Valuations, Valuations Over Number Fields, Decomposition Group, Inertia Group, Ramification Group, Higher Ramification Group, Upper Numbering Higher Ramification Group, Herbrand's Theorem, Galois Group of Local Fields, Difference and Discriminant	8
Total	92	64

拓扑学 (Topology)

一、拓扑学课程定位

拓扑学是数学类专业本科生的专业必修课程，也可作为其他相关专业本科生的选修课程。

拓扑学研究拓扑空间在连续形变下的性质，是重要的数学分支，内容包括：一般拓扑学、代数拓扑学、微分拓扑学、几何拓扑学等子领域，其中一般拓扑学亦称为点集拓扑学，建立拓扑的基础，研究拓扑空间的性质和相关概念，包括分离性、连通性、紧致性、可度量化等；代数拓扑学利用同调群、同伦群与谱序列等代数结构衡量空间的连通性的程度，进而研究空间，在不低于 5 维流形的研究中，示性类是基本的不变量，手术理论是重要的研究方法；微分拓扑学研究微分流形上的可微函数，与微分几何密切相关，通过研究可微函数的性质来研究微分流形，包括 Morse 理论；几何拓扑学研究流形及其映射，特别是流形在其他流形中的嵌入，低维拓扑研究 4 维以下的流形，包括纽结理论和规范场理论等。拓扑学在许多领域都有应用，包括物理学、生物学、工程学等，可被用于研究网络拓扑、数据分析、形状识别等方面。

拓扑学课程一般在大三上学期开设，讲授一学期，介绍拓扑学的基本概念和基本定理，包括点集拓扑学的基本内容和基本群、覆叠空间及单纯同调等代数拓扑内容，是后续研究生课程代数拓扑学、微分拓扑学和几何拓扑学的基础。

拓扑学的先修课程包括数学分析，部分内容需要高等代数中群的定义与性质。

二、拓扑学课程目标

拓扑学是一门把分析、代数与几何深刻结合的课程，同时也为许多其他数学分支提供了基本的语言和工具。通过本课程的学习，学生可以对拓扑学的主要的概念、关注的问题、研究的方法获得初步了解，为进一步学习打下坚实基础。

1. 知识目标

掌握拓扑学的基础知识、基本理论和方法。点集拓扑方面，熟练掌握拓扑、连续映射、同胚、拓扑基、内部、导集、闭包、子空间拓扑、乘积拓扑、商拓扑、度量空间等与拓扑空间密切相关的基本概念、性质和它们之间的关系；掌握分离性、可数性、紧致性、列紧性、连通性、道路连通性、局部连通性和局部道路连通性等重要和常见的拓扑性质和它们之间的联系，能用拓扑性质证明一些常见的空间不同胚。代数拓扑方面，熟练掌握映射的同伦、空间的同伦、基本群、覆叠空间、单纯复形和单纯同调群等与拓扑空间的代数不变量密切相关的基本概念、性质和它们之间的关系；会计算一些常见空间的基本群和同调群，能用基本群和同调群判定一些常见的空间不同伦等价；掌握紧致曲面的拓扑分类，掌握基本群、同调群和覆叠空间的一些常见应用。

2. 能力目标

对本科生而言，通过学习拓扑学的基本思想和方法，进一步加强抽象思维、逻辑推理能力，特别是培养和提高空间想象力。

3. 素质目标

了解拓扑学的发展脉络、主要方向和未来的发展前景，了解拓扑学与其他学科的联系；树立科学的世界观、人生观和价值观，具有追求科学真理和勇于探索创新的精神和数学情操；有现代数学思想和数学全局观，具有用数学语言进行信息交流的数学素质；有家国情怀和社会责任感。

三、拓扑学课程设计

拓扑学主要包括两方面内容：(1)点集拓扑基础；(2)代数拓扑入门。点集拓扑部分将介绍拓扑空间的各种性质，比如连通性、紧致性、分离性等，也介绍构造拓扑空间的各种方法，比如乘积空间、商空间、度量化等；代数拓扑部分将介绍基本群的定义与计算方法、曲面的分类、覆叠空间理论，以及单纯同调理论。其逻辑关系如图 2.11 所示。

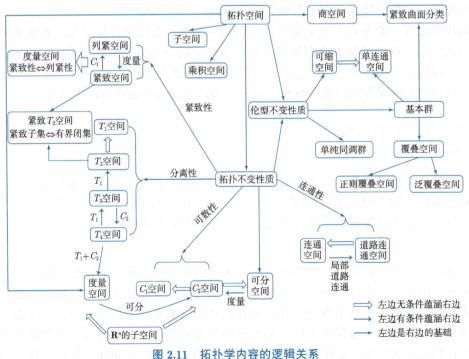

图 2.11　拓扑学内容的逻辑关系

四、拓扑学课程知识点

模块 1：点集拓扑学(Point Set Topology)

知识点	主要内容	能力目标	学时
1. 集合论的准备(Set Theory)	集合与集合的运算	掌握集合的交并补运算，掌握映射的像集和原像集的关系	2
2. 欧氏空间的连续映射(Continuous Functions in Euclidean Spaces)	欧氏空间中的连续映射	从欧氏空间映射连续性，过渡到抽象的拓扑空间	2
3. 拓扑空间与连续映射(Topological Spaces and Continuous Maps)	开集与拓扑，闭集与极限点，连续映射，子空间，乘积空间，商映射与商拓扑	掌握拓扑空间的定义及连续性，掌握构造新的拓扑空间的方法及其相关拓扑	12
4. 连通性、可数性与分离性(Connectedness, Countability and Separability)	连通性，可数性，分离性，度量化，Urysohn 引理，Tietze 扩张定理	掌握拓扑空间的几类基本性质，以及相互之间的关系，掌握连续映射的扩张	9
5. 紧性（Compactness）	紧致空间与列紧空间的定义与性质，度量空间的紧致性	掌握空间的紧致性质，掌握空间可度量化的条件	7

模块 2：基本群与覆叠空间(Fundamental Groups and Covering Spaces)

知识点	主要内容	能力目标	学时
1. 基本群(Fundamental Groups)	同伦与同伦等价，基本群的构造，圆周与球面的基本群，Brouwer 不动点定理，Borsuk-Ulam 定理，Seifert-van Kampen 定理，Jordan 曲线定理*，棱道群与基本群的计算*	掌握连续形变的含义，基本群的定义及其应用，基本群的计算方法，学习 Jordan 曲线定理，培养空间想象力和证明的严谨性	10
2. 闭曲面(Closed Surface and Classification)	流形与曲面的定义，曲面在欧氏空间中的浸入和嵌入，闭曲面多边形表示的存在性*，闭曲面的分类	学习闭曲面的分类，学习拓扑学的技巧	4
3. 覆叠空间(Covering Spaces)	覆叠空间的定义及性质，泛覆叠空间的存在性，覆叠空间的分类	学习用基本群与覆叠空间的关系，用 Galois 对应去学习拓扑与代数的关系	6

模块 3：单纯同调(Simplicial Homology)

知识点	主要内容	能力目标	学时
1. 单纯复形(Simplicial Complex)	单纯复形的定义，多面体和可剖分空间，抽象单纯复形，流形的可剖分性*	学习单纯复形，从抽象的拓扑空间分解为简单的拓扑空间的方法	3
2. 单纯复形的同调群(Simplicial Homology)	复形的定向，单纯同调群的定义，复形的连通性和零维同调群，计算同调群的例子	学习构造拓扑不变量的方法，学习链复形及同调的计算	3
3. Euler-Poincaré 公式(Euler-Poincaré Formula)	整同调群的结构，Euler-Poincaré 公式,任意 Abel 群为系数的单纯同调群,万有系数定理	学习用代数来研究拓扑空间的方式，把单纯剖分和向量场联系起来，学习几何与拓扑的关系，学习代数的技巧对拓扑的应用	3
4. 单纯映射与单纯逼近(Simplicial Maps and Simplicial Approximation)	单纯映射，单纯同调群，诱导同态，单纯逼近定理，重分链映射，单纯同调群的同伦不变性	学习不变量的不变性质，掌握数学分析技巧在拓扑中的应用,学习用不变量去解决拓扑问题的技巧	3

根据各高校的不同需求，拓扑学可安排 48 课时、64 课时或 80 课时。对 48 课时，建议讲授点集拓扑学、基本群及覆叠空间的内容；对 64 课时，可以讲授点集拓扑学、基本群、覆叠空间和单纯同调；对 80 课时，可讲授全部内容，包括选讲章节。

48 课时设计方案：

1. 拓扑学介绍及拓扑空间，3 课时

2. 连续映射、乘积空间，3 课时

3. 分离性与可数性，3 课时

4. 度量空间与度量化，4 课时

5. 紧致性，4 课时

6. 连通性、粘合空间、轨道空间，4 课时

7. 闭曲面的分类，3 课时

8. 同伦、基本群的定义与性质，8 课时

9. van Kampen 定理、基本群的应用，8 课时

10. 覆叠空间，8 课时

64 课时设计方案：

1. 拓扑空间与连续映射，8 课时

2. 构造新空间，6 课时

3. 分离性与可数性，6 课时

4. 连通性与紧致性，6 课时

5. 同伦与基本群，12 课时

6. 覆叠空间，6 课时

7. 紧致曲面的拓扑分类，6 课时

8. 单纯复形与单纯同调，14 课时

80 课时设计方案：

1. 拓扑空间与连续函数，10 课时

2. 连通性与紧致性，10 课时

3. 可数公理与分离公理，8 课时

4. 度量化定理与仿紧性，4 课时

5. 完备度量空间与函数空间，6 课时

6. 基本群，6 课时

7. 平面上的分离性，4 课时

8. Seifert-van Kampen 定理，8 课时

9. 曲面的分类，8 课时

10. 覆叠空间的分类，8 课时

11. 单纯同调理论，8 课时

五、拓扑学课程英文摘要

1. Introduction

Topology is an important branch of mathematics which studies the property of spaces invariant under continuous deformation. As a theory, it has rich contents, and it provides basic language and tools for other branches of mathematics. In this course we will give an introduction to the main concepts, problems and methods in topology. This covers the basic notions in point set topology, surfaces in geometric topology, and the fundamental groups, covering spaces and simplicial homology theory in algebraic topology.

2. Goals

To help students understand the spatial relations, develope geometric instinct and ability to imagine space objects, and gain a deeper understanding of the shape and structure of spaces, which can be useful in various scientific disciplines, including physics, engineering, and computer science.

Topology involves abstract thinking and rigorous reasoning, which can help students develop problem-solving skills. It often requires creative approaches to tackle challenging problems, making it a great area of study for honing your analytical and critical thinking abilities. Understanding topology can provide insights into other fields (such as algebra, analysis, and geometry) and help you see connections between seemingly disparate mathematical concepts.

Topology is often appreciated for its elegance and beauty. The study of abstract structures and spaces can be intellectually stimulating and rewarding in its own right, regardless of practical applications.

3. Covered topics

Modules	List of Topics	Suggested Hours
1. Point-set Topology	Set theory (2), Continuous Functions in Euclidean spaces(2), Topological Spaces and Continuous Maps (12), Connectedness, Countability and Separability (9), Compactness(7)	32
2. Fundamental Groups and Covering Spaces	Homotopy and Homotopy Equivalence (2), Fundamental Group and Properties (2), Fundamental Groups of Circles and Spheres (2), Brouwer Fixed Point Theorem and Borsuk-Ulam Theorem (1), Seifert-Van Kampen Theorem (3), Classification of Closed Surfaces (4), Covering Spaces (2), Classification of Covering Spaces (4)	20
3. Simplicial Homology	Simplicial Complex (3), Simplicial Homology (3), Euler-Poincaré Formula (3), Simplicial Maps and Simplicial Approximation (3)	12
Total	17	64

微分几何 (Differential Geometry)

一、微分几何课程定位

对时间和空间的几何学理解贯穿人类理性文明发展，几何学也自然成为数学研究中的核心对象之一。自 Newton、Leibniz 创立微积分以来，曲率这一用来衡量几何对象弯曲程度的概念就应运而生，以微积分为工具研究几何学标志着微分几何学的开端。19 世纪微分几何学经历两个里程碑事件，其一是 Gauss 关于曲面的一般研究以及 Gauss 绝妙定理，可以说达到了古典微分几何发展的顶峰；其二是 Riemann 在其就职讲演中提出的高维几何对象"流形"的概念以及其上度量的引入，由此诞生了研究高维几何体的 Riemann 几何学。微分几何课程主要讲授曲线和曲面的微分几何学，以及流形基础理论。课程以微积分和线性代数为核心工具，辅之以一些常微分方程定性理论和拓扑学事实。该课程为 Riemann 几何或流形的拓扑等更高阶课程的必备前置课程。

二、微分几何课程目标

通过课程学习，要了解微分几何学在 19 世纪的发展全貌，建立曲率的几何直观，熟练掌握各种曲率计算，深刻理解 Gauss 绝妙定理的内在含义，深刻理解流形的概念。了解内蕴几何中协变导数、平行移动、测地线、指数映射等基本概念；了解 Gauss-Bonnet 定理并能熟练运用；了解并掌握流形上向量场、微分形式的基础理论。通过该课程的学习，也可以反刍式提高对微积分和线性代数的理解，并为后续几何、拓扑类课程如 Riemann 几何、微分拓扑等打好扎实的基础。

三、微分几何课程设计

课程按照 19 世纪微分几何发展的两大事件：Gauss 绝妙定理和 Riemann 就职演说将内容分为三大板块。第一板块主要介绍曲线和曲面微分几何的古典理论，第二板块通过 Gauss 绝妙定理引入曲面内蕴几何研究，第三板块介绍 Riemann 就职演说中对空间的革新性概念——流形及其上向量场和微分形式方面的基础理论。其详细知识图谱见图 2.12。

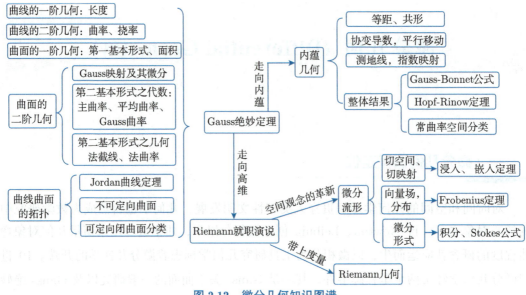

图 2.12　微分几何知识图谱

四、微分几何课程知识点

模块 1：曲线和曲面的微分几何(Differential Geometry of Curve and Surface)

知识点	主要内容	能力目标	参考学时
1. 曲线的微分几何 (Differential Geometry of Curve)	空间曲线的曲率、挠率，Frenet 标架，空间曲线基本定理，平面曲线带符号曲率	理解曲率的直观意义，会熟练计算曲率，了解空间曲线基本定理的实质	4
2. 曲面的一阶几何学 (First-order Geometry of Surface)	曲面的基本定义、例子，第一基本形式，可定向	能理解曲面定义中的各种条件，掌握曲面面积的计算	2
3. 曲面的曲率(Curvature of Surface)	Gauss 映射、第二基本形式、主曲率、主方向、Gauss 曲率、平均曲率，Gauss 曲率积分的几何意义	理解 Gauss 映射以及微分，熟练掌握局部坐标下曲率计算，主曲率、主方向的确定，了解第二基本形式的代数内涵，建立第二基本形式的几何直观	10

模块 2：曲面内蕴几何学(Intrinsic Geometry of Surface)

知识点	主要内容	能力目标	参考学时
1. Gauss 绝妙定理(Gauss's Remarkable Theorem)	曲面结构方程、Gauss 方程，Codazzi 方程，曲面基本定理，等距、共形	理解 Gauss 绝妙定理的内涵，了解 Gauss 方程和 Codazzi 方程作为空间曲面的一种兼容性条件	4

续表

知识点	主要内容	能力目标	参考学时
2. 曲面上向量场求导 (Derivative of Vector Field on Surface)	协变导数、平行、平行移动	了解协变导数是内蕴概念,可以对一些实例进行平行移动	2
3. 测地线(Geodesic)	测地线、测地曲率	了解测地线就是直线在曲面上的推广,测地曲率就是曲面上曲线的曲率	2
4. Gauss-Bonnet 公式 (Gauss-Bonnet Formula)	Gauss-Bonnet 公式的证明,应用,可定向闭曲面的拓扑分类	了解小三角形版本的 Gauss-Bonnet 公式本质上就是微积分的 Green 公式,能够将小三角形版本加和并用组合方式得到整体版本的 Gauss-Bonnet 公式,并掌握 Gauss-Bonnet 公式的一些基础应用,特别是带符号曲率和拓扑、测地线之间的关系	4
5. 指数映射、测地极坐标 (Exponential Map, Geodesic Polar Coordinate)	指数映射、测地极坐标、测地线的局部极短性、常曲率空间的局部分类	了解指数映射的定义,掌握测地极坐标下第一基本形式的表达式	4
6. 常曲率空间分类 (Classification of Space with Constant Curvature)	单连通空间形式、抽象曲面的定义	了解抽象曲面的定义,掌握三类空间形式,了解 Euclid 空间中常曲率曲面的分类结果	4

模块 3：流形初步(Introduction to Manifold)

知识点	主要内容	能力目标	参考学时
1. 微分流形 (Differential Manifold)	微分流形的概念和例子	对微分流形的概念有初步的了解,掌握一些实例并验证一些实例	4
2. 切空间、向量场 (Tangent Space, Vector Field)	切空间、向量场、光滑映射及其微分、浸入、嵌入,积分曲线,向量场的完备性	进一步深入了解流形上的切空间的概念以及由此产生的向量场等概念	6
3. 分布(Distribution)	向量场的 Lie 括号运算,分布的定义,积分子流形,Frobenius 定理	对向量场的可积性有相当的了解,理解积分子流形,能够判断一个分布是否完全可积	4
4. 微分形式 (Differential Form)	余切空间,外代数,微分形式,外积,外微分,积分,Stokes 公式	理解微分形式的各种等价定义,代数刻画等,熟练掌握微分形式的各种局部计算、积分等,能够运用 Stokes 公式	4

续表

知识点	主要内容	能力目标	参考学时
5. de Rham 定理 (de Rham Theorem)	de Rham 上同调，奇异同调，奇异上同调	熟悉 de Rham 上同调的构造，理解 de Rham 定理，了解该定理的一些应用	4

模块 4：选讲部分 (Selected Topics)

知识点	主要内容	能力目标	参考学时
1. 曲线和曲面的整体结果 (Global Result on Curve and Surface)	如四顶点定理、Moon in the Puddle 定理、Fary-Milnor 定理等	拓宽视野、提升兴趣	2
2. 活动标架 (Moving Frame)	利用活动标架讲述曲面结构方程，并推导 Gauss 方程	拓宽视野、提升兴趣	2
3. 特殊曲面简介(Introduction to Special Surface)	如极小曲面、非负 Gauss 曲率曲面，非正 Gauss 曲率曲面	拓宽视野、提升兴趣	6
4. Hodge 定理简介 (Introduction to Hodge Theory)	Riemann 度量，Hodge 星算子，Laplace 算子，调和形式，Hodge 分解	拓宽视野、提升兴趣	4

五、微分几何课程英文摘要

1. Introduction

The geometric understanding of time and space has been throughout the development of human rational civilization, and thus geometry has naturally become one of the core objects in mathematical research. Since Newton and Leibniz founded the Calculus, the concept of curvature, which is used to measure the curvature of geometric objects, has emerged. Using calculus as a tool to study geometry marks the beginning of differential geometry. Differential geometry experienced two milestones in the 19th century. One was Gauss's general research on curved surfaces and his remarkable theorem, which have lead to the pinnacle of the development of classical differential geometry; the other was the theory proposed by Riemann in his inaugural lecture. The concept of "manifold", a higher dimensional geometric object, and the introduction of metrics on it gave birth to Riemannian geometry. The differential geometry course mainly covers the differential geometry of curves and surfaces, as well as the basic theory of manifolds. The course uses calculus and linear algebra as core tools, supplemented by some qualitative theory of ordinary differential equations and facts from topology. This course is a necessary prerequisite for more advanced courses such as Riemannian geometry, topology of manifolds, etc.

2. Goals

The aim of this course is to understand the overall development of differential geometry in the 19th century, establish a geometric intuition for curvature, become proficient in various curvature calculations, deeply understand the meaning of Gauss's remarkable theorem, and the concept of manifolds. Understand basic concepts such as covariant derivatives, parallel transport, geodesics, and exponential map in intrinsic geometry; understand Gauss-Bonnet's theorem and be able to use it skillfully; understand and master the basic theories of vector fields and differential forms on manifolds. Through the study of this course, one shall improve his/her understanding of calculus and linear algebra, and lay a solid foundation for subsequent geometry and topology courses such as Riemannian geometry, differential topology, etc.

3. Covered Topics

Modules	List of Topics	Suggested Hours
1. Differential Geometry of Curve and Surface	Space Curves, Curvature and Torsion, Frenet Trihedron, Signed Curvature for Planar Curves, Surfaces, Area of The Surface, The First Fundamental Form, The Gauss Map, The Weingarten Map, Principal Curvatures (Directions), Gauss Curvature, Mean Curvature, Normal Curvature (Section), Euler's Formula, Special Points on Surfaces	16
2. Intrinsic Geometry of Surface	Gauss's Remarkable Theorem, Isometric Class, Conformal Class, Gauss Equation, Codazzi Equation, Covariant Derivative, Parallel Transport, Geodesics, Geodesic Curvature, Gauss-Bonnet Formula, Exponential Map, Geodesic Polar Coordinates, Space of Constant Gauss Curvature, Classification of Surfaces in Euclidean Spaces with Constant Gauss / Mean Curvature	20
3. Introduction to Manifold	Smooth Manifolds, Smooth Structure, Tangent Spaces, Smooth Maps, Differential of Smooth Maps, Embedding, Immersion, Submersion, Vector Fields, Integral Curves, Distribution, Integral Submanifolds, Frobenius Theorem, Cotangent Space, Exterior Algebra, Differential Forms, Exterior Differentiation, Wedge Product, Stokes's Formula, de Rham Cohomology, Singular Homology, Singular Cohomology, de Rham Theorem	22
4. Selected Topics	Four-Vertex Theorem, Moon in The Puddle, Fenchel Theorem, Fary-Milnor Theorem, Method of Moving Frame, Minimal Surfaces, Surfaces with Gauss Curvature of A Given Sign, Hodge Theory	14
Total	60	72

代数几何 (Algebraic Geometry)

一、代数几何课程定位

本课程是数学类专业的核心课程之一。代数几何是数学的一个重要分支，主要研究代数方程组解的代数结构和几何结构。它是一门充满现代数学思想和新方法的学科，其理论深刻，算法丰富，应用广泛，是信息化、智能化时代数学和相关领域的人才必备的数学知识和思维方法，信息安全和人工智能的多个重大问题需要用代数几何去解决。代数几何课程旨在培养学生解方程的代数与算法思维，现代几何中流形和拓扑思维。课程基本内容包括(复)平面射影几何、平面双有理几何、代数曲线的分类、曲线分类理论的应用等，一学期的课程，适用于所有大学的数学专业。前序课程的要求较少，主要是微积分和高等代数，懂得群、环、域、解析函数、拓扑空间等基本概念即可学习本课程。

为了部分学生进一步学习的需要，代数几何课程还包括一学期的高级课程，内容包括复流形与向量丛基础、代数方程组理论与交换代数方法、代数簇与概型语言、层与上同调方法、代数曲面的双有理分类等。

二、代数几何课程目标

(1) 掌握代数几何中的基本概念。如代数曲线、代数曲面、有理函数、除子群、线性等价、亏格、重数、重点、相交数、双有理变换、线性系、有理映射、同构等。

(2) 掌握代数几何中的基本计算。如相交数的计算、双有理变换的计算、爆发的计算、曲线的奇点解消、亏格的计算、除子函数空间基的计算、椭圆曲线上加法的计算等。

(3) 掌握一些基本定理和公式的应用。比如贝祖定理、诺特基本定理、凯莱-巴哈拉赫定理、诺特公式、亏格公式、黎曼-洛赫公式、黎曼-赫尔维茨公式等。

(4) 了解代数几何的新思想及其在数学中的意义。几何概念的代数化与代数概念的几何化的思维。用"系数的连续变化原理"发现几何的新概念与新结果的创新思维。用理想(等价的商环)刻画代数方程组解的结构的新思想。了解算法思维在代数几何中的重要作用，特别地局部分析问题都可转化成向量空间维数的计算问题。

(5) 了解抽象代数、复变函数、拓扑学等的发展历史和在数学中的重要地位，并且了解代数几何的理论与方法可以应用于众多领域，比如数论、组合、编码与密码、常微分方程以及人工智能等领域。

三、代数几何课程教学设计

设计原则：(1) 遵循代数几何发展的规律与历史，采用"问题的引入、数学模型和数学工具的建立、解决问题的方法以及发展出的相应理论"的方式展开，使读者了解数学创新的过程，能更好地理解知识点，运用知识点，培养创新意识。(2) 强调算法在课程中的重要性。

模块 1(复平面射影几何)：用现代的方法讲授复平面射影几何理论，包括圆锥曲线理论、三次曲线理论。介绍了圆锥曲线的对偶原理、三次曲线的沙勒定理、牛顿标准型、加法群结构，作为沙勒定理的应用，导出传统平面射影几何的所有定理，还推导出椭圆曲线上有理点的加法公式。所用工具主要是高等代数和数学分析的基础知识。

这一部分也可以作为大学"空间解析几何"课程的补充，取代传统的射影几何课程，或者作为扩大学生知识面的短课程的教学内容。

模块 2(平面双有理几何)：这是平面射影几何的推广。通过多项式的 6 个恒等式，介绍平面双有理变换的基本性质。并详细研究了爆发变换的性质和计算，详细介绍代数曲线的奇点解消、曲面上有理映射的无定义点的消去等基本计算。从公理出发讲授曲线相交数的计算，用算法证明平面双有理几何的三大基本定理：贝祖定理、诺特基本定理、凯莱–巴哈拉赫定理，建立了曲线的亏格公式。

每周 3 课时，一学期可讲完模块 1 和模块 2，以椭圆曲线理论结束，也自成体系。

模块 3(代数曲线的分类)：讲授黎曼的光滑射影代数曲线(紧黎曼曲面)的分类理论，包括黎曼–洛赫定理、低次曲线的分类，超椭圆曲线和非超椭圆曲线的基本性质。

每周 4 课时，可讲授前面 3 个模块，这是代数几何课程的主要内容。

模块 4(代数几何的应用)：黎曼对代数曲线进行了精细分类，建立了曲线模空间理论，为参数曲线提供了双有理不变量，有些不变量也是一阶常微分方程的双有理不变量，比如小平维数、多重几何亏格、陈省身数、体积与斜率。本课程建立的计算方法可以用于计算这些不变量，这些内容的讲授有利于学生利用代数几何从事各方面的研究。

根据不同学校的需要，可以在模块 4 中挑选部分内容讲授，也可以作为本科生研究班研讨的内容。各模块之间的关系如图 2.13 所示。

课程的主线：以研究两个变量的多项式方程组解集的代数结构、几何与拓扑结构为主线。

课程的两个基本算法：第一，求解多项式方程组的消元法，反映在两曲线相交数的计算中(即方程组解的重数的计算)；第二，双有理变换的计算，反映在以下计算之中，代数曲线的奇点解消、亏格的计算、代数曲面的相交理论、有理映射没有定义点的消去等。本课程的新概念都建立在两个基本算法的基础之上，尽量避免抽象的定义。

模块1：复平面射影几何

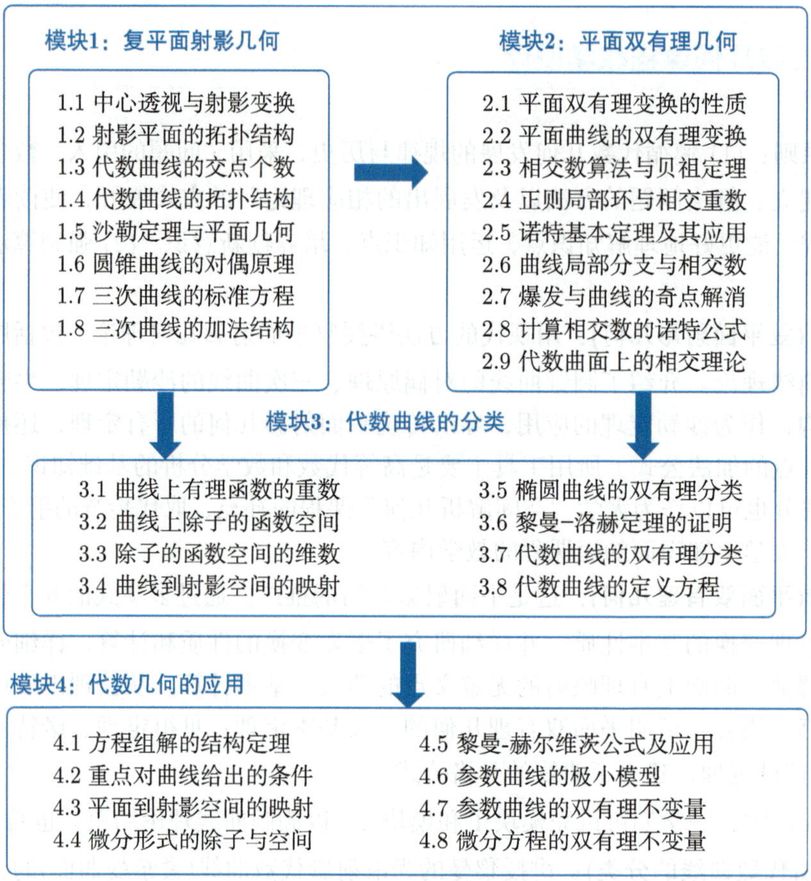

1.1 中心透视与射影变换
1.2 射影平面的拓扑结构
1.3 代数曲线的交点个数
1.4 代数曲线的拓扑结构
1.5 沙勒定理与平面几何
1.6 圆锥曲线的对偶原理
1.7 三次曲线的标准方程
1.8 三次曲线的加法结构

模块2：平面双有理几何

2.1 平面双有理变换的性质
2.2 平面曲线的双有理变换
2.3 相交数算法与贝祖定理
2.4 正则局部环与相交重数
2.5 诺特基本定理及其应用
2.6 曲线局部分支与相交数
2.7 爆发与曲线的奇点解消
2.8 计算相交数的诺特公式
2.9 代数曲面上的相交理论

模块3：代数曲线的分类

3.1 曲线上有理函数的重数
3.2 曲线上除子的函数空间
3.3 除子的函数空间的维数
3.4 曲线到射影空间的映射

3.5 椭圆曲线的双有理分类
3.6 黎曼–洛赫定理的证明
3.7 代数曲线的双有理分类
3.8 代数曲线的定义方程

模块4：代数几何的应用

4.1 方程组解的结构定理
4.2 重点对曲线给出的条件
4.3 平面到射影空间的映射
4.4 微分形式的除子与空间

4.5 黎曼–赫尔维茨公式及应用
4.6 参数曲线的极小模型
4.7 参数曲线的双有理不变量
4.8 微分方程的双有理不变量

图 2.13 代数几何模块及其关系图

四、代数几何课程知识点

模块 1：复平面射影几何 (Complex Plane Projective Geometry)

知识点	主要内容	能力目标	参考学时
1. 中心透视与射影变换 (Perspective and Projective Transformation)	圆锥曲线的发现，透视与锥面法，平面的射影变换，空间的线性变换，曲线的锥面方程，锥面的线性变换，三次曲线的锥面	了解射影几何的起源	2
2. 射影平面的拓扑结构 (Topology of Projective Plane)	无穷远点与射影平面，代数曲线的无穷远点，射影平面的拓扑结构，射影平面的仿射坐标，射影平面的拓扑形状，射影平面的射影变换，空间锥面与射影曲线，复 n 维射影空间	掌握用齐次坐标研究无穷远点的方法	2

续表

知识点	主要内容	能力目标	参考学时
3. 代数曲线的交点个数 (Intersection Numbers of Algebraic Curves)	仿射曲线与仿射变换，化简方程的诺特技巧，两多项式的贝祖定理，仿射曲线、射影曲线的交点个数，与直线、二次曲线的交点个数	掌握高等代数中贝祖定理的应用	2
4. 代数曲线的拓扑结构 (Topology of Algebraic Curves)	代数曲线光滑点的局部结构，曲线奇点的重数与切线，重数与切线的射影不变性，奇点和切线的射影表示，实和复射影代数曲线的图形，例子	掌握多项式重根的导数判别法的应用	2
5. 沙勒定理与平面几何 (Chasles Theorem and Plane Geometry)	三次曲线的克拉默悖论，过 5 点的二次曲线，沙勒定理的证明，在圆锥曲线上的应用，有限个点对 d 次曲线给出的条件数	了解克拉默悖论是线性代数的起源，可推出圆锥曲线的基本定理	2
6. 圆锥曲线的对偶原理 (Principle of Dualities of Conics)	射影几何的对偶原理，帕斯卡定理的对偶定理，布里昂雄定理，退化成双曲线、抛物线、圆的定理，曲线的拐点	理解射影几何的对偶原理及证明	2
7. 三次曲线的标准方程 (Newton Equations of Cubic Curves)	不可约三次曲线的拐点个数，不可约三次曲线的标准方程	掌握三次曲线的牛顿标准型	2
8. 三次曲线的加法结构 (Addition Structure of Cubic Curves)	三次曲线上的群结构、加法公式及其几何，有理点的 Mordell-Weil 群	掌握三次曲线的加法及其应用	2

模块 2：平面双有理几何 (Planar Birational Geometry)

知识点	主要内容	能力目标	参考学时
1. 平面双有理变换的性质 (Properties of Planar Birational Transformations)	仿射平面、射影平面的双有理变换，例外曲线，双有理映射诱导的同构，没有定义的点，原点的爆发变换，标准二次变换	掌握例外曲线等的计算	2
2. 平面曲线的双有理变换 (Birational Transformations of Plane Curves)	曲线在双有理变换下的像，双有理变换的次数，标准二次变换的刻画，平面上的正则局部环和双有理不变性	掌握双有理等价曲线的计算	2

续表

知识点	主要内容	能力目标	参考学时
3. 相交数算法与贝祖定理 (Intersection Numbers and Bezout Theorem)	相交数的定义、公理与算法，贝祖定理，例子，两曲线的正常相交，贝祖定理的应用	熟练掌握相交数的算法	2
4. 正则局部环与相交重数 (Local Rings and Intersection Multiplicities)	正则局部环的极大理想，曲线局部相交数的有限性，相交数公理的验证，光滑曲线生成的理想的结构	了解理想与解方程的关系	2
5. 诺特基本定理及其应用 (Noether Fundamental Theorem and Application)	代数方程组中的多余方程和诺特判别法，平面曲线的诺特基本定理，凯莱-巴哈拉赫定理	掌握两大基本定理的应用	2
6. 曲线局部分支与相交数 (Local Branches and Intersecting Numbers)	结点曲线的局部解析分支，用解析局部环计算相交数，结点处诺特条件的数值判别，曲线与曲面的解析坐标	了解解析曲线的相交数的计算	2
7. 爆发与曲线的奇点解消 (Resolution of Singularities of a Curve)	仿射平面在原点的爆发，射影平面在原点的爆发，代数曲面在一点的爆发，曲线在爆发下的原像，曲线奇点的解消，曲线 ADE 奇点的解消	熟练掌握爆发的相关计算	2
8. 计算相交数的诺特公式 (Noether's Formula for Intersecting Numbers)	曲线在标准二次变换下的像，诺特公式，平面曲线的简单奇点模型，代数曲线的正规交模型	掌握计算曲线正规交模型的算法	2
9. 代数曲面上的相交理论 (Intersection Theory on Algebraic Surfaces)	曲面上的除子、线性等价与除子类群，曲面上除子的相交，典范除子的爆发公式	掌握相交理论及其应用	2

模块 3：代数曲线的分类 (Classification of Algebraic Curves)

知识点	主要内容	能力目标	参考学时
1. 曲线上有理函数的重数 (Divisors of Rational Functions on a Curve)	曲面和曲线上的有理函数，曲线有理函数在一点的重数，光滑曲线上有理函数、半纯函数的重数，有理函数的零点与极点重数	会用计算曲线有理函数的重数	2
2. 曲线上除子的函数空间 (Space of Functions of a Divisor on a Curve)	曲线上的除子与主除子，除子的线性等价与皮卡群，光滑曲线上的向量空间 $L(D)$，平面光滑曲线上 $L(D)$ 的计算，计算 $L(D)$ 的基的例子	熟练掌握 $L(D)$ 的基的算法	2

知识点	主要内容	能力目标	参考学时
3. 除子的函数空间的维数(Dimension of the Space $L(D)$ of Functions)	平面结点曲线的光滑模型，结点曲线上的诺特条件，$L(D)$的公分母的确定，除子函数空间的维数公式，计算$L(D)$维数的例子，典范除子的计算，$L(D)$的简单性质	熟练掌握$L(D)$的基的算法	2
4. 曲线到射影空间的有理映射(Rational Map of a Curve to Projective Space)	代数曲线的有理映射，线性系定义的有理映射，有理映射无定义点的判别，有理映射为单射的条件，有理映射为到像的局部同构的条件	理解用线性系研究有理映射的性质	2
5. 椭圆曲线的双有理分类(Classification of Elliptic Curves)	代数曲线的有限覆盖，代数曲线的双有理映射，j-不变量的同构不变性，保持拐点不变的同构，三次光滑曲线的平移同构	熟练掌握椭圆曲线的分类	2
6. 黎曼–洛赫定理的证明(Proof of the Riemann-Roch Theorem)	黎曼–洛赫定理，$L(D)$的维数的性质，余维数$s(D)$的性质，黎曼不等式的证明，诺特约化定理，黎曼–洛赫定理的证明，黎曼–洛赫定理的应用	了解黎曼–洛赫定理的证明	2
7. 代数曲线的双有理分类(Classification of Algebraic Curves)	空间曲线和有理映射的次数，曲线有理映射的次数公式，除子函数空间维数的上界，超椭圆与非超椭圆曲线，超椭圆曲线的典范映射	了解代数曲线的分类方法	2
8. 代数曲线的定义方程(Defining Equations of Algebraic Curves)	超椭圆曲线的定义方程，亏格4非超椭圆曲线的方程，亏格5非超椭圆曲线的方程	了解一些代数曲线的方程	2

模块 4：代数几何的应用 (Applications of Algebraic Geometry)

知识点	主要内容	能力目标	参考学时
1. 方程组解的结构定理(Structure Theorem of Algebraic Equations)	多项式方程组解的结构环，平面上的二重点与多重点，方程组解的结构定理，有限重点集（零维子概型）的子集与补集，例子	了解平面上重点集的性质	2
2. 重点对曲线给出的条件(Conditions on Curves Imposed by Multiple Points)	重点集对线性系、二次曲线、三次曲线给出的独立条件数，一般情形的沙勒定理，在平面几何中的应用，沙勒定理的推广与猜想	了解代数几何处理重点特有的方法	2

续表

知识点	主要内容	能力目标	参考学时
3. 平面到射影空间的映射 (Rational Maps of Plane to Projective Space)	曲面上线性系的 k 可分性,基点与 1 可分性,映射的单性与 2 可分性,局部同构与 2 重点的可分性,例子	了解 k 可分研究的意义	2
4. 微分形式的除子与空间 (Differential Forms and Canonical Divisors)	代数曲面上的有理微分形式,几何亏格与多重几何亏格,代数曲线上的有理微分形式,全纯微分形式空间与亏格	掌握典范除子的计算	2
5. 黎曼–赫尔维茨公式及应用(Riemann-Hurwitz Formula and Applications)	曲线有限覆盖的典范除子公式,黎曼–赫尔维茨公式及其应用,曲线的有理函数参数化问题	了解黎曼–赫尔维茨公式的应用	2
6. 参数曲线的极小模型 (Minimal Models of a Pencil of Curves)	参数曲线基点的解消,曲线奇点的解消,正规交模型,参数曲线的极小模型,例子	掌握参数曲线极小模型算法	2
7. 参数曲线的双有理不变量(Birational Invariants of a Pencil of Curves)	参数曲线的双有理不变量（来自曲线模空间理论）,不变量计算的例子	掌握算法	2
8. 微分方程的双有理不变量(Birational Invariants of Differetial Equations)	常微分方程的双有理不变量（参数曲线不变量的推广）,不变量计算的例子,在博弈论等人工智能领域中的应用	掌握算法	2

五、代数几何课程英文摘要

1. Introduction

This course is one of the core courses for mathematics majors. Algebraic geometry is an important branch of mathematics, which mainly studies the algebraic and geometric structure of the solutions of polynomial equations. It is a subject full of modern mathematical ideas and new methods, with profound theory, rich algorithms and wide application, and is the necessary mathematical knowledge and thinking method for talents in mathematics and related fields in the era of informatization and intelligence. Algebraic geometry courses aim to train students in algebraic and algorithmic thinking for solving equations, manifolds and topological thinking in modern geometry. The course content includes (complex) plane projective geometry, plane birational geometry, classification of algebraic curves, application of curve classification theory, etc., one-semester course, suitable for all university mathematics majors. Pre-course requirements are less, mainly calculus and advanced algebra. Students who know the basic concepts of groups, rings, fields, analytic functions, topological spaces, can learn this course.

For the further study of some students, the algebraic geometry course also includes one semester of advanced topics, including complex manifolds and vector bundles, the theory of polynomial equations and commutative algebraic methods, the languages of algebraic varieties and schemes, the theory of sheaves and cohomology, birational classification of algebraic surfaces, etc.

2. Goals

Can understand the essence of the basic concepts in algebraic geometry, such as algebraic curves, algebraic surfaces, rational functions, divisors, linear equivalence, genus, multiplicity, multiple points, intersection numbers, birational transformations, linear systems, rational maps, isomorphisms, etc.

Master basic calculations in algebraic geometry. The calculation of intersection numbers, the calculation of birational transformations, the calculation of blowing-ups, the resolution of singularities of curves, the calculation of genus, the calculation of the bases of the vector spaces of functions of a divisor, the calculation of addition on elliptic curves, etc.

Solve problems by using the basic theorems and formulas. Such as Bezout theorem, Noether fundamental theorem, Cayley-Bacharach theorem, Noether formula, genus formula, Riemann-Roch formula, Riemann-Hurwitz formula and so on.

Know the new ideas in algebraic geometry and their significance in mathematics. The relationship between algebraic concepts and geometric concepts. Discover new concepts and results by using the "principle of continuous change of coefficients". The new idea to describe the structure of solutions of algebraic system solutions by using ideals (equivalent quotient ring). Understand the important role of algorithmic thinking in algebraic geometry.

Understand the history of abstract algebra, complex variables and topology and their importance in mathematics. Know that the theory and method of algebraic geometry can be applied to many fields, such as number theory, combinatorics, coding theory and cryptography, ordinary differential equations and related application fields.

3. Covered Topics

Modules	List of Topics	Suggested Hours
1. Complex Plane Projective Geometry	Perspective and Projective Transformation (2), Topology of Projective Plane (2), Intersection Numbers of Algebraic Curves (2), Topology of Algebraic Curves (2), Chasles Theorem and Plane Geometry (2), Principle of Dualities of Conics (2), Newton Equations of Cubic Curves (2), Addition Structure of Cubic Curves (2)	16
2. Planar Birational Geometry	Properties of Planar Birational Transformations (2), Birational Transformations of Plane Curves (2), Intersection Numbers and Bezout Theorem (2), Local Rings and Intersection Multiplicities (2), Noether Fundamental Theorem and Application (2), Local Branches and Intersecting Numbers (2), Resolution of Singularities of a Curve (2), Noether's Formula for Intersecting Numbers (2), Intersection Theory on Algebraic Surfaces (2)	18
3. Classification of algebraic curves	Divisors of Rational Functions on a Curve (2), Space of Functions of a Divisor on a Curve (2), Dimension of the Space $L(D)$ of Functions (2), Rational Map of a Curve to Projective Space (2), Classification of Elliptic Curves (2), Proof of the Riemann-Roch Theorem (2), Classification of Algebraic Curves (2), Defining Equations of Algebraic Curves (2)	16
4. Applications of Algebraic Geometry	Structure Theorem of Algebraic Equations (2), Conditions on Curves Imposed by Multiple Points (2), Rational Maps of Plane to Projective Space (2), Differential Forms and Canonical Divisors (2), Riemann-Hurwitz Formula and Applications (2), Minimal Models of a Pencil of Curves (2), Birational Invariants of a Pencil of Curves (2), Birational Invariants of Differential Equations (2)	16
Total	33	66

概率论 (Probability Theory)

一、概率论课程定位

概率论研究随机现象的内在规律性并发展相应的数学理论，其思想和方法已深入地渗透到数学及其他学科的许多领域。随机变量和随机过程是描述随机现象的基本概念。概率论课程基于尽量少的预备知识，讲述该学科的基本概念、工具和方法。课程内容涵盖概率空间、随机变量、数学期望、特征函数、概率极限定理、随机过程基础、离散时间马氏链、连续时间马氏过程和随机分析初步等主题，并适当反映该学科的发展历史、科学思想和当前进展。

二、概率论课程目标

通过课程学习，使学生熟练掌握概率论的基本知识、工具和方法。引导学生基于概率的思想观察和分析随机现象，对随机现象形成准确的理论和直观认识，掌握运用概率论工具和方法解决理论和实际问题的能力，为学生在后续的学术和职业生涯打下坚实的理论基础。

三、概率论课程设计

概率论课程基于尽量少的预备知识，讲述该学科的基本概念、工具和方法。课程从概率空间与随机事件开始，重点讲述随机变量与概率分布、积分与数学期望、特征函数与收敛性和概率极限定理等概率论的基础知识。在此基础上讨论随机过程的若干专题，包括随机过程基础、离散时间马氏链、连续时间马氏过程和随机分析初步。课程提供宽阔的学科视野，强调知识的系统性、内容的先进性和选题的广泛性。

课程内容包含 9 个模块，其中前 5 个模块和后 4 个模块可分别作为一学期的课程在大学数学专业二年级或三年级开设，后 4 个模块的内容经适当选择后也可以作为小学期课程的教学材料。模块之间的逻辑关系如图 2.14 所示。

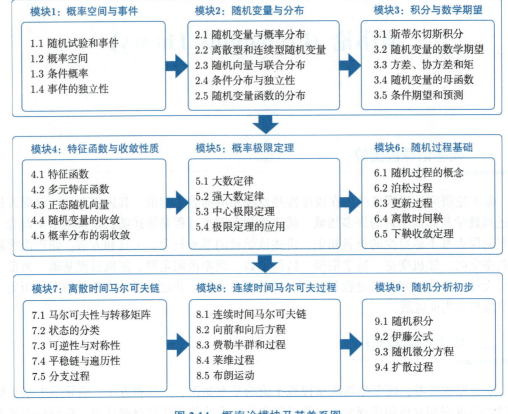

图 2.14 概率论模块及其关系图

四、概率论课程知识点

模块 1：概率空间与事件 (Probability Space and Events)

知识点	主要内容	能力目标	参考学时
1. 随机试验和事件 (Random Experiments and Events)	随机试验，古典概率模型，几何概率模型，概率公理化体系	在直观上理解随机试验，掌握古典概率模型和几何概率模型的概率的计算方法，了解概率公理化体系形成的历史	2
2. 概率空间(Probability Space)	可测空间，常见的集类，测度及其基本性质，勒贝格测度，概率空间的概念，概率的计算	掌握可测空间和概率空间的概念，熟悉常见的集类，清楚测度及其基本性质，理解勒贝格测度的含义和存在性，能够运用测度的性质进行概率的计算	4
3. 条件概率(Conditional Probabilities)	条件概率与乘法公式，全概率公式，贝叶斯公式	熟悉条件概率的定义及其直观含义，熟练掌握乘法公式、全概率公式和贝叶斯公式	2

知识点	主要内容	能力目标	参考学时
4. 事件的独立性(Independence of Events)	两个事件的独立性,多个事件的独立性,二维乘积概率空间、多维乘积概率空间	准确理解两个事件和多个事件的独立性,熟悉二维乘积概率空间,了解多维乘积概率空间的基本结构	2

模块 2：随机变量与分布 (Random Variables and Distributions)

知识点	主要内容	能力目标	参考学时
1. 随机变量与概率分布 (Random Variables and Probability Distributions)	可测函数及其基本性质，测度的分布函数，随机变量的分布，概率分布的实现	熟悉可测函数的概念和基本性质,熟练掌握测度和随机变量的分布函数的概念,了解概率分布的可实现性	4
2. 离散型和连续型随机变量 (Discrete and Continuous Random Variables)	离散型随机变量，连续型随机变量	熟悉离散型和连续型随机变量的概念,掌握若干常见的例子	2
3. 随机向量与联合分布 (Random Vectors and Joint Distributions)	多维分布函数，离散型随机向量，连续型随机向量，二维正态随机向量	熟悉随机向量和多维分布函数的概念,掌握离散型和连续型随机向量的含义,了解二维正态随机向量及其基本性质	4
4. 条件分布与独立性 (Conditional Distributions and Independence)	随机变量的条件分布，两个随机变量的独立性，多个随机变量的独立性	准确理解随机变量的条件分布和独立性的含义,能够运用上述概念和方法进行常见的计算	2
5. 随机变量函数的分布 (Distributions of Functions of Random Variables)	一维随机变量的函数，二维随机向量的函数，多维随机向量的函数，随机向量的向量值函数	熟悉随机变量的函数的概率分布的表示,能够运用该表示或其推导方法进行计算	2

模块 3：积分与数学期望 (Integration and Mathematical Expectation)

知识点	主要内容	能力目标	参考学时
1. 斯蒂尔切斯积分(Stieltjes Integration)	有界区间上的积分，全空间上的积分，多维空间上的积分	掌握斯蒂尔切斯积分的定义及常见积分的计算方法,理解其与级数和黎曼积分的联系	2
2. 随机变量的数学期望 (Mathematical Expectations of Random Variables)	定义和基本性质，随机变量函数的期望，随机向量函数的期望，常见分布的期望，有界收敛定理	熟练掌握随机变量的数学期望的概念和计算,掌握常见分布的期望,理解有界收敛定理	4

续表

知识点	主要内容	能力目标	参考学时
3. 方差、协方差和矩 (Variance, Covariance and Moments)	方差和标准差，协方差和协方差矩阵，相关系数，原点矩和中心矩	熟练掌握方差、标准差、协方差、协方差矩阵、相关系数等概念，理解一般的原点矩和中心矩，能够进行常见的计算	2
4. 随机变量的母函数 (Generating Functions of Random Variables)	母函数的定义，独立变量和的母函数，母函数的连续性定理	熟悉母函数定义，了解其典型应用	1
5. 条件期望和预测 (Conditional Expectation and Prediction)	条件期望的定义和计算，全期望公式及应用，给定随机变量的条件期望，最优预测性和平滑性质	熟悉条件期望的定义和常见的计算，掌握全期望公式及应用，理解条件期望最优预测性和条件期望的平滑性质	3

模块 4：特征函数与收敛性质(Characteristic Function and Convergence)

知识点	主要内容	能力目标	参考学时
1. 特征函数(Characteristic Functions)	定义和基本性质，特征函数与原点矩，反演公式与唯一性，绝对连续性条件	熟悉特征函数工具，理解其与原点矩的联系、反演公式与唯一性	3
2. 多元特征函数(Multivariate Characteristic Functions)	定义和基本性质，独立性条件，独立和的特征函数，拉普拉斯变换	熟悉多元特征函数和独立性条件，掌握独立随机变量和的特征函数的形式，了解拉普拉斯变换	2
3. 正态随机向量(Normal Random Vectors)	多元正态分布，子向量的分布，线性变换	了解多维正态分布、子向量和线性变换等的基本性质	1
4. 随机变量的收敛(Convergence of Random Variables)	几乎必然收敛，依概率收敛，平均收敛	熟悉随机变量的几乎必然收敛、依概率收敛、平均收敛的定义，掌握这些收敛的主要判别准则和条件	2
5. 概率分布的弱收敛(Weak Convergence of Distributions)	弱收敛的定义和等价条件，斯科罗霍德表示定理，黑利定理，莱维连续性定理	掌握弱收敛的定义和等价条件，理解黑利定理、莱维连续性定理及常见应用	4

模块 5：概率极限定理 (Limit Theorems of Probability)

知识点	主要内容	能力目标	参考学时
1. 大数定律 (Law of Large Numbers)	大数定律的定义，马尔可夫大数定律，辛钦大数定律	准确理解大数定律的定义，掌握马尔可夫大数定律、辛钦大数定律及其证明	2
2. 强大数定律 (Strong Law of Large Numbers)	完全收敛性，许–罗宾斯大数定律，柯尔莫哥洛夫强大数定律	理解完全收敛的概念，掌握许–罗宾斯大数定律和柯尔莫哥洛夫强大数定律	2
3. 中心极限定理 (Central Limit Theorems)	独立同分布情形，费勒条件，林德伯格条件，林德伯格–费勒定理，斯坦方法	掌握独立同分布情形的中心极限定理，理解林德伯格–费勒中心极限定理，理解斯坦方法	4
4. 极限定理的应用 (Applications of Limit Theorems)	概率极限定理的若干常见应用，如高尔顿钉板试验的概率解释，伯恩斯坦多项式等	了解概率极限定理的若干常见应用，如高尔顿钉板试验的概率解释、伯恩斯坦多项式等	4

模块 6：随机过程基础 (Basics of Stochastic Processes)

知识点	主要内容	能力目标	参考学时
1. 随机过程的概念(Concepts of Stochastic Processes)	轨道的修正和实现，有限维分布，左极右连实现，适应性，流和停时，随机游动等例子	熟练掌握过程的修正和实现、有限维分布、适应性、流和停时等基本概念，理解左极右连实现的意义，熟悉随机游动等典型例子	2
2. 泊松过程(Poisson Processes)	轨道的结构，跳跃间隔时间，复合泊松过程，泊松随机测度	熟悉泊松过程轨道的结构和跳跃间隔时间的分布，理解复合泊松过程、泊松随机测度等相关推广和概念	2
3. 更新过程(Renewal Processes)	定义和性质，更新方程，基本更新定理，中心极限定理，若干应用	理解和掌握更新过程的概念、更新方程和基本更新定理，了解其中心极限定理和若干典型的应用	4
4. 离散时间鞅 (Discrete-Time Martingales)	鞅、上鞅和下鞅的定义和基本性质，有界停止定理，常用不等式	熟悉鞅、上鞅和下鞅的定义和基本性质，掌握离散时间的有界停止定理和常用不等式	4
5. 下鞅的收敛定理(Convergence Theorems of Submartingales)	向前收敛定理，向后收敛定理，连续时间下鞅	熟练下鞅的向前和向后收敛定理及其典型应用，了解连续时间下鞅	2

模块 7：离散时间马氏链(Discrete-Time Markov Chains)

知识点	主要内容	能力目标	参考学时
1. 马尔可夫性与转移矩阵 (Markov Property and Transition Matrix)	马尔可夫性及等价条件，转移矩阵，有限维分布，强马尔可夫性	准确理解马尔可夫性及等价条件，熟练掌握转移矩阵的工具，熟悉有限维分布的表示，准确理解强马尔可夫性	2
2. 状态的分类(Classification of States)	常返态和暂留态，闭集与状态分类，周期性，游程，简单随机游动的常返和暂留性质	熟悉常返态、暂留态、闭集、周期性等概念，了解简单随机游动的常返和暂留性质	4
3. 可逆性与对称性 (Reversibility and Symmetry)	平稳链与可逆链，不变测度与对称测度，对称测度的判别法	熟悉平稳链、可逆链、不变测度、对称测度等概念，掌握对称测度的基本判别方法	2
4. 平稳链与遍历性(Stationary Chains and Ergodicity)	弱遍历定理，强遍历定理，平稳链的遍历性，转移矩阵的极限，平稳过程	掌握马尔可夫链的弱遍历定理和强遍历定理，理解平稳链的遍历性和转移矩阵的极限的表示，了解一般平稳过程的概念	4
5. 分支过程 (Branching Processes)	定义和临界分类，爆炸概率和灭绝概率，几何增长率，典型应用	熟悉分支过程模型及其临界分类，掌握爆炸概率和灭绝概率的确定方法，理解几何增长率的含义，了解分支过程的典型应用	2

模块 8：连续时间马尔可夫过程(Continuous-Time Markov Processes)

知识点	主要内容	能力目标	参考学时
1. 连续时间马尔可夫链 (Continuous-Time Markov Chains)	连续时间转移矩阵，右连续链的强马尔可夫性，密度矩阵，轨道的跳跃性质	熟练掌握连续时间转移矩阵和密度矩阵的工具，熟悉右连续链的强马尔可夫性，理解轨道的基本运动形式	4
2. 向前和向后方程(Forward and Backward Equations)	转移矩阵的马尔可夫向前和向后微分方程组，最小转移矩阵，最小链的构造	熟悉转移矩阵的马尔可夫向前和向后微分方程组、最小转移矩阵和最小链的构造	4
3. 费勒半群和过程 (Feller Semigroups and Processes)	费勒转移半群，马尔可夫性和强马尔可夫性	熟悉欧式空间上的费勒过程的概念和基本性质，理解右连续费勒过程的强马尔可夫性	4
4. 莱维过程(Lévy Processes)	卷积半群，莱维–辛钦表示，独立增量性	熟悉卷积半群的概念，理解独立增量性，了解其莱维–辛钦表示	2

续表

知识点	主要内容	能力目标	参考学时
5. 布朗运动(Brownian Motion)	背景和定义,布朗运动的构造,几个基本性质	熟悉布朗运动的定义和简单性质,了解其物理背景,理解其存在性和构造	2

模块 9:随机分析初步 (Preliminary Stochastic Analysis)

知识点	主要内容	能力目标	参考学时
1. 随机积分(Stochastic Integration)	阶梯过程,循序过程及其逼近,关于布朗运动的随机积分,随机积分的例子	熟悉循序过程关于布朗运动的随机积分的定义,了解若干简单特例	4
2. 伊藤公式(Itô's Formulas)	布朗运动的伊藤公式,伊藤过程的伊藤公式,局部时和田中公式	掌握伊藤过程的伊藤公式,理解局部时概念和田中公式	4
3. 随机微分方程(Stochastic Differential Equations)	随机微分方程解的定义,利普希茨条件下的解的存在唯一性定理和例子	理解随机微分方程解的定义,掌握利普希茨条件下的解的存在唯一性定理,了解若干简单例子	4
4. 扩散过程(Diffusion Processes)	随机微分方程的解的马尔可夫性,扩散过程的概念,抛物型偏微分方程	理解随机微分方程的解的马尔可夫性、扩散过程的概念及其与抛物型偏微分方程的联系	4

五、概率论课程英文摘要

1. Introduction

Probability theory studies the intrinsic laws of random phenomena and develops corresponding mathematical theories and methods. The ideas and methods of the subject have profoundly permeated many fields of mathematics and other disciplines. Random variables and processes are fundamental concepts for describing random phenomena. The probability course is based on minimal prerequisite knowledge and introduces the basic concepts, tools, and methods of the discipline. It covers topics such as probability space, random variables, mathematical expectation, characteristic functions, probability limit theorems, basics of stochastic processes, discrete-time Markov chains, continuous-time Markov processes, and preliminary stochastic analysis. To an appropriate extent, the course reflects the historical development, scientific ideas, and current advancements of the discipline.

2. Goals

Through the course, students will become proficient in the basic knowledge, tools, and methods of probability. They will be guided to observe and analyze random phenomena based on the probability thinking, develop accurate theoretical and intuitive understanding of random phenomena, and acquire the ability to apply probability tools and methods to solve theoretical and practical problems. This will lay a solid theoretical foundation for students in their subsequent academic and professional careers.

3. Covered Topics

Modules	List of Topics	Suggested Hours
1. Probability Space and Events	Random Experiments and Events (2), Probability Space (4), Conditional Probabilities (2), Independence of Events (2)	10
2. Random Variables and Distributions	Random Variables and Probability Distributions (4), Discrete and Continuous Random Variables (2), Random Vectors and Joint Distributions (4), Conditional Distributions and Independence (2), Distributions of Functions of Random Variables (2)	14
3. Integration and Mathematical Expectation	Stieltjes Integration (2), Mathematical Expectations of Random Variables (4), Variance, Covariance and Moments (2), Generating Functions of Random Variables (1), Conditional Expectation and Prediction (3)	12
4. Characteristic Function and Convergence	Characteristic Functions (3), Multivariate Characteristic Functions (2), Normal Random Vectors (1), Convergence of Random Variables (2), Weak Convergence of Distributions (4)	12
5. Limit Theorems of Probability	Law of Large Numbers (2), Strong Law of Large Numbers (2), Central Limit Theorems (4), Applications of Limit Theorems (4)	12
6. Basics of Stochastic Processes	Concepts of Stochastic Processes (2), Poisson Processes (2), Renewal Processes (4), Discrete-Time Martingales (4), Convergence Theorems of Submartingales (2)	14

概率论 (Probability Theory)

续表

Modules	List of Topics	Suggested Hours
7. Discrete-Time Markov Chains	Markov Property and Transition Matrix (2), Classification of States (4), Reversibility and Symmetry (2), Stationary chains and Ergodicity (4), Branching Processes (2)	14
8. Continuous-Time Markov Processes	Continuous-Time Markov Chains (4), Forward and Backward Equations (4), Feller Semigroups and Processes (4), Lévy Processes (2), Brownian Motion (2)	16
9. Preliminary Stochastic Analysis	Stochastic Integration (4), Itô's Formulas (4), Stochastic Differential Equations (4), Diffusion Processes (4)	16
Total	42	120

133

数理统计 (Mathematical Statistics)

一、数理统计课程定位

数理统计研究随机样本的内在规律性，并发展相应的数学理论和方法。它建立在概率论的基础上，通过收集、整理和分析数据，揭示数据的内在规律和特征。课程内容涵盖参数估计、假设检验、多元统计分析、非参数统计推断、Bootstrap 方法、大样本理论等主题。通过课程学习，学生应能够了解统计学的基本概念、原理和方法，掌握数据的收集、整理、描述和分析的基本技能，培养逻辑思维能力和科学精神。

二、数理统计课程目标

本课程目标是使学生具有扎实的数理统计基础，掌握统计学三大内容：抽样分布、估计和假设检验的主要核心知识；了解统计史，如 t 分布、显著性检验、卡方拟合优度检验等方法的历史背景；具备进行简单数据分析的能力。培养学生的统计思维，为进一步学习统计以及数据科学专业知识打下坚实基础；通过讲述统计学科特有的思政内容，培养学生对统计研究或从事其他方向科学研究的兴趣，进而更好地服务国家大数据及人工智能战略。

三、数理统计课程设计

数理统计课程基于概率论的预备知识，讲述该学科的基本概念、工具和方法。课程从统计学基本概念——样本、参数等开始，重点讲述参数点估计、假设检验等基础知识。在此基础上讨论多元模型、线性模型与广义线性模型、非参数方法、Bootstrap、大样本理论等内容。课程将为学生提供宽阔的学科视野，强调知识的系统性、内容的先进性和选题的广泛性。

课程内容包含 8 个模块，可作为一学期的课程在大学数学专业二年级或三年级开设。模块之间的逻辑关系如图 2.15 所示。

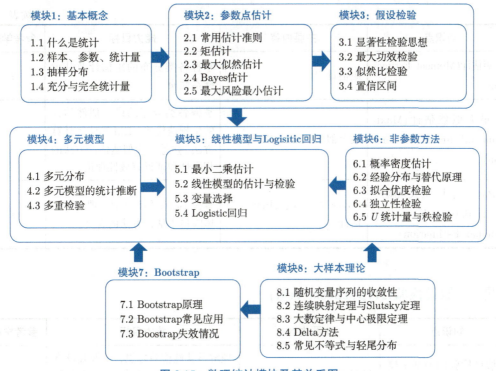

图 2.15　数理统计模块及其关系图

四、数理统计课程知识点

模块 1：基本概念(Basic Concepts)

知识点	主要内容	能力目标	参考学时
1. 样本空间(Sample Space)	样本、统计量、抽样分布	熟悉统计学基本思想概念，理解样本、统计量等知识点，知悉常见抽样分布类型	4
2. 充分与完全统计量(Sufficient and Complete Statistics)	充分统计量、完全统计量	熟悉充分统计量、完全统计量的基本概念，熟练计算分布的充分完全统计量	2

模块 2：参数点估计(Parametric Point Estimation)

知识点	主要内容	能力目标	参考学时
1. 估计准则(Estimation Rules)	无偏估计、一致最小无偏方差估计、有效估计、相合估计、渐近相对效率	熟悉各种估计准则的定义，掌握各种估计准则的判别方法	2

续表

知识点	主要内容	能力目标	参考学时
2. 矩估计(Moment Estimation)	矩估计	掌握各类分布的矩估计及其大样本性质	2
3. 最大似然估计 (Maximum Likelihood Estimation)	最大似然估计，EM 算法	掌握各类分布的最大似然估计的牛顿迭代法、EM 算法等计算方法，熟悉最大似然估计方法的相合性和渐近有效性理论	4
4. Bayes 估计、最大风险最小估计(Bayesian Estimation, Minimax Estimation)	Bayes 估计，最大风险最小估计	掌握 Bayes 估计方法，理解最大风险最小估计方法的含义	4

模块 3：假设检验(Hypothesis Test)

知识点	主要内容	能力目标	参考学时
1.假设检验问题基本概念 (Basic Concept of Hypothesis Test)	显著性检验思想，基本概念，p 值	理解显著性检验思想，掌握假设检验的基本概念，如第一类错误概率、第二类错误概率等。熟练计算检验方法的 p 值	2
2. 正态总体的检验 (Tests of Normal Population)	单样本总体推断，两样本总体推断，多样本问题和方差分析	熟练掌握正态总体的检验方法，包括 t 检验、F 检验等重要知识点，能够对正态样本总体进行基本的假设检验推断	4
3. 最大功效检验和 NP 引理 (Most Powerful Test and NP Lemma)	功效检验基本概念，NP 引理，一致最大功效检验	理解最大功效检验的概念，熟悉 NP 引理，熟练掌握最大功效检验方法的计算方法	3
4. 似然比检验 (Likelihood Ratio Test)	似然比检验基本方法，最优性，相合性和渐近功效，Wald 检验和 Rao 检验，序贯比检验，经验似然检验	熟练掌握似然比检验方法的理论证明、计算方法，掌握 Wald 检验和 Rao 检验计算方法，了解序贯比检验、经验似然检验	4
5. 置信区间(Confidence Interval)	枢轴量法，正态总体参数的置信区间，大样本置信区间，反转检验方法	熟练掌握枢轴量法来计算置信区间，掌握大样本置信区间计算方法，理解反转检验方法	3

模块 4：多元模型(Multivariate Models)

知识点	主要内容	能力目标	参考学时
1. 多元分布(Multivariate Distributions)	多元随机向量，多元数据，多元正态分布	熟练掌握多元随机变量的基本概念和多元正态分布的定义及其性质	2
2. 多元模型的统计推断(Statistical Inference of Multivariate Models)	多元正态的最大似然估计，假设检验和置信区域	熟练掌握多元正态分布的最大似然估计计算方法、假设检验方法、置信区间的构造	2
3. 多重检验 (Multiple Tests)	多重检验基本概念，总体错误率的控制，错误发现率的控制	理解多重检验基本概念，掌握 BH 方法控制错误发现率	2

模块 5：线性模型与 Logistic 回归(Linear Models and Logistic Regression)

知识点	主要内容	能力目标	参考学时
1. 线性模型的估计与检验(Estimation and Hypothesis Test of Linear Models)	最小二乘估计，Gauss-Markov 条件，F 检验	熟练掌握最小二乘估计的计算方法和理论性质，掌握线性模型的 F 检验统计方法	4
2. 变量选择(Variable Selection)	子集选择法，正则化法	熟悉子集选择法和正则化方法对变量进行选择的过程	2
3. Logistic 回归(Logistic Regression)	二分类，多分类	熟悉二分类和多分类方法	2

模块 6：非参数方法(Nonparametric Methods)

知识点	主要内容	能力目标	参考学时
1. 概率密度估计(Density Estimation)	直方图，核密度估计	掌握直方图的基本用法，熟练掌握核密度估计方法的计算方法和理论性质	2
2. 经验分布与替代原理(Empirical Distribution and Substitution Principle)	经验分布，替代原理	熟练掌握经验分布的定义和理论性质，理解替代原理的运用过程	2
3. 拟合优度检验(Goodness of Fit Tests)	分类数据的卡方拟合优度检验，带有未知参数的卡方拟合优度检验，KS 检验，正态性检验	熟练掌握卡方拟合优度检验方法在各种情况下的运用，掌握 KS 检验和正态性检验方法	3

续表

知识点	主要内容	能力目标	参考学时
4. 独立性检验(Independent Tests)	列联表独立性检验	熟练掌握列联表独立性检验方法	2
5. U 统计量和秩检验(U Statistics and Rank-based Tests)	U 统计量的定义和极限分布, 符号检验, 符号秩检验	理解 U 统计量的定理, 掌握 U 统计量的极限分布, 熟练掌握符号检验、符号秩检验方法在均值检验问题中的应用	3

模块 7：Bootstrap 方法(Bootstrap)

知识点	主要内容	能力目标	参考学时
1. Bootstrap 原理(Principle of Bootstrap)	Bootstrap 相合性	理解 Bootstrap 方法相合性的原理	1
2. Bootstrap 常见应用(Common Applications of Bootstrap)	Bootstrap 方差估计, Bootstrap 偏差修正, Bootstrap 置信区间, Bootstrap 残差法	熟练掌握 Bootstrap 方法在方差估计、偏差修正、置信区间问题中的应用, 掌握 Bootstrap 方法在统计模型中的残差法	2
3. Bootstrap 失效情况(Failure Scenarios of Bootstrap)	Bootstrap 失效情况	了解 Bootstrap 失效的若干情况	1

模块 8：大样本理论 (Large Sample Theory)

知识点	主要内容	能力目标	参考学时
1. 随机变量序列的收敛性(Convergence of Random Variable Sequences)	依概率收敛, 依概率 1 收敛, r 阶收敛, 依分布收敛	熟练掌握随机变量序列的四种收敛性定义, 并理解各自之间的关系	自学
2. 连续映射定理和 Slutsky 定理 (Continuous Mapping Theorem and Slutsky Theorem)	连续映射定理, Slutsky 定理	熟练掌握连续映射定理和 Slutsky 定理	
3. 大数定律与中心极限定理 (Law of Large Numbers and Central Limit Theorem)	Khintchine 大数律, Lindeberg-Levy 定理, 多元中心极限定理, Hajek-Sidak 定理	掌握常见大数定律的结论和中心极限定理的运用	

续表

知识点	主要内容	能力目标	参考学时
4. Delta 方法(Delta Methods)	Delta 定理，多元 Delta 定理，高阶 Delta 定理	熟练掌握Delta方法在各种统计学问题中的应用	
5. 常见重要概率不等式 (Important Inequalities)	Chebyshev 不等式，Markov 不等式，Cantelli 不等式，Cauchy 不等式，Jensen 不等式	了解常见概率不等式	自学
6. 两种常见轻尾分布(Two Light-tailed Distributions)	次高斯分布，次指数分布	了解两种常见的轻尾分布	

五、数理统计课程英文摘要

1. Introduction

Mathematical statistics studies the inherent regularity of random samples and develops corresponding mathematical theories and methods. Based on probability theory, it uncovers the internal laws and characteristics of data through collecting, organizing, and analyzing them. The course content covers topics such as parameter estimation, hypothesis testing, multivariate statistical analysis, non-parametric statistical inference, Bootstrap methods, and large sample theory. Through course study, students should be able to understand the basic concepts, principles, and methods of statistics, master the basic skills of data collection, organization, description, and analysis, and cultivate logical thinking ability and scientific spirit.

2. Goals

The goal of this course is to equip students with a solid foundation in mathematical statistics and a mastery of the three main areas of statistics: sampling distribution, estimation, and hypothesis testing. Students will also gain an understanding of statistical history, such as the historical backgrounds of methods like the t-distribution, significance testing, and chi-square goodness-of-fit testing. They will develop the ability to conduct simple data analysis and cultivate a statistical mindset, laying a solid foundation for further study in statistics and data science. Through the introduction of unique ideological and political content specific to statistics, students will be fostered with an interest in statistical research or other scientific research directions, thereby better serving the national big data and artificial intelligence strategies.

3. Covered Topics

Modules	List of Topics	Suggested Hours
1. Basic Concepts	Sample Space (1), Statistics (1), Sampling Distribution (2), Sufficient and Complete Statistics (2)	6
2. Parametric Point Estimation	Estimation Rules (2), Moment Estimation (2), Maximum Likelihood Estimation(4), Bayesian Estimation (2), Minimax Estimation(2)	12
3. Hypothesis Test	Basic Concept of Hypothesis Test (2), Tests of Normal Population (4), Most Powerful Test and NP Lemma (3), Likelihood Ratio Test (4), Confidence Interval (3)	16
4. Multivariate Models	Multivariate Distributions (2), Statistical Inference of Multivariate Models (2), Multiple Tests (2)	6
5. Linear Models and Logistic Regression	Estimation and Hypothesis Test of Linear Models (4), Variable Selection (2), Logistic Regression (2)	8
6. Nonparametric Methods	Density Estimation (2), Empirical Distribution and Substitution Principle (2), Goodness of Fit Tests (3), Independent Tests (2), U Statistics and Rank-based Tests (3)	12
7. Bootstrap	Principle of Bootstrap (1), Common Applications of Bootstrap (2), Failure Scenarios of Bootstrap (1)	4
Total	28	64

应用数学 (Applied Mathematics)

数值线性代数 (Numerical Linear Algebra)

一、数值线性代数课程定位

本课程是计算数学类专业的核心课程之一，也是数值优化、数据科学类专业的基础课程。数值线性代数既是理论性较强的课程，又具有较强的实践性。本课程将讲授基础的数值线性代数算法和理论，并通过典型案例为理论知识和实际应用搭起一座桥梁。通过本课程的学习，既能训练学生的算法思维，又能培养学生运用基本方法和理论解决实际问题的能力。本课程所涵盖的方法和理论广泛应用于计算数学、数值优化、数据科学等的各个层面，将为继续学习相关方向奠定重要的知识基础。

二、数值线性代数课程目标

通过本课程的学习，学生能够熟练掌握数值线性代数中四大矩阵分解(LU 分解、QR 分解、特征值分解、奇异值分解)和线性方程组的数学基础与基本算法，并能运用所讲授的算法和理论结合如 MATLAB 或 Python 等数学软件进行与实际应用紧密相关的数据分析任务等。要求学生在学习本课程的过程中，逐步培养算法设计和分析能力，加深对数值线性代数与计算数学、数值优化、数据科学等学科方向之间联系的认识，为进一步学习其他课程打下基础。

三、数值线性代数课程设计

本课程共安排 1 个学期完成教学任务，以课堂讲授为主，每周安排讲课 3 学时，共18 周 54 学时。

课程讲授知识点的方式：从一些简单示例出发，引出向量、矩阵在实际应用中的基础性作用，然后讲解相关的数学性质、常见的矩阵四大分解以及线性方程组的求解的直接法与迭代法。在此过程中，不断通过典型的案例强化数值线性代数在实际应用中的基础性作用并逐步提高学生通过所学知识解决实际问题的能力。最后，课程的进阶部分能够使学生了解该学科方向的前沿内容，为学生在未来做进一步的探索提供良好的铺垫。

应用数学模块及其关系如图 2.16 所示。

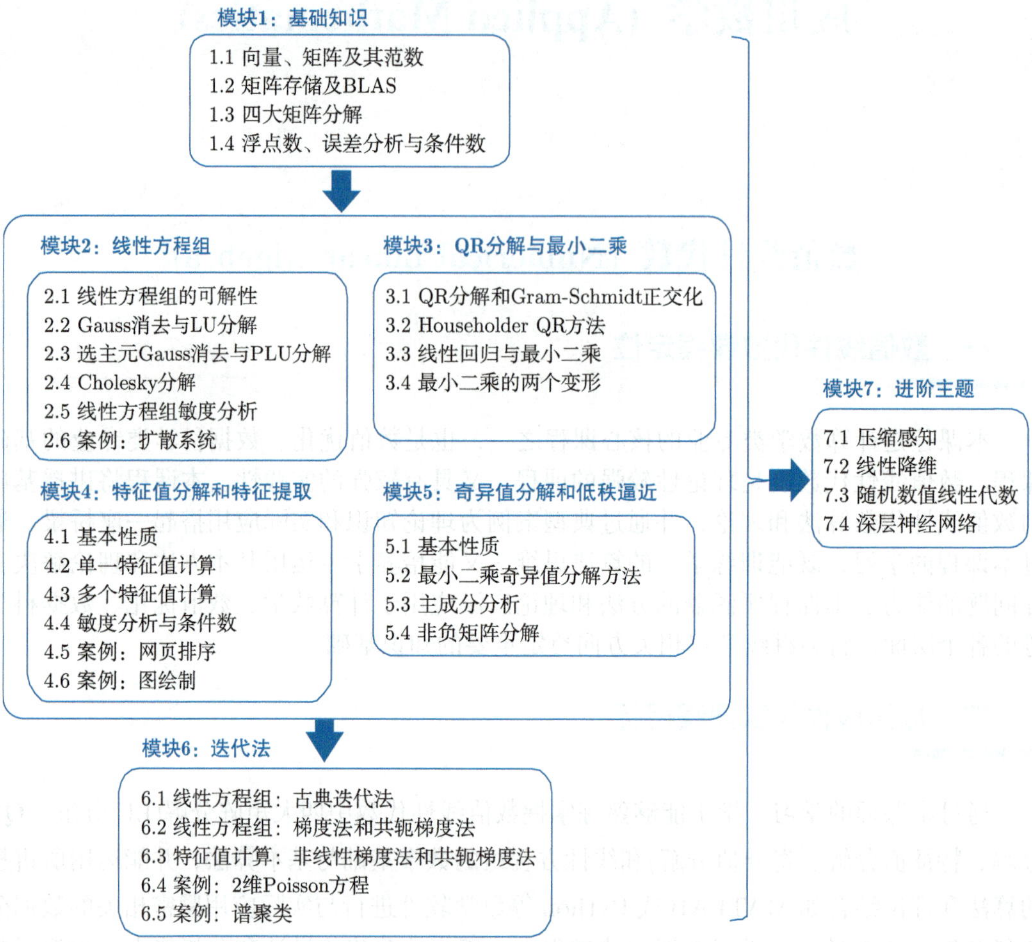

模块1：基础知识

1.1 向量、矩阵及其范数
1.2 矩阵存储及BLAS
1.3 四大矩阵分解
1.4 浮点数、误差分析与条件数

模块2：线性方程组

2.1 线性方程组的可解性
2.2 Gauss消去与LU分解
2.3 选主元Gauss消去与PLU分解
2.4 Cholesky分解
2.5 线性方程组敏度分析
2.6 案例：扩散系统

模块3：QR分解与最小二乘

3.1 QR分解和Gram-Schmidt正交化
3.2 Householder QR方法
3.3 线性回归与最小二乘
3.4 最小二乘的两个变形

模块7：进阶主题

7.1 压缩感知
7.2 线性降维
7.3 随机数值线性代数
7.4 深层神经网络

模块4：特征值分解和特征提取

4.1 基本性质
4.2 单一特征值计算
4.3 多个特征值计算
4.4 敏度分析与条件数
4.5 案例：网页排序
4.6 案例：图绘制

模块5：奇异值分解和低秩逼近

5.1 基本性质
5.2 最小二乘奇异值分解方法
5.3 主成分分析
5.4 非负矩阵分解

模块6：迭代法

6.1 线性方程组：古典迭代法
6.2 线性方程组：梯度法和共轭梯度法
6.3 特征值计算：非线性梯度法和共轭梯度法
6.4 案例：2维Poisson方程
6.5 案例：谱聚类

图 2.16 应用数学模块及其关系图

四、数值线性代数课程知识点

模块 1：基础知识 (Preliminaries)

知识点	主要内容	能力目标	参考学时
1. 向量、矩阵及其范数 (Vector, Matrix and Norms)	向量基本运算以及向量范数，矩阵基本运算以及矩阵范数，矩阵背后的含义以及代表性例子	掌握向量,矩阵范数的基本含义与基本性质	1.5
2. 矩阵存储及 BLAS (Matrix Storage and BLAS)	以三角方程组求解为例说明矩阵存储对算法的影响，以及 BLAS 的基本组织	了解矩阵存储方式对算法有实质性的影响	0.5

续表

知识点	主要内容	能力目标	参考学时
3. 四大矩阵分解 (Four Matrix Decompositions)	从宏观上简介矩阵的四大分解：LU 分解、QR 分解、特征值分解、奇异值分解，为后续更加详细的介绍做铺垫	了解四大矩阵分解的基本形式与基本性质	1
4. 浮点数、误差分析与条件数 (Floating-Point Number, Error Analysis and Condition Number)	简单介绍计算机的浮点数系统，用简单的例子表明舍入误差对算法稳定性的影响，引入条件数的概念并用数值例子表明在有舍入误差的情形下条件数是如何影响计算的稳定性的	了解浮点数系统，并对条件数有深入的认识	2

模块 2：线性方程组 (System of Linear Equations)

知识点	主要内容	能力目标	参考学时
1. 线性方程组的可解性 (Solvability of System of Linear Equations)	线性方程组可解的基本条件	知道线性方程组什么时候可解，什么时候不可解	1
2. Gauss 消去与 LU 分解 (Gaussian Elimination and LU Decomposition)	Gauss 消去法的具体过程以及与 LU 分解的对应关系	能够运用 Gauss 消去法求解小规模的线性方程组，并且深入认识到 Gauss 消去和 LU 分解之间的关系	1.5
3. 选主元 Gauss 消去和 PLU 分解 (Gaussian Elimination with Pivoting and PLU Decomposition)	带有选主元的 Gauss 消去法的具体计算过程，以及与带有重排的 LU 分解之间的关系	能够运用选主元 Gauss 消去法求解小规模的线性方程组，并且深入认识到该过程和带有重排的 LU 分解之间的关系	1.5
4. Cholesky 分解 (Cholesky Decomposition)	正定矩阵的基本性质以及 Cholesky 分解	熟悉正定矩阵的性质，能够求解小规模矩阵的 Cholesky 分解问题	1
5. 线性方程组敏度分析 (Sensitivity Analysis)	通过简单例子表明输入误差对线性方程组解的稳定性的影响并引入矩阵条件数的概念	深入认识矩阵条件数对线性方程组求解稳定性的影响	1
6. 案例：扩散系统 (Case Study: Diffusion Systems)	介绍扩散系统的基本内容，并将其建模成线性方程组进行求解	通过扩散系统的例子了解线性方程组的典型应用并能复现相关数值结果	1

模块 3：QR 分解与最小二乘 (QR Decomposition and Least Squares)

知识点	主要内容	能力目标	参考学时
1. QR 分解和 Gram-Schmidt 正交化 (QR Decomposition and Gram-Schmidt Orthogonalization)	投影的基本概念，Gram-Schmidt 和修正的 Gram-Schmidt 求解矩阵 QR 分解的具体过程	掌握投影的基本概念以及计算方式，能够运用 Gram-Schmidt 和修正的 Gram-Schmidt 计算小规模矩阵的 QR 分解	2
2. Householder QR 方法 (Householder QR)	Householder 变换的基本性质以及用 Householder 变换计算矩阵 QR 分解的具体过程	掌握 Householder 变换以及 Householder QR 的原理	1
3. 线性回归与最小二乘 (Linear Regression and Least Squares)	线性回归以及对应的最小二乘问题介绍，最小二乘的敏度分析以及基于矩阵 QR 分解的求解方法	了解最小二乘在线性回归中的应用，知道如何基于 QR 分解求解最小二乘	1
4. 最小二乘的两个变形 (Two Variants of Least Squares)	正则化最小二乘，线性等式约束最小二乘	掌握两类变形的求解方法	2

模块 4：特征值分解和特征提取 (Eigenvalue Decomposition and Feature Extraction)

知识点	主要内容	能力目标	参考学时
1. 基本性质 (Basic Properties)	矩阵的 Schur 分解，对称矩阵的谱分解，对称矩阵特征值的变分表示	掌握矩阵的谱分解以及特征值的基本性质	1
2. 单一特征值计算 (Single Eigenvalue Computation)	幂法、反幂法、Rayleigh 商迭代	掌握单一特征值计算的典型算法以及收敛性质，并能够进行代码实现与测试	2
3. 多个特征值计算 (Multiple Eigenvalues Computation)	正交迭代与基本 QR 方法、对称矩阵三对角化方法以及对称 QR 方法	了解多个特征值计算的 QR 方法及原理，并能够进行简单的代码实现	2
4. 敏度分析与条件数 (Sensitivity Analysis and Condition Number)	简单介绍矩阵特征值与特征向量的扰动分析，包括典型的 Davis-Kahan 定理	掌握典型的矩阵特征值与特征向量的扰动分析结果	1

知识点	主要内容	能力目标	参考学时
5. 案例：网页排序 (Case Study: PageRank)	离散 Markov 过程的简单介绍，网页排序的 Markov 过程建模及计算	了解网页排序建模的方式，对简单的例子能够进行代码实现	2
6. 案例：图绘制 (Case Study: Graph Drawing)	无向图中 Laplace 矩阵基本概念和性质，图绘制问题的建模方式及计算	熟悉 Laplace 矩阵背后的含义与性质，了解图绘制问题的方式，对简单的例子能够进行代码实现	1

模块 5：奇异值分解和低秩逼近 (Singular Value Decomposition and Low Rank Approximation)

知识点	主要内容	能力目标	参考学时
1. 基本性质 (Basic Properties)	奇异值分解的存在性，基本性质，最佳低秩逼近的存在性	掌握与矩阵奇异值分解相关的基本性质，知道如何计算最佳低秩逼近	2
2. 最小二乘的奇异值分解方法 (SVD for Least Squares)	用奇异值分解计算最小二乘以及总体最小二乘问题	知道总体最小二乘的基本含义，了解相关计算过程	1
3. 主成分分析 (Principal Component Analysis)	主成分分析的基本介绍以及基于矩阵奇异值分解的计算方法	知道主成分分析的基本含义以及计算方式	1
4. 非负矩阵分解 (Non-Negative Matrix Decomposition)	非负矩阵分解的应用背景，建模方式，以及典型算法	能够代码实现非负矩阵分解的基本算法并在小规模的数值例子上进行测试	2

模块 6：迭代法 (Iterative Methods)

知识点	主要内容	能力目标	参考学时
1. 线性方程组：古典迭代法 (Classical Iterative Methods for System of Linear Equations)	Jacobi 迭代、Gauss-Seidel 迭代、以及超松弛迭代	掌握三种迭代的思想、基本格式及收敛性质，能够代码实现并数值测试	2
2. 线性方程组：梯度法和共轭梯度法 (Gradient Descent and Conjugate Gradient Descent for System of Linear Equations)	梯度法、共轭梯度法	掌握两种迭代的思想、基本格式及收敛性质，能够代码实现并数值测试	4

续表

知识点	主要内容	能力目标	参考学时
3. 特征值计算：非线性梯度法和共轭梯度法 (Gradient Descent and Conjugate Gradient Descent for Eigenvalue Computation)	广义特征值问题简单介绍、求解广义特征值问题的梯度法以及共轭梯度法	了解广义特征值问题以及相应梯度下降法以及共轭梯度法的基本思想	2
4. 案例：2 维 Poisson 方程 (Case Study: 2D Poisson's Equation)	2 维 Poisson 方程离散，Kronecker 积，以及相应线性方程组的共轭梯度法求解	掌握 Kronecker 积，能够复现课程中的数值例子	2
5. 案例：谱聚类 (Case Study: Spectral Clustering)	K 均值聚类，谱聚类的基本原理与计算方法	能够代码实现两种聚类方式并比较其差异	2

模块 7：进阶主题 (Advanced Topics)

知识点	主要内容	能力目标	参考学时
1. 压缩感知 (Compressed Sensing)	压缩感知的背景、概念，最小化 1–范数计算方式以及理论保证，求解 1–范数正则化问题的临近点梯度法及其加速	了解压缩感知的数学问题以及典型计算方法	2
2. 线性降维(Linear Dimension Reduction)	线性判别分析、典型相关分析	了解这两类线性降维的基本原理	2
3. 随机数值线性代数 (Randomized Numerical Linear Algebra)	矩阵乘积随机近似方法、矩阵的 CX 以及 CUR 分解、基于随机投影的低秩逼近、随机子空间嵌入	了解随机降维的思想、方法与应用	3
4. 深层神经网络 (Deep Neural Networks)	逻辑回归、深度前馈神经网络、反向传播、随机梯度下降、卷积神经网络简介	能够代码实现前馈神经网络的随机梯度训练并进行数值测试	2

五、数值线性代数课程英文摘要

1. Introduction

Numerical linear algebra is one of the core courses for computational mathematics, and is also fundamental for numerical optimization and data science. It is a theoretical course as well as a practical course. Fundamental numerical linear algebra algorithms and theory will be delivered in this course. Moreover, there will be many case studies which are designed to bridge fundamental knowledge and real applications. Through this course, the students will not only get the ability for algorithmic thinking, but can also solve real problems based on the fundamental techniques they have learned. The materials covered in course are widely used in different aspects of computational mathematics, numerical optimization and data science, and play an important role for further studies.

2. Goals

The overall goal of this course is for students to have good understandings of the four typical matrix decompositions (including LU decomposition, QR decomposition, eigenvalue decomposition, singular value decomposition) as well as the mathematics and algorithms related to system of linear equations. The students are anticipated to be capable of solving simplified real problems based on the mathematics and algorithms delivered in this course together with their favorite mathematical softwares. They are also expected to develop the ability for algorithm design and analysis, as well as to under the connections between numerical linear algebra and other directions such as computational mathematics, numerical optimization, and data science.

3. Covered Topics

Modules	List of Topics	Suggested Hours
1. Preliminaries	Vector, Matrix and Norms (1.5), Matrix Storage and BLAS (0.5), Four Matrix Decompositions (1), Floating-Point Number, Error Analysis and Condition Number (2)	5
2. System of Linear Equations	Solvability of System of Linear Equations (1), Gaussian Elimination and LU Decomposition (1.5), Gaussian Elimination with Pivoting and PLU Decomposition (1.5), Cholesky Decomposition (1), Sensitivity Analysis (1), Case Study: Diffusion Systems (1)	7
3. QR Decomposition and Least Squares	QR Decomposition and Gram-Schmidt Orthogonalization (2), Householder QR (1), Linear Regression and Least Squares (1), Two Variants of Least Squares (2)	6

Modules	List of Topics	Suggested Hours
4. Eigenvalue Decomposition and Feature Extraction	Basic Properties (1), Single Eigenvalue Computation (2), Multiple Eigenvalues Computation (2), Sensitivity Analysis and Condition Number (1), Case Study: PageRank (2), Case Study: Graph Drawing (1)	9
5. Singular Value Decomposition and Low Rank Approximation	Basic Properties (2), SVD for Least Squares (1), Principal Component Analysis (1), Non-Negative Matrix Decomposition (2)	6
6. Iterative Methods	Classical Iterative Methods for System of Linear Equations (2), Gradient Descent and Conjugate Gradient Descent for System of Linear Equations (4), Gradient Descent and Conjugate Gradient Descent for Eigenvalue Computation (2), Case Study: 2D Poisson's Equation (2), Case Study: Spectral Clustering (2)	12
7. Advanced Topics	Compressed Sensing (2), Linear Dimension Reduction (2), Randomized Numerical Linear Algebra (3), Deep Neural Networks (2)	9
Total	33	54

计算数学导论 (Introduction to Computational Mathematics)

一、计算数学导论课程定位

本课程是数学与应用数学专业的核心课程之一，也是信息与计算科学专业的基础课程。计算数学导论是一门同时注重理论和实践的课程。通过课程学习掌握计算数学建模、算法设计和分析、程序实现和验证的能力。在课程中介绍算法的内在思路，核心想法，通过具体问题引导同学们使用数值方法解决具体问题。课程内容包括计算数学的基础知识、数值线性代数、数值优化、数值逼近、微分方程数值解的基本模型、算法和分析。

二、计算数学导论课程目标

本课程以培养学生"掌握计算数学的基本算法、使用计算数学的方法求解实际问题、对算法进行高效实现、分析算法的理论表现"的能力为主要目标。课程主要内容包括数值代数、数值优化、数值逼近、微分方程数值解等方法的介绍。通过本课程的学习，学生不仅要掌握计算数学的许多经典算法，还要学会使用计算数学的方法进行建模，理解算法的优势和缺点所在，进而提升处理实际问题的能力。

三、计算数学导论课程设计

计算数学导论课程主要内容包括：计算数学的基础知识、数值代数、数值优化、数值逼近和微分方程数值解等。

在计算数学基础知识方面，重点介绍计算数学研究的对象和特点，数值计算中误差的由来，IEEE 浮点数标准等。让同学们理解使用计算数学的工具和方法解决实际问题的基本流程，了解建模和计算中误差分析方法，熟悉 IEEE 浮点数的运算和舍入模式，掌握数值计算中避免浮点舍入误差的基本原则。

在数值代数方面，介绍向量范数和矩阵范数；线性方程组的直接解法，矩阵 LU 分解、Gauss 消去法和列主元 Gauss 消去法、Cholesky 分解；最小二乘问题的直接解法，Householder 变换和 Givens 变换、QR 分解；线性方程组的条件数和敏度分析；求解线性方程组的一般迭代形式和收敛性分析，Jacobi 迭代法、Gauss-Seidel 迭代法、SOR 迭代法；矩阵特征值问题的数值解法，Schur 分解、奇异值分解、幂法、反幂法、QR 方法、Jacobi 方法等。培养学生理解和掌握数值线性代数问题的基本算法，学习证明算法的正确性并分析算法的理论误差。

在数值优化方面，介绍最优性条件，一维优化与线搜索，三类特殊的二次优化问题及其最优性条件，梯度法与共轭梯度法，牛顿法与拟牛顿法，信赖域方法，非线性最小二乘的算法，罚函数方法，投影梯度方法，次梯度与邻近点梯度法等内容。培养学生理解优化问题的刻画、优化方法的思想，熟练掌握常用数值优化算法的特点和适用范围。

在数值逼近方面，介绍整体多项式插值及其稳定性分析，分片多项式插值和三次样条插值，正交多项式，多项式空间的最佳一致与最佳平方逼近，数值微分，Newton-Cotes 和 Gauss 求积公式，快速 Fourier 变换等内容。培养学生理解简单函数近似复杂问题的方法和误差估计，了解相同的数学公式在数值实现中的区别，通过案例明白舍入误差在计算数学中的重要性。

在微分方程数值解中，介绍常微分方程初值问题的 Euler 方法、Runge-Kutta 方法、数值算法的相容性、稳定性、收敛性定义、刚性问题的求解、两点边值问题的差分法和打靶法、二维 Poisson 方程的五点差分方法、有限元方法等。培养学生数值求解微分方程的基本能力，了解计算数学方法和实际工程问题的紧密联系。

本课程包含 12 个知识模块，主要模块之间的关系如图 2.17 所示。

简介

模块1：概述

1.1 计算数学研究的对象和特点
1.2 数值计算的误差
1.3 IEEE浮点数系统

数值代数

模块2：线性方程组的直接解法

2.1 向量范数和矩阵范数
2.2 Gauss消去法
2.3 Cholesky分解法
2.4 最小二乘问题
2.5 线性方程组的敏度分析

模块3：线性方程组的迭代法

3.1 三种迭代格式
3.2 收敛性分析

模块4：特征值问题的数值解法

4.1 矩阵特征值问题的概念与性质
4.2 Schur分解和奇异值分解
4.3 幂法
4.4 反幂法
4.5 QR方法
4.6 Jacobi方法

微分方程数值解

模块11：常微分方程初值问题的求解

11.1 Euler方法
11.2 Runge-Kutta方法
11.3 相容性、稳定性、收敛性
11.4 刚性问题的求解

模块12：微分方程边值问题的求解

12.1 两点边值问题
12.2 二维Poisson方程

数值优化

模块5：优化问题概述

5.1 最优化问题
5.2 迭代方法与收敛速度
5.3 最优性条件
5.4 一维优化与线搜索
5.5 二次函数的优化问题

模块6：经典优化算法

6.1 梯度法与共轭梯度法
6.2 Newton法与拟Newton法
6.3 信赖域方法
6.4 非线性最小二乘的算法
6.5 罚函数方法
6.6 投影梯度法
6.7 次梯度与邻近点梯度法

数值逼近

模块7：多项式插值

7.1 Lagrange插值
7.2 等距节点高阶多项式插值的不稳定性
7.3 Hermite插值
7.4 分片线性和分片三次Hermite插值
7.5 三次样条插值

模块8：多项式逼近

8.1 正交多项式
8.2 最佳一致逼近
8.3 最佳平方逼近

模块9：数值微分与数值积分

9.1 数值微分
9.2 Newton-Cotes求积公式
9.3 Gauss型积分

模块10：快速Fourier变换

10.1 卷积与Fourier变换
10.2 离散Fourier变换与逆变换
10.3 快速Fourier变换

图 2.17　计算数学导论模块及其关系图

四、计算数学导论课程知识点

模块 1：概述 (Introduction)

知识点	主要内容	能力目标	参考学时
1. 计算数学研究的对象和特点 (The Subjects and Characteristics of Computational Mathematics Research)	计算数学的研究对象，利用计算数学方法解决实际问题的流程，课程的部分前置知识	理解计算数学的研究范式，了解一到两个利用计算数学知识解决实际问题的典型案例	1
2. 数值计算的误差 (Numerical Computation Errors)	数值计算过程中会遇到四种主要的误差类型：模型误差、观测误差、截断误差和舍入误差	掌握模型误差、观测误差、截断误差和舍入误差的区别，了解每种误差对建模和算法设计的影响	1
3. IEEE 浮点数系统 (IEEE Floating Point System)	IEEE 浮点数系统，单精度、双精度、半精度，舍入模式，不同计算顺序对结果的影响	掌握浮点数系统的表示方法，了解符号位、指数位、小数位，熟悉单精度和双精度浮点数，掌握不同舍入模式，了解浮点误差带来困难的典型案例	2

模块 2：线性方程组的直接解法 (Direct Methods for Linear Systems)

知识点	主要内容	能力目标	参考学时
1. 向量范数和矩阵范数(Vector Norms and Matrix Norms)	向量范数和矩阵范数的概念和性质，几种常用的范数及计算公式，矩阵范数和谱半径的关系	掌握向量范数的定义和几种常用范数的计算公式，理解向量范数的连续性和等价性，了解向量序列收敛的意义；掌握矩阵范数、算子范数和谱半径的定义以及几种常用范数的计算公式，理解谱半径和矩阵范数与矩阵幂次序列收敛性之间的关系	1.5
2. Gauss 消去法 (Gauss Elimination)	三角形方程组的前代法和回代法，矩阵的 LU 分解和列主元 LU 分解	掌握前代法和回代法的算法，能够对矩阵实现 LU 分解，了解列主元 LU 分解的做法和意义	1.5
3. Cholesky 分解法 (Cholesky Decomposition)	对称正定矩阵的 Cholesky 分解的定义和算法，Cholesky 分解求解线性方程组	理解对称正定矩阵的 Cholesky 分解的定义，了解 Cholesky 分解的方法和用 Cholesky 分解法求解线性方程组的流程	0.5

续表

知识点	主要内容	能力目标	参考学时
4. 最小二乘问题 (Least Squares Problem)	两种初等正交变换：Householder 变换和 Givens 变换的定义和算法，矩阵 QR 分解的定义和算法，最小二乘问题的定义，正规方程组，正交变换法求解最小二乘问题	掌握 Householder 变换和 Givens 变换的定义和计算方法，理解矩阵 QR 分解的存在性，了解 QR 分解的算法，掌握最小二乘问题的定义，了解正规方程组的概念，掌握如何利用正交变换法求解最小二乘问题	2
5. 线性方程组的敏度分析 (Sensitivity of Linear System)	数据误差对线性方程组解的影响，系数矩阵和右端向量的扰动量与解的误差界的关系，条件数的定义和意义，近似解的可靠性判断	掌握条件数的定义，理解数据误差对线性方程组解的影响和条件数的意义，了解残量与近似解误差的关系	0.5

模块 3：线性方程组的迭代法 (Iterative Methods for Linear Systems)

知识点	主要内容	能力目标	参考学时
1. 迭代法的一般形式 (The General Form of Iterative Methods)	迭代法求解线性方程组的一般形式，Jacobi 迭代法，Gauss-Seidel 迭代法，SOR 迭代法	掌握 Jacobi 迭代法和 Gauss-Seidel 迭代法的格式，了解 SOR 迭代法的格式	1
2. 迭代法收敛性分析 (Convergence Analysis of Iterative Methods)	迭代法的收敛性定理，收敛速度，严格对角占优矩阵，三种迭代格式收敛的充分条件	掌握迭代法收敛的充分必要条件，了解收敛速度的定义，了解严格对角占优矩阵的性质和对 Jacobi 迭代法及 Gauss-Seidel 迭代法收敛性的意义，了解 SOR 迭代法收敛的必要条件和充分条件	1

模块 4：特征值问题的数值解法 (Numerical Methods for Eigenvalue Problems)

知识点	主要内容	能力目标	参考学时
1. 矩阵特征值问题的概念与性质(Concepts and Properties of Matrix Eigenvalue Problems)	特征值的概念和性质，矩阵的 Jordan 分解定理，圆盘定理，特征值扰动定理，对称矩阵的谱分解定理	理解特征值的概念和相关性质，了解矩阵的 Jordan 分解定理，圆盘定理，特征值扰动定理，对称矩阵的谱分解定理	0.5

续表

知识点	主要内容	能力目标	参考学时
2. Schur 分解和奇异值分解(Schur Decomposition and Singular Value Decomposition)	矩阵 Schur 分解和实矩阵的实 Schur 分解定理,奇异值分解的定义,奇异值和奇异向量的性质	了解矩阵的 Schur 分解和实 Schur 分解的存在性,掌握奇异值分解的定义,理解奇异值和奇异向量的性质	0.5
3. 幂法(Power Method)	幂法的思想,幂法的迭代格式,幂法的收敛性定理,实矩阵模最大特征值为一对复共轭值情况下的幂法	理解幂法的思想,掌握幂法的迭代格式,了解幂法的收敛性,了解复共轭特征值情况下的幂法	1
4. 反幂法(Inverse Power Method)	反幂法的迭代格式,带位移的反幂法,带变动位移的反幂法	掌握反幂法的迭代格式,了解带位移的反幂法和带变动位移的反幂法	0.5
5. QR 方法(QR Method)	QR 方法的基本迭代格式,矩阵的上 Hessenberg 化,双重步位移 QR 算法	掌握 QR 方法的基本迭代格式,理解矩阵的上 Hessenberg 化过程,了解双重步位移 QR 算法	1
6. Jacobi 方法(Jacobi Method)	经典 Jacobi 方法,循环 Jacobi 方法,过关 Jacobi 方法	了解经典 Jacobi 方法的思路,循环 Jacobi 方法的思路和过关 Jacobi 方法的思路	0.5

模块 5:优化问题概述 (Overview of Optimization)

知识点	主要内容	能力目标	参考学时
1. 最优化问题 (Optimization Problems)	最优化问题的定义,全局最优、局部最优的定义	掌握最优化问题的定义、分类,掌握全局最优和局部最优的定义	1
2. 迭代方法与收敛速度 (Iterative Methods and Convergence Rate)	收敛性与收敛速度的定义	掌握强收敛、弱收敛和子列收敛的定义,掌握 Q 收敛速度和 R 收敛速度的定义,能够判别序列的收敛阶	1
3. 最优性条件 (Optimality Condition)	无约束优化问题的最优性条件,约束优化问题的最优性条件	掌握基本一阶最优性条件,掌握无约束优化问题的一阶、二阶最优性条件,掌握约束优化问题的 KKT 条件,了解 KKT 定理的证明思路和约束优化问题的二阶最优性条件,掌握常见的约束规范性条件	1

续表

知识点	主要内容	能力目标	参考学时
4. 一维优化与线搜索(One Dimensional Optimization and Line Search)	Newton 法、割线法与区间分割法，线搜索的概念与理论性质	掌握 Newton 法和割线法的迭代格式，理解牛顿法和割线法的推导过程，了解区间分割法的设计思路，能够区分常见的区间分割法，掌握线搜索的概念和基本性质	1
5. 二次函数的优化问题 (Optimization Problems with Quadratic Objective)	二次函数极小，二次规划问题及其最优性条件，球约束二次极小问题及其最优性条件	掌握二次函数极小的概念与基本性质，掌握二次规划问题的定义和最优性条件，能够推导出二次规划问题的对偶问题和对偶最优性条件，掌握球约束二次极小问题的定义及其最优性条件	1

模块 6：经典优化算法 (Classical Optimization Algorithms)

知识点	主要内容	能力目标	参考学时
1. 梯度法与共轭梯度法 (Gradient and Conjugate Gradient Methods)	最速下降法，共轭梯度法	掌握最速下降法的迭代格式、全局收敛性和局部收敛速度，掌握二次函数的共轭梯度法的迭代格式和收敛性质，了解一般非线性函数的共轭梯度法的分类与理论结果	1
2. Newton 法与拟 Newton 法 (Newton Methods and Quasi-Newton Methods)	Newton 法，拟 Newton 法，Barzilai-Borwein (BB)方法	掌握 Newton 法的迭代格式和收敛性，了解修正 Newton 法的定义与分类，掌握两类重要的拟 Newton 方法 DFP 和 BFGS，理解拟 Newton 法的推导思路、不变性和最小变化性，能够上机实现有限内存 BFGS 方法，掌握 BB 方法的迭代格式与推导	1
3. 信赖域方法 (Trust-region Methods)	信赖域方法的定义、分类和收敛性，信赖域子问题的求解	掌握信赖域方法的定义与分类，掌握 Newton 信赖域方法和拟 Newton 信赖域方法的收敛性理论，能够分析信赖域子问题的最优性条件，掌握截断共轭梯度法	1
4. 非线性最小二乘的算法 (Algorithms for Nonlinear Least Squares)	非线性最小二乘问题的定义，Gauss-Newton 法，Levenberg-Marquardt 方法	掌握非线性最小二乘问题的定义，掌握高斯牛顿法的设计思路和迭代格式，熟悉 Gauss-Newton 法的局部收敛性结果，掌握 Levenberg-Marquardt 方法的迭代格式和基本性质	1

续表

知识点	主要内容	能力目标	参考学时
5. 罚函数方法 (Penalty Function Methods)	Courant 罚函数方法，内点罚函数方法，乘子罚函数方法	掌握 Courant 罚函数方法的概念，算法和理论性质，了解内点罚函数方法的设计思想和内点罚函数的例子，掌握乘子罚函数方法的设计思路，ALM 算法和基本收敛性质	1
6. 投影梯度法 (Projected Gradient Methods)	投影梯度法的定义与收敛性	掌握投影梯度法的设计思路和定义，掌握投影梯度法的收敛性	1
7. 次梯度与邻近点梯度法 (Subgradient Methods and Proximal Gradient Methods)	次梯度与次微分的定义，次梯度的计算法则，次梯度算法，邻近算子的定义，近似点梯度法	掌握次梯度与次微分的定义，熟悉次梯度的基本计算法则，理解次梯度算法，掌握常见函数的次梯度计算，掌握邻近算子的定义，掌握近似点梯度法的迭代格式	1

模块 7：多项式插值 (Polynomial Interpolation)

知识点	主要内容	能力目标	参考学时
1. Lagrange 插值 (Lagrange Interpolation)	Lagrange 多项式插值的存在唯一性，插值函数的误差估计，插值多项式的不同基底表达(单项式基底、Lagrange 基底、Newton 基底)，Lagrange 插值的重心公式	能够掌握 Lagrange 多项式插值的存在唯一性，插值函数的误差估计的理论证明，理解不同基底表达对数值结果的影响，掌握第一类和第二类重心公式	2
2. 等距节点高阶多项式插值的不稳定性 (Instability of High-Order Polynomial Interpolation with Equidistant Nodes)	等距节点高阶多项式插值的 Runge 现象，Runge 函数在等距节点上插值的逐点误差分析，Lebesgue 常数以及数值不稳定性，等距节点 Lebesgue 常数的下界估计，第一类和第二类 Chebyshev 节点	理解 Runge 函数在等距节点上插值的逐点误差分析，理解 Runge 现象，掌握 Lebesgue 常数的三种等价定义，能够给出等距节点 Lebesgue 常数的下界估计，了解第一类和第二类 Chebyshev 节点插值并且用重心公式进行实现	2.5
3. Hermite 插值 (Hermite Interpolation)	Hermite 插值的定义、存在唯一性以及误差估计，三次 Hermite 插值的计算公式	掌握 Hermite 插值基函数、能够证明 Hermite 插值的存在唯一性以及误差估计，能够计算出三次 Hermite 插值	1

续表

知识点	主要内容	能力目标	参考学时
4. 分片线性和分片三次 Hermite 插值 (Piecewise Linear and Piecewise Cubic Hermite Interpolation)	一般分片多项式 Lagrange 插值和 Hermite 插值的定义，两类特殊分片多项式(分片线性和分片三次 Hermite 插值)的误差估计，分片线性插值的基函数表示	掌握分片线性插值基函数的定义和性质，能够证明一般网格下分片线性和分片三次 Hermite 插值的误差估计	1
5. 三次样条插值 (Cubic Spline Interpolation)	样条插值的定义，三次样条的边界条件，以自然边界条件为例计算三次样条插值，自然边界条件下的能量极小原理	理解样条插值的作用，掌握样条插值的定义和所需要的额外条件数目，能够计算各种边界条件下的三次样条插值，会证明各种不同边界条件下三次样条插值的能量极小原理	1.5

模块 8：多项式逼近 (Polynomial Approximation)

知识点	主要内容	能力目标	参考学时
1. 正交多项式 (Orthogonal Polynomials)	正交多项式的定义和三递推公式，正交多项式根的性质，几种最常见的正交多项式	掌握 Gram-Schmit 正交化方法在多项式空间正交化的过程，能够利用多项式空间的代数结构证明三递推公式，掌握正交多项式根的基本性质，掌握 Legendre 多项式、Chebyshev 多项式等典型正交多项式	1.5
2. 最佳一致逼近 (Best Uniform Approximation)	多项式最佳一致逼近的定义，最佳一致逼近的存在性，Chebyshev 振荡定理和最佳一致逼近的充分必要条件，最佳一致逼近的唯一性，Remez 算法，接近最佳一致逼近	能够证明最佳一致逼近多项式的存在性，利用多项式空间的性质证明 Chebyshev 振荡定理，并进一步证明最佳一致逼近的唯一性，验证 Remez 算法的适定性，证明接近最佳一致逼近的上界估计，计算 Chebyshev 节点重心权重	2.5
3. 最佳平方逼近 (Best Least Squares Approximation)	多项式插值的 Gibbs 现象，多项式最佳平方逼近的存在唯一性与数值计算方法，Hilbert 矩阵，离散最佳平方逼近，广义 Fourier 展开	通过数值算例验证 Gibbs 现象，证明最佳平方逼近的存在唯一性以及充分必要性条件，理解广义 Fourier 展开并证明 Parseval 恒等式，理解单项式基底带来的数值不稳定，掌握离散最佳平方逼近的数值算法	2

模块 9：数值微分与数值积分 (Numerical Differentiation and Numerical Integration)

知识点	主要内容	能力目标	参考学时
1. 数值微分 (Numerical Differentiation)	向前、向后、中心差分，数值微分的不适定性，差分模板，隐式差分格式，Richardson 外推方法	能够证明一阶导数和二阶导数基本差分格式的误差估计，通过算例验证和理解数值微分的不适定性，能够构造出任意精度的差分模板，理解隐式差分方法的原理，利用三次样条插值推导出四阶差分格式，掌握 Richardson 外推并应用于中心差分格式	2
2. Newton-Cotes 求积公式 (Newton-Cotes Integration Formulas)	数值积分的定义，插值型求积公式，代数精度，三种最常见的求积公式及其误差估计，等距节点下 Newton-Cotes 公式及其误差估计，高阶求积公式的不稳定性，复化 Newton-Cotes 公式，复化梯形公式的误差估计，Romberg 算法	掌握数值积分的定义，理解代数精度并证明插值型求积公式的代数精度，熟悉中点公式、梯形公式、Simpson 公式和误差估计，一般 Newton-Cotes 公式的误差估计，复化 Newton-Cotes 公式，复化梯形公式误差的 Euler-Maclaurin 公式，能够推导出 Romberg 算法并设计高效实现方法和自适应停机准则	2
3. Gauss 型积分 (Gaussian Quadrature)	1 个求积点、2 个求积点的 Gauss 积分格式，一般情况下的 Gauss 求积格式，带权积分，无界积分，带有边界条件的 Gauss 积分格式，Gauss 积分的基本性质和误差估计	利用定义推导出中点公式(1 个求积点的 Gauss 积分)和 2 个求积点的 Gauss 积分，证明任意多求积点下 Gauss 积分的存在性，数值稳定性，掌握一般情形下的 Gauss 积分，证明 Gauss 积分的积分权重的符号，理解 Gauss 积分的误差估计	2

模块 10：快速 Fourier 变换 (Fast Fourier Transform)

知识点	主要内容	能力目标	参考学时
1. 卷积与 Fourier 变换 (Convolution and Fourier Transform)	卷积的定义和工程应用，Fourier 变换的基本性质	掌握 1~2 个卷积的实用实例，了解 Fourier 变换的一些性质：求导变系数性质，平移性质，卷积变乘积性质，Parseval 等式	1
2. 离散 Fourier 变换与逆变换 (Discrete Fourier Transform and Inverse Transform)	离散 Fourier 变换和 Fourier 矩阵，向量的卷积，向量卷积和离散 Fourier 变换的关系，离散 Fourier 逆变换	掌握 Fourier 矩阵及其基本性质，知道向量的循环卷积定义，证明向量的卷积和离散 Fourier 变换的性质，掌握离散 Fourier 变换的逆变换	1

续表

知识点	主要内容	能力目标	参考学时
3. 快速 Fourier 变换 (Fast Fourier Transform)	计算复杂度的估计方法，Cooley-Turkey 算法(蝶形算法)，蝶形算法的复杂性分析，一般长度的快速 Fourier 变换的 Bluestein 算法，实数域上的快速变换格式	对于特定的向量长度，实现蝶形算法，并证明算法的加速效应，蝶形算法的计算复杂度分析，了解补零机制和 Bluestein 算法，通过快速 Fourier 变换设计实数域上的快速 Sine 变换和快速 Cosine 变换	2

模块 11：常微分方程初值问题的求解 (Resolution of Initial Value Problems of Ordinary Differential Equations)

知识点	主要内容	能力目标	参考学时
1. Euler 方法 (Euler Methods)	向前和向后 Euler 方法的构造，稳定性，误差估计，离散 Gronwall 不等式	掌握向前和向后 Euler 方法的构造方法，掌握局部截断误差估计方法，能够利用 Gronwall 不等式推导稳定性估计，会推导误差估计，能够用 Euler 方法编程求解具体初值问题	2
2. Runge-Kutta 方法 (Runge-Kutta Methods)	1~4 阶 Runge-Kutta 方法举例，一般 Runge-Kutta 方法，误差计算与步长控制	掌握梯形方法、中点方法、经典四阶 Runge-Kutta 方法公式，掌握一般 Runge-Kutta 方法定义，理解 Butcher 表，理解利用嵌套 Runge-Kutta 方法和外推法估计局部误差，能够用常用 Runge-Kutta 方法编程求解具体初值问题	2
3. 相容性、稳定性、收敛性 (Consistency, Stability, Convergence)	单步法相容性、稳定性、收敛性的定义，等价定理	掌握显式单步法相容性、稳定性、收敛性的定义，理解等价定理，能够估计具体单步法的误差，理解隐式单步法相容性、稳定性、收敛性的定义和误差估计方法	2
4. 刚性问题的求解 (Resolution of Stiff Problems)	刚性问题的含义，数值方法的绝对稳定区域与 A-稳定，单边 Lipschitz 条件，误差估计，BDF 方法	掌握绝对稳定区域与 A-稳定的定义，理解常见格式的绝对稳定区域，理解单边 Lipschitz 条件和误差估计方法，理解 BDF 方法并能够编程求解具体刚性初值问题	2

模块 12：微分方程边值问题的求解 (Resolution of Boundary Value Problems of Differential Equations)

知识点	主要内容	能力目标	参考学时
1. 两点边值问题 (Two-point Boundary Problem)	差分法，打靶法	掌握等距网格上的中心差分方法并能够利用离散极值原理推导误差估计，理解非等距网格上二阶差分格式的构造方法，理解线性问题的打靶法	2
2. 二维 Poisson 方程 (Two-dimensional Poisson Equation)	矩形网上的五点差分格式，三角网上的有限元方法	掌握矩形网上的五点差分格式的构造方法，掌握局部截断误差的定义和估计方法，理解离散极值原理和误差估计方法，掌握三角网上线性有限元方法的构造方法，能够利用五点差分格式和有限元方法编程求解具体的二维 Poisson 方程	2

五、计算数学导论课程英文摘要

1. Introduction

This course is one of the core courses for majors in Mathematics and Applied Mathematics, as well as a fundamental course for majors in Information and Computational Science. Introduction to Computational Mathematics is a course that emphasizes both theory and practice. Through the course, students will master computational mathematical modeling, algorithm design and analysis, program implementation, and verification capabilities. The course introduces the intrinsic ideas and core concepts of algorithms, guiding students to use numerical methods to solve specific problems through practical examples. The course content includes the fundamentals of computational mathematics, numerical linear algebra, numerical optimization, numerical approximation, and numerical methods to the differential equations.

2. Goals

The main goal of this course is to develop students' abilities to master the basic algorithms of computational mathematics, use computational methods to solve practical problems, efficiently implement algorithms, and analyze their theoretical performance. The main content of the course includes numerical linear algebra, numerical optimization, numerical approximation, and numerical methods to the differential equations. Through this course, students should not only understand many classic algorithms of computational mathematics but also learn to use computational methods for modeling, understand the strengths and weaknesses of algorithms, and thereby enhance their ability to tackle real-world problems.

3. Covered Topics

Modules	List of Topics	Suggested Hours
1. Introduction	The Subjects and Characteristics of Computational Mathematics Research (1), Numerical Computation Errors (1), IEEE Floating Point System (2)	4
2. Direct Methods for Linear Systems	Vector Norms and Matrix Norms (1.5), Gauss Elimination (1.5), Cholesky Decomposition (0.5), Least Squares Problem (2), Sensitivity of Linear System (0.5)	6
3. Iterative Methods for Linear Systems	The General Form of Iterative Methods (1), Convergence Analysis of Iterative Methods (1)	2
4. Numerical Methods for Eigenvalue Problems	Concepts and Properties of Matrix Eigenvalue Problems (0.5), Schur Decomposition and Singular Value Decomposition (0.5), Power Method (1), Inverse Power Method (0.5), QR Method (1), Jacobi Method (0.5)	4
5. Overview of Optimization	Optimization Problems (1), Iterative Methods and Convergence Rate (1), Optimality Condition (1), One Dimensional Optimization and Line Search (1), Optimization Problems with Quadratic Objective (1)	5
6. Classical Optimization Algorithms	Gradient and Conjugate Gradient Methods (1), Newton Methods and Quasi-Newton Methods (1), Trust-region Methods (1), Algorithms for Nonlinear Least Squares (1), Penalty Function Methods (1), Projected Gradient Methods (1), Subgradient Methods and Proximal Gradient Methods (1)	7
7. Polynomial Interpolation	Lagrange Interpolation (2), Instability of High-Order Polynomial Interpolation with Equidistant Nodes (2.5), Hermite Interpolation (1), Piecewise Linear and Piecewise Cubic Hermite Interpolation (1), Cubic Spline Interpolation (1.5)	8

续表

Modules	List of Topics	Suggested Hours
8. Polynomial Approximation	Orthogonal Polynomials (1.5), Best Uniform Approximation (2.5), Best Least Squares Approximation (2)	6
9. Numerical Differentiation and Numerical Integration	Numerical Differentiation (2), Newton-Cotes Integration Formulas (2), Gaussian Quadrature (2)	6
10. Fast Fourier Transform	Convolution and Fourier Transform (1), Discrete Fourier Transform and Inverse Transform (1), Fast Fourier Transform (2)	4
11. Resolution of Initial Value Problems of Ordinary Differential Equations	Euler Methods (2), Runge-Kutta Methods (2), Consistency, Stability, Convergence (2), Resolution of Stiff Problems (2)	8
12. Resolution of Boundary Value Problems of Differential Equations	Two-point Boundary Problem (2), Two-dimensional Poisson Equation (2)	4
Total	48	64

最优化方法与理论 (Optimization Methods and Theory)

一、最优化方法与理论的课程定位

最优化方法与理论作为数学与应用数学领域中的核心课程，其核心设计旨在全面深入地探讨优化理论和方法，使学生掌握求解各类优化问题的关键技术和策略。通过本课程的学习，学生不仅能够构建起完备的最优化知识体系，还能够深刻理解并掌握最优化问题的基本思想和方法，进而在实际应用中灵活运用这些理论和技术。此外，本课程还将注重培养学生的创新精神，鼓励学生在优化问题求解中不断探索新的方法和思路，提高其独立思考和解决问题的能力。

二、最优化方法与理论课程的目标

通过本课程的学习，培养学生针对科学和工程实际问题建立合适最优化模型的能力，选择和运用合适算法和软件的能力，设计合适的计算方法求解问题，探索研究模型和算法的理论性质，考察算法的计算性能等多方面的能力。

三、最优化方法与理论课程设计

本课程共安排 1 学期完成教学任务，每周平均安排 3 学时，以课堂讲授为主。

课程讲授知识点的方式：从实际问题出发，以优化问题的需求为导向，围绕理论与算法这两大核心引出最优化问题的基本概念和处理方法。通过具体案例和算法实践，使学生能更好地理解和运用最优化方法与理论。

在理论层面，我们将从最优化问题的基本概念出发，逐步引入凸集、凸函数、次梯度等基础知识，进而探讨无约束优化和约束优化的最优性理论以及对偶理论。

在方法层面，我们将详细介绍线搜索方法、次梯度法、共轭梯度法、牛顿法、拟牛顿法、信赖域法等无约束优化方法，以及罚函数法、增广 Lagrange 函数法、逐步二次规划方法等约束优化方法。同时，我们还将介绍一些复合优化方法，如 Nesterov 加速法、交替方向乘子法、分块坐标下降法、随机优化方法等。

最优化方法与理论模块及其关系如图 2.18 所示。

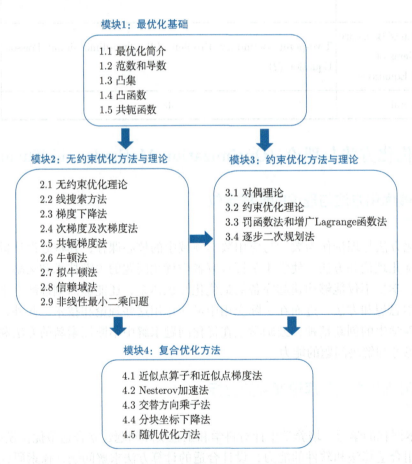

图 2.18　最优化方法与理论模块及其关系图

四、最优化方法与理论课程知识点

模块 1：最优化基础 (Fundamentals of Optimization)

知识点	主要内容	能力目标	参考学时
1. 最优化简介 (A Brief Introduction to Optimization)	优化问题的概括，最优化的基本概念，一些优化问题的实例(稀疏优化、深度学习)	了解最优化问题的一般形式，掌握最优化的基本概念	3
2. 范数和导数 (Norm and Derivative)	范数的定义和性质，梯度和 Hesse 矩阵的定义，梯度 Lipschitz 连续函数的定义及其二次上界性质，矩阵变量的导数定义(Fréchet 可微和 Gâteaux 可微)及计算	掌握范数、导数的定义和计算；熟练运用梯度 Lipschitz 连续函数的性质	0.5
3. 凸集(Convex Sets)	凸集的定义，一些重要凸集的例子(超平面和半空间，球，椭球，锥，半正定锥，多面体)，保持集合凸性的运算，分离超平面定理	掌握凸集的定义并能够判断一个给定集合是否为凸集	1
4. 凸函数 (Convex Functions)	凸函数、严格凸函数和强凸函数的定义，凸函数的判定定理，保持函数凸性的运算，凸函数的性质	掌握凸函数的定义并能够判断一个函数是否为凸集；灵活运用凸函数的性质	1
5. 共轭函数 (Conjugate Functions)	共轭函数的定义和例子，Fenchel 不等式，二次共轭函数，闭凸函数的二次共轭性质	掌握共轭函数的定义并能够计算典型函数的共轭函数	0.5

模块 2：无约束优化方法与理论 (Unconstrained Optimization Methods and Theory)

知识点	主要内容	能力目标	参考学时
1. 无约束优化理论 (Theory of Unconstrained Optimization)	最优化问题解的存在性，无约束优化可微问题的一阶必要最优性条件，无约束优化可微问题的二阶必要和充分最优性条件，无约束不可微凸优化问题最优性条件，复合优化问题的一阶必要最优性条件，无约束非光滑非凸问题的最优性条件	掌握无约束优化问题的最优性条件及其推导	2
2. 线搜索方法 (Line Search Methods)	线搜索方法的一般框架，线搜索准则(Armijo 准则，Goldstein 准则，Wolfe 准则等单调线搜索准则以及其他的一些非单调线搜索准则)，实现线搜索准则的一些线搜索算法(回退法，基于多项式插值的线搜索算法)，Zoutendijk 定理及一般线搜索方法的基本收敛性结果	掌握线搜索方法的一般框架；了解常见的线搜索准则并能够调用已有的线搜索算法；掌握 Zoutendijk 定理	3

续表

知识点	主要内容	能力目标	参考学时
3. 梯度下降法 (Gradient Descent Methods)	梯度下降算法结构,梯度下降法在正定二次函数情形的收敛定理,梯度下降法在一般凸函数固定步长情形的收敛性分析方法及结果，凸的梯度 Lipschitz 连续函数的余强制性,梯度下降法在强凸函数固定步长情形的收敛性分析方法及结果,Barzilai-Borwein 方法(BB 步长),光滑化方法	熟练利用梯度下降法求解无约束可微优化问题;掌握梯度下降法在各种情况下的收敛性结果;了解 Barzilai-Borwein 方法	3
4. 次梯度及次梯度法 (Subgradient and Subgradient Methods)	次梯度的定义,次梯度的存在性,次梯度的性质(次梯度与梯度的关系,次梯度的连续性),凸函数的方向导数,次梯度的计算规则,次梯度算法结构,次梯度算法典型步长的取法(固定步长,消失步长等),次梯度算法的收敛性分析方法及结果	掌握一些典型函数的次梯度计算;了解次梯度算法典型步长的取法并使用次梯度算法求解无约束不可微优化问题	5
5. 共轭梯度法 (Conjugate Gradient Methods)	共轭方向,线性共轭梯度法迭代格式,线性共轭梯度法的基本性质,利用线性共轭梯度法的基本性质简化计算公式，非线性共轭梯度法 (Fletcher-Reeves 公式、Polak-Ribiere-Polyak 公式、Hestens-Stiefel 公式、Dai-Yuan 公式)的迭代格式,FR 方法、PRP 方法以及 Dai-Yuan 方法的收敛性分析,重开始技巧,杂交思想,初始方向不为负梯度方向时共轭梯度法的线性收敛性	熟练掌握线性共轭梯度法的迭代格式及其基本性质;掌握非线性共轭梯度法的各种格式及其构造思想;了解共轭梯度法的线性收敛性	3
6. 牛顿法 (Newton's Methods)	经典牛顿法的构造过程及算法结构,经典牛顿法的局部二次收敛性及其分析方法,修正牛顿法,修正的 Cholesky 分解算法,非精确牛顿法及其收敛性结果,非精确牛顿法的一个特例——牛顿共轭梯度法	熟练掌握经典牛顿法及其收敛性分析;了解修正牛顿法和非精确牛顿法	3
7. 拟牛顿法 (Quasi-Newton Methods)	割线方程,曲率条件,拟牛顿算法框架,Sherman-Morrison-Woodbury 公式,拟牛顿矩阵更新方式(秩一更新、BFGS 公式、DFP 公式),BFGS 格式的全局收敛性及其 Q-超线性收敛速度,有限内存 BFGS 方法	了解割线方程的由来;理解 BFGS 公式和 DFP 公式的推导;掌握有限内存 BFGS 方法	3
8. 信赖域法 (Trust-Region Methods)	信赖域算法框架,信赖域子问题最优性条件,根据信赖域子问题最优性条件结合牛顿法求解信赖域子问题,截断共轭梯度法求解信赖域子问题,柯西点,柯西点的下降量,信赖域方法的全局收敛性结果及局部 Q-超线性收敛速度	掌握信赖域算法的一般框架;会求解信赖域子问题;了解信赖域法的收敛性	3
9. 非线性最小二乘问题 (Nonlinear Least Squares Problems)	非线性最小二乘问题的一般形式,针对小残量问题的 Gauss-Newton 算法(格式、全局收敛性和局部收敛性)以及 Levenberg-Marquardt 方法(信赖域型 LM 方法和 LMF 方法),针对大残量问题的拟牛顿法	熟练利用 Gauss-Newton 算法求解非线性最小二乘问题;能够利用 Gauss-Newton 思想构造其他算法;了解 LM 方法和 LMF 方法	3

模块 3：约束优化方法与理论 (Constrained Optimization Methods and Theory)

知识点	主要内容	能力目标	参考学时
1. 对偶理论 (Duality Theory)	Lagrange 函数，Lagrange 乘子，Lagrange 对偶函数，对偶问题，弱对偶原理，对偶间隙，适当锥和广义不等式，对偶锥，带广义不等式约束优化问题的对偶，Slater 约束品性，凸优化问题在 Slater 条件下的强对偶性质，带约束凸优化问题的一阶充要条件——KKT 条件	熟练掌握对偶问题的推导方法；利用 KKT 条件推导最优解，并能够验证 Slater 条件	3
2. 约束优化理论 (Theory of Constrained Optimization)	切锥的定义，一般约束优化问题的几何最优性条件，线性化可行方向锥，线性化可行方向锥与切锥的大小关系，约束品性(线性无关约束品性 LICQ、MFCQ、线性约束品性)，Farkas 引理，一般约束优化问题的一阶必要最优性条件(KKT 条件)，一般约束优化问题的二阶必要和充分最优性条件	了解切锥、线性化方向可行锥以及约束品性的概念；了解最优性条件的证明，并能够利用最优性条件推导优化问题的最优解	3
3. 罚函数法和增广 Lagrange 函数法 (Penalty Function Methods and Augmented Lagrangian Methods)	等式约束的二次罚函数法，等式约束的二次罚函数法的收敛性，二次罚函数法存在的缺陷，不等式约束的二次罚函数法，其他类型的罚函数(对数罚函数，精确罚函数)，等式约束优化问题增广 Lagrange 函数及增广 Lagrange 函数法的一般框架，增广 Lagrange 函数法与二次罚函数法的比较，增广 Lagrange 函数法的收敛性，不等式约束优化问题的增广 Lagrange 函数法	熟练使用二次罚函数法并理解二次罚函数法的缺陷；了解其他类型的罚函数；掌握增广 Lagrange 函数的构造并熟练使用增广 Lagrange 函数法求解优化问题	3
4. 逐步二次规划法 (Sequential Quadratic Programming)	Lagrange-Newton 法的算法框架，Lagrange-Newton 法的收敛性及收敛速度，Wilson-Han-Powell 方法的一般框架，Wilson-Han-Powell 方法搜索方向的下降性质，Wilson-Han-Powell 方法的全局收敛性结果，Wilson-Han-Powell 方法二次规划子问题中二次项矩阵的选取，逐步二次规划法的超线性收敛性，Marotos 效应，克服 Marotos 效应的常见技巧(Watchdog 技术，二阶校正步，光滑价值函数)	熟练掌握 Lagrange-Newton 法和 Wilson-Han-Powell 方法；了解逐步二次规划法的超线性收敛性；了解 Marotos 效应及克服 Marotos 效应的常见技巧	3

模块 4：复合优化方法 (Composite Optimization Methods)

知识点	主要内容	能力目标	参考学时
1. 近似点算子和近似点梯度法 (Proximal Operator and Proximal Gradient Methods)	近似点算子的定义，适当闭凸函数近似点的存在唯一性，近似点算子与次梯度的关系，常见函数近似点算子的计算，近似点算子的运算规则，近似点梯度法的基本格式及基于 Taylor 展开的理解，近似点梯度法的复杂度分析方法及结果	熟练计算典型函数的近似点算子；熟练利用近似点梯度法求解复合优化问题；掌握近似点梯度法的复杂度分析结果并了解其证明过程	3
2. Nesterov 加速法 (Nesterov's Accelerated Methods)	Nesterov 加速法的几种格式，Nesterov 加速法的复杂度分析结果	熟练利用 Nesterov 加速法求解优化问题；掌握 Nesterov 加速法的复杂度分析结果	3
3. 交替方向乘子法 (Alternating Direction Method of Multipliers)	交替方向乘子法(ADMM)的应用场景，拆分方式的选择，交替方向乘子法的迭代格式，交替方向乘子法与增广 Lagrange 函数法的关系，交替方向乘子法的收敛准则，交替方向乘子法的常见变形和技巧(线性化、缓存分解、罚因子的动态调节、超松弛)；多块与非凸问题的交替方向乘子法及多块交替方向乘子法不收敛的例子，典型问题的交替方向乘子法，Douglas-Rachford Splitting 算法及其与交替方向乘子法的关系	熟练掌握拆分技巧；熟练利用交替方向乘子法求解优化问题并能熟练运用常见技巧；了解 Douglas-Rachford Splitting 算法与交替方向乘子法的关系	6
4. 分块坐标下降法 (Block Coordinate Descent Methods)	分块形式的优化问题，分块坐标下降法的算法结构，典型问题的分块形式及其分块坐标下降法(Lasso 问题、聚类问题、非负矩阵分解和字典学习)，分块坐标下降法的收敛性分析	熟练使用分块坐标下降法求解典型问题；掌握分块求解的思想；了解分块坐标下降法的收敛性分析过程	3
5. 随机优化方法 (Stochastic Optimization Methods)	随机优化问题，随机梯度下降法，随机梯度下降法的变形(动量方法、AdaGrad、RMSProp、AdaDelta 和 Adam)，一般凸函数下随机梯度算法的收敛性，可微强凸函数下随机梯度算法的收敛性，方差减小技术(SAG 与 SVRG 算法)	熟练利用随机梯度下降法求解优化问题；理解随机梯度法、Adam 算法的构造直觉；熟练掌握随机梯度法的收敛性分析方法；了解方差减小技术	3

五、最优化方法与理论课程英文摘要

1. Introduction

Optimization Methods and Theory, as a core course in the field of mathematics and applied mathematics, is designed to comprehensively and deeply explore the optimization theories and methods, enabling students to master the key techniques and strategies for solving various optimization problems. Through the study of this course, students can not only build a complete knowledge system of optimization, but also deeply understand and grasp the basic ideas and methods of optimization problems, and flexibly apply these theories and techniques in practical applications. In addition, this course will also focus on cultivating students' innovative spirit, encouraging them to continuously explore new methods and ideas in solving optimization problems, and improving their ability to think independently and solve problems. Therefore, Optimization Methods and Theory is one of the most important professional core courses in the direction of computational mathematics.

2. Goals

Through the study of this course, students are expected to cultivate various capabilities, including the ability to establish appropriate optimization models for scientific and engineering practical problems, select and apply suitable algorithms and software, design appropriate computational methods to solve problems, explore and research the theoretical properties of models and algorithms, and evaluate the computational performance of algorithms.

3. Covered Topics

Modules	List of Topics	Suggested Hours
1. Fundamentals of Optimization	A Brief Introduction to Optimization (3), Norm and Derivative (0.5), Convex Sets (1), Convex Functions (1), Conjugate Functions (0.5)	6
2. Unconstrained Optimization Methods and Theory	Theory of Unconstrained Optimization (2), Line Search Methods (3), Gradient Descent Methods (3), Subgradient and Subgradient Methods (5), Conjugate Gradient Methods (3), Newton's Methods (3), Quasi-Newton Methods (3), Trust-Region Methods (3), Nonlinear Least Squares Problems (3)	28

续表

Modules	List of Topics	Suggested Hours
3. Constrained Optimization Methods and Theory	Duality Theory (3), Theory of Constrained Optimization (3), Penalty Function Methods and Augmented Lagrangian Methods (3), Sequential Quadratic Programming (3)	12
4. Composite Optimization Methods	Proximal Operator and Proximal Gradient Methods (3), Nesterov's Accelerated Methods (3), Alternating Direction Method of Multipliers (6), Block Coordinate Descent Methods (3), Stochastic Optimization Methods (3)	18
Total	23	64

微分方程数值解法
(Numerical Methods for Differential Equations)

一、微分方程数值解法课程定位

微分方程数值解法课程是信息与计算科学专业的专业必修课，是信息与计算科学专业核心课程之一。本课程既是一门理论性很强的课程，又是一门实践性很强的课程，主要研究如何使用数值方法来求解无法通过解析方法求解的微分方程。微分方程数值解法具有很强的应用背景，广泛应用于物理、工程、经济、生物学等领域，是多学科交叉的纽带。课程内容包括常微分方程数值解法、椭圆型方程有限差分法、抛物型方程有限差分法、双曲型方程有限差分法、偏微分方程 Ritz-Galerkin 法、偏微分方程有限元法、偏微分方程有限体积元法、偏微分方程间断 Galerkin 法、偏微分方程弱 Galerkin 法、多重网格法、自适应有限元法。

二、微分方程数值解法课程目标

本课程旨在为学生提供坚实的理论基础、实践技能和创新能力，使他们能够在未来的学术研究或工程实践中有效地解决微分方程相关问题。具体目标包括：

（1）理解和掌握微分方程数值解法的基本原理和方法，包括但不限于有限差分法、有限元法、有限体积法等，以及它们的数学基础和理论支撑。

（2）培养学生分析和解决实际问题的能力，特别是在面对无法求得解析解的复杂微分方程时，能够选择合适的数值方法进行求解。

(3) 通过实践操作，提高学生的计算技能，使其能够有效地使用计算机软件(如 MATLAB、Python 等)来实现数值解法，并进行数值模拟和计算。

(4) 使学生了解微分方程数值解法在物理、工程、经济、生物等多个领域的应用，增强其跨学科的视角和解决问题的能力。

三、微分方程数值解法课程设计

设计总则：本课程采用"问题导入、方法设计、编程实践"的教学模式进行，旨在帮助学生更加深入地掌握和运用所学的概念，并在此基础上解决实际问题。

模块 1 (常微分方程数值解法)：①介绍一阶常微分方程初值问题的 Euler 法、线性多步法、单步法、Runge-Kutta 法及外推法等。②介绍常微分方程数值解法的局部截断误差、相容性、稳定性和收敛性等。

模块 2 (偏微分方程有限差分法)：①介绍椭圆型方程的有限差分法，包括直接差分化、有限体积法、五点差分格式、三角网的差分格式等。②介绍抛物型方程的有限差分法，包括最简差分格式、稳定性概念、判别稳定性的直接估计法和 Fourier 方法等。③双曲型方程的有限差分法，包括波动方程显格式和隐格式、初值问题的迎风格式、积分守恒差分格式、粘性差分格式等。

模块 3 (边值问题的变分形式与 Ritz-Galerkin 法)：①介绍二次函数的极值、Sobolev 空间初步。②介绍两点边值问题的极小位能原理和虚功原理、二阶椭圆边值问题的极小位能原理和虚功原理。③介绍 Ritz-Galerkin 方法和谱方法。

模块 4 (有限元法)：①引入一维问题例子，给出有限元和有限元空间的构造。②介绍二阶椭圆型方程有限元法的方程组形成与边值条件的处理。③给出有限元法的插值理论与收敛性估计等。

模块 5 (有限体积元法)：①介绍三角网上线性有限体积元法。②介绍一般四边形网上等参双线性有限体积元法。

模块 6 (间断 Galerkin 法)：①介绍内罚间断 Galerkin 法及其误差估计。②介绍局部间断 Galerkin 法及其误差估计。③介绍杂交间断 Galerkin 法及其误差估计。

模块 7 (弱有限元法)：①介绍广义弱微分算子和离散弱微分算子。②介绍弱有限元的数值格式和误差估计。③介绍无稳定子弱有限元格式与收敛性估计。

模块 8 (有限元多重网格法)：①介绍经典迭代法的磨光性质与多重网格 V 循环算法。②介绍完全多重网格算法和工作量估计。

模块 9 (自适应有限元法)：①介绍一个带奇性的例子。②给出后验误差估计。③给出自适应算法和收敛性估计。

本课程包含 9 个知识模块，主要模块之间的关系如图 2.19 所示。

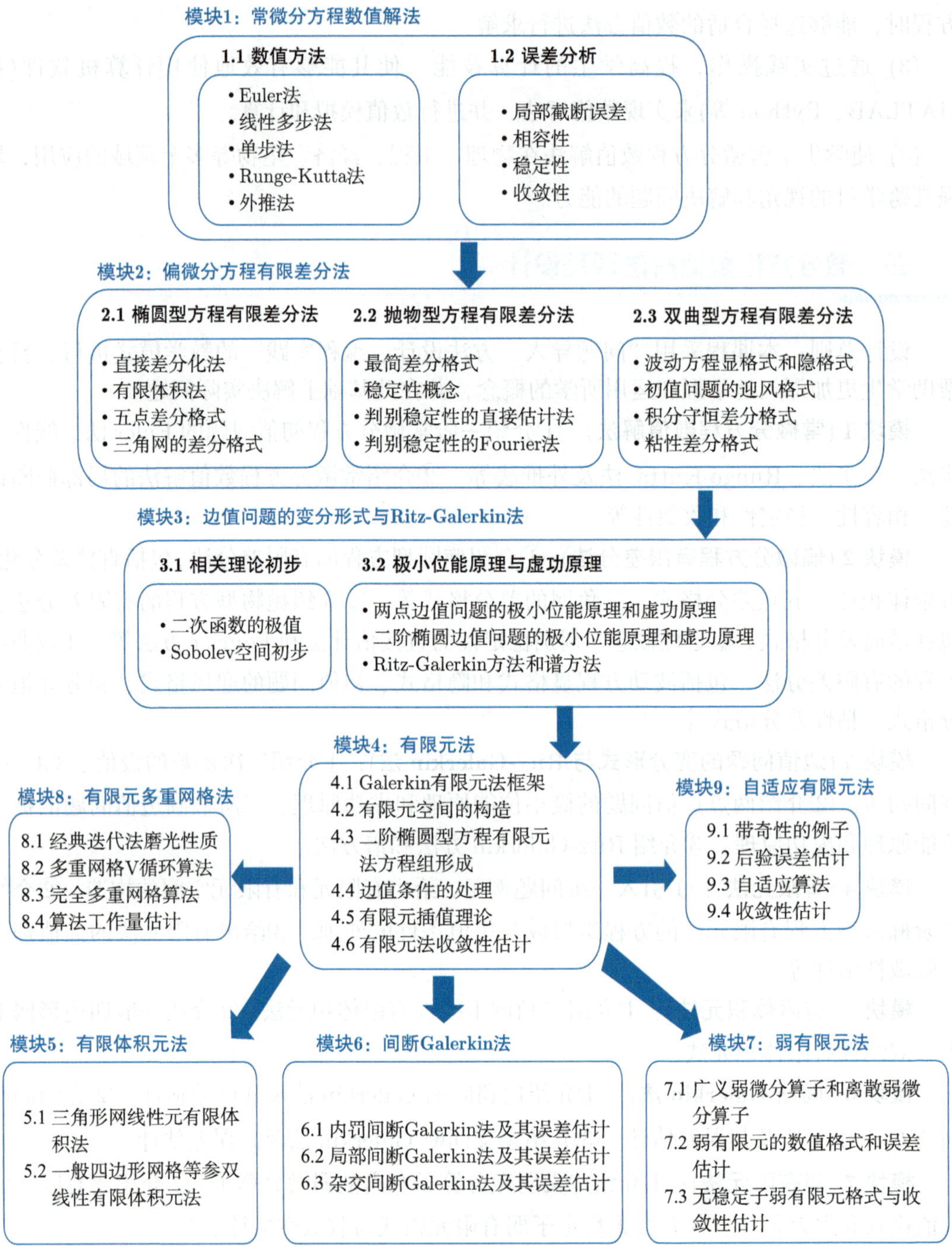

模块1：常微分方程数值解法

1.1 数值方法

- Euler法
- 线性多步法
- 单步法
- Runge-Kutta法
- 外推法

1.2 误差分析

- 局部截断误差
- 相容性
- 稳定性
- 收敛性

模块2：偏微分方程有限差分法

2.1 椭圆型方程有限差分法

- 直接差分化法
- 有限体积法
- 五点差分格式
- 三角网的差分格式

2.2 抛物型方程有限差分法

- 最简差分格式
- 稳定性概念
- 判别稳定性的直接估计法
- 判别稳定性的Fourier法

2.3 双曲型方程有限差分法

- 波动方程显格式和隐格式
- 初值问题的迎风格式
- 积分守恒差分格式
- 粘性差分格式

模块3：边值问题的变分形式与Ritz-Galerkin法

3.1 相关理论初步

- 二次函数的极值
- Sobolev空间初步

3.2 极小位能原理与虚功原理

- 两点边值问题的极小位能原理和虚功原理
- 二阶椭圆边值问题的极小位能原理和虚功原理
- Ritz-Galerkin方法和谱方法

模块8：有限元多重网格法

8.1 经典迭代法磨光性质
8.2 多重网格V循环算法
8.3 完全多重网格算法
8.4 算法工作量估计

模块4：有限元法

4.1 Galerkin有限元法框架
4.2 有限元空间的构造
4.3 二阶椭圆型方程有限元法方程组形成
4.4 边值条件的处理
4.5 有限元插值理论
4.6 有限元法收敛性估计

模块9：自适应有限元法

9.1 带奇性的例子
9.2 后验误差估计
9.3 自适应算法
9.4 收敛性估计

模块5：有限体积元法

5.1 三角形网线性元有限体积法
5.2 一般四边形网格等参双线性有限体积元法

模块6：间断Galerkin法

6.1 内罚间断Galerkin法及其误差估计
6.2 局部间断Galerkin法及其误差估计
6.3 杂交间断Galerkin法及其误差估计

模块7：弱有限元法

7.1 广义弱微分算子和离散弱微分算子
7.2 弱有限元的数值格式和误差估计
7.3 无稳定子弱有限元格式与收敛性估计

图 2.19　微分方程数值解法模块及其关系图

四、微分方程数值解法课程知识点

模块 1：常微分方程数值解法 (Numerical Solution of Ordinary Differential Equations)

知识点	主要内容	能力目标	参考学时
1. Euler 法和线性多步法(Euler Method and Linear Multi-step Method)	常微分方程初值问题模型，Euler 法，多步法的计算问题	熟练掌握 Euler 法(A)，熟练掌握线性多步法(A)，掌握 Euler 法和线性多步法的代码实现(A)	2
2.单步法和 Runge-Kutta 法 (Single Step Method and Runge-Kutta Method)	Taylor 展开法，单步法的稳定性和收敛性，Runge-Kutta 法	熟练掌握单步法和Runge-Kutta法(A)，掌握单步法和 Runge-Kutta 法的代码实现(B)	2
3. 外推法 (Extrapolation Method)	多项式外推，用外推法估计误差	熟练掌握外推法(A)，应用外推法估计误差(B)	2
4. 常微分方程数值解法的相容性、稳定性及误差估计 (Compatibility, Stability and Error Estimation of Numerical Solutions for Ordinary Differential Equations)	局部截断误差相容性，稳定性，收敛性和误差估计	理解常微分方程数值格式稳定性的基本概念(B)，掌握判别常微分方程数值格式的稳定性和收敛性分析的方法(B)	2

说明：知识点的能力目标分为 A、B、C 三级，其中 A 表示基础和核心能力(必修)，B 表示高级和综合能力(限选)，C 表示扩展和前沿能力(选修)。下同。

模块 2：偏微分方程有限差分法 (Finite Difference Method for Partial Differential Equations)

知识点	主要内容	能力目标	参考学时
1. 椭圆型方程的差分逼近与一维差分格式 (Differential Approximation of Elliptic Equations and One-dimensional Difference Schemes)	差分逼近的概念，一维差分格式(直接差分化法，有限体积法)，边值条件的处理	理解差分逼近的基本概念(A)，熟练掌握直接差分化法，有限体积法(A)，灵活处理边值条件(A)	2
2. 椭圆型方程矩形网的差分格式 (Difference Scheme for Elliptic Equation on Rectangular Meshes)	五点差分格式，边值条件(第一类，第二类及第三类边值条件)的处理	熟练掌握五点差分格式(A)，灵活处理三类边值条件(A)	2

续表

知识点	主要内容	能力目标	参考学时
3. 椭圆型方程三角网的差分格式 (Difference Scheme for Elliptic Equation on Triangular Meshes)	广义差分法，边界条件(第一类，第二类及第三类边界条件)的处理	熟练掌握广义差分法(A)，灵活处理三类边界条件(A)	2
4. 抛物型方程的最简差分格式 (The Simplest Difference Scheme for Parabolic Equations)	向前差分格式，向后差分格式，六点对称格式，Richardson 格式	熟练掌握最简差分格式(A)，熟练推导差分格式的截断误差(A)	2
5. 抛物型方程的稳定性和收敛性 (Stability and Convergence of Parabolic Equations)	稳定性概念，判别稳定性的直接估计法和 Fourier 方法	理解稳定性的概念(A)，熟练掌握判别稳定性的直接估计法和 Fourier 方法(B)	2
6. 波动方程的差分逼近 (Difference Approximation of Wave Equations)	波动方程及其特征，波动方程的显格式和隐格式，稳定性分析	熟练掌握波动方程的显格式和隐格式(A)，能灵活判定差分格式的稳定性(B)	2
7. 双曲型方程初值问题的差分逼近 (Difference Approximation of Initial Value Problems for Hyperbolic Equations)	迎风格式，积分守恒差分格式，粘性差分格式等	掌握初值问题的迎风格式，积分守恒差分格式，粘性差分格式(B)	2

模块 3：边值问题的变分形式与 Ritz-Galerkin 法 (Variational Forms of Boundary Value Problems and Ritz-Galerkin Method)

知识点	主要内容	能力目标	参考学时
1. 二次函数的极值和 Sobolev 空间初步(Extreme Values of Quadratic Functions and Preliminary Sobolev Spaces)	二次函数极值的判定方法，Sobolev 空间的定义，Sobolev 空间的性质	熟练掌握二次函数极值的判定方法(A)，理解 Sobolev 空间的定义和性质(C)	2
2. 两点边值问题 (Two-Point Boundary Value Problem)	极小位能原理，虚功原理	熟练掌握两点边值问题的极小位能原理及虚功原理(A)	1
3.二阶椭圆边值问题(Second Order Elliptic Boundary Value Problem)	极小位能原理，自然边值条件(第一类,第二类及第三类边值条件)，虚功原理	熟练掌握二阶椭圆边值问题的极小位能原理及虚功原理(A)	2

续表

知识点	主要内容	能力目标	参考学时
4. Ritz-Galerkin 法和谱方法(Ritz-Galerkin Method and Spectral Method)	Ritz-Galerkin 法，三角函数逼近，Fourier 谱方法	灵活应用Ritz-Galerkin法和谱方法离散边值问题(A)，掌握 Céa 引理(A)，掌握 Ritz-Galerkin 法和谱方法的代码实现(B)	1

模块 4：有限元法 (Finite Element Method)

知识点	主要内容	能力目标	参考学时
1. 两点边值问题的有限元法 (Finite Element Method for Two-point Boundary Value Problems)	两点边值问题及其变分公式，有限元方法，有限元方程组，先验误差估计	熟练掌握两点边值问题的有限元法(A)，熟练进行收敛性和误差估计(A)，掌握两点边值问题的有限元方法的代码实现(A)	1
2. 有限元空间的构造 (Constructions of Finite Element Spaces)	有限元、节点基、有限元插值的定义，一维线性元、二维矩形元、四边形元、三角形元、三维有限元	理解有限元、节点基及有限元插值的概念(A)，掌握一维 Lagrange 元和 Hermite 元的定义(A)，掌握二维矩形和三角形 Lagrange 元的定义(A)，理解四边形元和三维有限元(B)，掌握一维高次元的代码实现(B)	3
3. 二阶椭圆方程的有限元法 (Finite Element Method for Second-order Elliptic Equations)	有限元方程组的形成，边界条件的处理	熟练掌握有限元方程组的形成过程(A)，灵活处理边界条件(A)	1
4. 有限元方法的收敛性理论(Convergence Theory of Finite Element Methods)	Lagrange 型插值误差估计，有限元的逆估计，误差估计	理解有限元的插值理论(B)，能针对问题进行 L^2 和 H^1 的误差估计(A)	2
5. 初边值问题有限元方法(Finite Element Methods for Initial Boundary Value Problems)	热传导方程有限元法，波动方程有限元法	理解热传导方程有限元法的构造思想(B)，理解波动方程有限元法的构造思想(B)	1

模块 5：有限体积元法 (Finite Volume Element Method)

知识点	主要内容	能力目标	参考学时
1. 三角形网格上的有限体积元法格式 (Finite Volume Element Method on Triangular Meshes)	有限体积元法基本思想，三角形网格的对偶剖分方法，线性有限体积元法的数值格式	理解有限体积元法的基本思想(A)，掌握三角形网格对偶剖分的方法(A)，掌握线性元试探函数空间和检验函数空间的构成以及线性有限体积元格式的推导(A)	2
2. 三角形网格上的有限体积元法的稳定性分析和误差估计(Stability Analysis and Error Estimation of Finite Volume Element Method on Triangular Meshes)	三角形网格上线性有限体积元格式的稳定性分析以及误差估计	掌握三角形网格上线性有限体积元格式稳定性分析以及误差估计的方法和结论(A)，掌握三角形网格上线性有限体积元法的代码实现(B)	2
3. 四边形网格上的有限体积元法格式(Finite Volume Element Method on Quadrilateral Meshes)	四边形网格的对偶剖分方法，四边形网格上等参双线性有限体积元法	掌握四边形网格对偶剖分的方法(A)，掌握四边形网格上等参双线性元试探函数空间和检验函数空间的构成以及有限体积格式的推导(A)	2
4. 四边形网格上有限体积元法的收敛性 (Convergence of Finite Volume Element Method on Quadrilateral Meshes)	四边形网格上等参双线性有限体积元格式的收敛性	掌握四边形网格上等参双线性有限体积元格式的收敛性结论(A)，掌握四边形网格上等参双线性有限体积元法的代码实现(B)	1

模块 6：间断 Galerkin 法 (Discontinuous Galerkin Method)

知识点	主要内容	能力目标	参考学时
1. 内罚间断 Galerkin 法 (Interior Penalty Discontinuous Galerkin Method)	内罚间断 Galerkin 法的基本思想，离散格式和误差分析	掌握内罚间断 Galerkin 法的基本思想，离散格式的推导及其收敛性结论(A)，了解(非)对称内罚间断 Galerkin 法的误差分析方法(C)	2
2. 局部间断 Galerkin 法 (Locally Discontinuous Galerkin Method)	局部间断 Galerkin 法的基本思想，离散格式和误差分析	掌握局部间断 Galerkin 法的基本思想，离散格式的推导及其收敛性结论(A)，了解局部间断 Galerkin 法的原始变量形式以及误差分析方法(C)	2

续表

知识点	主要内容	能力目标	参考学时
3. 杂交间断 Galerkin 法 (Hybridizable Discontinuous Galerkin Method)	杂交间断 Galerkin 法的基本思想，离散格式和误差分析	掌握杂交间断 Galerkin 法的基本思想，离散格式的推导及其收敛性结论(A)，了解杂交间断 Galerkin 法的误差分析方法及后处理方法(C)	2

模块 7：弱有限元法 (Weak Finite Element Method)

知识点	主要内容	能力目标	参考学时
1. 广义弱微分算子和离散弱微分算子(Generalized Weak Differential Operators and Discrete Weak Differential Operators)	弱偏导数、弱梯度算子等弱微分算子的概念和定义	理解弱偏导数、弱梯度等弱微分算子的概念和定义(A)，理解弱有限元法的基本思想及较于协调有限元方法的特点和优势(B)	2
2. 弱有限元法的数值格式 (The Numerical Scheme of Weak Finite Element Method)	弱有限元法的数值格式，弱有限元数值格式的适定性和误差估计	掌握弱有限元法数值格式的构造(A)，理解弱有限元数值格式的适定性和误差估计方法(C)	2
3. 无稳定子弱有限元数值格式(The Numerical Scheme of Weak Finite Element Method without Stabilizer)	无稳定子弱有限元法的数值格式，无稳定子弱有限元格式的适定性和误差估计	掌握无稳定子弱有限元法数值格式的构造(A)，掌握无稳定子弱有限元法求解模型问题的代码实现(B)，理解无稳定子弱有限元数值格式的适定性和误差估计方法(C)	1

模块 8：有限元多重网格法 (Finite Element Multigrid Method)

知识点	主要内容	能力目标	参考学时
1. 求解线性方程组的经典迭代法 (The Classic Iterative Method for Solving Linear Equation Systems)	经典迭代法的迭代公式，收敛条件，收敛速度，经典迭代法的磨光性质	熟练掌握运用经典迭代法求解线性方程组的方法和代码(A)，理解经典迭代法的磨光性质及其不足(A)	1
2. 多重网格 V 循环算法 (Multigrid V-Cycle Algorithm)	多重网格 V 循环算法的基本思想，算法步骤，一致收敛性分析	理解多重网格 V 循环算法的基本思想和算法流程(A)，掌握多重网格 V 循环算法的一致收敛性分析(B)	1

知识点	主要内容	能力目标	参考学时
3. 完全多重网格方法 (Complete Multigrid Method)	完全多重网格方法的基本思想，算法步骤和工作量估计	理解完全多重网格方法的基本思想和算法流程(A)，了解完全多重网格方法的工作量估计方法(C)	1
4. 多重网格 V 循环算法的实现(Implementation of Multigrid V-Cycle Algorithm)	多重网格 V 循环算法的代码实现和应用	掌握多重网格 V 循环方法的代码实现(A)，掌握多重网格 V 循环方法在偏微分方程数值求解中的应用(B)	1

模块 9：自适应有限元法 (Adaptive Finite Element Method)

知识点	主要内容	能力目标	参考学时
1. 椭圆问题的奇性 (Singularity of Elliptic Problems)	介绍一个带有奇性的算例	理解奇性对有限元方法求解精度的影响(A)	1
2. 后验误差分析(A Posteriori Error Analysis)	Scott-Zhang 插值算子的定义和性质，有限元方法的后验误差分析	掌握模型问题的后验误差分析方法(B)，理解误差指示子的定义(A)	2
3. 自适应算法(Adaptive Algorithm)	自适应有限元算法的基本思想，算法步骤和程序实践	理解自适应算法的设计思想和基本步骤(A)，掌握模型问题自适应算法的代码实现(B)	1
4. 收敛性分析(Convergence Analysis)	自适应算法的收敛性	理解自适应算法收敛性和拟最优性的含义(B)，掌握模型问题自适应算法收敛性的证明方法(C)	2

五、微分方程数值解法课程英文摘要

1. Introduction

The course Numerical Solution of Differential Equations is a compulsory course for Information and Computing Science majors and is one of the core courses in Information and Computing Science. This course is both a highly theoretical and practical course, which focuses on how to use numerical methods to solve differential equations that cannot be solved by analytical methods. Numerical solution of differential equations has a strong application background and is widely used in physics, engineering, economics, biology and other fields, and is a link in the intersection of multiple disciplines. Course content includes numerical solution of ordinary differential equations, finite difference method for elliptic equations, finite difference method for parabolic equations, finite difference method for hyperbolic equations, Ritz-Galerkin method for partial differential equations, finite element method for partial differential equations, finite volume element method for partial differential equations, interrupted Galerkin method for partial differential equations, weak Galerkin method for partial differential equations, and multigrid method, adaptive finite element method.

2. Goals

This course aims to provide students with a solid theoretical foundation, practical skills and creative abilities that will enable them to effectively solve problems related to differential equations in future academic research or engineering practice. Specific objectives specifically include:

(1) To understand and master the basic principles and methods of numerical solution of differential equations, including but not limited to finite difference method, finite element method, finite volume method, etc., as well as their mathematical foundation and theoretical support.

(2) To develop students' ability to analyse and solve practical problems, especially when facing complex differential equations for which analytical solutions cannot be obtained, and to be able to choose appropriate numerical methods for solving them.

(3) To improve students' computational skills through hands-on practice so that they can effectively use computer software (e.g. MATLAB, Python, etc.) to implement numerical solutions and perform numerical simulations and calculations.

(4) To enable students to understand the applications of numerical solution of differential equations in various fields such as physics, engineering, economics, biology, etc., and to enhance their interdisciplinary perspective and problem-solving ability.

3. Covered Topics

Modules	List of Topics	Suggested Hours
1. Numerical Solution of Ordinary Differential Equations	Euler Method and Linear Multi-step Method(2), Single Step Method and Runge-Kutta Method(2), Extrapolation Method(2), Compatibility, Stability and Error Estimation of Numerical Solutions for Ordinary Differential Equations(2)	8

Modules	List of Topics	Suggested Hours
2. Finite Difference Method for Partial Differential Equations	Differential Approximation of Elliptic Equations and One-dimensional Difference Schemes(2), Difference Scheme for Elliptic Equation on Rectangular Meshes(2), Difference Scheme for Elliptic Equation on Triangular Meshes(2), The Simplest Difference Scheme for Parabolic Equations(2), Stability and Convergence of Parabolic Equations(2), Difference Approximation of Wave Equations(2), Difference Approximation of Initial Value Problems for Hyperbolic Equations(2)	14
3. Variational Forms of Boundary Value Problems and Ritz-Galerkin Method	Extreme Values of Quadratic Functions and Preliminary Sobolev Spaces(2), Two-point Boundary Value Problem(1), Second Order Elliptic Boundary Value Problem(2), Ritz-Galerkin Method and Spectral Method(1)	6
4. Finite Element Method	Finite Element Method for Two-point Boundary Value Problems(1), Constructions of Finite Element Spaces(3), Finite Element Method for Second-order Elliptic Equations(1), Convergence Theory of Finite Element Methods(2), Finite Element Methods for Initial Boundary Value Problems(1)	8
5. Finite Volume Element Method	Finite Volume Element Method on Triangular Meshes(2), Stability Analysis and Error Estimation of Finite Volume Element Method on Triangular Meshes (2), Finite Volume Element Method on Quadrilateral Meshes (2), Convergence of Finite Volume Element Method on Quadrilateral Meshes(1)	7
6. Discontinuous Galerkin Method	Interior Penalty Discontinuous Galerkin Method(2), Locally Discontinuous Galerkin Method(2), Hybridizable Discontinuous Galerkin Method(2)	6
7. Weak Finite Element Method	Generalized Weak Differential Operators and Discrete Weak Differential Operators(2), The Numerical Scheme of Weak Finite Element Method(2), The Numerical Scheme of Weak Finite Element Method without Stabilizer (1)	5
8. Finite Element Multigrid Method	The Classic Iterative Method for Solving Linear Equation Systems(1); Multigrid V-Cycle Algorithm(1); Complete Multigrid Method(1), Implementation of Multigrid V-Cycle Algorithm(1)	4
9. Adaptive Finite Element Method	Singularity of Elliptic Problems(1), A Posteriori Error Analysis(2), Adaptive Algorithm(1), Convergence Analysis(2)	6
Total	39	64

高等学校数学类专业人才培养方案

第三部分包括 26 所高校的数学类专业的培养方案，从培养目标、培养要求、毕业要求、授予学位类型和课程设置等方面描述了数学类专业人才培养方案，供相关院校的教师和学生参考。

北京大学

数学与应用数学专业培养方案

一、专业简介

北京大学数学科学学院的数学与应用数学专业包含基础数学和金融数学两个方向。基础数学方向为宽口径培养综合性数学人才打基础。具体专业方向有：数论、代数、拓扑、微分几何、函数论、动力系统、微分方程、数学物理、应用数学等。

1913年北京大学数学门开始招收新生，标志着我国现代第一个大学数学系正式开始教学活动。1952年秋，全国高等学校进行院系调整，北京大学数学系与清华大学数学系、燕京大学数学系经调整后，组建了新的北京大学数学力学系。1978年数学力学系分为数学系和力学系。1995年成立了北京大学数学科学学院，包含数学系与概率统计系。北京大学数学系课程设置门类齐全，教育理念先进，教学安排丰富灵活，十分重视学生数学基础知识和专业基础知识的学习，加强对他们创新能力的培养，吸引着全国最优秀的学生。

数学系现有教职工56人，其中教授33人，长聘副教授2人，副教授14人，助理教授6人，讲师1人。

北京大学数学科学学院金融数学系成立于1997年，1999年第一批本科生毕业，至今已培养超过千名数学与应用数学专业的本科生。金融数学是应用数学在20世纪后期出现的一个新的数学应用方向，我国金融体系的改革开放从21世纪初开始，本专业方向的培养强调扎实的数学基础训练、良好的应用建模能力和基本的金融专业知识，毕业生主要分布在国内外金融机构和应用数学研究领域，带给行业更多的科学和数学思维以及定量分析和解决问题的实践。金融数学专业方向是一个年轻且具有很大发展潜力的应用数学方向。

金融数学系现有教职工人数8名，教授3名，副教授4名，助理教授1名。

二、培养目标

1. 基础数学方向培养目标

本专业旨在培养初步具备在基础数学或应用数学某个方向从事当代学术前沿问题研究的德才兼备的人才。

2. 金融数学方向培养目标

本专业旨在培养具有扎实的数学和统计基础、良好的数据分析技能并掌握金融基本原理和知识的面向金融领域和应用数学研究的数学人才，目前分为金融数学和精算学两个主要培养方向。

三、培养要求

1. 基础数学方向培养要求

通过四年的学习，学生应扎实地掌握数学基础知识和专业基础知识，具有高阶数学素养，能继续攻读数学或其他相关专业的硕士、博士学位。

2. 金融数学方向培养要求

通过四年的学习，学生应具备数学基础知识和金融建模能力。学生三年级进入本专业后，在学习随机过程、数理统计和金融数学引论基础课的前提下，掌握证券投资、衍生产品和精算等金融数学的专业知识，有较高的数学素养和解决金融应用问题的基本能力。毕业后可以进入金融行业就业，也可以继续攻读金融数学或其他相关专业的硕士、博士学位研究生。

四、毕业要求及授予学位类型

学生在学校规定的学习年限内，修完培养方案规定的内容，成绩合格，达到学校毕业要求的，准予毕业，学校颁发毕业证书；符合学士学位授予条件的，授予学士学位。

授予学位类型：理学学士学位。

毕业总学分：138—144 学分。

具体毕业要求包括：

1. 公共基础课程：45—51 学分	公共必修课：33—39 学分
	通识教育课：12 学分
2. 专业必修课程：49 学分	专业基础课：19 学分
	专业核心课：24 学分
	毕业论文 (设计)：6 学分
	其他非课程必修要求：0 学分
3. 选修课程：44 学分	专业选修课：21 学分
	自主选修课：23 学分

五、课程设置

1. 公共基础课程：45—51 学分

(1) 公共必修课：33—39 学分

详见附录。

(2) 通识教育课程及学分要求

通识教育课程分为四个系列：I. 人类文明及其传统；II. 现代社会及其问题；III. 艺术与人文；IV. 数学、自然与技术。每个系列均包含通识教育核心课、通选课两部分课程，具体课程列表详见《北京大学本科生选课手册》。

通识教育课程修读总学分为 12 学分。具体要求包括：

① 至少修读 1 门通识教育核心课程 (任一系列)，且在四个课程系列中每个系列至少修读 2 学分 (通识教育核心课或通选课均可)；

② 原则上不允许以专业课替代通识教育课程学分；

③ 本院系开设的通识教育课程不计入学生毕业所需的通识教育课程学分；

④ 建议合理分配修读时间，每学期修读 1 门课程。

2. 专业必修课程：49 学分

(1) 专业基础课：19 学分

课号	课程名称	学分	周学时	实践总学时	选课学期
00132301	数学分析 I	5	6		一上 (一年级秋季学期)
00132302	数学分析 II	5	6		一下 (一年级春季学期)
00132321	高等代数 I	5	6		一上 (一年级秋季学期)
00132323	高等代数 II	4	5		一下 (一年级春季学期)

(2) 专业核心课：24 学分

课号	课程名称	学分	周学时	实践总学时	选课学期
00132304	数学分析 III	4	5		二上 (二年级秋季学期)
00132341	几何学	5	6		一上 (一年级秋季学期)
00135450	抽象代数	3	3		二上 (二年级秋季学期)
00132320	复变函数	3	3		二下 (二年级春季学期)
00132340	常微分方程	3	3		二下 (二年级春季学期)
00131300	概率论	3	3		二上或二下 (二年级秋季或春季学期)
00130200/ 00131670	数学模型/应用数学导论	3	3		二下 (二年级春季学期)

注：1. 数学分析 I、II、III，高等代数 I、II，几何学，抽象代数，概率论，复变函数，常微分方程都同时开设常规班和实验班，均可作为毕业学分。但一种课程班型已修读及格后，不能再修读另一种班型。因课号、班型不同，计算学分、GPA(平均学分绩点) 时，一种班型的及格成绩不能覆盖另一种班型的不及格成绩。

2. 几何学 I(实验班)(课号 00132381) 可替代几何学 (课号 00132341)，代数学 (实验班) I(课号 00137971) 可替代抽象代数 (课号 00135450)。

3. 可用应用数学导论 (课号 00131670) 替代数学模型 (课号 00130200)。

(3) 毕业论文：6 学分

(4) 其他非课程必修要求：0 学分

3. 选修课程：44 学分

(1) 专业选修课：21 学分

① 基础数学 (在下面 9 门中选 7 门)

课号	课程名称	学分	周学时	实践总学时	选课学期
00130161	拓扑学	3	3		三上 (三年级秋季学期)
00132310	微分几何	3	3		三上 (三年级秋季学期)
00132370	实变函数	3	3		三上 (三年级秋季学期)
00130190	微分流形	3	3		三下 (三年级春季学期)
00136870	群与表示	3	3		三下 (三年级春季学期)
00132350	泛函分析	3	3		三下 (三年级春季学期)
00136880	数论基础	3	3		四上 (四年级秋季学期)
00132330	偏微分方程	3	3		四上 (四年级秋季学期)
00136890	基础代数几何	3	3		四下 (四年级春季学期)

注：1. 几何学 II(实验班)(课号 00132382) 可替代微分几何 (课号 00132310),如同时修了几何学 I(实验班)(课号 00132381) 和几何学 II(实验班)(课号 00132382) 则不可再修几何学 (课号 00132341)、微分几何 (课号 00132310) 和拓扑学 (课号 00130161)。

2. 实变函数 (实验班)(课号 00137970) 可替代实变函数 (课号 00132370)。

3. 微分流形与拓扑 (实验班)(课号 00137914) 可替代微分流形 (课号 00130190)。

4. 代数学 (实验班)II(课号 00137972) 可替代交换代数 (课号 00110150)。

② 金融数学

(A) 专业必选：9 学分

课号	课程名称	学分	周学时	实践总学时	选课学期
00132830	金融数学引论	3	3		二上或三上 (二年级或三年级秋季学期)
00135460	数理统计	3	3		二下或三上 (二年级春季学期或三年级秋季学期)
00133090	应用随机过程	3	3		三上 (三年级秋季学期)

注：数理统计、应用随机过程同时开设常规班和实验班,均可作为毕业学分,但一种课程班型已修读及格后,不能再修读另一种班型。因课号、班型不同,计算学分、GPA 时,一种班型的及格成绩不能覆盖另一种班型的不及格成绩。

(B) 专业限选：12 学分

课号	课程名称	学分	周学时	实践总学时	选课学期
00132370	实变函数	3	3		秋季
00134330	金融经济学	3	3		秋季
00136760	金融数据分析导论	3	3		秋季
00135810	寿险精算	3	3		春季
00131280	证券投资学	3	3		春季
00136730	衍生证券基础	3	3		春季
00131100	金融时间序列分析	3	3		秋季
00132350	泛函分析	3	3		春季
00133010	测度论	3	3		春季

续表

课号	课程名称	学分	周学时	实践总学时	选课学期
00137110	应用随机分析	3	3		单数年春季
00102892	统计学习	3	3		秋季
00102516	统计模型与计算方法	3	3		秋季
00103335	深度学习与强化学习	3	3		秋季

(2) 自主选修课: 23 学分

① 学部课程: 12 学分 (非数学学院课程要求是该院系的专业必修、专业限选或专业任选, 不能是通选和公选)

(A) 基础数学

理学部课程包括数学学院任选课程 12 学分。

(B) 金融数学

为理学部、光华管理学院和经济学院的课程 12 学分。

② 理学部的非数学学院课程 8 学分, 其中要求物理类课程 4 学分

8 学分全部选普通物理学 Ⅰ、Ⅱ 也行, 也可以选其他物理课, 非物理类课程 4 学分要求是该院系的专业必修、专业限选或专业任选, 不能是通选和公选 (大学化学和普通生物学除外, 普通生物学 A、B、C 只能选其一修)。

③ 在全校课程中选择其余 3 学分

全校任何课程均可, 包括通选和公选。

六、其他

1. 保送研究生要求

(1) 基础数学

① 数学学院必修课程 (所缺课程按照 0 分计算):

数学分析 Ⅰ(5)、数学分析 Ⅱ(5)、数学分析 Ⅲ(4)、高等代数 Ⅰ(5)、高等代数 Ⅱ(4)、几何学 (5)、概率论 (3)、抽象代数 (3)、复变函数 (3)、常微分方程 (3)、数学模型 (3)

② 数学系专业基础课程 (下面 9 门课程中选出得分最高的 4 门。如果在下面所列课程选修未达到 4 门, 所缺课程按照 0 分计算):

数论基础 (3)、群与表示 (3)、基础代数几何 (3)、拓扑学 (3)、微分几何 (3)、微分流形 (3)、实变函数 (3)、泛函分析 (3)、偏微分方程 (3)

以上两部分按括号里的学分权重计算出加权平均值, 作为数学系认定的 "专业平均成绩", 从高到低排名; 如果总成绩相同, 则以 1 部分成绩再做加权平均成绩排定。若仍有多位同学分数完全相同, 则由数学系主任召集数学系教师组成委员会 (至少三人) 投票决定排序, 投票结果由委员会签字为准。此排名作为基础数学方向对外承认的唯一正式排名。

③ 春季已经通过本院基础数学方向研究生面试预录取且同意留校读博的学生, 在符

合学院的报名要求条件下，且通过学院报名合格性筛选后先获得保研资格。其余保研资格名额按"专业平均成绩"高低排列依次获得。

注1：数学模型可用应用数学导论代替。

注2：对于有数学学院的实验班课程，该课程计算成绩时将按原始成绩乘以 1.05 计（不超过 100 分）。所有等价课程中，按在时间上首次及格的分数计算，后来分数不算入。

注3：数学学院为院内开的课程不能由同名的为外院系开的课程或双学位课程代替。非北大的课程 (如中国台湾、中国香港、中国澳门、国外等) 需要由数学学院根据具体课程情况认定是否可以等价；如果认定等价，不同分数体系 (如 ABCD 制、五分制、四分制等) 的转化算法由数学学院确定。

注4：数学系对本文本具有最终解释权。如果学校和数学学院当年政策有变化，或大环境有变化 (如有线上 P/F 课程) 等，则数学系有权做出与之相应的政策调整。

(2) 金融数学

① 成绩排名计算包含的课程如下：

(A) 数学学院必修课程 (未修课程成绩按照 0 分计算)：

数学分析 I(5)、数学分析 II(5)、数学分析 III(4)、高等代数 I(5)、高等代数 II(4)、几何学 (5)、抽象代数 (3)、概率论 (3)、复变函数 (3)、常微分方程 (3)、数学模型 (3)

(B) 3 门必修课程 (所缺课程成绩按照 0 分计算)：

金融数学引论 (3)、数理统计 (3)、应用随机过程 (3)

(C) 以下 7 门限选课程中选出得分最高的 3 门 (如果在下面所列课程选修未达到 3 门，所缺课程成绩按照 0 分计算)：

寿险精算 (3)、证券投资学 (3)、衍生证券基础 (3)、金融经济学 (3)、金融数据分析导论 (3)、实变函数 (3)、金融时间序列分析 (3)

② 成绩排名计算方法如下：

保研成绩排名按照"专业平均成绩"进行排名，"专业平均成绩"为"基础课平均成绩"与"专业课平均成绩"的等权平均。"基础课平均成绩"为 (A) 中数学学院必修课程的成绩按照学分加权计算的平均成绩。"专业课平均成绩"为 (B) 和 (C) 中课程的成绩按照学分加权计算的平均成绩。

③ "专业平均成绩"的使用

金融数学系本科生的"专业平均成绩"排名是金融数学方向学生获得免试推荐研究生资格的主要考核因素，是金融数学系对外承认的唯一正式排名。根据以上规则计算的"专业平均成绩"(即"保研成绩") 进行排名，再根据数学学院所分配的名额确定推免资格的最低成绩线。

注1：数学模型可用应用数学导论代替。

注2：对于有数学学院的实验班课程，该课程计算成绩时将按原始成绩乘以 1.05 计（不超过 100 分）。数学学院的实验班课程与数学学院的同名常规课程等价。所有等价课程中，按在时间上首次及格的分数计算，后来分数不算入。

注3：数学学院为院内开的课程不能由同名的为外院系开设的课程或双学位课程代替。

非北大的课程 (如中国台湾、中国香港、中国澳门、国外等) 需要由数学学院根据具体课程情况认定是否可以等价；如果认定等价，不同分数体系 (如 ABCD 制、五分制、四分制等) 的转化算法由数学学院确定。

注 4：金融数学系对本文本具有最终解释权。如果学校和数学学院当年政策有变化，或其他环境变化 (如有线上 P/F 课程) 等造成的课程考核变化，相应的"专业平均成绩"计算，金融数学系有权做出与之相应的政策调整。书面调整方案需由金融数学系主任签字为准。

注 5：若由"专业平均成绩"排名有多位同学分数完全相同，则按"专业课平均成绩"，即 (B) 和 (C) 的课程成绩按照学分加权计算的平均成绩，排名决定；若仍有多位同学分数完全相同，则由金融数学系主任召集金融数学系教师组成委员会 (至少三人) 投票决定排序，投票结果由三人委员会签字为准。

2. 上述专业选修和学部限选课程，原则上均以所列课号和课程名称为准。如学生在其他院系选修同名或相似课程原则上不能计入上述两类课程毕业学分。

七、数学与应用数学专业课程地图 (此图仅供参考，最终解释权归院系)

1. 基础数学方向课程地图

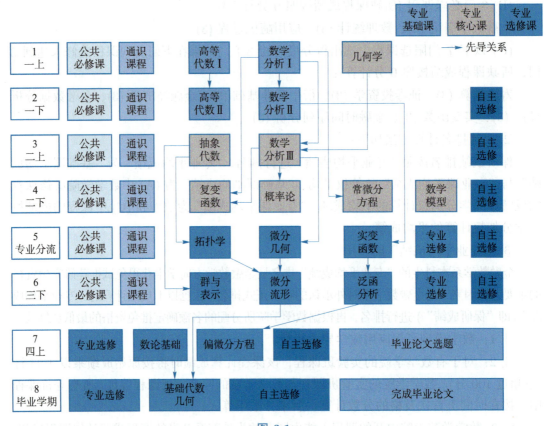

图 3.1

2. 金融数学方向课程地图

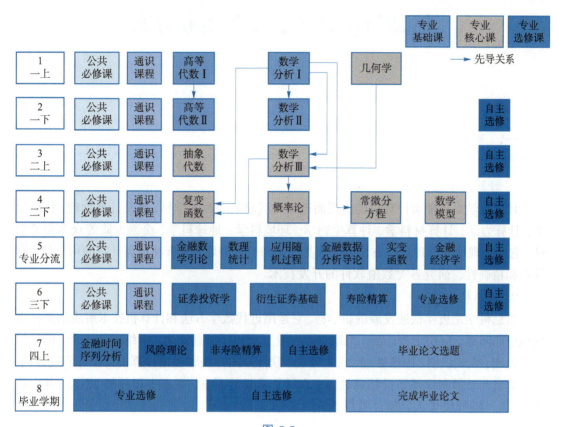

图 3.2

北 京 大 学

信息与计算科学专业培养方案

一、 专业简介

1. 计算数学方向

计算数学是伴随着计算机的出现而迅猛发展起来的数学学科，涉及计算物理、计算化学、计算力学、计算材料学、计算生物学、环境科学、地球科学、金融保险等众多交叉学科。它运用现代数学理论与方法解决各类科学与工程问题，分析和提高计算的可靠性、有效性和精确性，研究各类数值软件的开发技术。

2. 信息科学方向

信息科学是近年快速发展的新学科。它运用近代数学方法和计算机技术解决信息科学领域中的问题，应用十分广泛。本系目前专业方向包括信息安全、网络空间安全、信号与信息处理、模式识别、图像处理、人工智能、软件开发方法和理论计算机科学等研究方向。

信息与计算科学系下设信息教研室和计算数学教研室，现有专职教师 22 人，其中教授 13 人，副教授 4 人，助理教授 3 人，讲师 2 人。

二、 培养目标

1. 计算数学方向

本专业旨在培养具有广泛适应性的人才。既可在科研机构、高等学校从事科研和教学工作；也可到计算机、航天、无线电、遥感、建筑设计、国防、财贸金融、管理、冶金、化工、石油、机器制造等部门和高新技术企业及公司工作。

2. 信息科学方向

本方向毕业生有广泛的适应性，可继续攻读信号处理、图像处理、人工智能、软件开发方法和理论计算机科学等研究方向的研究生，也可直接进入研究部门及公司企业从事计算机、信息处理方面的实际工作。

三、 培养要求

1. 计算数学方向

通过四年的学习，学生应扎实地掌握专业知识，具备较强的学习能力和科研能力。主要课程包括数值代数、数值分析、最优化方法、应用数学导论、偏微分方程数值解、大数据分析中的算法、凸优化、随机模拟方法、计算系统生物学、流体力学引论、数学物理中的反问题、图像处理中的数学方法、并行与分布式计算基础等专业必修与选修课程。

2. 信息科学方向

本方向开设信息处理、计算机软件与理论方面的专业课程。通过四年学习，学生应掌握从事信息科学需要具备的信息理论和计算机科学基础。

四、毕业要求及授予学位类型

学生在学校规定的学习年限内，修完培养方案规定的内容，成绩合格，达到学校毕业要求的，准予毕业，学校颁发毕业证书；符合学士学位授予条件的，授予学士学位。

授予学位类型：理学学士学位

毕业总学分：138—144 学分

具体毕业要求包括：

1. 公共基础课程：45—51 学分	公共必修课：33—39 学分
	通识教育课：12 学分
2. 专业必修课程：49 学分	专业基础课：19 学分
	专业核心课：24 学分
	毕业论文 (设计)：6 学分
	其他非课程必修要求：0 学分
3. 选修课程：44 学分	专业选修课：21 学分
	自主选修课：23 学分

五、课程设置

1. 公共基础课程：45—51 学分

(1) 公共必修课：33—39 学分

详见附录。

(2) 通识教育课程及学分要求

通识教育课程分为四个系列：I. 人类文明及其传统；II. 现代社会及其问题；III. 艺术与人文；IV. 数学、自然与技术。每个系列均包含通识教育核心课、通选课两部分课程，具体课程列表详见《北京大学本科生选课手册》。

通识教育课程修读总学分为 12 学分。具体要求包括：

① 至少修读 1 门通识教育核心教程 (任一系列)，且在四个课程系列中每个系列至少修读 2 学分 (通识教育核心课或通选课均可)；

② 原则上不允许以专业课替代通识教育课程学分；

③ 本院系开设的通识教育课程不计入学生毕业所需的通识教育课程学分；

④ 建议合理分配修读时间，每学期修读 1 门课程。

2. 专业必修课程：49 学分

(1) 专业基础课：19 学分

课号	课程名称	学分	周学时	实践总学时	选课学期
00132301	数学分析 I	5	6		一上 (一年级秋季学期)
00132302	数学分析 II	5	6		一下 (一年级春季学期)
00132321	高等代数 I	5	6		一上 (一年级秋季学期)
00132323	高等代数 II	4	5		一下 (一年级春季学期)

(2) 专业核心课：24 学分

课号	课程名称	学分	周学时	实践总学时	选课学期
00132304	数学分析 III	4	5		二上 (二年级秋季学期)
00132341	几何学	5	6		一上 (一年级秋季学期)
00135450	抽象代数	3	3		二上 (二年级秋季学期)
00132320	复变函数	3	3		二下 (二年级春季学期)
00132340	常微分方程	3	3		二下 (二年级春季学期)
00131300	概率论	3	3		二上或二下 (二年级秋季或春季学期)
001302000 /00131670 /00137170	数学模型/应用数学导论/机器学习基础	3	3		二下 (二年级春季学期)

注：数学分析 I、II、III，高等代数 I、II，几何学，概率论都同时开设常规班和实验班，均可作为毕业学分，但一种课程班型已修读及格后，不能再修读另一种班型。因课号、班型不同，计算学分、GPA 时，一种班型的及格成绩不能覆盖另一种班型的不及格成绩。计算数学方向可以用应用数学导论 (课号 00131670) 替代数学模型，信息科学方向可以用机器学习基础 (课号 00137170) 替代数学模型。

(3) 毕业论文：6 学分

(4) 其他非课程必修要求：0 学分

3. 选修课程：44 学分

(1) 专业选修课：21 学分

① 计算数学

(A) 专业必选：9 学分

课号	课程名称	学分	周学时	实践总学时	选课学期
00130550	数值代数	3	3		三上 (三年级秋季学期)
00130560	数值分析	3	3		三下 (三年级春季学期)
00130630	最优化方法	3	3		三上 (三年级秋季学期)

(B) 专业限选：12 学分

课号	课程名称	学分	周学时	实践总学时	选课学期
00132370	实变函数	3	3		三上 (三年级秋季学期)
00132330	偏微分方程	3	3		三上 (三年级秋季学期)
00132350	泛函分析	3	3		三下 (三年级春季学期)
00136720	大数据分析中的算法	3	3		三下 (三年级春季学期)
00135520	偏微分方程数值解	3	3		四上 (四年级秋季学期)
00113690	随机模拟方法	3	3		四上 (四年级秋季学期)
00100873	图像处理中的数学方法	3	3		四上 (四年级秋季学期)
00112780	应用偏微分方程	3	3		四上 (四年级秋季学期)
00130640	流体力学引论	3	3		四下 (四年级春季学期)
00100883	计算系统生物学	3	3		四下 (四年级春季学期)
00110820	计算流体力学	3	3		四下 (四年级春季学期)
00110860	并行计算 II	3	3		四下 (四年级春季学期)

② 信息科学

(A) 专业必选：6 学分

课号	课程名称	学分	周学时	实践总学时	选课学期
00110950	人工智能	3	3		三下 (三年级春季学期)
00135040	程序设计技术与方法	3	3		三下 (三年级春季学期)

(B) 专业限选：15 学分

课号	课程名称	学分	周学时	实践总学时	选课学期
00130030	信息科学基础	3	3		春季
00130730	数理逻辑	3	3		秋季
00135290	集合论与图论	3	3		春季
00130210	计算机图形学	3	3		春季
00135590	计算机图像处理	3	3		春季
00137170	机器学习基础	3	3		春季
00135050	理论计算机科学基础	3	3		秋季
00110060	算法设计与分析	3	3		秋季
00130830	数字信号处理	3	3		秋季
00130630/ 00103335	最优化方法/深度学习与强化学习	3/3	3/3		秋季

(2) 自主选修课：23 学分

① 学部课程：12 学分 (非数学学院课程要求是该院系的专业必修、专业限选或专业任选，不能是通选和公选)

(A) 计算数学

从数学学院开设的数学类课程中任选 12 学分计算系认可的课程。建议学有余力的同学从以下课程中选修：

课号	课程名称	学分	周学时	实践总学时	选课学期
00135460	数理统计	3	3		三上 (三年级秋季学期)
04630790	数据科学导引	3	3		三上 (三年级秋季学期)
00133010	测度论	3	3		三下 (三年级春季学期)
00137130	深度学习：算法与应用	3	3		三下 (三年级春季学期)
00110780	最优化理论与算法	3	3		四上 (四年级秋季学期)
00136660	凸优化	3	3		四上 (四年级秋季学期)
00112630	高等概率论	3	3		四上 (四年级秋季学期)
00132310	微分几何	3	3		四上 (四年级秋季学期)
00130161	拓扑学	3	3		四上 (四年级秋季学期)
00110130	泛函分析 (二)	3	3		四上 (四年级秋季学期)
00112530	数学物理中的反问题	3	3		四下 (四年级春季学期)
00112650	随机过程论	3	3		四下 (四年级春季学期)
00112710	二阶椭圆型方程	3	3		四下 (四年级春季学期)
00110070	经典力学的数学方法	3	3		四下 (四年级春季学期)
00102442	高等深度学习	3	3		四下 (四年级春季学期)
	量子力学				四下 (四年级春季学期)
	热力学与统计物理				大四年级 学期不定

(B) 信息科学

理学部及信息与工程学部课程 12 学分，可从数学学院及信息科学技术学院开设的数学与计算机类课程中任选 4 门信息系认可的课程。

② 理学部的非数学学院课程 8 学分，其中要求物理类课程 4 学分

8 学分全部选普通物理学 I、II 也行，也可以选其他物理课，非物理类课程 4 学分要求是该院系的专业必修、专业限选或专业任选，不能是通选和公选 (大学化学和普通生物学除外，普通生物学 A、B、C 只能选其一修)。

③ 在全校课程中选择其余 3 学分

全校任何课程均可，包括通选和公选。

六、其他

1. 保送研究生要求

(1) 计算数学

① 学生应满足学校当年的基本要求，包括但不限于 (当年学校政策可能有变化)：每门学校要求的必修课和数学学院要求的必修课必须通过。如果某门课第一次修时没达到及格 (包括分数不及格、缓考、期中退课、中途休学、出国等情况)，在保研资格确定时已经重修达到及格了，按惯例算为通过。重修及格的课按此及格分数算。

② 计算数学方向保研排名方式：

(A) 数学学院必修课程 (所缺课程按照 0 分计算)：

数学分析 I(5)、数学分析 II(5)、数学分析 III(4)、高等代数 I(5)、高等代数 II(4)、几何学 (5)、抽象代数 (3)、复变函数 (3)、常微分方程 (3)、数学模型 (3)，概率论 (3)

(B) 计算数学专业课程 (10 选 5 门，如未达到 5 门，所缺课程按照 0 分计算)

(a) 专业必修课程 (3 门)：

数值分析 (3)、数值代数 (3)、最优化方法 (3)

(b) 专业限选课程 (7 门)：

实变函数 (3)、泛函分析 (3)、偏微分方程 (3)、流体力学引论 (3)、偏微分方程数值解 (3)、大数据分析中的算法 (3)、随机模拟方法 (3)

③ 保研成绩计算和排名。

(A) (a) 数学学院必修课程的学分权重计算出加权平均分一；

(b) 计算数学专业课程的学分权重计算出加权平均分二，总成绩 = 平均分一 ×50%+ 平均分二 ×50%。

(B) 上述方式计算的总成绩作为计算数学方向专业保研排名的唯一依据。总成绩从高到低排名，此排名作为计算数学方向对外承认的唯一正式排名。

注 1：数学模型可用应用数学导论代替。

注 2：对于有数学学院的实验班课程，数学学院的实验班课程与数学学院的同名常规课程等价。所有等价课程中，按在时间上首次及格的分数计算，后来分数不算入。

注 3：如果学生能够获得三封计算数学方向老师的推荐信，经保研小组认定，可以获得保研资格。

注 4：信息与计算科学系对本文本具有最终解释权。如果学校和数学学院当年政策有变化，或大环境有变化 (如有线上 P/F 课程) 等，则信息与计算科学系有权做出与之相应的政策调整。

(2) 信息科学

① 申请学生应满足学校当年的保研基本要求。

② 保研成绩计算方式 (所缺课程记 0 分, (A)(B) 分别按学分作加权平均):

(A) 数学学院必修课程 13 门:

数学分析 I(5)、数学分析 II(5)、数学分析 III(4)、高等代数 I(5)、高等代数 II(4)、几何学 (5)、常微分方程 (3)、抽象代数 (3)、复变函数 (3)、概率论 (3)、数学模型/机器学习基础/应用数学导论 (3)、计算概论 B/A(3)、数据结构与算法 B/A(3)

(B) 信息科学方向专业课程:

(a) 必选课程 2 门:

人工智能 (3)、程序设计技术与方法 (3)

(b) 限选课程选 4 门:

机器学习基础 (3)、信息科学基础 (3)、数理逻辑 (3)、理论计算机科学基础 (3)、计算机图形学 (3)、集合论与图论 (3)、算法设计与分析 (3)、数字信号处理 (3)、计算机图像处理 (3)、最优化方法/深度学习与强化学习 (3)

(C) 课程成绩按照数学学院必修课程成绩的 40% 和信息科学方向专业课程成绩的 60% 进行计算。

(D) 加分:

信息科学方向相关的学术成果 (学科竞赛获奖、发表学术论文等, 本人需提供证明材料), 经信息教研室保研小组认定, 酌情加分 (0~5 分)。

(E) 总成绩 = 课程成绩 + 加分。

③ 保研排名:

上述方式计算的总成绩作为信息科学方向保研排名的唯一依据。若出现总成绩相同的申请人, 则依次优先以保研成绩计算方式②中信息科学方向专业课程成绩、必选课程成绩来决定相关申请人的排名次序; 若如此办理仍然不能区分, 则由信息教研室保研小组委员们参照相关申请人的完整成绩单投票决定其最终排名次序。

注 1: 上述课程以数学学院培养方案最新版规定为准, 加斜杠处表示多选一。

注 2: 信息教研室对上述政策具有最终解释权。如果学校和数学学院当年政策有变, 或大环境有变 (如有线上 P/F 课程) 等, 则信息教研室有权做出与之相应的政策调整。

2. 上述专业选修和学部限选课程, 原则上均以所列课号和课程名称为准。如学生在其他院系选修同名或相似课程原则上不能计入上述两类课程毕业学分。

七、信息与计算科学专业课程地图（此图仅供参考，最终解释权归院系）

1. 计算数学方向课程地图

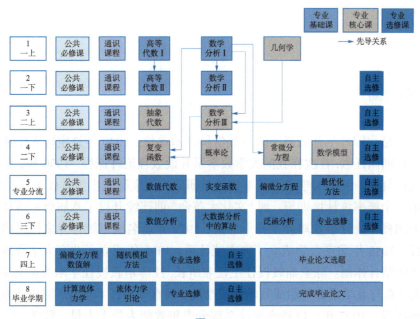

图 3.3

2. 信息科学方向课程地图

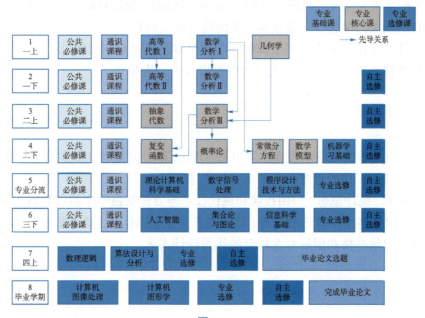

图 3.4

统计学专业培养方案

一、专业简介

北京大学是我国最早开展概率统计教学科研的单位。1940 年许宝騄先生从英国获统计学博士学位回国任教,首次在我国大学数学系开设数理统计课程。1956 年,根据我国第一个科学发展规划,北京大学设立概率统计教研室,许宝騄先生为首任主任。是年秋天,组成国内第一个概率统计培训班,到 "文化大革命" 前连续开设了八届概率统计的专门化班,为新中国概率统计事业培养了骨干力量。1972 年著名概率统计专家江泽培教授继任教研室主任。1985 年北京大学成立了概率统计系。1991 年成立了北京大学数理统计研究所,实行系所结合体制。陈家鼎教授任主任兼所长,江泽培教授任学术委员会主任。1995 年,概率统计系与数学系合并组成数学科学学院,耿直教授任系主任,谢衷洁教授任数理统计研究所所长。1997 年,以概率统计系部分青年教师为骨干力量,数学科学学院组建了金融数学系。为吸引统计人才、加强学科建设,在北京大学原数理统计研究所基础上,2010 年 7 月北京大学统计科学中心宣告成立,陈松蹊教授和耿直教授任联席主任。统计科学中心为跨学院的交叉学科研究机构,其目标是协调全校统计研究的力量,促进统计学与其他学科的交叉与融合,建设世界一流的统计研究机构。

概论统计系下设概率论教研室和统计学教研室,现有专职教师 23 人,其中教授 12 人,长聘副教授 3 人,副教授 2 人,助理教授 5 人,讲师 1 人。

二、培养目标

本专业旨在培养既能够从事统计学相关的理论研究,又能够从事数据分析和人工智能等方面的实际应用工作的德才兼备的综合性人才。

在专业基础、统计思想、应用技能和现代技术等方面加强学生的培养和训练,鼓励学生在理工农医文等各个学科选修课程,着力培养专业基础扎实,动手能力强,具有科学创新素养、文明自信品格和国际专业视野的优秀统计人才。

三、 培养要求

通过四年的学习，学生应掌握扎实的数学理论基础和统计知识，掌握统计应用技能和技术，动手能力强；培养跨学科研究或者应用思维，具有良好的科学创新素养；英语水平达到国家四级，具有良好的表达能力，具备独立学习的能力、初步的研究能力以及较强的适应不同社会职业需要的能力。

四、 毕业要求及授予学位类型

学生在学校规定的学习年限内，修完培养方案规定的内容，成绩合格，达到学校毕业要求的，准予毕业，学校颁发毕业证书；符合学士学位授予条件的，授予学士学位。

授予学位类型：理学学士学位

毕业总学分：138—144 学分

具体毕业要求包括：

1. 公共基础课程：45—51 学分	公共必修课：33—39 学分
	通识教育课：12 学分
2. 专业必修课程：49 学分	专业基础课：19 学分
	专业核心课：24 学分
	毕业论文 (设计)：6 学分
	其他非课程必修要求：0 学分
3. 选修课程：44 学分	专业选修课：21 学分
	自主选修课：23 学分

五、 课程设置

1. 公共基础课程：45—51 学分

(1) 公共必修课：33—39 学分

详见附录。

(2) 通识教育课程及学分要求

通识教育课程分为四个系列：Ⅰ. 人类文明及其传统；Ⅱ. 现代社会及其问题；Ⅲ. 艺术与人文；Ⅳ. 数学、自然与技术。每个系列均包含通识教育核心课、通选课两部分课程，具体课程列表详见《北京大学本科生选课手册》。

通识教育课程修读总学分为 12 学分。具体要求包括：

① 至少修读 1 门通识教育核心课程 (任一系列)，且在四个课程系列中每个系列至少修读 2 学分 (通识教育核心课或通选课均可)；

② 原则上不允许以专业课替代通识教育课程学分；

③ 本院系开设的通识教育课程不计入学生毕业所需的通识教育课程学分；

④ 建议合理分配修读时间，每学期修读 1 门课程。

2. 专业必修课程：49 学分

(1) 专业基础课：19 学分

课号	课程名称	学分	周学时	实践总学时	选课学期
00132301	数学分析 I	5	6		一上 (一年级秋季学期)
00132302	数学分析 II	5	6		一下 (一年级春季学期)
00132321	高等代数 I	5	6		一上 (一年级秋季学期)
00132323	高等代数 II	4	5		一下 (一年级春季学期)

(2) 专业核心课：24 学分

课号	课程名称	学分	周学时	实践总学时	选课学期
00132304	数学分析 III	4	5		二上 (二年级秋季学期)
00132341	几何学	5	6		一上 (一年级秋季学期)
00135450	抽象代数	3	3		二上 (二年级秋季学期)
00132320	复变函数	3	3		二下 (二年级春季学期)
00132340	常微分方程	3	3		二下 (二年级春季学期)
00131300	概率论	3	3		二上或二下 (二年级秋季或春季学期)
00130200/ 00137960	数学模型/统计思维	3	3		二下 (二年级春季学期)

注：1. 数学分析 I、II、III，高等代数 I、II，几何学，抽象代数，概率论，复变函数，常微分方程都同时开设常规班和实验班，均可作为毕业学分。但一种课程班型已修读及格后，不能再修读另一班型。因课号、班型不同，计算学分、GPA 时，一种班型的及格成绩不能覆盖另一种班型的不及格成绩。

2. 几何学 I(实验班)(课号 00132381) 可替代几何学 (课号 00132341)，代数学 (实验班) I(课号 00137971) 可替代抽象代数 (课号 00135450)。

3. 可用统计思维 (课号 00137960) 替代数学模型 (课号 00130200)。

(3) 毕业论文：6 学分

(4) 其他非课程必修要求：0 学分

3. 选修课程：44 学分

(1) 专业选修课：21 学分

① 专业必选：6 学分

(A) 概率方向 (可授予数学与应用数学专业学位)

课号	课程名称	学分	周学时	实践总学时	选课学期
00135460	数理统计	3	3		二下或三上 (二年级春季学期或三年级秋季学期)
00137990	应用随机过程 (实验班)	3	3		三上 (三年级秋季学期)

注：数理统计同时开设常规班和实验班，均可作为毕业学分，但一种课程班型已修读及格后，不能再修读另一种班型。因课号、班型不同，计算学分、GPA 时，一种班型的及格成绩不能覆盖另一种班型的不及格成绩。

(B) 统计学方向

课号	课程名称	学分	周学时	实践总学时	选课学期
00135460	数理统计	3	3		二下或三上 (二年级春季学期或三年级秋季学期)
00133090	应用随机过程	3	3		三上 (三年级秋季学期)

(C) 生物统计方向 (可授予应用统计学专业学位)

课号	课程名称	学分	周学时	实践总学时	选课学期
00135460	数理统计	3	3		二下或三上 (二年级春季学期或三年级秋季学期)
00133110	应用回归分析	3	3		三下 (三年级春季学期)

注：数理统计、应用随机过程开设常规班和实验班，规定同前。

② 专业限选：15 学分

(A) 概率方向

课号	课程名称	学分	周学时	实践总学时	选课学期
00132370	实变函数	3	3		秋季
00133110	应用回归分析	3	3		春季
00133010	测度论	3	3		春季
00132330	偏微分方程	3	3		秋季
00132350	泛函分析	3	3		春季
00137110	应用随机分析	3	3		单数年春季
00132310	微分几何	3	3		秋季
00130161	拓扑学	3	3		秋季
00133050	应用多元统计分析	3	3		秋季
00137290	高维概率论	3	3		秋季

(B) 统计学方向

课号	课程名称	学分	周学时	实践总学时	选课学期
00132370	实变函数	3	3		秋季
00133110	应用回归分析	3	3		春季
00133010	测度论	3	3		春季
00133050	应用多元统计分析	3	3		秋季
00135220	非参数统计	3	3		春季
00102892	统计学习	3	3		秋季
00100877	贝叶斯理论与算法	3	3		春季
00102516	统计模型和计算方法	3	3		秋季
00110710	试验设计	3	3		春季
00133020	抽样调查	3	3		春季
00137290	高维概率论	3	3		秋季
00137110	应用随机分析	3	3		春季
00136660	凸优化	3	3		秋季
00103335	深度学习与强化学习	3	3		秋季

(C) 生物统计方向

课号	课程名称	学分	周学时	实践总学时	选课学期
00132370	实变函数	3	3		秋季
00133010	测度论	3	3		春季
00133090	应用随机过程	3	3		秋季
00133050	应用多元统计分析	3	3		秋季
00135220	非参数统计	3	3		春季
00102892	统计学习	3	3		秋季
00100877	贝叶斯理论与算法	3	3		春季
00102516	统计模型和计算方法	3	3		秋季
00133070/ 00131100	应用时间序列分析 /金融时间序列分析	3	3		秋季
00102893	生物统计	3	3		春季
00103256	生存分析	3	3		秋季
00136180	生物信息中的数学模型与方法	3	3		秋季

(2) 自主选修课：23 学分

① 理学部课程：12 学分

可以选自理学部中的任何院系，包括数学学院。要求是该院系的专业必修、专业限选或专业任选，不能是通选和公选。

除上述专业限选课外，以下课程可以作为自主选修课程参考：

课号	课程名称	学分	周学时	实践总学时	选课学期
00130550	数值代数	3	3		秋季
00130560	数值分析	3	3		春季
00130630	最优化方法	3	3		春季
00136720	大数据分析中的算法	3	3		春季
04630790	数据科学导引	3	3		秋季
00112630	高等概率论	3	3		秋季
00112640	高等统计学	3	3		秋季
00112650	随机过程论	3	3		春季
00101756	现代统计模型	3	3		春季

② 理学部的非数学学院课程 8 学分，其中要求物理类课程 4 学分

8 学分全部选普通物理学 I、II 也行，也可以选其他物理课，非物理类课程 4 学分要求是该院系的专业必修、专业限选或专业任选，不能是通选和公选 (大学化学和普通生物学除外，普通生物学 A、B、C 只能选其一修)。

③ 在全校课程中选择其余 3 学分

全校任何课程均可，包括通选和公选。

六、其他

1. 保送研究生要求

(1) 学生应满足学校当年的基本要求，包括但不限于 (当年学校政策可能有变化)：每门学校要求的必修课和数学学院要求的必修课必须通过。如果某门课第一次修时没达到及格 (包括分数不及格、缓考、期中退课、中途休学、出国等情况)，在保研资格确定时已经重修达到及格了，按惯例算为通过。重修及格的课按此及格分数算。

(2) 概率方向保研排名方式：

① 数学学院必修课程 (所缺课程按照分计算)：

数学分析 I(5)、数学分析 II(5)、数学分析 III(4)、高等代数 I(5)、高等代数 II(4)、几何学 (5)、抽象代数 (3)、复变函数 (3)、常微分方程 (3)、数学模型/统计思维 (3)

② 概率方向 3 门必修课程 (所缺课程按照 0 分计算)：

概率论 (3)、数理统计 (3)、应用随机过程 (实验班)(3)

③ 概率方向 9 门限选课程中选出得分最高的 3 门 (如果在下面所列课程选修未达到 3 门，所缺课程按照 0 分计算)：

实变函数 (3)、测度论 (3)、应用回归分析 (3)、应用多元统计分析 (3)、应用随机分析 (3)、拓扑学 (3)、偏微分方程 (3)、泛函分析 (3)、微分几何 (3)

① 中课程按照括号里的学分权重计算出加权平均分一，② 和 ③ 中的课程按照括号中的学分权重计算出加权平均分二，加权平均分一和加权平均分二的平均作为概率方向认定的"专业平均成绩"，从高到低排名。此排名作为概率方向对外承认的唯一正式排名。

(3) 统计学方向保研排名方式：

① 数学学院必修课程 (所缺课程按照 0 分计算)：

数学分析 I(5)、数学分析 II(5)、数学分析 III(4)、高等代数 I(5)、高等代数 II(4)、几何学 (5)、抽象代数 (3)、复变函数 (3)、常微分方程 (3)、数学模型/统计思维 (3)

② 统计学方向 3 门必修课程 (所缺课程按照 0 分计算)：

概率论 (3)、数理统计 (3)、应用随机过程 (3)

③ 统计学专业 14 门限选课程中选出得分最高的 3 门 (如果在下面所列课程选修未达到 3 门，所缺课程按照 0 分计算)：

实变函数 (3)、测度论 (3)、应用回归分析 (3)、应用多元统计分析 (3)、非参数统计 (3)、统计学习 (3)、贝叶斯理论与算法 (3)、统计模型和计算方法 (3)、试验设计 (3)、抽样调查 (3)、高维概率论 (3)、应用随机分析 (3)、凸优化 (3)、深度学习与强化学习 (3)

① 中课程按照括号里的学分权重计算出加权平均分一，② 和 ③ 中的课程按照括号中的学分权重计算出加权平均分二，加权平均分一和加权平均分二的平均作为统计方向认定的"专业平均成绩"，从高到低排名。此排名作为统计方向对外承认的唯一正式排名。

注 1：数学模型可用统计思维代替。

注 2：对于有数学学院的实验班课程，数学学院的实验班课程与数学学院的同名常规课程等价。所有等价课程中，按在时间上首次及格的分数计算，后来分数不算入。

注 3：数学学院为院内开的课程不能由同名的为外院系开的课程或双学位课程代替。非北大的课程 (如中国台湾、中国香港、中国澳门、国外等) 需要由数学学院根据具体课程情况认定是否可以等价；如果认定等价，不同分数体系 (如 ABCD 制、五分制、四分制等) 的转化算法由数学学院确定。

注 4：概率统计系对本文具有最终解释权。如果学校和数学学院当年政策有变化，或大环境有变化 (如有线上 P/F 课程) 等，则概率统计系有权做出与之相应的政策调整。

2. 上述专业选修和学部限选课程，原则上均以所列课号和课程名称为准。如学生在其他院系选修同名或相似课程原则上不能计入上述两类课程毕业学分。

七、统计学专业课程地图 (此图仅供参考，最终解释权归院系)

1. 统计学/生物统计方向课程地图

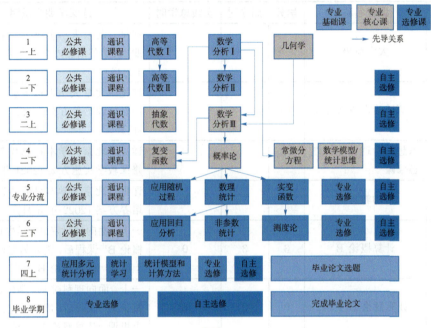

图 3.5

2. 概率论方向课程地图

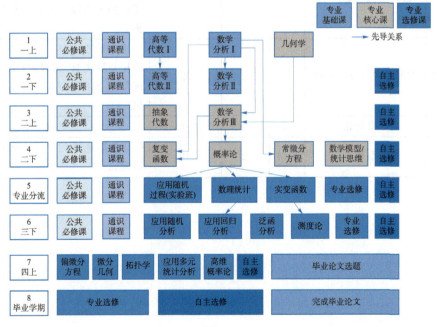

图 3.6

附录

公共必修课 33—39 学分

课号	课程名称	学分	周学时	实践总学时	选课学期及说明
	大学英语	2~8			详见《北京大学本科生（非英语专业）大学英语能力培养方案（2022 年 4 月）》
	思想政治理论必修课	19			详见《北京大学本科生思想政治理论必修课培养方案（2022 年 6 月修订）》
	思想政治理论选择性必修课	1 门			详见《北京大学本科思政选择性必修课教学实施方案（2021 年 5 月）》
	劳动教育课			32	详见《北京大学本科劳动教育课程培养方案（2022 年 6 月）》
04831410	计算概论 B	3	3	0	一上。面向理科院系。学生选"计算概论 B"课程后，需要另选该课程的上机课"计算概论 B 上机"
04831650	计算概论 B 上机	0	2	32	一上。面向理科院系。学生选"计算概论 B"课程后，需要另选该课程的上机课"计算概论 B 上机"
04831420	数据结构与算法 B	3	3	0	一下。面向理科院系。学生选"数据结构与算法 B"课程同时，需要选该课程的上机课"数据结构与算法上机"
04830494	数据结构与算法上机	0	2	32	一下。面向理科院系。学生选"数据结构与算法 B"课程同时，需要选该课程的上机课"数据结构与算法上机"
60730020	军事理论	2	2	0	一上或一下
	体育系列课程	1×4	2	0	每学期限选 1 门，每年至少 1 次体质测试

思想政治理论必修课 19 学分

课号	课程名称	学分	周学时	实践总学时	选课学期及说明
04031762	习近平新时代中国特色社会主义思想概论	3	3		大一任一学期，详见《北京大学本科生思想政治理论必修课培养方案 (2022 年 6 月修订)》
04031651	思想道德修养与法律基础	3	3		同上
04031661	中国近现代史纲要	3	3		同上
04031740	马克思主义基本原理概论	3	3		大二任一学期，详见《北京大学本科生思想政治理论必修课培养方案 (2022 年 6 月修订)》
04031731	毛泽东思想和中国特色社会主义理论体系概论	3	3		同上
04031751	形势与政策	2	2		必须大一第一学期选课，大一至大三选修 4 次讲座。详见《北京大学本科生思想政治理论必修课培养方案 (2022 年 6 月修订)》
61130030	思想政治实践 （上）"爱乐传习""志愿服务" 两个模块任选其一	1			大一至大三的任一秋季学期，详见《北京大学本科生思想政治理论必修课培养方案 (2022 年 6 月修订)》
61130040	思想政治实践 （下）"社会实践"	1			大一至大二任一春季学期选课,至暑期结束。详见《北京大学本科生思想政治理论必修课培养方案 (2022 年 6 月修订)》
	思政选择性必修课				详见《北京大学本科生思政选择性必修课培养方案 (2021 年 5 月)》

清华大学
数学与应用数学专业本科培养方案

一、培养目标

培养德才兼备并且具有强烈的社会责任感和使命意识的学生。通过基础课程的严格训练、专业课程的深入与提高，以及科研训练等达成如下的培养目标之一：

1. 使学生具有坚实的数学基础、宽广的自然科学知识、强烈的创新意识和优良的综合素质，具备在现代数学及相关学科继续深造并成为学术领军人才的潜力。

2. 使学生具备扎实的数学基础、从事交叉学习和研究的能力、强烈的创新意识和服务社会的综合素质，满足社会不同职业对数学人才的需求。

二、培养要求

1. 了解数学学科发展的特点，掌握大学数学的核心思想和技巧。

2. 对严格的数学证明有深刻的理解，具有逻辑思维的习惯和问题求解的分析技巧与丰富经验，能够写出条理清晰、逻辑合理的数学论证。

3. 能体会和欣赏数学的抽象性和一般性的魅力，并具有对具体问题进行抽象思维、提出恰当数学问题并进行适当的定性或者定量分析的能力。

4. 对基础数学、应用数学、概率论与数理统计、计算数学、运筹学与控制论中的至少一个专业方向有较为深入的了解，掌握其专业基础知识并了解其发展现状。

5. 具备开展自学、文献调研、论文写作、学术报告等方面的综合能力。

6. 具有进行定量分析所必需的计算机、软件和算法的知识。

7. 具有有效沟通能力，善于和不同学科方向的专业人员进行学术交流。

8. 具有良好的团队意识和协作精神，能够在团队中发挥积极作用。

三、学制与学位授予

数学与应用数学专业本科学制四年。授予理学学士学位。

按本科专业学制进行课程设置及学分分配。本科最长学习年限为所在专业学制加两年。

四、基本学分要求

本科培养总学分为 150 学分，其中：校级通识教育课程 47 学分、专业相关课程 86 学分、专业实践环节 17 学分。

五、课程设置与学分分布

1. 校级通识教育　47 学分
具体课程修读要求详见**附录：校级通识教育课程体系**。

2. 专业相关课程　86 学分

(1) 专业基础课　62 学分

① 数学学科基础课　必修 46 学分

课程编号	课程名称	学分	备注
30420405	数学分析 (1)	5	
10420935	数学分析 (2)	5	
30420424	数学分析 (3)	4	
20420124	高等线性代数 (1)	4	
20420134	高等线性代数 (2)	4	
30420484	常微分方程	4	
30420384	抽象代数	4	
30420464	复分析	4	
30420334	测度与积分	4	
40420624	概率论 (1)	4	
40420614	泛函分析 (1)	4	

注：学生大三结束申请推荐免试攻读研究生需完成全部数学学科基础课并取得学分。

② 自然科学基础课　限选至少 16 学分

课程编号	课程名称	学分	备注
10430484	大学物理 B(1)	4	
10430494	大学物理 B(2)	4	
10430782	物理实验 A(1)	2	
10430792	物理实验 A(2)	2	
40420803	分析力学	3	可选
20430103	分析力学	3	二选一
20430054	电动力学	4	
20430204	统计力学 (1)	4	

续表

课程编号	课程名称	学分	备注
20420154	量子力学的数学方法	4	可选
20430154	量子力学 (1)	4	二选一
30240233	程序设计基础	3	必须
20740073	计算机程序设计基础	3	二选一

注:"可选二选一"说明:这两门课可以不选,如果选的话只能选一门。

"必须二选一"说明:这两门课必须选其中一门,并且只能选一门。

(2) 专业主修课 12 学分 必修

必须选修基础数学、应用数学、概率论与数理统计、计算数学、运筹学与控制论五个方向之一的全部必修课程 12 学分。

课程编号	课程名称	学分	备注
基础数学方向课			
40420664	偏微分方程	4	
30420364	拓扑学	4	
40420644	微分几何	4	
应用数学方向课			
40420664	偏微分方程	4	
40420054	数值分析	4	
40420764	应用分析	4	
概率论与数理统计方向课			
30420444	统计推断	4	
40420814	线性回归	4	
60420094	应用随机过程	4	
计算数学方向课			
40420664	偏微分方程	4	
40420054	数值分析	4	
60420084	偏微分方程数值解	4	
运筹学与控制论方向课			
40420054	数值分析	4	
40420534	数学规划	4	
40420084	离散数学方法	4	

(3) 专业选修课　12 学分　限选

从以下 A—I 系列课程中选择。专业主修课程中多选学分也可计入本部分学分要求。

课程编号	课程名称	学分	备注
A. 分析系列			
70420254	动力系统	4	
80420144	泛函分析 (2)	4	
70420274	非线性泛函分析	4	
70420224	偏微分方程 (2)	4	
70420604	分析学	4	
70420714	几何测度论	4	
80420204	几何分析	4	
80420123	分形几何	3	
90420083	调和分析引论	3	
80420023	数学物理	3	
B. 代数与数论系列			
10420402	初等数论	2	
70420314	抽象代数 (2)	4	
70420014	代数几何	4	
70420464	代数几何 (2)	4	
80420264	群表示理论	4	
80420274	李群与李代数	4	
70420764	线性代数群	4	
80420214	交换代数与同调代数	4	
40420784	代数学前沿基础	4	
40420794	代数数论 (1)	4	
80420584	代数数论 (2)	4	
C. 几何系列			
30420493	几何与对称	3	
70420484	微分几何 I–微分流形	4	
70420494	微分几何 II–黎曼几何	4	
70420534	微分几何 III–复几何	4	
80420174	黎曼曲面	4	
70420304	代数拓扑	4	

续表

课程编号	课程名称	学分	备注
70420504	微分拓扑	4	
D. 概率统计与金融数学系列			
60420013	应用统计	3	
70420264	概率论 (2)	4	
80420074	随机过程	4	
70420584	随机分析	4	
80428143	多元统计	3	
70428102	时间序列分析	2	
30160223	统计计算	3	
80428103	金融数学	3	
E. 科学计算系列			
70420444	矩阵计算	4	
60420024	高等数值分析	4	
60420174	现代优化方法	4	
70420023	大规模科学计算	3	
70420033	有限元方法 (2)	3	
70420433	差分方法	3	
00420033	数学模型	3	
60330034	流体力学	4	
F. 运筹学与控制论系列			
70420133	网络优化	3	
60420174	现代优化方法	4	
80420944	对策论及其应用	4	
70420334	算法分析与设计	4	
00420033	数学模型	3	
70420624	数学规划 Ⅱ	4	
70420614	计算复杂性理论	4	
60420214	不确定规划	4	
G. 数学研讨课、数学专题讨论系列 (不超过 4 学分)			
40420682	数学研讨课 (1)	2	
40420692	数学研讨课 (2)	2	

续表

课程编号	课程名称	学分	备注
30420251	数学专题讨论 (1)	1	
30420261	数学专题讨论 (2)	1	

H. 其他由数学系和数学中心开设的数学方向专业课

包括"微观数学"和数学系给研究生开设并向本科生开放的其他课程。数学系和数学中心为求真书院开设的、与数学学科基础课和专业主修课名称相近或内容相近的课程不能计入本课组。

除以上列出的偏微分方程数值解、现代优化方法、应用统计、高等数值分析、应用随机过程、不确定规划以外，其他数学系为全校研究生开设的公共课 (如应用近世代数等) 不能计入本课组

I. 其他由统计中心开设的统计方向研究生专业课 (非全校性公共课)

统计中心开设的、与本系开设的课程名称相近或内容相近的课程 (如高等概率、多元统计、时间序列等) 不能计入本课组

3. 专业实践环节　17 学分

(1) 夏季学期实习实践训练　2 学分　限选

课程编号	课程名称	学分	备注
20740092	C++ 程序设计实践	2	
30410012	MATLAB 与科学计算引论	2	
30410022	Mathematica 及其应用	2	
20420073	概率统计实践	3	
20420083	计算实践	3	
40420752	暑期数学实践	2	

"暑期数学实践"说明：由数学系或学校派往国内外院校或研究所进行研学、参加数学系或数学中心开设的暑期数学课程等。

实习实践课程名称和内容可能调整，以各学期实际开课为准。

(2) 综合论文训练　15 学分　必修

课程编号	课程名称	学分	备注
40420520	综合论文训练	15	

"综合论文训练"说明：不少于 16 周，集中安排在第 8 学期。

六、关于课程替代的规定

1. 课程替代的办理流程、办理时间参照学校有关规定执行。

2. 由外系转入数学系的学生已经选修的课程未包含在上述课程中、但与上述课程中的某些尚未选修的课程内容和要求相近，并且已修课程成绩优异，可申请课程替代。

3. 学生必须重修的课程已停开，可申请选修内容相近的其他课程作为替代。

4. 尚未停开的不及格课程不能被替代。

5. 学生可申请用内容相近但难度更高的课程替代必修或限选课程。例如，数学系和数学中心为求真书院开设的、与数学学科基础课和专业主修课名称相近或内容相近的课程可替代相应的数学学科基础课和专业主修课，物理系为物理专业学生开设的"基础物理学"或"费曼物理学"可替代"大学物理 B"等。

6. 对于数学系开设的、具有承接关系的数学学科基础课和研究生课，不能用后者替代前者。例如，"抽象代数 (2)"不能替代"抽象代数"，"概率论 (2)"不能替代"概率论 (1)"，"泛函分析 (2)"不能替代"泛函分析 (1)"等。

附录：校级通识教育课程体系

校级通识教育课程体系由思政课、体育课、外语课、写作与沟通、通识选修课构成，共 47 学分，适用大部分专业，具体要求如下。特殊专业或院系对通识教育课程体系的特殊要求详见各专业培养方案。

校级通识教育　47 学分

1. 思想政治理论课

必修　17 学分

课程编号	课程名称	学分	备注
10680053	思想道德与法治	3	
10680061	形势与政策 (1)	1	建议大一选修
10680081	形势与政策 (2)	1	
10610193	中国近现代史纲要	3	
	马克思主义基本原理	3	
	毛泽东思想和中国特色社会主义理论体系概论	2	
10680022	习近平新时代中国特色社会主义思想概论	2	
	思政实践	2	建议大一、大二暑期选修

限选课　1 学分

课程编号	课程名称	学分	备注
00680201	社会主义发展史（"四史"）	1	
00680221	中国共产党历史（"四史"）	1	
00680231	中华人民共和国史（"四史"）	1	
00680211	改革开放史（"四史"）	1	
00050222	生态文明十五讲	2	
00691762	当代科学中的哲学问题	2	
00050071	环境保护与可持续发展	1	
00670091	新闻中的文化	1	
10691402	悦读马克思	2	
00691312	当代法国思想与文化研究	2	
10691412	孔子和鲁迅	2	
10691452	媒介史与媒介哲学	2	学生根据
01030192	教育哲学	2	开课情况
00460072	中国历史地理	2	自主选择
14700073	西方近代哲学	3	修读学期
10460053	气候变化与全球发展	3	和课程
00590062	腐败的政治经济学	2	
00600022	中美贸易争端和全球化重构	2	
00701162	西方政治制度	2	
10700043	社会学的想象力：结构、权力与转型	3	
02090051	当代国防系列讲座	1	
02090091	高技术战争	1	
00590043	中国国情与发展	3	
00680042	中国政府与政治	2	
00701344	国际关系分析	4	
00701512	中国宏观经济分析	2	
10700142	现代化与全球化思想研究	2	

注：港澳台学生必修：思想道德与法治，3 学分，其余课程不做要求。
国际学生对以上思政课程不做要求。

2. 体育　4 学分

第 1—4 学期的体育 (1)—(4) 为必修，每学期 1 学分；第 5—8 学期的体育专项不设学分，其中第 5—6 学期为限选，第 7—8 学期为任选。学生大三结束申请推荐免试攻读研究生需完成第 1—4 学期的体育必修课程并取得学分。

本科毕业必须通过学校体育部组织的游泳测试。体育课的选课、退课、游泳测试及境外交换学生的体育课程认定等详见学生手册《清华大学本科体育课程的有关规定及要求》。

3. 外语 (一外英语学生必修 8 学分，一外其他语种学生必修 6 学分)

学生	课组	课程	课程面向	学分要求
一外英语学生	英语综合能力课组	英语综合训练(C1)	入学分级考试 1 级	必修 4 学分
		英语综合训练(C2)		
		英语阅读写作(B)	入学分级考试 2 级	
		英语听说交流(B)		
		英语阅读写作(A)	入学分级考试 3 级、4 级	
		英语听说交流(A)		
	第二外语课组	详见选课手册		限选 4 学分
	外国语言文化课组			
	外语专项提高课组			
一外小语种学生		详见选课手册		6 学分

公外课程免修、替代等详细规定见教学门户——清华大学本科生公共外语课程设置及修读管理办法。

注：国际学生要求必修 8 学分非母语语言课程，包括 4 学分专为国际生开设的汉语水平提高系列课程及 4 学分非母语公共外语课程。

4. 写作与沟通课　必修 2 学分

课程编号	课程名称	学分
10691342	写作与沟通	2

注：国际学生可以高级汉语阅读与写作课程替代。

5. 通识选修课　限选 11 学分

通识选修课包括人文、社科、艺术、科学四大课组，要求学生每个课组至少选修 2 学分。

注：港澳台学生必修中国文化与中国国情课程，4 学分，计入通识选修课学分。

国际学生必修中国概况课程，1 门，计入通识选修课学分。

6. 军事课程　4 学分 3 周

课程编号	课程名称	学分	备注
12090052	军事理论	2	
12090062	军事技能	2	

注：台湾学生在以上军事课程 4 学分和台湾新生集训 3 学分中选择，不少于 3 学分。
国际学生必修国际新生集训课程。

北京航空航天大学
数学与应用数学专业本科培养方案 (2022级)

一、专业简介

本专业为 2007 年教育部批准的特色专业，通过瞄准数学主流研究领域中的重大理论问题，以原创性基础数学研究为先导，以数学基础理论在现代科技关键问题中的应用为切入点，结合国家中长期科技发展和国防建设人才培养的需要，形成了数学与应用数学中多个特色鲜明的研究方向。

本专业始终坚持立德树人根本任务，落实"五育"并举，践行"三全育人"要求，结合我校"打造空天信融合特色，创建世界一流大学"的总体战略目标，在"提高质量、强化特色、突出创新、优化管理"的总体要求下，遵循学校"厚植情怀、强化基础、突出实践、科教融通"的本科人才培养方针，重点实施精英化教育。专业设置着重于统计和数学基础理论，强调统计学、数学与统计应用的沟通与融合。着力培养面向未来发展，富有创新潜质，具备团队精神，善于学习实践的高素质人才。专业培养特点概述如下：

1. 本专业实施学分制培养模式，学生在完成必修课程后，可以充分结合发展规划和学习兴趣制定个性化的专业课程选修方案。

2. 1 年级完成大类统一的通识教育课程，专业引导课程和专业基础课程的学习，从 2 年级开始进入数学专业学习。2 年级以数学基础课程为主。所选课程具有基础宽、内容深的特点，重点培养学生具备数学与应用数学专业所需的基础理论，为后续课程学习奠定坚实基础。

3. 3—4 年级以专业课程学习为主。学院在学生自主选择的前提下以提供多种选择参考，并强调学生对数学基础理论的学习系统性。

4. 注重人文素养培养，德智体美全面发展。通过覆盖哲学、历史、艺术、法律等方面的人文通识课，使得学生在形成性学习过程中进一步塑造其自由人格、提升思辨力与想象力，增强公民意识及社会责任感。所有课程都增加课程思政要素，帮助学生塑造正确的世界观、人生观、价值观，传承"爱国奉献、敢为人先、团结拼搏、担当实干"的"空天报国"精神，培养把服务国家作为最高追求、堪当民族复兴大任的人才。

5. 注重表达能力培养。通过在 2—3 年级设置连贯性的科技实践与成果表达训练环节，不仅培养学生的科技能力、创新意识，还培养其在公众面前有效表达观点与思想的能力。

6. 注重国际化交流能力培养。鼓励学生积极参加国外学者讲授的暑期公开课、国外优质 MOOC 课程等，并鼓励学生积极参与交换学生计划及国外大学毕业设计等各类国际交流活动。

7. 实施本研一体培养。对于保送本专业研究生的学生，鼓励学生选修研究生课程。

二、培养目标和毕业要求

1. 培养目标

结合北航人才培养的总体目标，培养掌握坚实的数理基础，具有良好的人文修养，严谨的科学思维，广阔的国际视野，敏锐的专业洞察力和较强的创新意识，具备强烈的团队协作精神，踏实认真的工作作风，能够准确把握科技发展和创新方向的高素质、复合型人才。

在本专业中，相当部分学生应以直博、本硕连读或报考国内外研究生为具体目标。同时，通过各类专业课程的学习，毕业生也能够从事数学及相关领域的研究或金融数学、管理科学和软件开发等方面的工作。

2. 毕业要求

(1) 掌握扎实的数学基础知识。

(2) 掌握具体方向的系统专业知识。

(3) 了解数学基础研究及其相关应用领域的前沿及发展趋势。

(4) 具有初步综合运用数学知识开展科研实践和解决具体问题的能力。

(5) 热爱祖国，拥护中国共产党领导，具有高度的社会和民族责任感。具有良好的法律意识、社会公德和职业道德。具有严谨求实的科学素养和敢于争先的创新意识。具有哲学、艺术等人文社会修养，团结合作的品质。

3. 核心课程与毕业要求关联图

	A 掌握扎实的数学基础知识	B 掌握具体方向的系统专业知识	C 了解数学基础研究及其相关应用领域的前沿及发展趋势	D 具有初步综合运用数学知识开展科研实践和解决具体问题的能力
数学分析	√	√		
高等代数	√	√		
概率论	√	√		
常微分方程	√	√		
抽象代数	√	√		
复变函数	√	√		
实变函数	√	√		
泛函分析		√	√	
微分几何		√	√	√
偏微分方程		√	√	√
拓扑学		√	√	√
微分流形		√	√	√

三、学制、授予学位、最低毕业学分框架表

本专业基本学制为 4 年，学生在学校规定的学习年限内，修完培养方案规定的内容，成绩合格，达到学校毕业要求的，准予毕业，学校颁发毕业证书；符合学士学位授予条件的，授予学士学位。

毕业总学分：153 分。

授予学位类型：理学学士学位。

数学与应用数学专业本科指导性最低学分框架表

课程模块	序列	课程类别	最低学分要求		
			1 年级	2—4 年级	学分小计
Ⅰ 基础课程	A	数学与自然科学类	30	6	46
	B	工程基础类	2	0	
	C	外语类	4	4	
Ⅱ 通修课程	D	思政类	9.5	10.5	42
		军事理论类	2	2	
	E	体育类	1	2.5	
	K	素质教育理论必修课	1.1	3.4	
	H	素质教育实践必修课	0.5	1.5	
	F/G	素质教育通识限修课	2	6	
Ⅲ 专业课程	I	核心专业类	0	55	65
	J	一般专业类	0	10	
学分小计			52.1	100.9	—
毕业最低总学分			153		

注：外语类课程、思政类课程、军事理论类课程、体育类课程、美育课程、劳动教育课程、心理健康、国家安全、素质教育实践必修课等修读要求见相关文件，其中：

1. 劳动教育课程要求：至少选修劳动教育必修课或劳动教育模块学时总数 ≥32 学时及参加劳动月等活动，详见每学期劳动教育课程清单。

2. 创新创业课程要求：至少选修 3 学分，详见每学期创新创业课程清单，修读要求见相应创新创业学分认定办法。

3. 全英文课程要求：至少选修 2 学分全英文课程 (外语类课程除外)。

4. 跨学科专业课要求：至少选修 2 学分 (其他二级学科必修课程)。

四、课程设置与学分分布表

课程模块	课程类别	课程代码	课程名称	总学分	总学时	理论学时	实验学时	实践学时	开课学期 学年	开课学期 学期	课程性质及学习要求	考核方式	授课语言
基础课程	数学与自然科学类	B1A09107A	理科数学分析(1)	6	96	96	0	0	一	秋	必修	考试	全汉语
		B1A09108A	理科数学分析(2)	6	96	96	0	0	一	春	必修	考试	全汉语
		B1A09116A	理科高等代数(1)	4	64	64	0	0	一	秋	必修	考试	全汉语
		B1A09110A	理科高等代数(2)	3	48	48	0	0	一	春	必修	考试	全汉语
		B1A191020	物理学(1)	5	80	80	0	0	一	春	必修	考试	全汉语
		B1A271050	基础化学(1)	4	64	64	0	0	一	秋	必修	考试	全汉语
		B1A191040	物理学实验(1)	1	32	0	32	0	一	春	必修	考试	全汉语
		B1A271060	基础化学实验(1)	1	32	0	32	0	一	秋	必修	考试	全汉语
		B1A09222A	数学分析(3)	3	48	48	0	0	二	秋	必修	考试	全汉语
		B1A09221A	高等代数(3)	3	48	48	0	0	二	秋	必修	考试	全汉语
	工程基础类	B1B061040	大学计算机基础	2	48	16	32	0	一	春	必修	考试	全汉语
	外语类	B1C12107A	大学英语 A (1)	2	32	32	0	0	一	秋	必修	考试	全英文
		B1C12108A	大学英语 A (2)	2	32	32	0	0	一	春	必修	考试	全英文
		B1C12207A	大学英语 A (3)	2	32	32	0	0	二	秋	必修	考试	全英文
		B1C12208A	大学英语 A (4)	2	32	32	0	0	二	春	必修	考试	全英文
		B1C12107B	大学英语 B (1)	2	32	32	0	0	一	秋	必修	考试	全英文
		B1C12108B	大学英语 B (2)	2	32	32	0	0	一	春	必修	考试	全英文

续表

课程模块	课程类别	课程代码	课程名称	总学分	总学时	理论学时	实验学时	实践学时	开课学期 学年	开课学期 学期	课程性质及学习要求	考核方式	授课语言
		B1C12207B	大学英语 B (3)	2	32	32	0	0	二	秋	必修	考试	全英文
		B1C12208B	大学英语 B (4)	2	32	32	0	0	二	春	必修	考试	全英文
通修课程	思政类	B2D281050	思想道德与法治	3	48	48	0	0	一	秋	必修	考试	全汉语
		B2D281070	习近平新时代中国特色社会主义思想概论	3	48	48	0	0	一	秋	必修	考试	全汉语
		B2D281060	中国近现代史纲要	3	48	48	0	0	一	春	必修	考试	全汉语
		B2D282030	毛泽东思想和中国特色社会主义理论体系概论	3	48	48	0	0	二	秋	必修	考试	全汉语
		B2D284010	社会实践	2	80	0	0	80	四	秋	必修	考查	全汉语
		B2D282070	马克思主义基本原理	3	48	48	0	0	二	春	必修	考试	全汉语
		B2D281110	形势与政策 (1)	0.2	8	4	0	4	一	秋	必修	考查	全汉语
		B2D281120	形势与政策 (2)	0.3	8	4	0	4	一	春	必修	考查	全汉语
		B2D282110	形势与政策 (3)	0.2	8	8	0	0	二	秋	必修	考查	全汉语
		B2D282120	形势与政策 (4)	0.3	8	8	0	0	二	春	必修	考查	全汉语
		B2D283110	形势与政策 (5)	0.2	8	8	0	0	三	秋	必修	考查	全汉语
		B2D283120	形势与政策 (6)	0.3	8	8	0	0	三	春	必修	考查	全汉语
		B2D284110	形势与政策 (7)	0.2	8	8	0	0	四	秋	必修	考查	全汉语
		B2D284120	形势与政策 (8)	0.3	8	8	0	0	四	春	必修	考查	全汉语

续表

课程模块	课程类别	课程代码	课程名称	总学分	总学时	理论学时	实验学时	实践学时	开课学期 学年	开课学期 学期	课程性质及学习要求	考核方式	授课语言
		B2D280110	中国共产党历史	1	16	16	0	0	一至四	秋/春		考试	全汉语
		B2D280120	新中国史	1	16	16	0	0	一至四	秋/春	限修,≥1学分	考试	全汉语
		B2D280130	改革开放史	1	16	16	0	0	一至四	秋/春		考试	全汉语
		B2D280140	社会主义发展史	1	16	16	0	0	一至四	秋/春		考试	全汉语
	军事理论类	B2D511040	军事理论	2	36	32	0	4	二	春	必修	考试	全汉语
		B2D511030	军事技能	2	112	0	0	112	一	夏	必修	考查	全汉语
	体育类	B2E331030	体育(1)	0.5	32	32	0	0	一	秋	必修	考试	全汉语
		B2E331040	体育(2)	0.5	32	32	0	0	一	春	必修	考试	全汉语
		B2E332050	体育(3)	0.5	32	32	0	0	二	秋	必修	考试	全汉语
		B2E332060	体育(4)	0.5	32	32	0	0	二	春	必修	考试	全汉语
		B2E333070	体育(5)	0.5	16	16	0	0	三	秋	必修	考试	全汉语
		B2E333080	体育(6)	0.5	16	16	0	0	三	春	必修	考查	全汉语
		B2E334030	体质健康标准测试	0.5	0	0	0	0	四	秋	必修	考试	全汉语
	素质教育实践必修课	B2H511110	素质教育(博雅课程)(1)	0.2	16	4	0	12	一	秋	必修	考查	全汉语
		B2H511120	素质教育(博雅课程)(2)	0.3	16	4	0	12	一	春	必修	考查	全汉语
		B2H511130	素质教育(博雅课程)(3)	0.2	16	4	0	12	二	秋	必修	考查	全汉语
		B2H511140	素质教育(博雅课程)(4)	0.3	16	4	0	12	二	春	必修	考查	全汉语
		B2H511150	素质教育(博雅课程)(5)	0.2	16	4	0	12	三	秋	必修	考查	全汉语

221

续表

课程模块	课程类别	课程代码	课程名称	总学分	总学时	理论学时	实验学时	实践学时	开课学期 学年	开课学期 学期	课程性质及学习要求	考核方式	授课语言
		B2H511160	素质教育(博雅课程)(6)	0.3	16	4	0	12	三	春	必修	考查	全汉语
		B2H511170	素质教育(博雅课程)(7)	0.2	16	4	0	12	四	秋	必修	考查	全汉语
		B2H511180	素质教育(博雅课程)(8)	0.3	16	4	0	12	四	春	必修	考查	全汉语
			美育类课程(1.5 学分),各类课程见各学期开课清单	1.5							必修		
			劳动教育课程(至少 32 学时),劳动教育必修课或劳动教育模块,详见每学期劳动教育课程清单		32				一至四		必修	考查	全汉语
	素质教育理论必修课	B2K511010	心理健康(1)	0.3	6	2	0	4	一	秋	必修	考查	全汉语
		B2K511020	心理健康(2)	0.3	6	2	0	4	一	春	必修	考查	全汉语
		B2K511030	心理健康(3)	0.3	6	2	0	4	二	秋	必修	考查	全汉语
		B2K511040	心理健康(4)	0.3	6	2	0	4	二	春	必修	考查	全汉语
		B2K511050	心理健康(5)	0.2	2	2	0	0	三	秋	必修	考查	全汉语
		B2K511060	心理健康(6)	0.2	2	2	0	0	三	春	必修	考查	全汉语
		B2K511070	心理健康(7)	0.2	2	2	0	0	四	秋	必修	考查	全汉语
		B2K511080	心理健康(8)	0.2	2	2	0	0	四	春	必修	考查	全汉语
		B2K141010	国家安全	1	16	14	0	2	一至三	秋/春	必修	考查	

续表

课程模块	课程类别	课程代码	课程名称	总学分	总学时	理论学时	实验学时	实践学时	开课学期 学年	开课学期 学期	课程性质及学习要求	考核方式	授课语言
素质教育通识限修课		B2F080140	经济学原理	2	32	32	0	0	一	秋		考试	全汉语
		B2F110110	大学语文	2	32	32	0	0	一	秋		考试	全汉语
		B2F280180	哲学问题导论	2	32	32	0	0	一	秋		考查	全汉语
		B2F280160	哲学思维与应用	2	32	32	0	0	一	秋		考试	全汉语
		B2F190150	物理先导课	2	32	32	0	0	一	秋		考试	全汉语
		B2F190130	物理思想纵横	1	16	16	0	0	一	秋		考查	全汉语
		B2F090110	数学分析原理选讲(1)	2	32	32	0	0	一	秋	限修，≥2学分	考试	全汉语
		B2F300130	空间科学导论	1	16	16	0	0	一	秋		考查	全汉语
		B2F300150	环境科学与工程前沿	1	16	16	0	0	一	秋		考查	全汉语
		B2F090130	数学前沿导论	1	16	16	0	0	一	春		考试	全汉语
		B2F080150	经济与管理前沿导论	1	16	16	0	0	一	春		考查	全汉语
		B2F300160	空间科学前沿	1	16	16	0	0	一	春		考查	全汉语
		B2F300180	环境科学与工程导论	1	16	16	0	0	一	春		考试	全汉语
		B2F270160	化学前沿导论	1	16	16	0	0	一	春		考查	全汉语
		B2F270170	魅力化学	1	16	16	0	0	一	春		考查	全汉语
		B2F190140	物理学研讨课	2	32	32	0	0	一	春		考试	全汉语
		B2F090120	数学分析原理选讲(2)	2	32	32	0	0	一	春		考试	全汉语

续表

课程模块	课程类别	课程名称	课程代码	总学分	总学时	理论学时	实验学时	实践学时	学年	学期	课程性质及学习要求	考核方式	授课语言
		新生研讨课(见每学期新生研讨课开课列表)								春			全汉语
		航空航天概论A	B2F050110	2	32	22	10	0	一	春	必修	考试	全汉语
		全校开设素质教育通识限修课		4			0	0			必修		
专业课程	核心专业类	常微分方程	B3I09203A	3.5	64	48	0	16	二	秋	必修	考试	全汉语
		抽象代数	B3I09213A	4	64	64	0	0	二	秋	必修	考试	全汉语
		实变函数	B3I09204A	4.5	80	64	0	16	二	春	必修	考试	全汉语
		复变函数	B3I09274A	4	64	64	0	0	二	春	必修	考试	全汉语
		拓扑学	B3I09224A	4	64	64	0	0	二	春	必修	考试	全汉语
		微分几何	B3I09234A	4	64	64	0	0	二	春	必修	考试	全汉语
		泛函分析	B3I09303A	4	64	64	0	0	三	秋	必修	考试	全汉语
		概率论	B3I09313A	4	64	64	0	0	三	秋	必修	考试	全汉语
		微分流形	B3I09373A	4	64	64	0	0	三	秋	必修	考试	全汉语
		偏微分方程	B3I09304A	4	64	64	0	0	三	春	必修	考试	全汉语
		科研课堂	B3J095010	2	32	0	0	32	二至三学年任一学期		必修	考查	全汉语

续表

课程模块	课程类别	课程代码	课程名称	总学分	总学时	理论学时	实验学时	实践学时	开课学期 学年	开课学期 学期	课程性质及学习要求	考核方式	授课语言
		B3I093010	社会课堂(生产实习)	5	320	0	0	320	三	夏	必修	考查	全汉语
		B3I09432A	四年级研讨课与毕业设计	8	640	0	0	640	四	秋+春	必修	考查	全汉语
		B3I09252A	数值分析	3.5	64	48	16	0	三	秋	必修	考试	全汉语
	一般专业类	B3I09261A	高级语言程序设计	2.5	48	32	16	0	第三至四学年任一学期在本科导师指导下，学生根据兴趣和未来研究方向自行选择		限修，≥6.5学分	考查	全汉语
		B3I09131A	数论引论	2	32	32	0	0				考试	全汉语
		B3J09211A	应用数学选讲	1	16	16	0	0				考试	全汉语
		B3J09221A	数据结构	2.5	48	32	16	0				考试	全汉语
		B3J09331A	三年级研讨课(1)	1	16	16	0	0				考查	全汉语
		B3I09242A	数理逻辑与集合论	3	48	48	0	0				考试	全汉语
		B3J09451A	数学英语	1	16	16	0	0				考试	全汉语
		B3I09254A	数理统计	3.5	64	48	16	0				考试	全汉语
		B3I09363A	应用密码学	3.5	64	48	16	0				考试	全汉语
		B3I09333A	最优化理论与算法	3.5	64	48	16	0				考查	全汉语
		B3J09501A	交换代数	3	48	48	0	0				考试	全汉语
		B3J09342A	数学模型	3	48	48	0	0				考试	全汉语
		B3J09312A	三年级研讨课(2)	1	16	16	0	0				考查	全汉语
		B3I09322A	随机过程	3	48	48	0	0				考查	全汉语
		B3I09264A	数学软件	2.5	48	32	16	0				考查	全汉语

续表

课程模块	课程类别	课程代码	课程名称	总学分	总学时	理论学时	实验学时	实践学时	开课学期 学年	开课学期 学期	课程性质及学习要求	考核方式	授课语言
		B3I09323A	代数几何	3	48	48	0	0				考试	全汉语
		B3I09461A	多元统计分析	3	48	48	0	0				考试	全汉语
		B3I09451A	时间序列分析	3	48	48	0	0				考试	全汉语
		B3J09411A	精算数学	2	32	32	0	0				考试	全汉语
		B3J09421A	金融数学	2	32	32	0	0				考试	全汉语
		B3I09411A	常微分方程定性理论	2	32	32	0	0				考试	全汉语
		B3J09313A	现代调和分析	3	48	48	0	0	第三至四学年任一学期在本科导师指导下，学生根据兴趣和未来研究方向自行选择		限修，≥6.5学分	考试	全汉语
		B3J09471A	四年级研讨课	1	16	16	0	0				考查	全汉语
		B3J09323A	非线性泛函分析	3	48	48	0	0				考试	全汉语
		B3J09412A	小波分析	2	32	32	0	0				考试	全汉语
		B3J09361A	组合与图论	3	48	48	0	0				考试	全汉语
		B3J09491A	代数拓扑	3	48	48	0	0				考试	全汉语
		B3J09314A	现代偏微分方程	3	48	48	0	0				考试	全汉语
		B3I09381A	抽象代数(2)	3	48	48	0	0				考试	全汉语
		B3J09324A	群表示论	3	48	48	0	0				考试	全汉语
		B3I09393A	几何测度论——基础理论和应用	3	48	48	0	0				考试	全汉语
		B3J09343A	数值逼近	3.5	64	48	16	0				考试	全汉语
		B3J09342A	计算机代数	3	48	48	0	0				考试	全汉语

五、 核心课程先修逻辑关系图

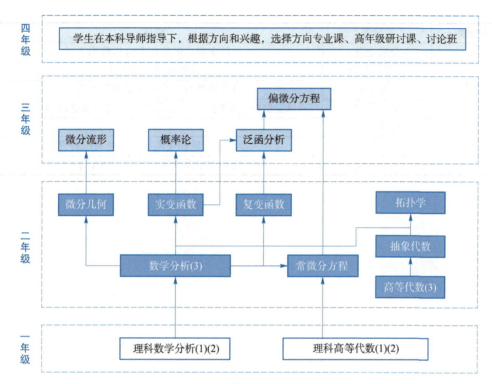

图 3.7

六、 专业准入办法一览表

准入办法	坚持公开、公平、公正原则，尊重学生志愿，结合本专业办学条件及专业准入标准			
准入细则	1. 成立专业准入工作领导小组。 2. 学生填报专业准入申请表。 3. 审核申请专业准入学生的准入课程修读情况，对通过者组织专家面试。 4. 确定专业准入学生名单，并将专业准入学生名单及相关材料报送学校教务部审核。 5. 面向全校公示专业准入学生名单。			
准入时间	外专业学生申请转入数学科学学院准入时间在第 2、4 学期结束时			
准入课程	序号	课程名称	开课学期	学分	其他替代课程
	1	理科数学分析 (1)(2)	1,2	6+6	
	2	理科高等代数 (1)(2)	1,2	4+3	
准入标准	获得准入课程 1—2 的 19 个学分			

七、毕业生未来发展

主分类	次分类	描述
就业	金融企业	以金融、证券行业分析师为主
	大数据公司	以数据科学家为主
	其他企业	以市场调查、数据存储和分析为主
	事业单位	以航空航天系统内研究院所的技术研究和管理岗位为主
	自主创业	
升学	国内深造	大学、中科院相关院所、国防系统研究所
	出国深造	国外大学攻读硕士学位、博士学位

北 京 航 空 航 天 大 学

信息与计算科学专业本科培养方案 (2022级)

一、专业简介

信息与计算科学专业成立于 1998 年，是以信息科学与计算科学的数学理论基础为研究对象的理科类专业，始终坚持立德树人根本任务，落实"五育"并举，践行"三全育人"要求，遵循学校"厚植情怀、强化基础、突出实践、科教融合"培养方针，秉承数学科学学院"强化基础、突出特色、重在素质、面向创新"的办学理念，培养了大批深受高等院校、科研院所、金融机构、高科技企业、国防单位青睐和好评的专业人才。强化数学、科学计算和信息处理三领域的基础，突出数值计算、符号计算、数据处理、信息处理等方向的交叉与融合，及其在航空航天中的应用，为本科生构筑扎实的理论基础和专业知识体系；建立多层次的实验平台和实验课程体系，辅以空天信领域重大科研项目攻关为载体的实践创新人才培养，强调创新实践能力与学生个性化实际应用能力的培养；在课程中增加思政和学科发展历史等要素，增强学生公民意识及责任感，提升数学文化和思辨力；在多领域国际交流的基础上，了解专业的国内外发展动态，培养具有较强的分析、解决问题和创新意识及有效表达能力，能适应社会对科学计算与信息处理人才的多层次、多角度需求。

二、培养目标和毕业要求

1. 培养目标

本专业结合我校"着力培养传承空天报国精神、堪当民族复兴大任的领军领导人才"的战略目标，和"强情怀、强基础、强实践、强融通"的人才培养"四强"模式，着力培养面向未来发展、富有创新潜质、具备团队精神、善于学习实践的高素质人才。

本专业培养掌握扎实的数学、信息处理和科学计算的基础理论知识，具备严谨的科学思维和敏锐的专业洞察力，具有国际化视野和创新创业意识，能够跟踪、发展和开拓信息与计算科学领域中的新理论、新知识、新技术，具备在科学工程计算和信息处理相关领域研究及解决复杂理论或工程问题的能力，能够主动适应国家战略和经济建设发展需求，具备高度的使命感与担当精神、良好的人文素养和高尚的职业道德，能够在科技、教育、经济和国防等部门从事科学研究、教学、应用开发和管理等方面工作的高级专门人才。

2. 毕业要求

素质方面：

(1) 具有良好的法律意识、社会公德与社会责任感。

(2) 具有严谨求实的科学素养和敢于争先的创新意识。

(3) 具有哲学、艺术等人文社会修养，能正确评价自我与他人。

知识方面：

(1) 掌握扎实的数学基础知识。

(2) 系统地掌握信息处理与计算科学的专业知识。

(3) 了解信息处理与计算科学对科学技术的进步及国民经济发展的促进作用。

(4) 具有一定的体育和军事基本知识，掌握科学锻炼身体的基本技能。

(5) 具有一定的社会实践经历。

能力方面：

(1) 具有综合运用数学知识、信息处理与计算科学专业知识开展科研实践和工程实践的能力。

(2) 具有运用现代信息检索、资料查询工具获取相关信息的能力。

(3) 了解信息处理与计算科学的前沿技术及其发展趋势。

(4) 具有一定的组织管理能力、较强的表达与交往能力以及团队协作能力。

(5) 具有较强的自学能力、终身学习的意识及适应发展的能力。

(6) 具有良好的专业外语阅读、交流与写作能力，初步具有国际化视野。

(7) 具有一定的算法设计与软件实现能力。

人格方面：

具有健全的心理和健康的体魄，能够承受现代社会竞争压力。

3. 核心课程与毕业要求关联表

核心课程	具有扎实的数学基础知识	系统地掌握信息处理与计算科学的专业知识	具有综合运用专业知识开展科研和工程实践和实践的能力	了解信息处理与计算科学的前沿技术及其发展趋势	具有良好的表达能力、外语阅读能力、自学能力，一定的国际化视野	了解专业技术的进步对国民经济发展的促进作用	良好的科学素养，社会责任感和社会修养	具有健全的心理和健康的体魄，能够承受现代社会竞争压力
					毕业要求			
思想政治理论	√					√	√	
大学英语		√	√	√	√	√	√	√
形势与政策	√			√			√	√
军事理论						√	√	√
大学计算机基础	√	√	√	√		√	√	
常微分方程	√	√	√	√		√	√	
抽象代数	√	√	√	√		√	√	
实变函数	√	√	√	√		√	√	
复变函数	√	√	√	√		√	√	
数值分析	√	√	√	√		√	√	
数理逻辑与集合论		√	√	√		√	√	
最优化理论与算法		√	√	√		√	√	
偏微分方程	√	√	√	√		√	√	
数值逼近		√	√	√		√	√	
泛函分析	√	√	√	√		√	√	
偏微分方程数值解	√	√	√	√		√	√	
科研课堂			√	√		√	√	
社会实践			√	√	√	√	√	√

三、学制、授予学位、最低毕业学分框架表

本专业基本学制为 4 年，学生在学校规定的学习年限内，修完培养方案规定的内容，成绩合格，达到学校毕业要求的，准予毕业，学校颁发毕业证书；符合学士学位授予条件的，授予学士学位。

毕业总学分：159 分。

授予学位类型：理学学士学位。

信息与计算科学专业本科指导性最低学分框架表

课程模块	序列	课程类别	最低学分要求		
			1 年级	2—4 年级	学分小计
I 基础课程	A	数学与自然科学类	30	6	46
	B	工程基础类	2	0	
	C	外语类	4	4	
II 通修课程	D	思政类	9.5	10.5	42
		军事理论类	2	2	
	E	体育类	1	2.5	
	K	素质教育理论必修课	1.1	3.4	
	M	素质教育实践必修课	0.5	1.5	
	F/G	素质教育通识限修课	2	6	
III 专业课程	I	核心专业类	0	60.5	71
	J	一般专业类	0	10.5	
学分小计			52.1	106.9	—
毕业最低总学分			159		

注：外语类课程、思政类课程、军事理论类课程、体育类课程、美育课程、劳动教育课程、心理健康、国家安全、素质教育实践必修课等修读要求见相关文件，其中：

1. 劳动教育课程要求：至少选修劳动教育必修课或劳动教育模块学时总数 ≥32 学时及参加劳动月等活动，详见每学期劳动教育课程清单。

2. 创新创业课程要求：至少选修 3 学分，详见每学期创新创业课程清单，修读要求见相应创新创业学分认定办法。

3. 全英文课程要求：至少选修 2 学分全英文课程 (外语类课程除外)。

4. 跨学科专业课要求：至少选修 2 学分 (其他二级学科必修课程)。

四、课程设置与学分分布表

课程模块	课程类别	课程代码	课程名称	总学分	总学时	理论学时	实验学时	实践学时	开课学期 学年	开课学期 学期	课程性质及学习要求	考核方式	授课语言
基础课程	数学与自然科学类	B1A09107A	理科数学分析(1)	6	96	96	0	0	一	秋	必修	考试	全汉语
		B1A09108A	理科数学分析(2)	6	96	96	0	0	一	春	必修	考试	全汉语
		B1A09116A	理科高等代数(1)	4	64	64	0	0	一	秋	必修	考试	全汉语
		B1A09110A	理科高等代数(2)	3	48	48	0	0	一	春	必修	考试	全汉语
		B1A191020	物理学(1)	5	80	80	0	0	一	春	必修	考试	全汉语
		B1A271050	基础化学(1)	4	64	64	0	0	一	秋	必修	考试	全汉语
		B1A191040	物理学实验(1)	1	32	0	32	0	一	春	必修	考试	全汉语
		B1A271060	基础化学实验(1)	1	32	0	32	0	一	秋	必修	考试	全汉语
		B1A09221A	高等代数(3)	3	48	48	0	0	二	秋	必修	考试	全汉语
		B1A09222A	数学分析(3)	3	48	48	0	0	二	秋	必修	考试	全汉语
	工程基础类	B1B061040	大学计算机基础	2	48	16	32	0	一	春	必修	考试	全汉语
	外语类	B1C12107A	大学英语 A (1)	2	32	32	0	0	一	秋	必修	考试	全英文
		B1C12108A	大学英语 A (2)	2	32	32	0	0	一	春	必修	考试	全英文
		B1C12207A	大学英语 A (3)	2	32	32	0	0	二	秋	必修	考试	全英文
		B1C12208A	大学英语 A (4)	2	32	32	0	0	二	春	必修	考试	全英文
		B1C12107B	大学英语 B (1)	2	32	32	0	0	一	秋	必修	考试	全英文
		B1C12108B	大学英语 B (2)	2	32	32	0	0	一	春	必修	考试	全英文

续表

课程模块	课程类别	课程代码	课程名称	总学分	总学时	理论学时	实验学时	实践学时	开课学期 学年	开课学期 学期	课程性质及学习要求	考核方式	授课语言
通修课程		B1C12207B	大学英语B(3)	2	32	32	0	0	二	秋	必修	考试	全英文
		B1C12208B	大学英语B(4)	2	32	32	0	0	二	春	必修	考试	全英文
	思政类	B2D281050	思想道德与法治	3	48	48	0	0	一	秋	必修	考试	全汉语
		B2D281070	习近平新时代中国特色社会主义思想概论	3	48	48	0	0	一	秋	必修	考试	全汉语
		B2D281060	中国近现代史纲要	3	48	48	0	0	一	春	必修	考试	全汉语
		B2D282030	毛泽东思想和中国特色社会主义理论体系概论	3	48	48	0	0	二	秋	必修	考试	全汉语
		B2D284010	社会实践	2	80	0	0	80	四	秋	必修	考查	全汉语
		B2D282070	马克思主义基本原理	3	48	48	0	0	二	春	必修	考试	全汉语
		B2D281110	形势与政策(1)	0.2	8	4	0	4	一	秋	必修	考查	全汉语
		B2D281120	形势与政策(2)	0.3	8	4	0	4	一	春	必修	考查	全汉语
		B2D282110	形势与政策(3)	0.2	8	8	0	0	二	秋	必修	考查	全汉语
		B2D282120	形势与政策(4)	0.3	8	8	0	0	二	春	必修	考查	全汉语
		B2D283110	形势与政策(5)	0.2	8	8	0	0	三	秋	必修	考查	全汉语
		B2D283120	形势与政策(6)	0.3	8	8	0	0	三	春	必修	考查	全汉语
		B2D284110	形势与政策(7)	0.2	8	8	0	0	四	秋	必修	考查	全汉语
		B2D284120	形势与政策(8)	0.3	8	8	0	0	四	春	必修	考查	全汉语

续表

课程模块	课程类别	课程代码	课程名称	总学分	总学时	理论学时	实验学时	实践学时	开课学期 学年	开课学期 学期	课程性质及学习要求	考核方式	授课语言
		B2D280110	中国共产党历史	1	16	16	0	0	一至四	秋/春		考试	全汉语
		B2D280120	新中国史	1	16	16	0	0	一至四	秋/春	限修，≥1学分	考试	全汉语
		B2D280130	改革开放史	1	16	16	0	0	一至四	秋/春		考试	全汉语
		B2D280140	社会主义发展史	1	16	16	0	0	一至四	秋/春		考试	全汉语
	军事理论类	B2D511040	军事理论	2	36	32	0	4	二	春	必修	考试	全汉语
		B2D511030	军事技能	2	112	0	0	112	一	夏	必修	考查	全汉语
	体育类	B2E331030	体育(1)	0.5	32	32	0	0	一	秋	必修	考试	全汉语
		B2E331040	体育(2)	0.5	32	32	0	0	一	春	必修	考试	全汉语
		B2E332050	体育(3)	0.5	32	32	0	0	二	秋	必修	考试	全汉语
		B2E332060	体育(4)	0.5	32	32	0	0	二	春	必修	考试	全汉语
		B2E333070	体育(5)	0.5	16	16	0	0	三	秋	必修	考试	全汉语
		B2E333080	体育(6)	0.5	16	16	0	0	三	春	必修	考试	全汉语
		B2E334030	体质健康标准测试	0.5	0	0	0	0	四	秋	必修	考试	全汉语
	素质教育实践必修课	B2H511110	素质教育(博雅课程)(1)	0.2	16	4	0	12	一	秋	必修	考查	全汉语
		B2H511120	素质教育(博雅课程)(2)	0.3	16	4	0	12	一	春	必修	考查	全汉语
		B2H511130	素质教育(博雅课程)(3)	0.2	16	4	0	12	二	秋	必修	考查	全汉语
		B2H511140	素质教育(博雅课程)(4)	0.3	16	4	0	12	二	春	必修	考查	全汉语
		B2H511150	素质教育(博雅课程)(5)	0.2	16	4	0	12	三	秋	必修	考查	全汉语

续表

课程模块	课程类别	课程代码	课程名称	总学分	总学时	理论学时	实验学时	实践学时	开课学期 学年	开课学期 学期	课程性质及学习要求	考核方式	授课语言
素质教育理论必修课	素质教育必修课	B2H511160	素质教育(博雅课程)(6)	0.3	16	4	0	12	三	春	必修	考查	全汉语
		B2H511170	素质教育(博雅课程)(7)	0.2	16	4	0	12	四	秋	必修	考查	全汉语
		B2H511180	素质教育(博雅课程)(8)	0.3	16	4	0	12	四	春	必修	考查	全汉语
			美育类课程(1.5学分),各类课程见各学期开课清单	1.5							必修		
			劳动教育课程(至少32学时),劳动教育必修课或劳动教育模块,详见每学期劳动课程清单		32				一至四		必修	考查	全汉语
		B2K511010	心理健康(1)	0.3	6	2	0	4	一	秋	必修	考查	全汉语
		B2K511020	心理健康(2)	0.3	6	2	0	4	一	春	必修	考查	全汉语
		B2K511030	心理健康(3)	0.3	6	2	0	4	二	秋	必修	考查	全汉语
		B2K511040	心理健康(4)	0.3	6	2	0	4	二	春	必修	考查	全汉语
		B2K511050	心理健康(5)	0.2	2	2	0	0	三	秋	必修	考查	全汉语
		B2K511060	心理健康(6)	0.2	2	2	0	0	三	春	必修	考查	全汉语
		B2K511070	心理健康(7)	0.2	2	2	0	0	四	秋	必修	考查	全汉语
		B2K511080	心理健康(8)	0.2	2	2	0	0	四	春	必修	考查	全汉语
		B2K141010	国家安全	1	16	14	0	2	一至三	秋/春	必修		

课程模块	课程类别	课程代码	课程名称	总学分	总学时	理论学时	实验学时	实践学时	开课学期 学年	开课学期 学期	课程性质及学习要求	考核方式	授课语言
素质教育通识限修课		B2F080140	经济学原理	2	32	32	0	0	一	秋		考试	全汉语
		B2F110110	大学语文	2	32	32	0	0	一	秋		考试	全汉语
		B2F280180	哲学问题导论	2	32	32	0	0	一	秋		考查	全汉语
		B2F280160	哲学思维与应用	2	32	32	0	0	一	秋		考试	全汉语
		B2F190150	物理先导课	2	32	32	0	0	一	秋		考试	全汉语
		B2F190130	物理思想纵横	1	16	16	0	0	一	秋		考试	全汉语
		B2F090110	数学分析原理选讲(1)	2	32	32	0	0	一	秋	限修,≥2学分	考查	全汉语
		B2F300130	空间科学导论	1	16	16	0	0	一	秋		考查	全汉语
		B2F300150	环境科学与工程前沿	1	16	16	0	0	一	秋		考查	全汉语
		B2F090130	数学前沿导论	1	16	16	0	0	一	春		考试	全汉语
		B2F080150	经济与管理前沿导论	1	16	16	0	0	一	春		考查	全汉语
		B2F300160	空间科学前沿	1	16	16	0	0	一	春		考查	全汉语
		B2F300180	环境科学与工程导论	1	16	16	0	0	一	春		考试	全汉语
		B2F270160	化学前沿导论	1	16	16	0	0	一	春		考查	全汉语
		B2F270170	魅力化学	1	16	16	0	0	一	春		考查	全汉语
		B2F190140	物理学研讨课	2	32	32	0	0	一	春		考试	全汉语
		B2F090120	数学分析原理选讲(2)	2	32	32	0	0	一	春		考试	全汉语

续表

课程模块	课程类别	课程代码	课程名称	总学分	总学时	理论学时	实验学时	实践学时	开课学期 学年	开课学期 学期	课程性质及学习要求	考核方式	授课语言
专业课程	核心专业类		新生研讨课(见每学期新生研讨课开课列表)										全汉语
		B2F050110	航空航天概论A	2	32	22	10	0	一	春	必修	考试	全汉语
			全校开设素质教育通识限修课	4			0	0			必修		
		B3I09203A	常微分方程	3.5	64	48	0	16	二	秋	必修	考试	全汉语
		B3I09383A	概率论	3.5	64	48	16	16	二	秋	必修	考试	全汉语
		B3I09213A	抽象代数	4	64	64	0	0	二	秋	必修	考试	全汉语
		B3I09244A	数值分析	4.5	80	64	16	0	二	春	必修	考试	全汉语
		B3I09204A	实变函数	4.5	80	64	0	16	二	春	必修	考试	全汉语
		B3I09274A	复变函数	4	64	64	0	0	二	春	必修	考试	全汉语
		B3I09242A	数理逻辑与集合论	3	48	48	0	0	三	秋	必修	考试	全汉语
		B3I09333A	最优化理论与算法	3.5	64	48	16	0	三	秋	必修	考试	全汉语
		B3I09303A	泛函分析	4	64	64	0	0	三	秋	必修	考试	全汉语
		B3I09343A	数值逼近	3.5	64	48	16	0	三	春	必修	考试	全汉语
		B3I09304A	偏微分方程	4	64	64	0	0	三	春	必修	考试	全汉语
		B3I09314A	偏微分方程数值解	3.5	64	48	16	0	四	秋	必修	考试	全汉语
		B3J095010	科研课堂	2	32	0	0	32	二至三学年任一学期		必修	考查	全汉语

续表

课程模块	课程类别	课程代码	课程名称	总学分	总学时	理论学时	实验学时	实践学时	开课学期 学年	开课学期 学期	课程性质及学习要求	考核方式	授课语言
		B3I093010	社会课堂(生产实习)	5	320	0	0	320	三	夏	必修	考查	全汉语
		B3I09432A	四年级研讨课与毕业设计	8	640	0	0	640	四	秋+春	必修	考查	全汉语
	一般专业类	B3I09261A	高级语言程序设计	2.5	48	32	16	0	第三至四学年任一学期在本科导师指导下，学生根据兴趣和未来研究方向自行选择		限修，≥10.5学分	考试	全汉语
		B3J09221A	数据结构	2.5	48	32	16	0				考试	全汉语
		B3I09224A	拓扑学	4	64	64	0	0				考试	全汉语
		B3I09234A	微分几何	4	64	64	0	0				考试	全汉语
		B3J09203A	学科通识实验	1	32	0	32	0				考查	全汉语
		B3J09344A	深度学习基础与实践	3	48	16	32	0				考查	全汉语
		B3J09211A	应用数学选讲	1	16	16	0	0				考试	全汉语
		B3J09383A	计算几何	2.5	48	32	16	0				考试	全汉语
		B3J09451A	数学英语	1	16	16	0	0				考试	全汉语
		B3J09331A	三年级研讨课(1)	1	16	16	0	0				考试	全汉语
		B3I09394A	博弈论	3	48	48	0	0				考试	全汉语
		B3I09363A	应用密码学	3.5	64	48	16	0				考试	全汉语
		B3I09373A	微分流形	4	64	64	0	0				考试	全汉语
		B3I09341A	信息论与编码	3	48	48	0	0				考试	全汉语
		B3I09342A	数学模型	3	48	48	0	0				考试	全汉语
		B3J09304A	数字信号与图像处理	2.5	48	32	16	0				考试	全汉语
		B3J09342A	计算机代数	3	48	48	0	0				考试	全汉语

续表

课程模块	课程类别	课程代码	课程名称	总学分	总学时	理论学时	实验学时	实践学时	开课学期 学年	开课学期 学期	课程性质及学习要求	考核方式	授课语言
		B3I09254A	数理统计	3.5	64	48	16	0				考试	全汉语
		B3I09322A	随机过程	3	48	48	0	0				考试	全汉语
		B3I09264A	数学软件	2.5	48	32	16	0				考试	全汉语
		B3J09312A	三年级研讨课(2)	1	16	16	0	0				考试	全汉语
		B3I09361A	组合与图论	3	48	48	0	0				考试	全汉语
		B3J09392A	统计学习	2	32	32	0	0	第三至四学年任一学期在本科导师指导下，学生根据兴趣和未来研究方向自行选择		限修，≥10.5学分	考试	全汉语
		B3J09374A	学科综合实验	1	32	0	32	0				考试	全汉语
		B3J09364A	Python深度学习实践	1	32	0	32	0				考试	全汉语
		B3J09403A	有限元方法	2.5	48	32	16	0				考试	全汉语
		B3J09461A	理论计算机科学基础	3	48	48	0	0				考试	全汉语
		B3J09431A	信息与通信工程	2	32	32	0	0				考试	全汉语
		B3I09451A	时间序列分析	3	48	48	0	0				考试	全汉语
		B3J09471A	四年级研讨课	1	16	16	0	0				考试	全汉语
		B3J09412A	小波分析	2	32	32	0	0				考试	全汉语
		B3J09404A	并行计算	2.5	48	32	16	0				考试	全汉语

五、 核心课程先修逻辑关系图

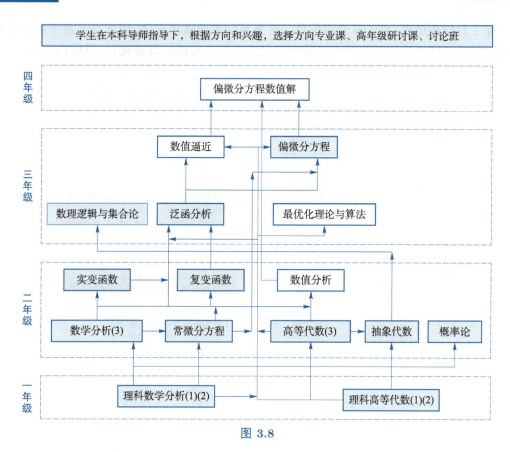

图 3.8

六、 专业准入办法一览表

准入办法	坚持公开、公平、公正原则，尊重学生志愿，结合本专业办学条件及专业准入标准			
准入细则	1. 成立专业准入工作领导小组。 2. 学生填报专业准入申请表。 3. 审核申请专业准入学生的准入课程修读情况，对通过者组织专家面试。 4. 确定专业准入学生名单，并将专业准入学生名单及相关材料报送学校教务部审核。 5. 面向全校公示专业准入学生名单。			
准入时间	外专业学生申请转入数学科学学院准入时间在第 2、4 学期结束时			
准入课程	序号	课程名称	开课学期	学分	其他替代课程
	1	理科数学分析 (1)(2)	1, 2	6+6	
	2	理科高等代 (1)(2)	1, 2	4+3	
准入标准	获得准入课程 1—2 的 19 个学分			

七、毕业生未来发展

除了升学深造外, 由于社会对信息与计算科学专业需求广泛, 因此本专业毕业生具有广泛的就业空间及发展可能。本培养方案仅给出部分可能的发展规划, 具体内容如下:

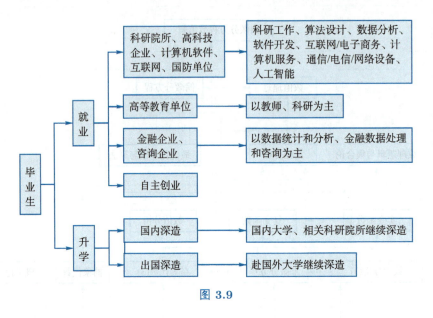

图 3.9

统计学专业本科培养方案(2022级)

一、 专业简介

本专业是教育部在 2014 年按统计学一级学科批准设立的新专业,致力于培养基础扎实、面向应用的宽口径人才。本专业重视统计学和数学等基础理论的学习,依托学院现有优势课程打造优化统计学专业课程,注重知识体系的建立。本专业充分体现研究性大学的特色,强调统计理论与实际问题背景的结合,培养对实际数据的统计分析能力,鼓励学生跨专业跨学科学习。

本专业结合我校"打造空天信融合特色,创建世界一流大学"的总体战略目标,始终坚持立德树人根本任务,落实"五育"并举,践行"三全育人"要求,在"提高质量、强化特色、突出创新、优化管理"的总体要求下,坚持"厚植情怀、强化基础、突出实践、科教融通"的本科人才培养方针,秉承数学科学学院"强化基础、突出特色、重在素质、面向创新"的办学理念。专业设置着重于统计和数学基础理论,强调统计与各学科应用的交叉与融合。在培养中增加思政等要素,增强学生主人公意识及责任感,提升人文以及专业修养。本专业着力培养面向未来发展,富有创新潜质,具备团队精神,善于学习实践的高素质人才。

二、 培养目标和毕业要求

1. 培养目标

本专业结合北航人才培养的总体目标,培养具有良好人文修养和统计职业道德,热爱统计学,擅长数据分析,掌握统计学基本理论与方法,能正确运用统计方法和统计软件分析数据和解决实际问题,从事统计学理论与应用研究的专业型和通用型人才。本专业毕业生可在政府、企业、事业单位和经济、管理等部门,在自然科学、人文社会科学、工程技术等领域从事统计应用研究和数据分析工作,也可继续攻读研究生学位,从事相关专业的科研、教学工作。

2. 毕业要求

(1) 系统地掌握数学与统计学基础专业知识,学习统计学、数学前沿知识。有对终身学习的正确认识、学习能力及适应发展能力。

(2) 熟练利用数学、统计软件进行数据分析和统计计算,具有利用统计理论方法进行数据分析的能力，以及熟练的统计软件编程能力。

(3) 学习统计学、数学前沿知识，能够初步运用统计学理论与方法解决实际问题，以及根据各行业背景信息进行实际数据分析的能力，具有运用现代信息检索、资料查询获取相关信息的能力。具有一定的组织管理能力、较强的表达与交往能力以及团队协作能力。

(4) 培养开展统计学、数学科学研究的能力。具有良好的专业外语阅读、交流与写作能力，初步具有国际化视野。

3. 核心课程与毕业要求关联表

	A 掌握扎实的数学与统计学基础知识	B 系统地掌握统计学基础专业知识，熟练利用数学、统计软件进行数据分析和统计计算	C 学习统计学、数学前沿知识，能够初步运用统计学理论与方法解决实际问题	D 培养基本的开展统计学、数学科学研究的能力
数学分析	√	√		
高等代数	√			
概率论	√	√		
数学模型	√	√		
实变函数	√	√		
数学软件	√	√	√	√
数理统计	√	√	√	√
数值分析	√	√	√	√
回归分析		√	√	√
多元统计分析		√	√	√
统计计算与实验		√	√	√
随机过程	√	√	√	
时间序列分析		√	√	√
非参数统计		√	√	√
科研课堂			√	√
社会课堂（生产实习)			√	√
毕业设计	√	√	√	√

三、 学制、授予学位、最低毕业学分框架表

本专业基本学制为 4 年，学生在学校规定的学习年限内，修完培养方案规定的内容，成绩合格，达到学校毕业要求的，准予毕业，学校颁发毕业证书；符合学士学位授予条件的，授予学士学位。

毕业总学分：152.5 学分。

授予学位类型：理学学士学位。

统计学专业本科指导性最低学分框架表

课程模块	序列	课程类别	最低学分要求		学分小计
			1 年级	2—4 年级	
Ⅰ 基础课程	A	数学与自然科学类	30	6	46
	B	工程基础类	2	0	
	C	外语类	4	4	
Ⅱ 通修课程	D	思政类	9.5	10.5	42
		军事理论类	2	2	
	E	体育类	1	2.5	
	K	素质教育理论必修课	1.1	3.4	
	M	素质教育实践必修课	0.5	1.5	
	F/G	素质教育通识限修课	2	6	
Ⅲ 专业课程	I	核心专业类	0	54.5	64.5
	J	一般专业类	0	10	
学分小计			52.1	100.4	—
毕业最低总学分			152.5		

注：外语类课程、思政类课程、军事理论类课程、体育类课程、美育课程、劳动教育课程、心理健康、国家安全、素质教育实践必修课等修读要求见相关文件，其中：

1. 劳动教育课程要求：至少选修劳动教育必修课或劳动教育模块学时总数 ≥ 32 学时及参加劳动月等活动，详见每学期劳动教育课程清单。

2. 创新创业课程要求：至少选修 3 学分，详见每学期创新创业课程清单，修读要求见相应创新创业学分认定办法。

3. 全英文课程要求：至少选修 2 学分全英文课程 (外语类课程除外)。

4. 跨学科专业课要求：至少选修 2 学分 (其他二级学科必修课程)。

四、课程设置与学分分布表

课程模块	课程类别	课程代码	课程名称	总学分	总学时	理论学时	实验学时	实践学时	学年	学期	课程性质及学习要求	考核方式	授课语言
基础课程	数学与自然科学类	B1A09107A	理科数学分析（1）	6	96	96	0	0	一	秋	必修	考试	全汉语
		B1A09108A	理科数学分析（2）	6	96	96	0	0	一	春	必修	考试	全汉语
		B1A09116A	理科高等代数（1）	4	64	64	0	0	一	秋	必修	考试	全汉语
		B1A09110A	理科高等代数（2）	3	48	48	0	0	一	春	必修	考试	全汉语
		B1A191020	物理学（1）	5	80	80	0	0	一	春	必修	考试	全汉语
		B1A271050	基础化学（1）	4	64	64	0	0	一	秋	必修	考试	全汉语
		B1A191040	物理学实验（1）	1	32	0	32	0	一	春	必修	考试	全汉语
		B1A271060	基础化学实验（1）	1	32	0	32	0	一	秋	必修	考试	全汉语
		B1A09222A	数学分析（3）	3	48	48	0	0	二	秋	必修	考试	全汉语
		B1A09221A	高等代数（3）	3	48	48	0	0	二	秋	必修	考试	全汉语
	工程基础类	B1B061040	大学计算机基础	2	48	16	32	0	一	春	必修	考试	全汉语
	外语类	B1C12107A	大学英语 A(1)	2	32	32	0	0	一	秋	必修	考试	全英文
		B1C12108A	大学英语 A(2)	2	32	32	0	0	一	春	必修	考试	全英文
		B1C12207A	大学英语 A(3)	2	32	32	0	0	二	秋	必修	考试	全英文
		B1C12208A	大学英语 A(4)	2	32	32	0	0	二	春	必修	考试	全英文
		B1C12107B	大学英语 B(1)	2	32	32	0	0	二	秋	必修	考试	全英文
		B1C12108B	大学英语 B(2)	2	32	32	0	0	一	春	必修	考试	全英文
		B1C12207B	大学英语 B(3)	2	32	32	0	0	二	秋	必修	考试	全英文

续表

课程模块	课程类别	课程代码	课程名称	总学分	总学时	理论学时	实验学时	实践学时	开课学期 学年	开课学期 学期	课程性质及学习要求	考核方式	授课语言
通修课程		B1C12208B	大学英语 B(4)	2	32	32	0	0	二	春	必修	考试	全英文
	思政类	B2D281050	思想道德与法治	3	48	48	0	0	一	秋	必修	考试	全汉语
		B2D281070	习近平新时代中国特色社会主义思想概论	3	48	48	0	0	一	秋	必修	考试	全汉语
		B2D281060	中国近现代史纲要	3	48	48	0	0	一	春	必修	考试	全汉语
		B2D282030	毛泽东思想和中国特色社会主义理论体系概论	3	48	48	0	0	二	秋	必修	考试	全汉语
		B2D284010	社会实践	2	80	0	0	80	四	秋	必修	考查	全汉语
		B2D282070	马克思主义基本原理	3	48	48	0	0	二	春	必修	考试	全汉语
		B2D281110	形势与政策 (1)	0.2	8	4	0	4	一	秋	必修	考查	全汉语
		B2D281120	形势与政策 (2)	0.3	8	4	0	4	一	春	必修	考查	全汉语
		B2D282110	形势与政策 (3)	0.2	8	8	0	0	二	秋	必修	考查	全汉语
		B2D282120	形势与政策 (4)	0.3	8	8	0	0	二	春	必修	考查	全汉语
		B2D283110	形势与政策 (5)	0.2	8	8	0	0	三	秋	必修	考查	全汉语
		B2D283120	形势与政策 (6)	0.3	8	8	0	0	三	春	必修	考查	全汉语
		B2D284110	形势与政策 (7)	0.2	8	8	0	0	四	秋	必修	考查	全汉语
		B2D284120	形势与政策 (8)	0.3	8	8	0	0	四	春	必修	考查	全汉语

续表

课程模块	课程类别	课程代码	课程名称	总学分	总学时	理论学时	实验学时	实践学时	学年	学期	课程性质及学习要求	考核方式	授课语言
		B2D280110	中国共产党历史	1	16	16	0	0	一至四	秋/春	限修，≥1学分	考试	全汉语
		B2D280120	新中国史	1	16	16	0	0	一至四	秋/春		考试	全汉语
		B2D280130	改革开放史	1	16	16	0	0	一至四	秋/春		考试	全汉语
		B2D280140	社会主义发展史	1	16	16	0	0	一至四	秋/春		考试	全汉语
	军事理论类	B2D511040	军事理论	2	36	32	0	4	二	春	必修	考试	全汉语
		B2D511030	军事技能	2	112	0	0	112	一	夏	必修	考查	全汉语
	体育类	B2E333030	体育（1）	0.5	32	32	0	0	一	秋	必修	考试	全汉语
		B2E331040	体育（2）	0.5	32	32	0	0	一	春	必修	考试	全汉语
		B2E332050	体育（3）	0.5	32	32	0	0	二	秋	必修	考试	全汉语
		B2E332060	体育（4）	0.5	32	32	0	0	二	春	必修	考试	全汉语
		B2E333070	体育（5）	0.5	16	16	0	0	三	秋	必修	考试	全汉语
		B2E333080	体育（6）	0.5	16	16	0	0	三	春	必修	考试	全汉语
		B2E334030	体质健康标准测试	0.5	0	0	0	0	四	秋	必修	考查	全汉语
	素质教育实践必修课	B2H511110	素质教育（博雅课程）（1）	0.2	16	4	0	12	一	秋	必修	考查	全汉语
		B2H511120	素质教育（博雅课程）（2）	0.3	16	4	0	12	一	春	必修	考查	全汉语
		B2H511130	素质教育（博雅课程）（3）	0.2	16	4	0	12	二	秋	必修	考查	全汉语
		B2H511140	素质教育（博雅课程）（4）	0.3	16	4	0	12	二	春	必修	考查	全汉语
		B2H511150	素质教育（博雅课程）（5）	0.2	16	4	0	12	三	秋	必修	考查	全汉语
		B2H511160	素质教育（博雅课程）（6）	0.3	16	4	0	12	三	春	必修	考查	全汉语
		B2H511170	素质教育（博雅课程）（7）	0.2	16	4	0	12	四	秋	必修	考查	全汉语

续表

课程模块	课程类别	课程代码	课程名称	总学分	总学时	理论学时	实验学时	实践学时	开课学期 学年	开课学期 学期	课程性质 及学习要求	考核方式	授课语言
		B2H511180	素质教育（博雅课程）(8)	0.3	16	4	0	12	四	春	必修	考查	全汉语
			美育类课程（1.5学分），各类课程见各学期开课清单	1.5							必修		
			劳动教育课程（至少32学时），劳动教育必修课或暑期劳动教育模块，详见每学期劳动教育课程清单		32				一至四		必修	考查	全汉语
素质教育理论必修课		B2K511010	心理健康 (1)	0.3	6	2	0	4	一	秋	必修	考查	全汉语
		B2K511020	心理健康 (2)	0.3	6	2	0	4	一	春	必修	考查	全汉语
		B2K511030	心理健康 (3)	0.3	6	2	0	4	二	秋	必修	考查	全汉语
		B2K511040	心理健康 (4)	0.3	6	2	0	4	二	春	必修	考查	全汉语
		B2K511050	心理健康 (5)	0.2	2	2	0	0	三	秋	必修	考查	全汉语
		B2K511060	心理健康 (6)	0.2	2	2	0	0	三	春	必修	考查	全汉语
		B2K511070	心理健康 (7)	0.2	2	2	0	0	四	秋	必修	考查	全汉语
		B2K511080	心理健康 (8)	0.2	2	2	0	0	四	春	必修	考查	全汉语
		B2K141010	国家安全	1	16	14	0	2	一至三	秋/春	必修		
		B2F080140	经济学原理	2	32	32	0	0	一	秋		考试	全汉语
		B2F110110	大学语文	2	32	32	0	0	一	秋		考试	全汉语

续表

课程模块	课程类别	课程代码	课程名称	总学分	总学时	理论学时	实验学时	实践学时	学年	学期	课程性质	及学习要求	考核方式	授课语言
	素质教育	B2F280180	哲学问题导论	2	32	32	0	0	一	秋			考查	全汉语
		B2F280160	哲学思维与应用	2	32	32	0	0	一	秋			考试	全汉语
		B2F190150	物理先导课	2	32	32	0	0	一	秋			考试	全汉语
		B2F190130	物理思想纵横	1	16	16	0	0	一	秋			考查	全汉语
		B2F090110	数学分析原理选讲 (1)	2	32	32	0	0	一	秋			考查	全汉语
		B2F300130	空间科学导论	1	16	16	0	0	一	秋		限修，≥2学分	考查	全汉语
		B2F300150	环境科学与工程前沿	1	16	16	0	0	一	秋			考查	全汉语
		B2F090130	数学前沿导论	1	16	16	0	0	一	春			考试	全汉语
		B2F080150	经济与管理前沿导论	1	16	16	0	0	一	春			考查	全汉语
		B2F300160	空间科学前沿	1	16	16	0	0	一	春			考查	全汉语
		B2F300180	环境科学与工程导论	1	16	16	0	0	一	春			考试	全汉语
		B2F270160	化学前沿导论	1	16	16	0	0	一	春			考查	全汉语
		B2F270170	魅力化学	1	16	16	0	0	一	春			考查	全汉语
		B2F190140	物理学研讨课	2	32	32	0	0	一	春			考试	全汉语
		B2F090120	数学分析原理选讲 (2)	2	32	32	0	0	一	春			考查	全汉语
			新生研讨课 (见每学期新生研讨课开课课表)											
	通识限修课	B2F050110	航空航天概论 A	2	32	22	10	0	二	春	必修		考试	全汉语
			全校开设素质教育通识限修课	4		48	0	0	二		必修			全汉语
		B3I09342A	数学模型	3	48	48	0	0	二	秋	必修		考试	全汉语
		B3I09383A	概率论	3.5	64	48	0	16	二	秋	必修		考试	全汉语

续表

课程模块	课程类别	课程代码	课程名称	总学分	总学时	理论学时	实验学时	实践学时	学年	学期	双学习要求	课程性质	考核方式	授课语言
专业课程		B3I09244A	数值分析	4.5	80	64	16	0	二	春		必修	考试	全汉语
		B3I09204A	实变函数	4.5	80	64	0	16	二	春		必修	考试	全汉语
		B3I09254A	数理统计	3.5	64	48	0	16	二	春		必修	考试	全汉语
		B3I09264A	数学软件	2.5	48	32	16	0	二	春		必修	考试	全汉语
		B3I09461A	多元统计分析	3	48	48	0	0	三	秋		必修	考试	全汉语
	核心专业类	B3I09362A	回归分析	3	48	48	0	0	三	秋		必修	考查	全汉语
		B3I09353A	统计计算与实验	3	64	32	32	0	三	秋		必修	考试	全汉语
		B3I09322A	随机过程	3	48	48	0	0	三	春		必修	考查	全汉语
		B3I09451A	时间序列分析	3	48	48	0	0	三	春		必修	考试	全汉语
		B3I09441A	非参数统计	3	48	48	0	0	三	春		必修	考查	全汉语
		B3J095010	科研课堂	2	32	0	0	32	二至三学年任一学期			必修	考查	全汉语
		B3I093010	社会课堂（生产实习）	5	320	0	0	320	三	夏		必修	考查	全汉语
		B3I09432A	四年级研讨课与毕业设计	8	640	0	0	640	四	秋＋春		必修	考查	全汉语
		B3I09261A	高级语言程序设计	2.5	48	32	16	0					考试	全汉语
		B3I09131A	数论引论	2	32	32	0	0					考查	全汉语
		B3J09211A	应用数学选讲	1	16	16	0	0					考查	全汉语
		B3J09221A	数据结构	2.5	48	32	16	0					考查	全汉语
		B3I09203A	常微分方程	3.5	64	48	16	0					考查	全汉语
		B3I09213A	抽象代数	4	64	64	0	0					考查	全汉语
		B3I09274A	复变函数	4	64	64	0	0					考试	全汉语

续表

课程模块	课程类别	课程代码	课程名称	总学分	总学时	理论学时	实验学时	实践学时	开课学期 学年	开课学期 学期	课程性质 及学习要求	考核方式	授课语言
一般专业类		B3I09383A	计算几何	2.5	48	32	16	0				考试	全汉语
		B3I09333A	最优化理论与算法	3.5	48	48	16	0				考试	全汉语
		B3I09331A	三年级研讨课(1)	1	16	16	0	0				考查	全汉语
		B3I09302A	算法设计与分析	3	64	32	32	0				考试	全汉语
		B3I09234A	微分几何	4	64	64	0	0				考试	全汉语
		B3I09224A	拓扑学	4	64	64	0	0				考试	全汉语
		B3I09303A	泛函分析	4	64	64	0	0	第三至四学年任一学期在本科生导师指导下，学生根据兴趣和未来研究方向自行选择		限修，≥10 学分	考试	全汉语
		B3I09304A	偏微分方程	4	64	64	0	0				考试	全汉语
		B3I09361A	组合与图论	3	48	48	0	0				考试	全汉语
		B3I09394A	博弈论	3	48	48	0	0				考试	全汉语
		B3I09411A	常微分方程定性理论	2	32	32	0	0				考试	全汉语
		B3I09363A	应用密码学	3.5	64	48	16	0				考试	全汉语
		B3J09353A	贝叶斯统计	3	48	48	0	0				考试	全汉语
		B3J09312A	三年级研讨课(2)	1	16	16	0	0				考查	全汉语
		B3J09392A	统计学习	2	32	32	0	0				考试	全汉语
		B3J09343A	数值逼近	3.5	64	48	16	0				考试	全汉语
		B3J09354A	量子信息数学前沿问题	3	48	48	0	0				考试	全汉语
		B3J09304A	数字信号与图像处理	2.5	48	32	16	0				考查	全汉语
		B3J09342A	计算机代数	3	48	48	0	0				考试	全汉语
		B3J09344A	深度学习基础与实践	3	48	16	32	0				考试	全汉语

续表

课程模块	课程类别	课程代码	课程名称	总学分	总学时	理论学时	实验学时	实践学时	开课学期 学年	开课学期 学期	课程性质及学习要求	考核方式	授课语言
		B3J09394A	傅里叶分析	4	64	64	0	0				考试	全汉语
		B3J09411A	精算数学	2	32	32	0	0				考试	全汉语
		B3J09412A	小波分析	2	32	32	0	0				考试	全汉语
		B3J09421A	金融数学	2	32	32	0	0				考试	全汉语
		B3J09404A	并行计算	2.5	48	32	16	0				考试	全汉语
		B3J09431A	信息与通信工程	2	32	32	0	0				考试	全汉语
		B3J09451A	数学英语	1	16	16	0	0				考试	全汉语
		B3J09461A	理论计算机科学基础	3	48	48	0	0				考试	全汉语
		B3J09471A	四年级研讨课	1	16	32	0	0				考试	全汉语
		B3J09374A	学科综合实验	1	32	0	32	0				考试	全汉语
		B3J09364A	Python深度学习实践	1	32	0	32	0				考试	全汉语
		B3J09403A	有限元方法	2.5	48	32	16	0				考试	全汉语

五、 核心课程先修逻辑关系图

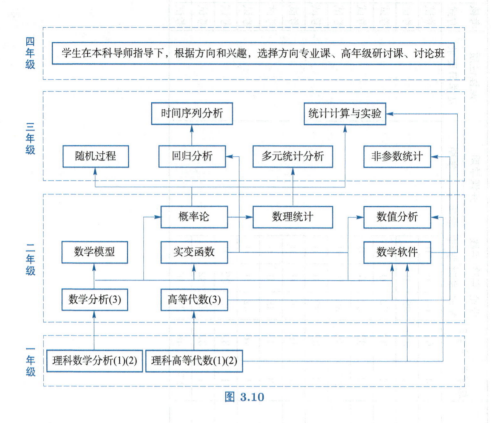

图 3.10

六、 专业准入办法一览表

准入办法	坚持公开、公平、公正原则，尊重学生志愿，结合本专业办学条件及专业准入标准			
准入细则	1. 成立专业准入工作领导小组。 2. 学生填报专业准入申请表。 3. 审核申请专业准入学生的准入课程修读情况，对通过者组织专家面试。 4. 确定专业准入学生名单，并将专业准入学生名单及相关材料报送学校教务部审核。 5. 面向全校公示专业准入学生名单			
准入时间	外专业学生申请转入数学科学学院准入时间在第 2、4 学期结束时			
准入课程	序号	课程名称	开课学期	学分	其他替代课程
	1	理科数学分析 (1)(2)	1,2	6+6	
	2	理科高等代数 (1)(2)	1,2	4+3	
准入标准	获得准入课程 1—2 的 19 个学分			

七、毕业生未来发展

主分类	次分类	描述
就业	金融企业	以金融、证券行业分析师为主
	大数据公司	以数据科学家为主
	其他企业	以市场调查、数据存储和分析为主
	事业单位	以航空航天系统内研究院所的技术研究和管理岗位为主
	自主创业	
升学	国内深造	大学、相关科研院所、国防系统研究所
	出国深造	国外大学攻读硕士、博士学位

北京师范大学
数学与应用数学专业培养方案

一、培养目标

数学学科服务于国家战略,坚持以建设世界一流学科为目标,以科学研究为引导,以学科建设为核心,以人才培养为基础,以教师教育为特色,以培养"四有好老师"为标准,注重文化传承与创新,努力把数学学科建设成国内一流的拔尖创新人才、卓越教师、国家基础教育骨干力量的培养基地、在国际上有重要影响的科学研究基地和有良好声誉的社会服务基地。

目前培养类别为:

1. 卓越教师培养

经过四年的学习,学生能够掌握数学科学的基本理论、基础知识与基本方法,掌握数学教育的基本规律,受到严格数学思维的训练,能够运用数学知识和计算机解决实际问题,并具备较强的教育教学实践能力和知识更新能力。学生毕业后可以在重点中学、教学研究与教育管理等部门从事教学、科研或管理工作。毕业后能成为国家基础教育的骨干力量,成长为以"四有好老师"为标准的卓越教师。

2. 拔尖创新人才培养

经过四年的学习,学生能够掌握数学学科的基本理论、基本知识与基本方法,受到严格的科学研究的训练,能综合运用数学知识解决实际数学问题,并具备较强的创新能力和知识更新能力,培养"四有"素养。学生毕业后可以在国内外知名大学、科研机构继续攻读硕士或博士学位,也可以在重点中学、经济金融、计算机等行业从事教学、科研、管理与技术开发工作。

二、培养要求

本专业要求学生具有良好的数学素养和一定的人文、社会科学知识,具有创新意识和开拓精神。学生毕业后要求具有以下几方面的知识和能力:

1. 具有扎实的数学基础,受到严格的科学研究训练,初步掌握数学科学的思想方法,具备应用数学知识解决实际数学问题的能力。

2. 具有坚定的教师职业信念和高尚的职业道德素养,热爱教育事业,熟悉教育法规和基础教育改革实践现状,具有以反思、探究为核心的教学研究素养以及在基础教育领域开拓创新的潜力。

3. 能熟练地使用计算机，包括常用程序语言、工具以及一些数学软件等，具有编写应用程序的能力。

4. 了解数学学科的某些方面的最新进展和应用前景，具有宽厚的文化修养、良好的心理素质和科学的思维方式。

5. 具有较强的创新能力和知识更新能力，具有从事数学教育教学实践的基本能力和初步教学经验。

6. 了解数学的历史发展概貌以及在社会发展中的作用，了解数学科学的若干最新进展以及数学教学领域的一些最新研究成果和教学方法。

7. 掌握资料查询、文献检索和运用现代信息技术获取相关信息的基本方法，具有一定的教学和科学研究能力。

8. 能熟练掌握一门外语，并能阅读数学相关的专业文献，具备参与教育教学相关学术会议的交流活动能力，具备参与国际学术交流活动的能力。

三、主干学科

数学、教育学

四、专业核心课

数学分析Ⅰ、数学分析Ⅱ、数学分析Ⅲ、代数学基础Ⅰ、代数学基础Ⅱ、代数学基础Ⅲ、解析几何、常微分方程、概率论、数学模型、数理统计、复变函数、实变函数、微分几何、泛函分析、拓扑学、偏微分方程、测度与概率、中学数学课程标准与教材研究、中学数学教学设计与案例研究

五、毕业要求

本专业学生毕业时应达到如下要求：

1. **远大目标**：应具有良好的道德风貌，较强的教育教学实践能力和知识更新能力，有立志成为"四有"好老师的目标，有立志成为数学及相关领域内的拔尖研究型人才和国家民族栋梁之材的远大人生目标，有为国家民族发展和数学学科及其相关领域进步而奋斗终身的高尚情怀。

2. **扎实学识**：需完成规定的必修模块学分及其他选修课程的要求，能够熟练掌握数学教育的理论和方法，并应用数学学科的基本理论、基本知识和基本方法。

3. **创新潜质**：需要接受严格且专业化的数学科学研究的训练，要富有开拓进取的精神，具有广阔的学术视野和创新思维，并具备在数学及其相关领域中从事研究的衔接能力

和优秀的科研攻坚潜质。

4. 优秀素养：应具备优秀的数学素养和"四有"素养，对问题的分析判断和解决有准确的感觉与把握能力。

5. 健康身心：拥有并保持强壮的身体和积极阳光的心态，保证身心健康发展和持续的科研工作热情。

六、学制

四年。

七、授予学位及毕业总学分

授予学位：理学学士学位。

毕业总学分：165 学分。

八、课程结构及学分要求

课程模块	课程性质	课程类别	要求及学分
通识课程	通识必修课	思想政治理论类	18 学分，包括思想政治理论课 6 门
		体育与健康类	4 学分，包括：女子形体(1)/男子健美(1)、游泳(1)、2 门体育项目自选课(2)
		军事理论与军事技能	4 学分，包括：军事理论(2)、军事技能(2)
		大学外语类	8 学分，大学外语(8)
		教师素养类	6 学分，包括：教育学(2)、教育心理学(2)、现代教育技术(1)、中国教育改革与发展(1)
	通识选修课	家国情怀与价值理想	1 学分，至少修读 1 门"四史"选择性必修课(1)
		艺术鉴赏与审美体验	2 学分，至少修读 1 门大学美育课程(2)
		数理基础与科学素养	必修 5 学分：大学计算机(5)，选修 2 学分
		社会发展与公民责任	3 学分，必须包含心理健康课程(2)、国家安全教育课程(1)
		经典研读与文化传承	2 学分
		国际视野与文明对话	选修 2 学分
		小计	57 学分

续表

课程模块	课程性质	课程类别	要求及学分	
专业课程	专业必修课	专业基础课	必修课 28 学分：大学物理 BI 和 BII(8)，大学物理实验 B(2)；数学专业必修课(18)	
		专业核心课	44 学分	
	专业选修课 I	专业方向课	10 学分(卓越)/15 学分(拔尖)	
	自由选修课	个性化发展课	0 学分(卓越)/4 学分(拔尖)	
	实践环节	劳动教育	1 学分	7 学分/ 9 学分 (拔尖)
		学术训练与实践	2 学分(卓越：和社会调查二选一；拔尖必选)	
		专业实习与社会调查	2 学分	
		毕业论文(设计)	4 学分	
		小计	88 学分	
分流培养课程	卓越教师模块	教师教育必修课	教育见习	2 学分	19 学分
			教育实习	6 学分	
			教育研习	2 学分	
			中学数学课程标准与教材研究	2 学分	
			中学数学教学设计与案例研究	2 学分	
		教师教育选修课	各专业参考"教师教育课程标准"设置	5 学分	
			小计	19 学分	
			总计	165 学分	

注：选择"卓越教师"培养模式，用上表做"课程结构和学分要求"。

课程模块	课程性质	课程类别	要求及学分
通识课程	通识必修课	思想政治理论类	18 学分，包括思想政治理论课 6 门
		体育与健康类	4 学分，包括：女子形体(1)/男子健美(1)、游泳(1)、2 门体育项目自选课(2)
		军事理论与军事技能	4 学分，包括：军事理论(2)、军事技能(2)
		大学外语类	8 学分，大学外语(8)
		教师素养类	6 学分，包括：教育学(2)、教育心理学(2)、现代教育技术(1)、中国教育改革与发展(1)
	通识选修课	家国情怀与价值理想	1 学分，至少修读 1 门"四史"选择性必修课(1)
		艺术鉴赏与审美体验	2 学分，至少修读 1 门大学美育课程(2)

续表

课程模块	课程性质	课程类别	要求及学分	
		数理基础与科学素养	必修5学分：大学计算机(5)	
		社会发展与公民责任	3学分，必须包含心理健康课程(2)、国家安全教育课程(1)	
		经典研读与文化传承	4学分	
		国际视野与文明对话	2学分	
		小计	57学分	
专业课程	专业必修课	专业基础课	必修课28学分：大学物理BI和BII(8)，基础物理实验B(2)；数学专业必修课(18)	
		专业核心课	44学分	
	专业选修课Ⅰ	专业方向课	15学分	
	自由选修课	个性化发展课	4学分	
		实践环节	劳动教育	1学分	9学分
			学术训练与实践	2学分	
			专业实习与社会调查	2学分	
			毕业论文(设计)	4学分	
		小计	100学分	
分流培养课程	拔尖创新人才模块	专业特色课	教育见习	2学分	
		专业选修课Ⅱ	专业拓展课	6学分	
			小计	8学分	
			总计	165学分	

注：选择"拔尖创新人才"培养模式，用上表做"课程结构和学分要求"。其中，普通专业学生，无须修读专业特色课(教育见习)，仅须修读专业选修课Ⅱ(专业拓展课)。

九、各学期指导性修读学分分布表

课程模块	各学期指导性修读学分数							
	大一上	大一下	大二上	大二下	大三上	大三下	大四上	大四下
通识课程	10	10	10	10	10	12		
专业课程	16	16	27	20	16	10	8	8
分流培养课程	0	0	0	3	9	12		
小计	26	26	37	33	35	34		8

十、教学计划表

1. 通识课程

课程类别	课程编号	课程名称	学分	第一学年 1	第一学年 2	第二学年 3	第二学年 4	第三学年 5	第三学年 6	第四学年 7	第四学年 8	总学时 理论	总学时 实践	考核方式 考试	考核方式 考查
思想政治理论类		思想道德与法治	3		2+2							32	32	√	
		中国近现代史纲要	3	2+2								32	32	√	
		马克思主义基本原理	3			2+2						32	32	√	
		毛泽东思想和中国特色社会主义理论体系概论	3				2+2					48	64	√	
		习近平新时代中国特色社会主义思想概论	2					2				32		√	
		形势与政策	2	√	√	√	√	√	√	√	√	40	88		√
体育与健康类		女子形体/男子健美	1	√	√	√	√					16	16		√
		游泳	1	√	√	√	√							√	
		三自选项课程	2			√	√	√	√	√		48	48		√
军事理论与军事技能类		军事理论	2	2								32	4	√	
		军事技能	2		2								112		
大学外语类		大学外语	8												√
教师素养类		教育学	2												

通识必修课

续表

课程类别	课程编号	课程名称	学分	开课学期和周学时								总学时		考核方式	
				第一学年		第二学年		第三学年		第四学年		理论	实践	考试	考查
				1	2	3	4	5	6	7	8				
通识选修课															
家国情怀与价值理想		教育心理学													
		现代教育技术													
		中国教育改革与发展													
		"四史"选择性必修课													
艺术鉴赏与审美体验		该模块课程	4												
数理基础与科学素养		大学计算机课程													
		信息处理基础	2	2+2								32	32	√	
		程序设计基础(C)	3		3+2							48	32	√	
社会发展与公民责任		大学生心理健康 I	1	2								32		√	
		大学生心理健康 II	1		2							32		√	
		国家安全教育	1	√	√	√	√	√	√	√		32		√	
经典研读与文化传承															
国际视野与文明对话															
小计															

56

262

2. 专业课程

课程类别		课程编号	课程名称	学分	第一学年		第二学年		第三学年		第四学年		总学时		考核方式	
					1	2	3	4	5	6	7	8	理论	实践	考试	考查
专业必修课	专业基础课	GEN04132	大学物理B I	4		4							64		√	
		GEN04133	大学物理B II	4			4						64		√	
		GEN04139	基础物理实验B	2				4						64	√	√
		MAT010	复变函数	4				4					64		√	
		MAT011	实变函数	4				4					64		√	
		MAT012	微分几何	4				4					64		√	
		MAT013	数学模型	3				3+2					48	32	√	
		MAT014	数理统计	3				3					48		√	
	专业核心课	MAT001	数学分析 I	6	6								96		√	
		MAT002	数学分析 II	6		6							96		√	
		MAT003	数学分析 III	6			6						96		√	
		MAT004	代数学基础 I	6	6								96		√	
		MAT005	代数学基础 II	4		4							64		√	
		MAT006	代数学基础 III	4			4						64		√	
		MAT007	常微分方程	4			4						64		√	
		MAT008	解析几何	4	4								64		√	
		MAT009	概率论	4			4						64		√	

续表

课程类别		课程编号	课程名称	学分	第一学年		第二学年		第三学年		第四学年		总学时		考核方式	
					1	2	3	4	5	6	7	8	理论	实践	考试	考查
专业方向课		MAT015	泛函分析	4					4				64		√	
		MAT016	拓扑学	4					4				64		√	
		MAT017	偏微分方程	4					4				64		√	√
		MAT018	随机过程初步	4						4			64		√	
		MAT019	伽罗瓦理论	3						3			48		√	
		MAT020	测度与概率	4					4				64		√	
		MAT021	计算方法	3						3+2			48	32	√	
		MAT022	综合编程	3			3+2						48	32	√	
专业选修课 I		MAT023	数学分析研讨课 I	2		2							32			√
		MAT024	数学分析研讨课 II	2			2						32			√
		MAT025	常微分方程研讨课	2			2						32			√
		MAT026	调和分析选讲	2						2			32		√	
		MAT027	傅里叶分析	2						2			32		√	
		MAT028	函数空间实变理论及其应用	2						2			32		√	
		MAT029	数理逻辑	3					3				48		√	
		MAT030	组合数学	3					3				48		√	
		MAT031	数论初步	3						3			48		√	

续表

课程类别		课程编号	课程名称	学分	开课学期和周学时								总学时		考核方式	
					第一学年		第二学年		第三学年		第四学年		理论	实践	考试	考查
					1	2	3	4	5	6	7	8				
		MAT032	集合论												√	
		MAT033	偏微分方程数值解法						√				48		√	
		MAT034	数值代数												√	
		MAT035	模式识别						√	√	√		32		√	
		MAT036	模糊控制及其应用						√	√	√		32		√	
		MAT037	现代控制论	3							3		48		√	
		MAT038	图论	3						3			48		√	
		MAT039	动力系统选讲						√	√	√		32		√	
		MAT040	微分方程定性理论	3						3			48		√	
		MAT041	变分法初步	3					√	3			48		√	
自由选修				4							√	√			√	
实践环节		MAT042	劳动教育							√	√	√		32		√
		MAT043	学术训练与实践	2			√	√	√	√	√	√		64		√
		MAT044	专业实习与社会调查						√	√	√	√		64		√
		MAT045	毕业论文（设计）								√	√		128		√
小计																

108

3. 分流培养课程

(1) 卓越教师模块

课程类别	课程编号	课程名称	学分	开课学期和周学时								总学时		考核方式	
				第一学年		第二学年		第三学年		第四学年		理论	实践	考试	考查
				1	2	3	4	5	6	7	8				
教师教育必修课	MAT046	中学数学课程标准与教材研究	2						2				32	√	
	MAT047	中学数学教学设计与案例研究	2						2				32	√	
	MAT048	教育见习	2						4				64		√
	MAT049	教育实习	6							√			192		√
	MAT050	教育研习	2							√			64		√
教师教育选修课	MAT051	中学数学教学概论	2						2				32	√	
	MAT052	数学史	3					3					48	√	
	MAT053	几何基础	3				3						48	√	
	MAT054	中学数学竞赛	3					3					48	√	
	MAT055	数学学习论	3				3						48	√	
小计															

19

(2) 拔尖创新人才模块

课程类别	课程编号	课程名称	学分	开课学期和周学时								总学时		考核方式	
				第一学年		第二学年		第三学年		第四学年		理论	实践	考试	考查
				1	2	3	4	5	6	7	8				
专业特色课	MAT048	教育见习	2						4				64		✓
专业拓展课（专业选修课 II）	MAT056	马氏过程选讲	2					✓	✓	✓	✓	32		✓	
	MAT057	随机分析初步	2					✓	✓	✓	✓	32		✓	
	MAT058	概率极限理论	2					✓	✓	✓	✓	32		✓	
	MAT059	拓扑学选讲	2					✓	✓	✓	✓	32		✓	
	MAT060	几何学选讲	2					✓	✓	✓	✓	32		✓	
	MAT061	整体微分几何	3						3			48		✓	
	MAT062	直观拓扑	3					3				48		✓	
	MAT063	微分流形初步	3						3			48		✓	
	MAT053	几何基础	3					3				48		✓	
	MAT064	几何分析初步	3					3	3			48		✓	
	MAT065	低维拓扑	3						3			48		✓	
	MAT066	多复分析导引	3						3			48		✓	
	MAT067	代数几何初步	2					✓	✓	✓	✓	32		✓	
	MAT068	代数学选讲	2					✓	✓	✓	✓	32		✓	
	MAT069	小波分析	3						3			48		✓	
	MAT070	最优化理论与方法	3						3			48		✓	
	MAT071	并行计算	3					3+2				48	32	✓	
	MAT072	计算代数	3					3				48		✓	
	MAT073	流体力学	3						3			48		✓	

续表

课程类别	课程编号	课程名称	学分	开课学期和周学时								总学时		考核方式	
				第一学年		第二学年		第三学年		第四学年		理论	实践	考试	考查
				1	2	3	4	5	6	7	8				
	MAT074	科学计算	3					3				48		√	
	MAT075	机器学习中的数学方法	3						3			48		√	
	MAT076	运筹学	3					3				48		√	
	MAT077	椭圆方程选讲	2					√	√	√	√	32		√	
	MAT078	发展方程选讲	2					√	√	√	√	32		√	
小计			8												

十一、修读要求

1. 通识课程

(1) 通识课程的"国际视野与文明对话"模块具体修读要求参见外文学院每个学期发布的课程安排明细。

(2) 通识课程的"经典研读与文化传承"模块至少需要修读 4 学分。

2. 专业课程

(1) 保研课程。

本专业学生如果想将来在本学院通过保研的方式攻读本院各个专业的研究生,需要在如下 8 个学科课程群中选择相应的课程:

课程群 1. **分析方向或者几何方向**:泛函分析、偏微分方程、拓扑学;

课程群 2. **微分方程方向**:泛函分析、偏微分方程、测度与概率;

课程群 3. **计算数学方向**:泛函分析、偏微分方程、计算方法;

课程群 4. **几何方向或者代数方向**:泛函分析、拓扑学、伽罗瓦理论;

课程群 5. **概率论方向**:泛函分析、测度与概率、随机过程初步;

课程群 6. **代数方向**:泛函分析、伽罗瓦理论、计算方法;

课程群 7. **应用数学方向**:综合编程、概率与测度、计算方法;

课程群 8. **数学教育方向**:泛函分析、拓扑学、随机过程初步。

(2) 学生可根据自主确定的学习进程、课程开设的逻辑安排与先修课要求等,适当跨年度调整选课计划。学生可以自主选择分流培养课程,两个模块一经选择,不能变动。卓越教师模块培养的学生,将来是面向培养教师方向。拔尖创新人才模块培养的学生,将来是面向从事数学相关科研工作等方向。

3. 分流培养课程

(1) 卓越教师模块,如果学生选择"卓越教师"模块,培养模式请选择上表带有"卓越教师"模块字样的"课程结构和学分要求",包括上面相应的专业课程要求。卓越教师模块中,学术训练与实践和专业实习与社会调查,总共需要 2 分,二者中选择一个,具体请参加学院的具体的实践环节的学分认定政策。

(2) 拔尖创新人才模块,如果学生选择该模块,培养模式请选择上表带有"拔尖创新人才"模块字样的"课程结构和学分要求",包括上面相应的专业课程要求。

(3) 本办法自数学与应用数学专业 2023 级起开始执行,由数学科学学院教学委员会负责解释。

十二、课程修读学期分布图

大一上学期	大一下学期	大二上学期	大二下学期	大三上学期	大三下学期	大四上学期	大四下学期
中国近现代史纲要(2+2)	思想道德与法治(2+2)	马克思主义基本原理(2+2)	毛泽东思想和中国特色社会主义理论体系(3+4)	习近平新时代中国特色社会主义思想概论(2)			
形势与政策1(0.25)	形势与政策2(0.25)	形势与政策3 (0.25)	形势与政策4(0.25)	形势与政策5(0.25)	形势与政策6 (0.25)	形势与政策7 (0.25)	形势与政策8 (0.25)
军事技能(2)	军事理论(2)			家国情怀与价值理想—"四史"选择性必修课(1)			
体育(1学分×4门课)							
大学外语(2)	大学外语(2)	大学外语(2)	大学外语(2)	艺术鉴赏与审美体验(2)			
教师素养类(4门课、6学分)				数理基础与科学素养(选修)(2)			
信息处理基础(2)	程序设计基础(3)		经典研读与文化传承(选修)(2)				
社会发展与公民责任—心理健康课程(2)、国家安全教育课程(1)							
			大学物理实验B(2)				
	大学物理BⅠ(4)	大学物理BⅡ(4)					
专业必修课(专业核心课)						专业选修课Ⅰ(专业方向课)(≥20)	
				自由选修课(个性化发展课)(≤10)			
实践环节(7-11)							
		教育见习(2)、中学数学课程标准与教材研究(2)、中学数学教学设计与案例研究(2)				教育实习(6)、教育研习(2)	
		教师教育选修课(5)					

图 3.11

首都师范大学

数学与应用数学(教育部拔尖计划实验班)
本科人才培养方案(2023级)

一、培养目标

数学拔尖学生培养基地以探索国际数学前沿、服务国家重大战略需求、应对国家和北京市未来重大挑战为使命,依托"数学"国家一流建设学科和北京国家应用数学中心等平台,以"厚基础,重交叉"为人才培养理念,面向数学学科和国家科技发展的未来,设立数学拔尖班(励新班)。数学拔尖班以教育部数学与信息交叉"全国高校黄大年式教师团队"为引领,致力于培养有崇高理想信念和家国情怀,有一流数学素养,卓越专业能力,深厚人文底蕴,宽阔国际视野的高质量、勇攀科学高峰的复合交叉型数学拔尖创新人才。学生毕业后,能够进一步成为世界一流数学研究中心或其他重要相关领域的优秀科研团队成员,为社会发展和人类进步做出突出贡献。通过引领、示范和辐射,实现基地拔尖人才培养模式在首师大,乃至全国同类院校范围内的探索与推广。

二、毕业要求

1. 理想信念: 热爱祖国和人民,具有高度的社会和民族责任感;崇德向善,具有良好的社会公德、职业道德和团队合作精神。

2. 专业能力: 熟练掌握数学基本理论和应用数学研究基本方法;了解本专业领域的学术前沿和发展趋势,具有一定的数学研究和科研实践的能力;具有自主学习、终身学习和适应社会发展的能力;在多学科、跨文化背景下,具备宽广国际视野和进行有效沟通、交流合作的能力。

3. 数学素养: 热爱数学,理论基础扎实,专业知识系统完善,具有宽广的数学视野;具备多学科交叉融合能力。

4. 人文底蕴: 思维严谨、思想活跃,具有独立思考和思辨精神;具备人文社会科学素养,身心健康、德才兼备。

5. 身心健康: 具有坚毅乐观、百折不挠的抗挫折心理。掌握科学的体育健康与锻炼知识,能够科学合理地进行体育锻炼,达到《国家学生体质健康标准》的合格要求。

三、学制

基本学制为四年，对不同情况的学生可实行弹性学习年限 (根据《首都师范大学全日制本专科学生管理规定 (试行)》执行)。

四、学位

学生完成培养方案规定的课程和学分要求，考核合格，符合毕业条件，准予毕业。符合学位授予条件的，授予理学学士学位。

五、学分

144 学分。

六、培养说明

1. 本方案所涉专业包括：数学与应用数学 (非师范)。

2. 本方案中专业教育环节各门课程均可用相应研究生课程进行学分冲抵，冲抵时须经导师和学院培养委员会确认。

3. 每个学期围绕一个主题，由专门导师负责开设学期内周末数学讨论班，每学期至少组织 4 次以上活动，毕业前至少参与三个学期。

七、学分分配表

课程结构	各课程类别学分及学时				占总学时
	课程类别	属性	学分	学时	
思想政治理论教育环节	思想政治理论课程	必修	17	304	9.97%
通识教育环节	通识必修课程	必修	9	208	6.82%
	通识选修课程	限制性选修	10	160	5.25%
专业教育环节	专业必修课程	必修	64	1088	35.70%
	专业选修课程	选修	20	320	10.50%
实践教育环节	思想政治理论课程实践	必修	2	32	1.05%
	通识实践课程	必修	6	212	6.96%
	专业实践课程	必修	12	576	18.90%
	社会实践	必修	4	128	4.20%

续表

课程结构	各课程类别学分及学时				占总学时
	课程类别	属性	学分	学时	
	劳动实践	必修	—	20	0.66%
总学分	144				100%

注：1. 非师范类专业总学分原则上不超过 145 学分。

2. 理论课程 16 学时的课堂教学并辅以适量的课外学习任务，核计 1 学分；实验课程、艺术类课程 32 学时核计 1 学分；其他实践环节，原则上满一周核计 1 学分。

3. 各专业应合理安排课程学分学期分布，原则上每学期不超过 26 学分。

4. 实践教学学分 (学时) 占总学分 (学时) 在人文社会科学类专业中不低于 15%，在理工类专业中不低于 25%。实践教学包括思想政治理论课程实践、通识实践课程、专业实践课程、社会实践。

5. 专业选修课程学分原则上不低于专业理论课程学分的 20%，且应按照学分要求提供 200% 以上课源。专业理论课程包括大类教育课程、专业必修课程、专业选修课程。

八、课程设置与学分分布

1. 思想政治理论教育课程：17 学分，必修。

思想政治理论课程包括思想道德与法治、中国近现代史纲要、马克思主义基本原理概论、毛泽东思想和中国特色社会主义理论体系概论、习近平新时代中国特色社会主义思想概论、形势与政策等 6 门课程。本专业修读所有思想政治理论课程，并在第一学年修完思想道德修养与法律基础、中国近现代史纲要 2 门课；在第二学年修完马克思主义基本原理概论、毛泽东思想和中国特色社会主义理论体系概论 2 门课；在第三学年修完习近平新时代中国特色社会主义思想概论 1 门课；在第一至第二学年修完形势与政策课程。

2. 通识教育课程：19 学分，由通识必修课程和通识选修课程组成。

(1) 通识必修课程：9 学分，必修。

通识必修课程包括大学英语、大学体育和大学生总体国家安全观教育。本专业修读全部通识必修课程，在第一学年修完大学英语学分课程 (包括大学英语一级、大学英语二级高水平课程)，在第二学年修读托福、雅思培训课程，培训课程不计学分，记录成绩。在第一、二学年修完体育课程。在第一学期修完大学生总体国家安全观教育课程。

要求：学生第一学年通过大学生英语四级 (CET4)，第二学年通过大学生英语六级 (CET6)。若三年级末未通过大学生英语四级，则退出拔尖班培养。对于退出拔尖班的学生，使用托福、雅思成绩认定大学英语高阶课程成绩，并给予相应的学分。

(2) 通识选修课程：10 学分，限制性选修。

以下三类课程每类至少选择一门。

第一类：① 文学类：中国传统文化 (历史、古文、古诗、文字学、语言学)，世界史或者西方文学；② 艺术类：音乐、美术与绘画、书法等。

第二类：外语：法语、德语、俄语或者日语任选其一。

第三类：① 数学文化和数学史；② 人工智能类课程 *；③ 地信国际类课程 *；④ 生物类课程 *。

注：* 人工智能类课程、地信国际类课程和生物类课程列表见附件 1。

说明：

(1) 学生修读经学校认定的校外网络课程 (属通识选修课程) 门数不限，但毕业审核和学位审核只能认定其中 4 学分。该类课程不计入学分绩点。

(2) 经学生自愿申请、院 (系) 同意、教务处核准，学生所获辅修课程学分可替代相应类别的通识选修课程学分。该类课程不计入学分绩点。

(3) 经学生自愿申请、院 (系) 同意、教务处核准，学生参加科研训练、学科竞赛、专业技能训练等经认定的创新学分可与通识选修课程学分相抵 (不超过 4 学分)，能否认定其跨学科选修由教务处根据创新实践内容认定。创新学分计入毕业成绩单，不计学时，不计成绩，也不计入学分绩点。

(4) 高水平运动队学生 (仅限于第一类特长生) 取得特长项目训练学分后，可减少修读相同学分数量的通识选修课程，但仍要根据自己所属专业类别完成跨学科修读要求。

3. 专业教育课程：84 学分，由专业必修课程和专业选修课程组成。

(1) 专业必修课程：64 学分，必修。

课程代码	课程名称	学分	总/周学时	开课学期	开课单位	是否开放	双语/全英	备注
3050007	解析几何	4	64/4	1-1	数学科学学院	否		
3050422	高等代数 1	4	64/4	1-1	数学科学学院	否		
3050421	数学分析 1	4	64/4	1-1	数学科学学院	否		
3050100	数学分析 2	4	64/4	1-2	数学科学学院	否		
3050126	高等代数 2	4	64/4	1-2	数学科学学院	否		
3053015	数学分析 3	4	64/4	2-1	数学科学学院	否		
3050405	代数学 1	4	64/4	2-1	数学科学学院	否		
3050406	代数学 2	4	64/4	2-2	数学科学学院	否		
3050241	常微分方程	4	64/4	2-2	数学科学学院	否		
3050242	复变函数	4	64/4	3-1	数学科学学院	否	双语	
3050243	概率论	4	64/4	3-1	数学科学学院	否		
3050141	拓扑学 1	4	64/4	3-1	数学科学学院	否		
3050018	实变函数	4	64/4	3-2	数学科学学院	否		
3050240	微分几何	4	64/4	3-2	数学科学学院	否		
3050156	数理统计	4	64/4	3-2	数学科学学院	否		
3050431	泛函分析	4	64/4	4-1	数学科学学院	否		

(2) 专业选修课程：20 学分，选修。

此课组要求选修的课程，应至少属于以下 **5** 类课程：分析类、代数类、几何拓扑类、概率统计类和数学与交叉学科类中的 **3** 类。

① 分析类

课程代码	课程名称	学分	总/周学时	开课学期	开课单位	双语/全英	备注
3053016	数学分析 4	4	64/4	2-2	数学科学学院		必选
3052009	实与复分析	3	48/4,2	4-2	数学科学学院		
3050031	偏微分方程	3	48/4,2	4-2	数学科学学院	双语	教材

② 代数类

课程代码	课程名称	学分	总/周学时	开课学期	开课单位	双语/全英	备注
3050110	组合数学	3	48/4,2	3-2	数学科学学院		
3050036	离散数学	3	48/4,2	2-1	数学科学学院		
3052010	现代数论基础	3	48/4,2	3-1	数学科学学院	全英	
3052008	代数表示论初步	3	48/4,2	4-2	数学科学学院	双语	教材
3052011	李群李代数	3	48/4,2	4-2	数学科学学院		

③ 几何拓扑类

课程代码	课程名称	学分	总/周学时	开课学期	开课单位	双语/全英	备注
3052007	代数拓扑	3	48/4,2	4-1	数学科学学院		
3052012	微分拓扑	3	48/4,2	4-2	数学科学学院	双语	教材
3052015	现代微分几何	3	48/4,2	4-2	数学科学学院		

④ 概率统计类

课程代码	课程名称	学分	总/周学时	开课学期	开课单位	双语/全英	备注
3050044	随机过程	3	48/4,2	4-1	数学科学学院	双语	教材
3052013	随机分析	3	48/4,2	4-2	数学科学学院		

⑤ 数学与交叉学科类

课程代码	课程名称	学分	总/周学时	开课学期	开课单位	双语/全英	备注
3050521	计算机 1 (C 语言、Python)	3	48/4,2	1–2	数学科学学院		
3052014	数值分析	3	48/4,2	2–1	数学科学学院		
3053010	基础物理 1	3	48/4,2	2–2	数学科学学院		
3053011	基础物理 2	3	48/4,2	3–1	数学科学学院	双语	教材
3050228	微分方程数值解	3	48/4,2	4–1	数学科学学院		
3050170	理论力学	3	48/4,2	4–1	数学科学学院		

注：1. 经导师和学院培养委员会确认，以上各门课程均可用相应研究生课程进行学分抵冲。相关研究生课程列表见附件 2。

2. 理工科类专业要求修读 2 学分全英文专业教育课程。

3. 各专业可用专业英语课程替代大学英语高阶课程。

4. **实践教育课程**：24 学分，由思想政治理论课程实践、通识实践、专业实践、社会实践、劳动实践组成。

(1) 思想政治理论课程实践：2 学分，必修。

课程代码	课程名称	学分	总/周学时	开课学期	开课单位	备注
3700027	毛泽东思想和中国特色社会主义理论体系概论实践	1	16	2–2	马克思主义学院	
3700030	习近平新时代中国特色社会主义思想概论实践	1	16	3–1	马克思主义学院	

(2) 通识实践课程：6 学分，必修。

课程代码	课程名称	学分	总/周学时	开课学期	开课单位	备注
2100007	军事理论	2	36	1–1	学生处	
2100008	军事训练	2	112	1–1	学生处	
2101022	大学生心理适应与发展	0.5	16	1–1	学生处	
2101023	大学生学业规划与发展	0.5	16	1–1	学生处	
2100004	大学生职业发展与就业指导	1	32	2–1	招生就业处	

(3) 专业实践课程：12 学分，必修。

课程代码	课程名称	学分	总/周学时	开课学期	开课单位	备注
3050189	解析几何习题课	0.5	32/2	1–1	数学科学学院	
3053034	分析研讨课 1	0.5	32/2	1–1	数学科学学院	
3053030	代数研讨课 1	0.5	32/2	1–1	数学科学学院	
3053035	分析研讨课 2	0.5	32/2	1–2	数学科学学院	
3053031	代数研讨课 2	0.5	32/2	1–2	数学科学学院	
3050522	计算机 1 (C 语言、Python) 实践课	0	32/2	1–2	数学科学学院	
3053036	分析研讨课 3	0.5	32/2	2–1	数学科学学院	
3053032	代数研讨课 3	0.5	32/2	2–1	数学科学学院	
3053037	分析研讨课 4	0.5	32/2	2–2	数学科学学院	
3053033	代数研讨课 4	0.5	32/2	2–2	数学科学学院	
3050333	专业英语	0.5	32/2	2–2	数学科学学院	全英课
3050323	毕业论文写作	1	32/2	4–1	数学科学学院	
3058008	专业实习	3	96/4	4–1	数学科学学院	
3053027	毕业论文	3	96/6	4–2	数学科学学院	

(4) 社会实践：4 学分，必修。

课程代码	课程名称	学分	总/周学时	开课学期	开课单位	备注
3053044	现代数学基本概念讲座 1	0.5	16/1	3–1	数学科学学院	
3053045	现代数学基本概念讲座 2	0.5	16/1	3–2	数学科学学院	
3053039	数学专题讲座	0.5	16/1	4–1	数学科学学院	
3053038	大师讲座	0.5	16/1	4–2	数学科学学院	
3053040	朋辈研讨班 1	0.5	16/1	3–1	数学科学学院	
3053041	朋辈研讨班 2	0.5	16/1	3–2	数学科学学院	
3053042	朋辈研讨班 3	0.5	16/1	4–1	数学科学学院	
3053043	朋辈研讨班 4	0.5	16/1	4–2	数学科学学院	

注：社会实践课程主要通过学校和院 (系) 组织的课外实践活动进行。

(5) 劳动实践：必修。

课程代码	课程名称	学分	总/周学时	开课学期	开课单位	备注
2052007	劳动实践 1	—	20	1–1/1–2	良乡校区基础学部	大一在良乡的专业

附件 1：

(1) 人工智能类课程

课程代码	课程名称	学分	总/周学时	开课学期	开课单位	备注
3107082	人工智能原理	2	32/2	2–1	信息工程学院	
3109003	计算机网络实验	0.5	24/3	2–2	信息工程学院	
3107088	机器学习	3	48/3	2–2	信息工程学院	
3107089	深度学习	2	32/2	3–1	信息工程学院	
3107084	智能机器人技术及其仿真	3	48/3	3–2	信息工程学院	

(2) 地信国际类课程

课程代码	课程名称	学分	总/周学时	开课学期	开课单位	备注
3364624	地理信息科学导论	2	32/2	1–1	地球空间信息科学与技术国际化示范学院	双语
3364622	空间数据采集与管理	3	48/3	1–2	地球空间信息科学与技术国际化示范学院	
3362441	数字图像处理	3	48/3	2–2	地球空间信息科学与技术国际化示范学院	
3364365	遥感图像处理	2	32/2	3–2	地球空间信息科学与技术国际化示范学院	

(3) 生物类课程

课程代码	课程名称	学分	总/周学时	开课学期	开课单位	备注
3081021	生物统计学	2	32/2	1–2	生命科学学院	
3085035	基础免疫学	2	32/2	2–2	生命科学学院	
3085056	基因工程	2	32/2	3–1	生命科学学院	
3085064	生物信息学	2	32/2	春	生命科学学院	

附件 2：

(1) 分析方向

课程编号	课程名称	开课学期	学时	学分	课程类型	开课单位	备注
0701052007	分析Ⅰ (泛函分析)	秋	96	4	基础课	数学科学学院	
0701052008	分析Ⅱ (实与复分析)	春	96	4	基础课	数学科学学院	
0701052009	偏微分方程Ⅰ	秋	96	4	基础课	数学科学学院	
0701052010	偏微分方程Ⅱ	春	96	4	基础课	数学科学学院	
0701052011	常微分方程与动力系统Ⅰ	春	96	4	基础课	数学科学学院	
0701052012	常微分方程与动力系统Ⅱ	秋	96	4	基础课	数学科学学院	
0701052071	函数逼近论 1	秋	54	3	方向课	数学科学学院	
0701052072	函数逼近论 2	春	54	3	方向课	数学科学学院	
0701052073	非线性泛函分析	春	54	3	方向课	数学科学学院	
0701052074	变分方法及应用	秋	54	3	方向课	数学科学学院	
0701052075	二阶椭圆和抛物方程	春	54	3	方向课	数学科学学院	
0701052076	微分方程中的变分方法	春	54	3	方向课	数学科学学院	
0701052077	Morse 理论在方程中的应用	秋	54	3	方向课	数学科学学院	
0701052079	流体方程数学理论	秋	54	3	方向课	数学科学学院	
0701052080	常微分方程定性理论	秋	54	3	方向课	数学科学学院	
0701052081	动力系统中的周期解与分支	春	54	3	方向课	数学科学学院	
0701052085	非线性发展方程半群理论	秋	54	3	方向课	数学科学学院	
0701052086	反应扩散方程	春	54	3	方向课	数学科学学院	
0701052087	流体力学中的稳定性问题Ⅰ	秋	54	3	方向课	数学科学学院	
0701052088	流体力学中的稳定性问题Ⅱ	春	54	3	方向课	数学科学学院	

(2) 代数方向

课程编号	课程名称	开课学期	学时	学分	课程类型	开课单位	备注
0701052001	抽象代数Ⅰ	秋	96	4	基础课	数学科学学院	
0701052002	抽象代数Ⅱ	春	96	4	基础课	数学科学学院	
0701052003	代数几何基础Ⅰ	秋	96	4	基础课	数学科学学院	
0701052004	代数几何基础Ⅲ	春	96	4	基础课	数学科学学院	
0701052005	表示论基础	秋	96	4	基础课	数学科学学院	
0701052006	同调代数引论	春	96	4	基础课	数学科学学院	

续表

课程编号	课程名称	开课学期	学时	学分	课程类型	开课单位	备注
0701052029	交换代数	秋	54	3	方向课	数学科学学院	
0701052030	导出范畴和三角范畴	春	54	3	方向课	数学科学学院	
0701052031	范畴论选讲	春/秋	54	3	方向课	数学科学学院	
0701052032	代数表示论初步	春/秋	54	3	方向课	数学科学学院	
0701052033	李代数导论	春/秋	54	3	方向课	数学科学学院	
0701052036	有限群	秋	54	3	方向课	数学科学学院	
0701052037	置换群	春	54	3	方向课	数学科学学院	
0701052038	代数图论	秋	54	3	方向课	数学科学学院	
0701052039	李代数	春	54	3	方向课	数学科学学院	
0701052040	p 进 Hodge 理论引论	春/秋	54	3	方向课	数学科学学院	
0701052041	代数几何中的基本群	春/秋	54	3	方向课	数学科学学院	
0701052042	代数曲线与代数曲面	春/秋	54	3	方向课	数学科学学院	
0701052043	现代数论选讲	春/秋	54	3	方向课	数学科学学院	
0701052044	线性代数群	春/秋	54	3	方向课	数学科学学院	
0701052045	非阿 Hodge 理论介绍	春/秋	54	3	方向课	数学科学学院	
0701052046	代数几何选讲	春/秋	54	3	方向课	数学科学学院	
0701052047	代数数论	春/秋	54	3	方向课	数学科学学院	
0701052048	椭圆曲线的算术	春/秋	54	3	方向课	数学科学学院	
0701052049	Diophantine 几何	春/秋	54	3	方向课	数学科学学院	
0701052050	模形式与 Galois 表示	春/秋	54	3	方向课	数学科学学院	
0701052051	数域上的 Fourier 分析	春	54	3	方向课	数学科学学院	
0701052052	算术几何选讲	春	54	3	方向课	数学科学学院	
0701052053	Arakelov 几何	春	54	3	方向课	数学科学学院	
0701052054	极值组合	秋	54	3	方向课	数学科学学院	
0701052055	代数组合	春	54	3	方向课	数学科学学院	
0701052056	编码理论	秋	54	3	方向课	数学科学学院	
0701052057	代数曲线及其应用	春	54	3	方向课	数学科学学院	
0701052058	代数数论及其应用	春	54	3	方向课	数学科学学院	
0701052059	离散几何与有限几何	春	54	3	方向课	数学科学学院	
0701052060	密码学	秋	54	3	方向课	数学科学学院	
0701052061	组合设计	秋	54	3	方向课	数学科学学院	

续表

课程编号	课程名称	开课学期	学时	学分	课程类型	开课单位	备注
0701052062	有限域及其应用	秋	54	3	方向课	数学科学学院	
0701052063	图与矩阵	春/秋	54	3	方向课	数学科学学院	
0701052064	图论	春/秋	54	3	方向课	数学科学学院	
0701052067	双有理几何初步	春/秋	54	3	方向课	数学科学学院	
0701052068	代数簇的线性系简介	春/秋	54	3	方向课	数学科学学院	
0701052090	半稳定层模空间	秋	54	3	方向课	数学科学学院	
0701052091	K3 曲面简介	秋	54	3	方向课	数学科学学院	

(3) 几何与拓扑方向

课程编号	课程名称	开课学期	学时	学分	课程类型	开课单位	备注
0701052013	现代微分几何 I	秋	96	4	基础课	数学科学学院	
0701052014	现代微分几何 II	春	96	4	基础课	数学科学学院	
0701052015	代数拓扑 I	秋	96	4	基础课	数学科学学院	
0701052016	代数拓扑 II	春	96	4	基础课	数学科学学院	
0701052017	李群与李代数	春	96	4	基础课	数学科学学院	
0701052070	一般拓扑	春	54	3	方向课	数学科学学院	
0701052078	Morse 理论与拓扑	秋	54	3	方向课	数学科学学院	
0701052082	黎曼曲面	春	54	3	方向课	数学科学学院	
0701052083	辛几何与辛拓扑	秋	54	3	方向课	数学科学学院	
0701052089	复流形上的分析	春/秋	54	3	方向课	数学科学学院	
0701052092	复微分几何	春/秋	54	3	方向课	数学科学学院	
0701052093	黎曼几何选讲	春	54	3	方向课	数学科学学院	
0701052094	度量几何选讲	秋	54	3	方向课	数学科学学院	
0701052095	黎曼几何	春	54	3	方向课	数学科学学院	
0701052096	曲率比较几何引论	秋	54	3	方向课	数学科学学院	
0701052097	几何分析	秋	54	3	方向课	数学科学学院	
0701052098	非正曲率空间	春/秋	54	3	方向课	数学科学学院	
0701052099	几何发展方程	春/秋	54	3	方向课	数学科学学院	
0701052100	几何拓扑	秋	54	3	方向课	数学科学学院	
0701052101	动力系统中的稳定与随机行为	秋	54	3	方向课	数学科学学院	
0701052102	最小作用量原理	秋	54	3	方向课	数学科学学院	

续表

课程编号	课程名称	开课学期	学时	学分	课程类型	开课单位	备注
0701052103	常微分方程理论中的几何方法	春	54	3	方向课	数学科学学院	
0701052104	动力系统选讲	秋	54	3	方向课	数学科学学院	
0701052105	遍历论	春/秋	54	3	方向课	数学科学学院	
0701052106	Hamilton 动力系统	春/秋	54	3	方向课	数学科学学院	
0701052107	微分动力系统	春/秋	54	3	方向课	数学科学学院	
0701052108	几何与物理中的非线性方程	春/秋	54	3	方向课	数学科学学院	
0701052109	多复变函数论	春/秋	54	3	方向课	数学科学学院	
0701052110	拟凸域上的复几何分析	春/秋	54	3	方向课	数学科学学院	
0701052111	典型流形与典型域	春/秋	54	3	方向课	数学科学学院	

(4) 概率统计方向

课程编号	课程名称	开课学期	学时	学分	课程类型	开课单位	备注
0701052018	高等概率论	秋	96	4	基础课	数学科学学院	
0701052019	高等统计学	春	96	4	基础课	数学科学学院	
0701052020	随机过程	春	96	4	基础课	数学科学学院	
0701052023	最优化理论与算法 (学硕)	春/秋	96	4	基础课	数学科学学院	
0701052027	数据挖掘与机器学习	春	96	4	基础课	数学科学学院	
0701052028	多元统计分析	春/秋	96	4	基础课	数学科学学院	
0252052005	统计学基础 (数理统计)	春/秋	54	3	基础课	数学科学学院	
0252052006	概率论基础	春/秋	54	3	基础课	数学科学学院	
0714052001	非参数统计	秋	54	3	方向课	数学科学学院	
0714052002	统计计算 (学硕)	秋	54	3	方向课	数学科学学院	
0714052003	生存分析	秋	54	3	方向课	数学科学学院	
0714052005	时间序列分析	秋	54	3	方向课	数学科学学院	
0714052006	回归分析	春	54	3	方向课	数学科学学院	
0714052008	探索性数据分析	春	54	3	方向课	数学科学学院	
0714052009	现代生物学统计方法	春/秋	54	3	方向课	数学科学学院	
0714052010	神经网络与深度学习	春/秋	54	3	方向课	数学科学学院	
0714052011	量化风险管理	秋	54	3	方向课	数学科学学院	
0714052012	统计调查	春/秋	54	3	方向课	数学科学学院	
0714052014	试验设计	春/秋	54	3	方向课	数学科学学院	

续表

课程编号	课程名称	开课学期	学时	学分	课程类型	开课单位	备注
0714052016	文本挖掘	春/秋	54	3	方向课	数学科学学院	
0714052017	渗流与离散概率模型	春/秋	54	3	方向课	数学科学学院	
0714052018	模型平均	春	54	3	方向课	数学科学学院	
0714052019	稳健统计	春/秋	54	3	方向课	数学科学学院	
0714052020	抽样调查	春/秋	54	3	方向课	数学科学学院	
0714052021	统计大样本理论	春/秋	54	3	方向课	数学科学学院	
0714052022	生物信息	春/秋	54	3	方向课	数学科学学院	
0714052023	应用随机过程	春/秋	54	3	方向课	数学科学学院	
0714052025	有限元方法	秋	54	3	方向课	数学科学学院	
0714052026	谱方法选讲	春	54	3	方向课	数学科学学院	
0701052136	极值统计	春秋	64	3	方向课	数学科学学院	
0252052030	分布式统计计算	春/秋	54	3	方向课	数学科学学院	
0252052033	大数据分析计算机基础	春/秋	54	3	方向课	数学科学学院	
0252052034	大数据分析统计建模	春/秋	54	3	方向课	数学科学学院	

(5) 数学与交叉学科方向

课程编号	课程名称	开课学期	学时	学分	课程类型	开课单位	备注
0701052021	高等数值分析	秋	96	4	基础课	数学科学学院	
0701052022	微分方程数值解	秋	96	4	基础课	数学科学学院	
0701052023	最优化理论与算法	春	96	4	基础课	数学科学学院	
0701052024	高级程序设计	秋	96	4	基础课	数学科学学院	
0701052025	数字图像处理	秋	96	4	基础课	数学科学学院	
0701052026	并行计算方法	春	96	4	基础课	数学科学学院	
0252052010	统计与图像处理	春/秋	54	3	基础课	数学科学学院	
0252052011	并行计算方法	春/秋	54	3	基础课	数学科学学院	
0252052012	CT 理论与算法	春/秋	54	3	基础课	数学科学学院	
0252052015	统计与深度学习	春/秋	54	3	基础课	数学科学学院	
0701052034	量子信息（Ⅰ）	春	54	3	方向课	数学科学学院	
0701052035	量子信息（Ⅱ）	秋	54	3	方向课	数学科学学院	
0701052084	经典力学的数学方法	春	54	3	方向课	数学科学学院	
0701052116	数学物理（Ⅰ）	秋	54	3	方向课	数学科学学院	

续表

课程编号	课程名称	开课学期	学时	学分	课程类型	开课单位	备注
0701052117	数学物理（Ⅱ）	春	54	3	方向课	数学科学学院	
0701052118	量子场论	春	54	3	方向课	数学科学学院	
0701052119	可积系统与无穷维代数	秋	54	3	方向课	数学科学学院	
0701052120	CT 理论与算法	春	54	3	方向课	数学科学学院	
0701052121	反问题的数值解法	春	54	3	方向课	数学科学学院	
0701052122	微分方程与图像分析	秋	54	3	方向课	数学科学学院	
0701052123	机器学习原理与实践	春	54	3	方向课	数学科学学院	
0701052124	浅谈孤子理论与可积系统Ⅰ	秋	54	3	方向课	数学科学学院	
0701052125	浅谈孤子理论与可积系统Ⅱ	春	54	3	方向课	数学科学学院	
0701052126	深度学习的数学基础和工程实践	秋	54	3	方向课	数学科学学院	
0701052127	深度学习应用与工程实践	春/秋	54	3	方向课	数学科学学院	
0701052128	数据结构与算法	春	54	3	方向课	数学科学学院	
0701052129	计算共形几何Ⅰ	春	54	3	方向课	数学科学学院	
0701052130	计算共形几何Ⅱ	秋	54	3	方向课	数学科学学院	
0701052131	C++三维技术编程	秋	54	3	方向课	数学科学学院	

南开大学
数学(省身班)专业培养方案 (2023)

一、专业基本信息

专业名称：数学与应用数学。
学科门类：理学类。
学制：4 年。
授予学位：理学学士。

二、培养目标

坚持立德树人根本任务，瞄准世界一流，始终致力培养"具有家国情怀、南开'公能'特色、热爱数学、能够解决重大前沿问题、交叉融合创新、领跑国际一流"的数学和相关领域的杰出人才。

三、毕业要求

要求本专业毕业生具有厚实的数学基础，系统地掌握基础数学和应用数学知识，并对统计学、计算机、网络空间安全、人工智能等领域有一定的了解和认知，能够运用数学知识解决实际问题。具有良好沟通团队协作能力，熟练掌握英语，能听、说、读、写、译。具体要求如下：

1. 社会担当：具有家国情怀、南开"公能"特色、社会责任感和使命感，自觉担当社会责任。

2. 综合素质：具有良好的道德修养、人文底蕴、科学素养、身体素质和心理素质。积极参与创新、创业、社会实践等团队，具有一定团队合作和组织协调能力。

3. 专业素养：熟练掌握基础数学、应用数学等相关领域基础知识，深入理解相关的概念、方法。

4. 科研创新：了解国内外基础数学、应用数学的发展动态和前景，具有创新意识、国际视野和跨文化交际能力，以及良好的从事科学研究的潜质。

5. 实践应用：能够运用基础数学、应用数学的基本理论和分析方法，解决应用数学、统计学、计算机、网络空间安全、人工智能等相关领域的实际问题。

四、专业核心课程

数学分析 I、数学分析 II、数学分析 III、高等代数与解析几何 2–1、高等代数与解析几何 2–2、抽象代数 I、抽象代数 II、复变函数、概率论、点集拓扑学、常微分方程、实变函数、泛函分析、数理方程。

五、主要实践环节

1. 必修实践环节 (23 学分)

大学物理实验 (2 学分)、C++ 程序设计基础 (2 学分)、军事技能训练 (2 学分)、公能实践 (2 学分)、体育 (4 学分)、公共英语 (1 学分)、高等代数与解析几何 2–1(0.5 学分)、高等代数与解析几何 2–2(0.5 学分)、数学分析 I(0.5 学分)、数学分析 II(0.5 学分)、数学分析 III(0.5 学分)、概率论 (0.5 学分)、实变函数 (0.5 学分)、数理方程 (0.5 学分)、毕业论文 (6 学分)。

2. 选修实践环节 (16 学分)

拓扑学 (0.5 学分)、LaTeX(上机课 16 学时)、操作系统与网络 (0.5 学分)、回归分析 (上机课 10 学时)、统计与大数据分析软件 (上机课 32 学时)、数据挖掘和机器学习 (上机课 32 学时)、计算机视觉基础 (上机课 28 学时)、计算机组成原理 (上机课 28 学时)、编译系统原理 (上机课 28 学时)、机器学习及应用 (上机课 28 学时)、数据库系统 (上机课 28 学时)、软件系统安全 (上机课 28 课时)、操作系统 (上机课 28 学时)、计算机网络 (上机课 28 学时)、算法导论 (上机课 28 学时)、计算机图形学 (上机课 28 学时)、汇编与逆向技术基础 (上机课 24 学时)、算法和协议中的安全机制及应用 (上机课 12 学时)、计算机病毒及其防治技术 (上机课 28 课时)、网络安全技术 (上机课 32 学时)、密码学 (上机课 28 学时)、信息隐藏技术 (上机课 28 学时)、机器学习 (上机课 16 学时)。

六、毕业要求与课程设置对应关系矩阵

课程名称	毕业要求				
	1. 社会担当	2. 综合素质	3. 专业素养	4. 科研创新	5. 实践应用
思想道德修养与法律基础专题	HS	HS			
马克思主义基本原理专题	HS	HS			
中国近现代史纲要专题	HS	HS			
毛泽东思想和中国特色社会主义理论体系概论	HS	HS			

续表

课程名称	毕业要求				
	1. 社会担当	2. 综合素质	3. 专业素养	4. 科研创新	5. 实践应用
形势与政策	HS	HS			
公能实践	HS	HS			S
军训	HS	HS			
体育	HS	HS			
公共英语类	HS	HS			
大学语文类	HS	HS			
公共计算机类	HS	HS			
大学物理类	HS	HS			
数学分析 I	S		HS	S	S
数学分析 II	S		HS	S	S
数学分析 III	S		HS	S	S
高等代数与解析几何 2–1	S		HS	S	
高等代数与解析几何 2–2	S		HS	S	
抽象代数 I	S		HS	S	
复变函数	S		HS	S	
概率论	S		HS	S	
点集拓扑学	S		HS	S	
常微分方程	S		HS	S	
抽象代数 II	S		HS	S	
实变函数	S		HS	S	
毕业论文	S		HS	S	
泛函分析	S		HS	S	
数学前沿问题选讲	S		HS	HS	S
数理方程	S		HS	S	S
复变函数 II	S		HS	HS	S
伽罗瓦理论	S		HS	HS	S
拓扑学	S		HS	HS	S
动力系统导论 (1)	S		HS	HS	S

续表

课程名称	毕业要求				
	1. 社会担当	2. 综合素质	3. 专业素养	4. 科研创新	5. 实践应用
微分几何	S		HS	HS	S
李代数	S		HS	HS	S
有限群表示论	S		HS	HS	S
微分流形	S		HS	HS	S
数论	S		HS	HS	S
抽象函数与巴拿赫代数	S		HS	HS	S
计算机集合论与逻辑	S		HS	HS	S
现代分析基础	S		HS	HS	S
结合代数	S		HS	HS	S
变分学	S		HS	HS	S
黎曼曲面引论	S		HS	HS	S
动力系统导论 (2)	S		HS	HS	HS
随机运筹学	S		HS	HS	HS
LaTeX	S		HS	HS	HS
投资学	S		HS	HS	HS
数学建模	S		HS	HS	HS
信号与系统	S		HS	HS	HS
组合论	S		HS	HS	HS
精算数学	S		HS	HS	HS
金融工程学	S		HS	HS	HS
操作系统与网络	S		HS	HS	HS
图论	S		HS	HS	HS
运筹学	S		HS	HS	HS
数据采集方法	S		HS	HS	HS
回归分析	S		HS	HS	HS
统计与大数据分析软件	S		HS	HS	HS
多元统计分析	S		HS	HS	HS
随机过程	S		HS	HS	HS

续表

课程名称	毕业要求				
	1. 社会担当	2. 综合素质	3. 专业素养	4. 科研创新	5. 实践应用
数理统计 I	S		HS	HS	HS
数据挖掘与机器学习	S		HS	HS	HS
计算机视觉基础	S		HS	HS	HS
计算机组成原理	S		HS	HS	HS
离散数学	S		HS	HS	HS
编译系统原理	S		HS	HS	HS
机器学习与应用	S		HS	HS	HS
数据库系统	S		HS	HS	HS
软件系统安全	S		HS	HS	HS
操作系统	S		HS	HS	HS
计算机网络	S		HS	HS	HS
汇编与逆向技术基础	S		HS	HS	HS
算法和协议中的安全机制及应用	S		HS	HS	HS
信息安全数学基础	S		HS	HS	HS
计算机病毒及其防治技术	S		HS	HS	HS
网络安全技术	S		HS	HS	HS
密码学	S		HS	HS	HS
信息隐藏技术	S		HS	HS	HS
人工智能技术	S		HS	HS	HS
强化学习	S		HS	HS	HS
机器视觉技术	S		HS	HS	HS
机器学习	S		HS	HS	HS
智能工程	S		HS	HS	HS

注：须表明课程对毕业要求的支撑关系，可用符号表示课程对某一毕业要求的具体支撑力度：S＝一般支撑；HS＝高度支撑。

七、教学计划

分类	课程代码	课程名称	学分	开课学期	建议修读学期	是否必修	开课院系	备注
通识必修课	UPRC0001	1 新生研讨课	1	1		是	教务部	
理想与信念教育类	IPTD0024	2 思想道德与法治	2.5	1		是	马克思主义基础理论教学部	
	IPTD0012	3 公能实践	2	1,2,3,4,5,6	1,2,3,4,5,6	是	马克思主义基础理论教学部	
	IPTD0016	4 形势与政策	2	1,2,3,4,5,6,7,8	1,2,3,4,5,6,7,8	是	马克思主义基础理论教学部	
	IPTD0025	5 马克思主义基本原理	2.5	2		是	马克思主义基础理论教学部	
	IPTD0013	6 中国近现代史纲要	2.5	3		是	马克思主义基础理论教学部	
	IPTD0023	7 毛泽东思想和中国特色社会主义理论体系概论	2.5	4		是	马克思主义基础理论教学部	
	IPTD0026	8 习近平新时代中国特色社会主义思想概论	3	5		是	马克思主义基础理论教学部	
		学分小计	17					
军事体育与健康类	MHEC0003	9 大学生心理健康	2	2		是	心理健康教育中心	
	MITD0005	10 军事技能训练	2	3		是	军事教研室	
		体育	4					第1—4学期修读
		学分小计	8					
人文基础与四史类	LITE0266	11 大学语文（理工类）	2	3		是	文学院	
	ECON0340	12 经济学原理	2	5		否	经济学院	人文基础与"四史"选修模块（多选一）
	HIST0242	13 史学通论	2	5		否	历史学院	
	IPTD0022	14 四史专题	2	5		否	马克思主义基础理论教学部	
	LAWS0120	15 法学概论	2	5		否	法学院	

续表

分类	课程代码	课程名称	学分	开课学期	建议修读学期	是否必修	开课院系	备注
	PHIL0141	16 哲学导论	2	5		否	哲学院	
		学分小计	4					
数理基础类	CPTD0007	17 大学基础物理实验	2	2		是	大学物理及实验	
	PHYS0146	18 大学物理 I（数理科学与大数据类）	2	2		是	物理科学学院	
	PHYS0147	19 大学物理 II（数理科学与大数据类）	2	2		是	物理科学学院	
		学分小计	6					
信息技术基础类	COTD0016	20 C++程序设计基础	3	1	1	是	公共计算机基础教学部	
		学分小计	3					
公共英语（省身班）	ENTD0023	21 语言、文化及交流 2-1	2	1	1	是	公共英语教学部	
	ENTD0063	22 英语综合技能	2	1		是	公共英语教学部	
	ENTD0024	23 语言、文化及交流 2-2	2	2	2	是	公共英语教学部	
	ENTD0017	24 高级英语综合技能 2-1	2	3	3	是	公共英语教学部	
	ENTD0010	25 高级英语综合技能 2-2	2	4	4	是	公共英语教学部	
		学分小计	10					
		学分小计	49					
通识选修课		公能素质和服务中国	0					
		艺术审美与文化思辨	2					
		科学精神与健康生活	0					
		社会发展与国家治理	0					
		工程素养与未来科技	0					
		世界文明与国际视野	0					

续表

分类	课程代码	课程名称	学分	开课学期	建议修读学期	是否必修	开课院系	备注
		应修学分	12					
专业必修课	MATH0083 26	高等代数与解析几何 2-1	4.5	1		是	数学科学学院	
	MATH0130 27	数学分析 I	5.5	1		是	数学科学学院	
	MATH0014 28	毕业论文	6	8		是	数学科学学院	
	MATH0078 29	高等代数与解析几何2-2	5.5	2		是	数学科学学院	
	MATH0133 30	数学分析 II	4.5	2		是	数学科学学院	
	MATH0097 31	常微分方程	3	3		是	数学科学学院	
	MATH0132 32	抽象代数 I	3	3		是	数学科学学院	
	MATH0145 33	复变函数	3	3		是	数学科学学院	
	MATH0146 34	数学分析 III	5	3		是	数学科学学院	
	MATH0065 35	概率论	3.5	4		是	数学科学学院	
	MATH0079 36	点集拓扑学	3	4		是	数学科学学院	
	MATH0134 37	抽象代数 II	3	4		是	数学科学学院	
	MATH0151 38	实变函数	4	4		是	数学科学学院	
	MATH0049 39	泛函分析	4	6		是	数学科学学院	
	MATH0085 40	数学前沿问题选讲	1	6		是	数学科学学院	
	MATH0095 41	数理方程	3.5	6		是	数学科学学院	
		学分小计	62					
专业选修课	MATH0126 42	应用组合论	3	7		否	数学科学学院	
	MATH0150 43	网络编码	3	7		否	数学科学学院	
	MATH0153 44	组合学中的代数方法	3	7		否	数学科学学院	
	MATH0167 45	复几何	3	7		否	数学科学学院	
	MATH0175 46	图同态与其应用	3	7		否	数学科学学院	

续表

分类	课程代码	课程名称	学分	开课学期	建议修读学期	是否必修	开课院系	备注
	MATH0124	47 离散优化	3	8		否	数学科学学院	
	MATH0179	48 辛几何	3	8		否	数学科学学院	
	MATH0127	49 计算机安全基础	1.5	3		否	数学科学学院	
	MATH0128	50 C程序设计语言	3	3		否	数学科学学院	
	MATH0157	51 数学的内容、方法和意义	2	3		否	数学科学学院	
	MATH0178	52 信息与数学交叉领域前沿选讲	2	3		否	数学科学学院	
	MATH0176	53 离散分析	3	4		否	数学科学学院	
	MATH0025	54 信息论	3	5		否	数学科学学院	
	MATH0070	55 数理统计	4	5		否	数学科学学院	
	MATH0104	56 数值逼近	3	5		否	数学科学学院	
	MATH0125	57 傅里叶分析	3	5		否	数学科学学院	
	MATH0141	58 机器学习导论	4	5		否	数学科学学院	
	MATH0144	59 Python 科学计算	3	5		否	数学科学学院	
	MATH0158	60 投资学	3	5		否	数学科学学院	
	MATH0181	61 分歧理论与水波方程	2	5		否	数学科学学院	
	MATH0015	62 Java	2	6		否	数学科学学院	
	MATH0018	63 风险理论基础	3	6		否	数学科学学院	
	MATH0019	64 最优化方法	3.5	6		否	数学科学学院	
	MATH0032	65 生物信息学	3	6		否	数学科学学院	
	MATH0037	66 代数与编码	4	6		否	数学科学学院	
	MATH0038	67 计算几何	3	6		否	数学科学学院	
	MATH0041	68 数据结构	3.5	6		否	数学科学学院	
	MATH0042	69 多元统计分析	4	6		否	数学科学学院	

续表

分类	课程代码	课程名称	学分	开课学期	建议修读学期	是否必修	开课院系	备注
	MATH0047	70 数据库	2.5	6		否	数学科学学院	
	MATH0059	71 近代密码学	3	6		否	数学科学学院	
	MATH0082	72 数据挖掘	3	6		否	数学科学学院	
	MATH0105	73 金融期权	3	6		否	数学科学学院	
	MATH0117	74 公司理财	3	6		否	数学科学学院	
	MATH0129	75 GPU 程序设计	3	6		否	数学科学学院	
	MATH0138	76 微分方程数值解	4	6		否	数学科学学院	
	MATH0142	77 人工智能算法导论	4	6		否	数学科学学院	
	MATH0143	78 科学计算实验	4	6		否	数学科学学院	
	MATH0148	79 信息论 Ⅱ	3	6		否	数学科学学院	
	MATH0149	80 网络信息论	3	6		否	数学科学学院	
	MATH0159	81 数值代数	3	6		否	数学科学学院	
	STAT0013	82 数据采集方法	3	5		否	统计与数据科学学院	
	STAT0016	83 回归分析	3	5		否	统计与数据科学学院	
	STAT0031	84 统计与大数据分析软件	4	5		否	统计与数据科学学院	统计学模块
	STAT0032	85 多元统计分析	4	5		否	统计与数据科学学院	
	STAT0009	86 数理统计 Ⅰ	4	6		否	统计与数据科学学院	
	STAT0018	87 数据挖掘和机器学习	4	6		否	统计与数据科学学院	
	COSC0028	88 机器学习及应用	2.5	6		否	计算机科学学院	
	COSC0044	89 数据库系统	3	6		否	计算机科学学院	
	COSC0045	90 软件系统安全	2.5	6		否	计算机科学学院	计算机模块
	COSC0046	91 操作系统	3	6		否	计算机科学学院	
	COSC0047	92 计算机网络	3	6		否	计算机科学学院	

续表

分类	课程代码		课程名称	学分	开课学期	建议修读学期	是否必修	开课院系	备注
	COSC0051	93	算法导论	3	6		否	计算机科学院	
	COSC0055	94	计算机图形学	2.5	6		否	计算机科学院	
	COSC0029	95	计算机视觉基础	2.5	5		否	计算机科学院	
	COSC0043	96	计算机组成原理	3.5	5		否	计算机科学院	
	COSC0050	97	离散数学	3.5	5		否	计算机科学院	
	COSC0052	98	编译系统原理	3	5		否	计算机科学院	
	CSSE0002	99	汇编与逆向技术基础	2.5	5		否	网络空间安全学院	网络空间安全模块
	CSSE0019	100	算法和协议中的安全机制及应用	2	5		否	网络空间安全学院	
	CSSE0031	101	信息安全数学基础	3.5	5		否	网络空间安全学院	
	CSSE0033	102	计算机病毒及其防治技术	2.5	5		否	网络空间安全学院	
	CSSE0034	103	网络安全技术	2.5	5		否	网络空间安全学院	
	CSSE0032	104	密码学	3	6		否	网络空间安全学院	
	CSSE0035	105	信息隐藏技术	2.5	6		否	网络空间安全学院	
	ARIN0003	106	人工智能技术	3	5		否	人工智能学院	人工智能模块
	ARIN0013	107	强化学习	3.5	5		否	人工智能学院	
	ARIN0002	108	机器视觉技术	3	6		否	人工智能学院	
	ARIN0012	109	机器学习	2.5	6		否	人工智能学院	
	COMP0155	110	智能工程	2	6		否	计算机与控制工程学院	
	MATH0161	111	代数几何导论	3	7		否	数学科学学院	基础数学模块
	MATH0171	112	几何学 (全英文)	3	2		否	数学科学学院	
	MATH0147	113	复变函数 II	1	3		否	数学科学学院	
	MATH0102	114	交换代数	3	4		否	数学科学学院	

续表

分类	课程代码	课程名称	学分	开课学期	建议修读学期	是否必修	开课院系	备注
	MATH0136	115 伽罗瓦理论	3	4		否	数学科学学院	
	MATH0003	116 拓扑学	3.5	5		否	数学科学学院	
	MATH0137	117 动力系统导论（1）	3	5		否	数学科学学院	
	MATH0163	118 阿蒂亚-辛格指标定理简介	2	5		否	数学科学学院	
	MATH0164	119 数学前沿导论	2	5		否	数学科学学院	
	MATH0166	120 解析数论（全英文）	3	5		否	数学科学学院	
	MATH0169	121 偏微分方程（全英文）	3.5	5		否	数学科学学院	
	MATH0170	122 初等代数拓扑（全英文）	3	5		否	数学科学学院	
	MATH0177	123 表示论基础（全英文）	3	5		否	数学科学学院	
	MATH0002	124 微分几何	4	6		否	数学科学学院	
	MATH0008	125 李代数	3	6		否	数学科学学院	
	MATH0029	126 有限群表示论	3	6		否	数学科学学院	
	MATH0036	127 微分流形	3	6		否	数学科学学院	
	MATH0055	128 数论	3	6		否	数学科学学院	
	MATH0066	129 抽象函数与巴拿赫代数	3	6		否	数学科学学院	
	MATH0068	130 计算机集合论与逻辑	3	6		否	数学科学学院	
	MATH0090	131 现代分析基础	3	6		否	数学科学学院	
	MATH0119	132 结合代数	3	6		否	数学科学学院	
	MATH0120	133 变分学	3	6		否	数学科学学院	
	MATH0123	134 黎曼曲面引论	3	6		否	数学科学学院	
	MATH0131	135 动力系统导论（2）	3	6		否	数学科学学院	
	MATH0162	136 李群与李代数群	3	6		否	数学科学学院	
	MATH0165	137 黎曼几何与几何分析选讲	3	6		否	数学科学学院	

续表

分类	课程代码	课程名称	学分	开课学期	建议修读学期	是否必修	开课院系	备注
	MATH0168 138	拓扑线性空间 (全英文)	3	6		否	数学科学学院	
	MATH0172 139	几何拓扑概论 (全英文)	3	6		否	数学科学学院	
	MATH0121 140	随机运筹学	3	7		否	数学科学学院	
	MATH0160 141	波方程的分析与计算	3	8		否	数学科学学院	
	MATH0006 142	LaTeX	1	3		否	数学科学学院	
	MATH0013 143	图论	3	5		否	数学科学学院	
	MATH0152 144	随机过程	3	5		否	数学科学学院	
	MATH0004 145	数学建模	2	6		否	数学科学学院	应用数学模块
	MATH0016 146	信号与系统	4	6		否	数学科学学院	
	MATH0030 147	组合论	3	6		否	数学科学学院	
	MATH0053 148	精算数学	3	6		否	数学科学学院	
	MATH0056 149	金融工程学	3	6		否	数学科学学院	
	MATH0069 150	操作系统与网络	2.5	6		否	数学科学学院	
	MATH0092 151	运筹学	3	6		否	数学科学学院	
	MATH0173 152	现代图论 (全英文)	3	6		否	数学科学学院	
		应修学分	28					
	全程总计		151					

备注	

天津大学
数学与应用数学专业(拔尖计划)培养方案

一、专业介绍

数学是研究数量、结构、变化、空间以及信息等概念的一门学科，是基础研究的基础和其他科学研究的主要工具。

本专业源于 1946 年北洋大学理学院数学系，2019 年获批建设国家一流专业，入围国家首批"双万计划"和"强基计划"，2021 年获批建设基础学科拔尖学生培养计划 2.0 基地。

本专业围绕立德树人，面向我国战略需求和国际数学前沿，凝聚顶尖数学家智慧、青年数学家心血，打造学习、研究、生活一体化的书院制现代数学学堂，培养具有殷切家国情怀、远大学术志向、深厚数学功底、卓越创新能力和广阔国际视野的未来数学家，为数学科学积蓄中国力量，为我国数学与自然科学、工程科学进一步交叉融合、再攀高峰散播火种。

二、培养目标

本专业培养德、智、体、美、劳全面发展，具备扎实基础的数学与应用数学人才。注重数学思维方法的系统培养，使学生具有较强的数学分析能力和数学建模能力。此外，鼓励本科生积极参与相关科研课题，使其具备一定的科学研究能力。本专业所培养的毕业生能够在数学及相关领域进一步深造，亦可在教育、计算机、金融等相关行业从事教学和实际应用开发工作。

三、毕业要求

本专业的学生主要学习数学基本理论和方法，培养学生的逻辑推理、抽象思维以及熟练的运算能力，掌握数学建模、数据处理和分析的基本理论、基本方法和相关领域应用等方面的知识，以及数学科学研究等方面的综合训练，本专业毕业生应具备以下几方面的知识、能力和素质。

1. 爱国爱党，品格高尚，热爱数学，具备科学精神，立志服务科学技术发展和人类文明进步。

2. 具有健全的数学知识体系、扎实的数学理论功底，完成进行研究生阶段学习的知识储备。

3. 了解其他学科领域的数学基础，能够用数学语言描述、建模和分析问题。

4. 具备逻辑推理和抽象思维能力、优秀的自我学习能力和创新意识。

5. 初步具备用英语进行专业学习和学术交流的能力，了解国际数学前沿。

四、 毕业条件及授予学士学位条件

达到学校对本科毕业生提出的德、智、体、美、劳等方面的要求，完成培养方案课程体系中各教学环节的学习，达到最低修满学分，毕业设计(论文)答辩合格，方可准予毕业。符合天津大学学士学位授予条件，可授予学士学位。

五、 学制与学位

标准学制：4 年，学习年限 3—6 年。

授予学位：理学学士。

六、 专业核心课程

数学分析、代数与几何、抽象代数、实变函数、泛函分析、复变函数、概率论、数理统计、常微分方程、偏微分方程、数论选讲、拓扑学、微分几何。

七、 课程设置与学分分布

课程类别		课程编号	课程名称	课程属性	学分	总学时/周	开课学期	学分要求
通识教育	思政类	2210117	思想道德与法治	必修	3	48	1	必修 18 学分，其中 1 学分为"习近平新时代中国特色社会主义思想"课程
		2210015	中国近现代史纲要	必修	3	48	2	
		2111140	马克思主义基本原理	必修	3	64	3	
		2210114	毛泽东思想和中国特色社会主义理论体系概论	必修	3	48	4	
		2210106	习近平新时代中国特色社会主义思想概论	必修	3	48	5	
		5100054	形势与政策	必修	2	64	1—8	

续表

课程类别	课程编号	课程名称	课程属性	学分	总学时/周	开课学期	学分要求
军事类	5100078	集中军事训练	必修	2	3	1	4
	5100057	军事理论 1	必修	2	32	2	
体育类							4
外语类							4—8
通识必修课程	5100075	大学生心理健康 (上)	必修	1	16	1	1
	5100076	大学生心理健康 (下)	必修	1	16	2	1
	5100060	择业指导	必修	1	19	5	1
	5100059	职业生涯规划	必修	1	19	1	1
	4080003	健康教育	必修	0	8	1	0
	1140003	法制安全教育	必修	0	8	1	0
		创新创业教育	必修				3
通识选修课程							8
专业教育	数理基础课程	2100017	高等代数 A	必修	5	80	1	35.5
		2100021	数学分析 A	必修	6	96	1	
		2100018	高等代数 B	必修	5	80	2	
		2100022	数学分析 B	必修	6	96	2	
		2100095	大学物理 A	必修	4	64	2	
		2100096	大学物理 B	必修	4	64	3	
		2100346	物理实验 A	必修	1	27	3	
		2100347	物理实验 B	必修	1	27	4	
		2160279	大学计算机基础 1	必修	0	48	1	
		2100356	计算机语言	必修	3.5	64	2	
	大类基础课程	2100023	数学分析 C	必修	5	80	3	32
		2100455	概率论	必修	4	64	3	
		2330006	抽象代数	必修	4	64	3	
		2100359	数理统计	必修	3	48	4	
		2330005	拓扑学	必修	4	64	4	
		2330007	复变函数	必修	4	64	4	

续表

课程类别	课程编号	课程名称	课程属性	学分	总学时/周	开课学期	学分要求
	2330008	实变函数	必修	4	64	4	
	2100065	常微分方程	必修	4	64	3	
专业核心课程	2100028	泛函分析	必修	4	64	5	14
	2100413	微分几何	必修	3	48	5	
	2100567	偏微分方程	必修	4	64	5	
	2330011	组合数学	必修	3	48	6	
专业模块	2330001	数学分析专题 A	选修	2	32	1	15
	2330003	高等代数专题 A	选修	2	32	1	
	2330002	数学分析专题 B	选修	2	32	2	
	2330004	高等代数专题 B	选修	2	32	2	
	2100358	计算机数据结构	选修	4.5	80	4	
	2330012	数论选讲	选修	3	48	4	
	2330025	数学模型 (翻转)	选修	3	48	4	
	2100057	专业英语	选修	2	32	5	
	2100275	MATLAB 软件	选修	1.5	32	5	
	2330013	测度论	选修	3	48	5	
	2330016	几何与拓扑 I	选修	4	64	5	
	2330080	数值线性代数	选修	3	48	5	
	2100052	最优化理论与方法	选修	4	64	6	
	2100229	保险精算	选修	3	48	6	
	2330079	数值逼近	选修	3	48	6	
	2100590	离散数学	选修	3	48	6	
	2330014	线性系统控制理论	选修	3	48	6	
	2330058	组合数学选讲	选修	2	32	6	
	2330059	金融随机分析	选修	3	48	6	
	2100055	动态系统与最优控制	选修	3	48	7	
	2100056	图论及其应用	选修	3	48	7	
	2100361	偏微分方程数值解	选修	3	48	7	
	2100366	组合证券投资理论	选修	3	48	7	

续表

课程类别	课程编号	课程名称	课程属性	学分	总学时/周	开课学期	学分要求
	2100485	非线性分析	选修	3	48	7	
	2100486	多复变函数	选修	3	48	7	
	2100545	常微分方程续论	选修	3	48	7	
	2100583	多元统计分析 (1)	选修	3	48	7	
	2330015	随机微分方程	选修	3	48	7	
	2330017	动力系统	选修	3	48	7	
	2330018	微分流形	选修	3	48	7	
综合实践课程	2100527	计算机语言实习	必修	4	0	5	17.5
	2100416	统计计算实习	必修	2	32	6	
	2100500	数学实验	必修	1	32	6	
	2100372	计算实习	必修	2.5	0	7	
	2100499	生产实习	必修	2	0	7	
	2330076	毕业设计 (论文)	必修	6	0	8	

八、课程逻辑图

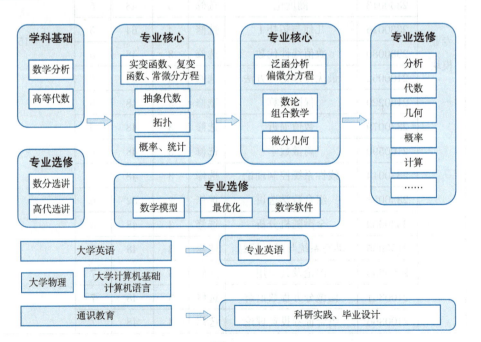

图 3.12

数学基地(唐敖庆班)培养方案(2022版)

一、 培养目标

以 "厚基础、能力强、会创新、适应广" 为育人目标，致力于培养具有家国情怀、批判性思维、创造创新能力，懂交流、善合作，具备数学学科知识基础，掌握数学学科理论，具备科学研究、教学、解决实际问题等能力的科研方面复合型拔尖人才及相关研究领域领军人才。

毕业生善于运用所学数学相关知识技能解决本领域及交叉领域的复杂问题。学生毕业后可继续在相关学科领域继续深造，或在教学、数据分析等领域从事计算与信息处理。拔尖人才应当拥有扎实的自然科学知识，宽厚的人文科学知识素养和完整全面的数学专业知识，具体培养目标如下：

1. 具有坚实的数学基础、广博的自然科学基础知识和理论；具有强烈的家国情怀、社会责任感。

2. 具有运用数学科学理论知识和手段解决复杂问题的能力，能够运用现代信息技术快速获取前沿信息；具备数学建模和计算机软件知识、创新能力和科研素养，能够胜任教学、科研、数据分析与处理业务岗位工作。

3. 具有追求真理的科学精神、优良的学风和较强的科研能力。

4. 具有优异的团队组织、沟通能力和领导能力，能够组织和协作进行数学相关项目的研究。

5. 具有开阔的视野，洞察数学发展前沿的能力。

二、 培养要求

本专业学生主要学习数学学科基础理论和基本方法，受到科研实践、数学模型、计算机和数学软件等方面的基本训练，具有较好的科学素养与较强的适应能力和自学能力，具备运用数学知识进行教学科研、解决实际问题及开发软件等方面的基本能力。

毕业生应获得以下几方面的知识和能力：

1. 通识类和学科基础知识：掌握必要的数学、物理、计算机与信息技术基础知识，能够获取、处理和运用数学及相关学科信息；熟练掌握英语的阅读、写作、演讲，具备国际交流能力；具有人文社会科学素养、社会责任感，理解并遵守职业道德规范。

2. 专业理论知识：掌握数学学科的基本理论和基本方法，初步掌握数学科学的思想方法，具有较好的科学素养与较强的适应能力和自学能力，扎实的数学基础，富有创新精神和国际视野。

3. 专业实践知识：具有运用数学知识去解决实际问题，特别是建立数学模型的初步能力；能熟练使用计算机 (包括常用语言、工具及一些数学软件)，具有编写简单应用程序的能力；具有较强的语言表达能力，掌握资料查询、文献检索及运用现代信息技术获取相关信息的基本方法；具有一定的科学研究和教学能力。

4. 交叉学科知识：了解与数学相关的如物理、化学、计算机、金融等交叉学科的基础与前沿知识。

5. 团队和合作精神：具有较强的学习、表达、交流、协调能力及团队合作能力。

6. 自主和终身学习能力：具备自主学习和自我发展的能力，能够适应未来科学技术和经济社会的发展。

成果导向关系矩阵

毕业要求	培养目标 1	培养目标 2	培养目标 3	培养目标 4	培养目标 5
通识类知识	√				
学科基础知识	√	√			
专业理论知识		√			
专业实践知识		√	√	√	
交叉学科知识		√	√		√
团队和合作精神				√	
自主和终身学习能力			√		√

三、主干学科及核心课程

主干学科：数学。

核心课程：数学分析、高等代数、空间解析几何、常微分方程、实变函数、复变函数、泛函分析、C 语言与程序设计、概率论与数理统计等。

主要实践性教学环节：科研训练或毕业论文等。

四、专业特色及专业方向

根据数学学科的特点，着力培养知识体系横向交叉、专业培养纵向衔接、科研能力深度积累的复合型拔尖人才。提高综合素质，在横向的学科交叉、纵向的专业培养下，强调科研创新，强调观念的提前转变。培养德智体美全面发展与健康个性和谐统一、富有创新精神、实践能力和国际视野的高素质数学专业人才，并尽力为他们成为未来的一流的学者和世界一流的科学家创造有利条件。按照"宽口径、厚基础、个性化、研究型"的原则，因材施教，培养具有深度发展潜质的未来领军人才。

五、 修业年限

一般为四年。

六、 学位授予

理学学士。

七、 毕业合格标准

1. 具有良好的思想道德和身体素质，符合学校规定的德育、体育、美育和劳动教育标准。

2. 通过培养方案规定的全部教学环节，达到本专业各环节规定的总学分 162.5 学分 (分流后数学与应用数学专业)，其中课程教学为 145.5 学分，实践教学环节为 17 学分；164.5 学分 (分流后信息与计算科学专业)(含跨学科拓展选修课程 6 学分)，其中课程教学为 143.5 学分，实践教学环节为 21 学分。完成课外创新培养计划 8 学分。

注：后期通过动态选拔进入拔尖班的学生，在进入前其原专业培养方案部分有效，毕业学分要求相应变动。

数学基地指导性教学计划及其进程表

(一) 通识教育课程 59 学分

课程性质	课程编码	课程名称	总学分	实践学分	实践学时	总学时	修读学期	考核性质	备注
通识教育课程必修课	392000	思想道德与法治(拔尖)	4.5	2	48	88	1	考试	+在线课程+形势与政策教育+实践
	392010	中国近现代史纲要(拔尖)	4.5	1	24	80	2	考试	+在线课程+四史专题（选修)(必选)+实践
	392011	马克思主义基本原理(拔尖)	4.5	2	48	88	3	考试	+在线课程+形势与政策教育+实践
	392012	毛泽东思想和中国特色社会主义理论体系概论与习近平新时代中国特色社会主义思想概论(拔尖)	5.5	1	24	96	4	考试	+在线课程+实践

续表

课程性质	课程编码	课程名称	总学分	实践学分	实践学时	总学时	修读学期	考核性质	备注
	921001	体育Ⅰ	1		0	32	1	考查	
	921002	体育Ⅱ	1		0	32	2	考查	
	921003	体育Ⅲ	1		0	32	3	考查	
	921004	体育Ⅳ	1		0	32	4	考查	
	921005	体育Ⅴ	1		0	32	5/6/7/8	考查	
	J11001	军事理论	2		0	32	1—2	考查	
	LD2001	劳动教育	2		14	32	2—3	考查	
	911001—911004	大学英语AⅠ—AⅣ	8			128	1/2/3/4	考试	能力提升工作坊：16学时
	321020—21	普通物理Ⅰ—Ⅱ	6			96	3—4	考试	
	323021	普通物理实验	2	2	48	48	3	考查	
	961029	C语言程序设计基础	3			48	2	考试	
通识教育课程选修课		大学生就业创业指导	2			32	5/6/7/8	考查	限选
		大学生心理健康	2			32	1/2	考查	限选
		艺术鉴赏与审美体验（Ⅴ）	2			32		考查	限选音乐欣赏与实践(2学分)
		社会文明与科学使命	2			32	3/4	考查	限选
		哲学智慧与品判思维(Ⅰ)、文化理解与历史传承(Ⅱ)、当代中国与公民责任(Ⅲ)、全球视野与文明交流(Ⅳ)、科学精神与创新创造(Ⅵ)、生态环境与生命关怀(Ⅶ)、人际沟通与合作精神(Ⅷ)	4			64		考查	数学基地限选科学建模及其实现(4学分)
小计			59	8	206	1 088			

注：根据学生入学英语水平，分为免修级、A级、B级、C级、预备级五个级别，按级别分英语教学班。

大学英语常规课程的级别及选课和计分方式

级别	通用英语必修课			英语类必选课				备注
	学习时长	大学英语 AⅢ	大学英语 AⅣ	学术英语	留学英语	高级英语视听说	小语种	
C级	4学期	√	√			√√		能力提升工作坊：16学时
B级	3学期	90	√			√√		
A级	2学期	90	90			√√		
免修级	2学期	90	90			√√		

(二) 学科基础课程 64.5 学分

1. 学科基础必修课程 61.5 学分

课程性质	课程编码	课程名称	总学分	实践学分	实践学时	总学时	修读学期	考核性质	备注
学科基础必修课	101001—101003	数学分析Ⅰ—Ⅲ	17			272	1—3	考试	习题144
	101004	数学建模与最优控制	4			64	4	考试	
	101005—101006	高等代数Ⅰ—Ⅱ	8			128	1—2	考试	习题64
	101007	数值分析初步	3.5			56	4	考试	
	103001	数值分析初步实验	1	1	24	24	4	考查	
	101008	空间解析几何	4			64	1	考试	习题48
	101009	抽象代数Ⅰ	4			64	3	考试	
	101010	常微分方程	4			64	3	考试	习题32
	101011	概率论与数理统计	4			64	4	考试	习题32
	101012	复变函数	4			64	4	考试	习题32
	101013	实变函数	4			64	4	考试	习题32
	101014	泛函分析	4			64	5	考试	习题32
小计			61.5	1	24	1 408			

2. 学科基础选修课程 3 学分

课程性质	课程编码	课程名称	总学分	实践学分	实践学时	总学时	修读学期	考核性质	备注
学科基础选修课	101016	专业英语	2			32	7	考查	限选
	101051	新生研讨课	0.5	0.5	12		1	考查	
	104002	学科导论课	0.5	0.5	12		1	考查	
小计			3	1	24	32			

(三) 专业教育课程

1. 数学与应用数学专业教育课程 38 学分

(1) 数学与应用数学专业教育必修课程 26 学分

课程性质	课程编码	课程名称	总学分	实践学分	实践学时	总学时	修读学期	考核性质	备注
专业教育必修课	101017	数学物理方程	4			64	5	考试	习题 32
	101018	拓扑学	4			64	5	考试	
	101019	微分几何	4			64	6	考试	
	101020	微分动力系统	4			64	6	考试	
	101021	线性规划	4			64	5	考试	
	103101	毕业论文	6	6	144	144	7—8	考查	在教师指导下进行
小计			26	6	144	464			

(2) 数学与应用数学专业教育选修课程 (本研贯通选修课)12 学分

课程性质	课程编码	课程名称	总学分	实践学分	实践学时	总学时	修读学期	考核性质	备注
专业教育选修课	101033	抽象代数 Ⅱ	3			48	5	考试	限选
	101034	非线性规划	3			48	6	考试	限选
	101046	视觉计算与机器学习 △	3			48	7	考试	
	101047	数字信号处理 △	3			48	6	考试	
	101048	大数据分析 △	3			48	8	考试	
	101049	科学与工程计算 △	3			48	7	考试	
	101035	微分方程定性理论 △	3			48	7	考试	
	101036	微分流形 △	3			48	7	考试	
	101037	非参数统计 △	3			48	7	考试	
	101050	统计机器学习 △	3			48	8	考试	
	101039	纯粹数学选讲	2			32	7	考查	
	101040	应用数学选讲	2			32	7	考查	
	101041	计算数学选讲	2			32	7	考查	
	101042	概率统计选讲	2			32	7	考查	
	101038	金融数学	3			48	6	考试	

续表

课程性质	课程编码	课程名称	总学分	实践学分	实践学时	总学时	修读学期	考核性质	备注
	101043	现代数学方法与技巧	3			48	7	考试	
	101045	测度论	3			48	7	考试	

专业教育选修课 (本研贯通选修课程) 至少 12 学分，"△" 为本研贯通模块课程，本研贯通课程修读通过后，可在研究生阶段免修

2. 信息与计算科学专业教育课程 40 学分

(1) 信息与计算科学专业教育必修课程 28 学分

课程性质	课程编码	课程名称	总学分	实践学分	实践学时	总学时	修读学期	考核性质	备注
专业教育必修课	101017	数学物理方程	4			64	5	考试	习题 32
	101023	高级数值分析	3.5			56	5	考试	
	103003	高级数值分析实习	1	1	24	24	5	考查	
	101024	最优化问题数值方法	3.5			56	5	考试	
	103004	最优化问题数值方法实习	1	1	24	24	5	考查	
	101025	微分方程数值解法	3.5			56	6	考试	
	103005	微分方程数值解计算实习	1	1	24	24	6	考查	
	101026	数据结构与算法	3.5			56	6	考试	
	103006	数据结构与算法实验	1	1	24	24	6	考查	
	103101	毕业论文	6	6	144	144	7—8	考查	在教师指导下进行
		小计	28	10	240	528			

(2) 信息与计算科学专业教育选修课程 (本研贯通选修课)12 学分

课程性质	课程编码	课程名称	总学分	实践学分	实践学时	总学时	修读学期	考核性质	备注
专业教育选修课	101046	视觉计算与机器学习	3			48	7	考试	
	101047	数字信号处理 △	3			48	6	考试	
	101048	大数据分析 △	3			48	8	考试	
	101049	科学与工程计算 △	3			48	7	考试	
	101035	微分方程定性理论 △	3			48	7	考试	
	101036	微分流形 △	3			48	7	考试	
	101037	非参数统计 △	3			48	7	考试	
	101050	统计机器学习 △	3			48	8	考试	
	101039	纯粹数学选讲	2			32	7	考查	

续表

课程性质	课程编码	课程名称	总学分	实践学分	实践学时	总学时	修读学期	考核性质	备注
	101040	应用数学选讲	2			32	7	考查	
	101041	计算数学选讲	2			32	7	考查	
	101042	概率统计选讲	2			32	7	考查	
	101038	金融数学	3			48	6	考试	
	101043	现代数学方法与技巧	3			48	7	考试	
	101045	测度论	3			48	7	考试	

专业教育选修课 (本研贯通选修课程) 至少 12 学分, "△"为本研贯通模块课程, 本研贯通课程修读通过后, 可在研究生阶段免修

(四) 跨学科拓展选修课程 6 学分

课程性质	课程编码	课程名称	总学分	实践学分	实践学时	总学时	修读学期	考核性质	备注
跨学科拓展选修课	531001	计算思维与计算科学	3			48	2	考试	
	321001	物理学科导论	2			32	1	考试	
		逻辑学	3			48	2	考试	
		科学技术哲学	3			48	5	考试	
		文学导论 A	3			48	1	考试	

跨学科拓展选修课程至少 6 学分, 可在化学、物理学、生物科学、计算机科学与技术、哲学、考古学、中国语言文学、理论经济学等基地的专业教育课程中选择

数学基地课外创新培养计划安排表

课程编码	课外创新培养名称	学分	周数	修读学期	备注
	科研训练	1—8	2—16	7—8	
	交流合作	1—8	2—16	7—8	
合计		8	32		

共同教育环节安排表

课程编码	环节名称	学分	周数	修读学期	备注
J13002	军事训练	2	3	1	
合计		2	3		

数学与应用数学专业学时、学分分配表

纵向结构	学时	百分比/%	学分	百分比/%	横向结构	学时	百分比/%	学分	百分比/%
通识教育课程	1 016	31.44	54	33.23	必修课	2 728	84.41	131.5	80.92
学科基础课程	1 464	45.30	64.5	39.69					
专业教育课程	656	20.30	38	23.38	选修课	504	15.59	31	19.08
跨学科拓展课程	96	2.97	6	3.69					
小计	3 232		162.5		小计	3 232		162.5	
实践课	406	12.56	17	10.46	合计			162.5	
课外创新培养计划	8								

信息与计算科学专业学时、学分分配表

纵向结构	学时	百分比/%	学分	百分比/%	横向结构	学时	百分比/%	学分	百分比/%
通识教育课程	1 016	30.83	54	32.83	必修课	2 792	84.71	133.5	81.16
学科基础课程	1 464	44.42	64.5	39.21					
专业教育课程	720	21.84	40	24.32	选修课	504	15.29	31	18.84
跨学科拓展课程	96	2.91	6	3.65					
小计	3 296		164.5		小计	3 296		164.5	
实践课	622	18.81	21	12.76	合计			164.5	
课外创新培养计划	8								

东北师范大学
数学与应用数学专业人才培养方案

一、培养目标

本专业适应国家和社会发展重大需要，培养品德高尚，爱国爱民，具有扎实的专业基础，广博的人文科学素养，宽阔的国际视野，良好的现代信息技术应用技能，具备科学研究、数学应用等方面的基本能力的高素质数学专业拔尖创新人才，或具有创新潜质、高端职业发展潜力的卓越中学数学教师。

基于数学与应用数学专业培养目标和人才定位，本专业学生毕业后 5 年左右职业发展预期目标如下：

1. 思想道德：自觉践行社会主义核心价值观，具有坚定的政治立场，广博的人文科学素养，高度的社会责任感，吃苦耐劳的劳动精神，高尚的道德情操，爱国爱民的家国情怀，遵纪守法的公民意识和以学生为中心的教育教学育人情怀。

2. 专业素养：熟练掌握数学学科基础知识、基本理论和基本思想方法，具备多学科基本知识，具有较强的综合运用能力、知识更新能力和实践创新能力。从事中学教师职业者，系统掌握中学数学课程标准和数学核心素养并在数学教学中加以贯彻。

3. 研究能力：熟悉数学研究的基本过程和方法，掌握专业信息检索的途径和方法，具有获取有效信息并加以分析利用的能力，掌握基本的创新方法，具有初步独立进行数学科学研究的能力或中学数学教育教学研究能力。

4. 国际视野：具有开阔的国际视野和跨文化交流能力，追踪国内外数学某些方面的学术发展动态和前沿，并在实际学习研究工作中借鉴、推动和发展。

5. 自我发展：具有终身学习意识与专业发展能力，有方向明确的个人职业生涯发展规划与行动。善于总结、反思、创新，能有效地开展或参与科研团队合作并承担一定职责。

二、毕业要求

毕业要求与毕业要求分解指标点

毕业要求	毕业要求分解指标点
1. 理想信念：具备积极正确的人生观、价值观和世界观，立志成为有理想信念、有道德情操、有扎实学识的优秀的数学研究工作者，或以立德树人为己任，有理想信念、有道德情操、有扎实学识、有仁爱之心的好老师	1-1 树立远大理想，具有坚定的信念，立志成为有理想信念、有道德情操、有扎实学识的优秀的数学研究工作者，或以立德树人为己任，有理想信念、有道德情操、有扎实学识、有仁爱之心的好老师
	1-2 树立积极正确的人生观、价值观和世界观，诚实守信，崇德向善
2. 家国情怀：践行社会主义核心价值观，增进对中国特色社会主义的思想认同、政治认同、理论认同和情感认同，具有高度的社会责任感和使命感，以民族复兴为己任，热爱祖国，热爱人民	2-1 具有坚定的政治立场，遵守国家法律法规，具有强烈的公民意识
	2-2 践行社会主义核心价值观，具有对中国特色社会主义的思想认同、政治认同、理论认同和情感认同。关心国家发展，具有高度的社会责任感和使命感，以民族复兴为己任，热爱祖国，热爱人民
3. 专业素养：扎实掌握数学学科的基本知识、基本理论及思想方法，具有跨学科知识结构，具有较强的数学语言表达能力。能初步综合运用数学知识和理论方法解决实践问题，具有一定的创新意识	3-1 扎实掌握数学学科的基本知识、基本理论及思想方法，具有跨学科知识结构，具有较强的数学语言表达能力
	3-2 具有一定的发现、辨析、质疑、评价数学及相关领域的现象和问题的能力和创新意识
4. 人文精神：具有良好的人文底蕴、科学精神和职业道德，理解数学的内涵及科学与人文价值，具备一定的知识整合与实施能力	4-1 具有良好的人文底蕴，遵守职业道德，理解数学的内涵及科学与人文价值，具有实事求是、独立思考、勇于创新的科学精神
	4-2 具备一定的知识整合与实施能力，能主动进行综合实践应用，自主探索科学知识
5. 研究能力：具有运用现代信息技术获取有效信息并加以分析利用的能力，掌握基本的科学研究方法和创新方法，具有一定的数学研究能力	5-1 掌握专业资料查询、文献检索和运用现代信息技术获取相关信息的基本方法。具有获取有效信息并加以分析利用的能力
	5-2 了解数学研究的基本方法，掌握基本的创新方法，具有基本的创新能力
	5-3 能综合运用专业知识，解决理论与实践相关问题，具有一定的数学研究能力
6. 国际视野：具备国际意识和跨文化交流能力，关注数学发展动态前沿，并应用到专业学习与研究中	6-1 具有全球意识、开放心态和跨文化交流能力
	6-2 关注、追踪国内外数学某些方面的发展动态和前沿，并应用到专业学习与研究中

续表

毕业要求	毕业要求分解指标点
7. 终身学习：具有终身学习与专业发展意识，了解专业发展核心内涵和发展阶段路径，能够结合发展愿景制定和实施自身学习和专业发展规划。养成良好的自主学习习惯，具有较强的自我管理的能力	7-1 理解终身学习的必要性，具有终身学习意识，了解终身学习的途径和方法
	7-2 了解专业发展核心内涵和发展阶段路径，能够结合发展愿景制定和实施自身学习和专业发展规划。养成良好的自主学习习惯，具有较强的自我管理的能力
8. 交流合作：具有团队协作意识、主动交流的意愿和有效的沟通交流能力，具有团队合作的体验和经验	8-1 具有团队协作意识，认同团队协作的重要性
	8-2 能够有效地与同行及社会公众进行沟通和交流，主动与他人交流实践研究经验、解决理论与实践相关问题
	8-3 能够在多学科、跨文化背景下的团队中承担个体、团队成员和负责人的角色，获得团队合作的体验和经验

三、 毕业要求与培养目标对应关系矩阵

毕业要求与培养目标对应关系矩阵

毕业要求	培养目标				
	思想道德	专业素养	研究能力	国际视野	自我发展
理想信念	√				√
家国情怀	√				
专业素养		√	√		
人文精神					
研究能力		√	√		
国际视野		√	√	√	√
终身学习		√	√		√
交流合作			√	√	√

四、 学制与修业年限

标准学制 4 年，修业年限 3 ～ 6 年。

五、最低毕业学分和授予学位

本专业学生毕业要求最低修满 157 学分 (2021 级开始，2020 级 154 学分)。其中，通识教育课程最低修满 48 学分 (2021 级开始，2020 级 45 学分)；专业教育课程最低修满 94 学分，发展方向课程最低修满 15 学分。符合毕业要求者，准予毕业，颁发数学与应用数学专业毕业证书。

符合《中华人民共和国学位授予条例》及《东北师范大学本科学生学士学位授予细则》规定者，授予理学学士学位。

六、课程设置及学分分配

本专业课程主要由通识教育课程、专业教育课程、发展方向课程构成。课程设置及学分分配见下表。

课程设置及学分分配表

课程类别			学分		学分小计
通识教育课程	必修	思想政治教育	19	42 (2021 级开始，2020 级 39 学分)	48 (2021 级开始，2020 级 45 学分)
		体育与国防教育：体育	4		
		体育与国防教育：国防教育	2		
		劳动教育	2 (2021 级开始，其中 1 学分依托相关课程，不计入总学分)		
		心理健康教育	2 (2021 级开始)		
		交流表达与信息素养：信息技术	4		
		交流表达与信息素养：大学外语	8		
		交流表达与信息素养：中文写作	2		
	选修	思想政治与社会科学	6 (学生至少在人文与艺术和社会与行为科学类课程中各修满 2 学分)		
		人文与艺术			
		自然科学			
专业教育课程	必修	学科基础课程	29	68	94
		专业主干课程	39		
		综合实践课程	4 (毕业论文)		
	选修	专业系列课程	22		
发展方向课程			15		15
总学分要求			157 (2021 级开始，2020 级 154 学分)		

1. 通识教育课程

通识教育课程最低修满 48 学分 (2021 级开始, 2020 级 45 学分), 其中, 通识教育必修课程修满 42 学分 (2021 级开始, 2020 级 39 学分), 通识教育选修课程最低修满 6 学分。

通识教育课程目录

课程类别	课程编码	课程名称	学分	总学时	其中：实践学时		开课学期	开课时间	开课单位
					实验学时	其他学时			
思想政治教育	115236198209	思想道德修养与法律基础 (2020 级)	3	54			秋	1	马克思主义学部
	1152361982013	思想道德与法治 (2021 级开始)	3	54			春	2	
	115179195007	中国近现代史纲要	3	54			秋	3	
	115179195310	马克思主义基本原理	3	54			春	4	
	1152361953012	毛泽东思想和中国特色社会主义理论体系概论	5	90			秋	5	
	1151792019008	习近平新时代中国特色社会主义思想概论	2	36			秋	1	
	115179198705	形势与政策 I	1	18			春秋	1—8	
	115179198706	形势与政策 II	1	18					
	115236202016	中共党史　四选一	1	18			秋	3	
	115236202017	新中国国史	1	18			秋	3	
	115236202018	改革开放史	1	18			秋	3	
	115236202019	社会主义发展史	1	18			秋	3	
	115177202007	体育 1	0.5	24		20	秋	1	体育学院
	115177202008	体育 2	0.5	24		24	春	2	

续表

课程类别		课程编码	课程名称	学分	总学时	其中：实践学时		开课学期	开课时间	开课单位
						实验学时	其他学时			
体育与国防教育	体育	115177202009	体育 3	0.5	24		20	秋	3	体育学院
		115177202010	体育 4	0.5	24		24	春	4	
		115177202011	体育 5	0.5	24		24	秋	5	
		115177202012	体育 6	0.5	24		24	春	6	
		115177202013	体育 7	0.5	0			秋	7	
		115177202014	体育 8	0.5	0			春	8	
	国防教育	115177201505	军事理论	1	18			春秋	1—2	教育学部
		115177201506	军事训练	1	120		120	秋	1	
劳动教育		115232202001	劳动教育（2021 级开始）	1	18		8	春秋	1—8	教育学部
心理健康教育		115001202105	大学生心理健康（2021 级开始）	2	36			秋	1	学生心理发展指导中心
交流表达与信息素养	中文写作	115164201501	中文写作	2	36			春秋	1—2	文学院
	大学外语		大学外语 1	4	72			秋	1	外国语学院
			大学外语 2	4	72			春	2	
	信息技术	115171201501	信息技术 1（计算机基础）	2	54		36	秋	1	信息科学与技术学院
		115171201502	信息技术 2（算法与程序设计基础）	2	54		36	春	2	
通识教育选修课程			此部分课程参见学校通识教育选修课程目录	6				春秋	1—8	

注：劳动教育课程共 2 学分，其中 1 学分依托相关课程，不计入总学分。

2. 专业教育课程

专业教育课程由学科基础课程、专业主干课程、综合实践课程、专业系列课程、专业系列课程为选修课程。专业教育课程最低修满 94 学分，其中学科基础课程 29 学分，专业主干课程 39 学分，综合实践课程 4 学分（毕业论文 4 学分），专业系列课程最低修满 22 学分。

课程名称后标记"▲"表示荣誉课程。符合《东北师范大学关于本科荣誉学位管理的指导意见》《数学与统计学院本科荣誉课程和荣誉学位管理办法》规定的学生，颁发荣誉学位证书。基地班学生须修满全部荣誉课程。

专业教育课程目录

| 课程类别 | 课程编码 | 课程名称 | 学分 | 总学时 | 其中：实践学时 | | 预修课程编码 | 开课学期 | 建议修读学期 | 辅修专业或辅修学位课程 | | 备注 |
					实验学时	其他学时				辅修专业	辅修学位	
学科基础课程	1151701948301	数学分析 1	5	90				秋	1	是	是	29 学分
	1151701948307	高等代数 1	4	72				秋	1	是	是	
	1151701948311	解析几何	4	72				秋	1	是	是	
	1151702007304	数学分析 1 习题课	0	36		36		秋	1			
	1151702007309	高等代数 1 习题课	0	36		36		秋	1			
	1151702007312	解析几何习题课	0	18		18		秋	1			
	1151701948302	数学分析 2	6	108			1151701948301	春	2	是	是	
	1151701948308	高等代数 2	6	108			1151701948307	春	2	是	是	
	1151702007305	数学分析 2 习题课	0	36		36		春	2			
	1151702007310	高等代数 2 习题课	0	36		36		春	2			

续表

课程类别	课程编码	课程名称	学分	总学时	其中:实践学时		预修课程编码	开课学期	建议修读学期	辅修专业或辅修学位课程		备注
					实验学时	其他学时				辅修专业	辅修学位	
	1151701948303	数学分析 3	4	72			1151701948302 1151701948308 1151701948311	秋	3		是	
	1151702007306	数学分析 3 习题课	0	36		36		秋	3			
	1151731985510	大学物理(一)	3	54				春	2			
	1151731985511	大学物理(二)	3	54			1151731985510	秋	3			
专业主干课程	1151701977424	近世代数 ▲	3	72			1151701948308 1151701948311	秋	3	是	是	39 学分
	1151701958531	概率论基础	3	54			1151701948302	秋	3		是	
	1151701948322	常微分方程	3	54			1151701948303 1151701948308 1151701948311	春	4		是	
	1151701977323	复变函数	3	54			1151701948303	春	4		是	
	1151701958422	实变函数 ▲	3	72			1151701948303	春	4	是	是	
	1151701958532	统计学	3	54			1151701958531	春	4		是	
	1151701948327	微分几何	3	54			1151701948303 1151701948308 1151701948311	秋	5			

续表

课程类别	课程编码	课程名称	学分	总学时	其中：实践学时 实验学时	其中：实践学时 其他学时	预修课程编码	开课学期	建议修读学期	辅修专业或辅修学位课程 辅修专业	辅修专业或辅修学位课程 辅修学位	备注
	1151701977423	泛函分析▲	3	72			1151701948322 1151701977323 1151701958422	秋	5	是	是	
	1151701958329	数值分析	3	54	18		1151701948303 1151701948308	秋	5			
	1151701977330	拓扑学▲	3	54			1151701948303 1151701948311	春	6	是	是	
	1151701958331	偏微分方程	3	54			1151701948322 1151701958422	春	6			
综合实践课程	1151701950402	毕业论文	4	144		144		春	8			4学分
数学基础与素养系列	1151702020420	数学专业导论	1	18				秋	1			最低修满 22学分
	1151701948351	高等几何	3	54			1151701948303 1151701948308 1151701948311	秋	3			
	1151701995352	代数选论	3	54			1151701977424	春	4			
	1151701977533	随机过程	3	72			1151701958325	秋	5			

续表

课程类别	课程编码	课程名称	学分	总学时	其中：实践学时		预修课程编码	开课学期	建议修读学期	辅修专业或辅修学位课程		备注
					实验学时	其他学时				辅修专业	辅修学位	
专业系列课程	1151702000353	群论基础▲	3	54			1151701977321	秋	5			最低修满22学分
	1151702015544	概率论进阶▲	3	54			1151701958531	秋	5			
	1151702011356	数学思想方法	1	18			1151701958531 1151701948327 1151701977423	春	6			
	1151702000354	微分流形▲	3	54			1151701948303 1151701948308 1151701948311	春	6			
	1151702000355	现代分析学基础▲	3	54			1151701948303 1151701948308 1151701948311	春	6			
	1151702020421	数学学科理解	3	54				春	6			
	1151702009425	实与复分析▲	3	54			1151701977423	秋	7			
	1151702009358	代数拓扑▲	3	54			1151701977321 1151701977330	秋	7			
	数学应用与技术系列											
	1151702008371	离散数学	3	54			1151701948308 1151701948311	秋	3			

续表

课程类别	课程编码	课程名称	学分	总学时	实验学时	其他学时	预修课程编码	开课学期	建议修读学期	辅修专业	辅修学位	备注
	1151701998391	C 程序设计	2	36	36			秋	3			
	1151702005392	数学实验	2	36	36		1151701948322	秋	5			
	1151701995372	运筹学	2	36			1151701948303 1151701948308 1151701948311	春	4			
	1151701995393	数学建模	2	36		36	1151701948303 1151701948308 1151701948311	秋	5			
	1151702005424	控制论基础	2	36				春	6			最低修满22学分
	1151702008373	微分方程数值解	2	36	12		1151701948322 1151701958329	秋	7			
	1151701995375	动力系统基础	3	54			1151701948322	秋	7			
	1151702009359	凸分析	2	36			1151701977328 1151701977330	春	8			
数学教育系列												
	1151701995401	竞赛数学	2	36	12			春	6			
	1151702008402	高观点下的中学数学	3	54				春	6			
	1151702011403	数学教育心理学	1	18				春	6			

续表

课程类别	课程编码	课程名称	学分	总学时	其中：实践学时		预修课程编码	开课学期	建议修读学期	辅修专业或辅修学位课程		备注
					实验学时	其他学时				辅修专业	辅修学位	
	1151701950401	应用实践	6	216				秋	7			最低修满22学分
理论进阶系列												
	1151702020431	哈密顿方程*	3	54				秋	7			
	1151702020432	同调代数*	3	54				秋	7			
	1151702020433	随机微分方程*	3	54				秋	7			
	1151702020434	最优控制理论*	3	54				秋	7			

注：课程名称后标记"*"的，表示有关专业的硕士研究生课程。

3. 发展方向课程

发展方向课程是任意选修课程模块，须修读不少于15学分。学生可以根据个人兴趣和未来发展需要，在辅修专业课程、辅修学位课程、教师教育等课程模块中自主选择，也可以在全校开设的所有课程中任意选择。有意从事教师职业的学生须选择教师教育课程作为发展方向课，具体课程参见数学与应用数学专业（公费师范）中的教师教育课程目录。

根据本专业的人才培养定位，建议选修本专业普通类和公费师范类专业系列课程、统计学专业系列课程，经济类、地理类、环境科学类、生命科学类、计算机及软件类课程。基地班学生应选本专业的专业系列专业课程。

七、课程与毕业要求对应关系矩阵

课程与毕业要求对应关系矩阵

课程性质		课程名称	毕业要求								
			理想信念	家国情怀	专业素养	人文精神	研究能力	国际视野	终身学习	合作交流
通识教育课程	必修	思想道德修养与法律基础（2020 级）思想道德与法治（2021 级开始）	H	H		H			M	
		中国近现代史纲要	H	H	M	H	M	L	M	L
		马克思主义基本原理	H	H	M	H	L	L	H	L
		毛泽东思想和中国特色社会主义理论体系概论	H	H	M	H	L	M	H	L
		习近平新时代中国特色社会主义思想概论	H	H	M	H	L	M	M	L
		形势与政策 I	H	H		L		H	L	L
		形势与政策 II	H	H		L		H	L	L
		四史	H	H	L	M	M	M	M	H
		体育	M	H		M	L		H	
		国防教育	H	H	M	M	H	M	H	M
		中文写作	M	H	L	H	H		H	
		大学外语			H			M	M	M
		信息技术	L	H	H		M		M	

续表

课程性质	课程名称	毕业要求							
		理想信念	家国情怀	专业素养	人文精神	研究能力	国际视野	终身学习	合作交流
	劳动教育	H	H	M	H	H	M	H	H
	大学生心理健康(2021级开始)	H	H	M	H	L	M	H	L
专业教育课程　必修	数学分析 1			—		H		M	
	高等代数 1			H		H		M	
	解析几何			H		H		M	
	数学分析 1 习题课			H		H		M	M
	高等代数 1 习题课			H		H		M	M
	解析几何习题课			H		H		M	M
	数学分析 2			H		H		M	
	高等代数 2			H		H		M	
	数学分析 2 习题课			H		H		M	M
	高等代数 2 习题课			H		H		M	M
	数学分析 3			H		H		M	
	数学分析 3 习题课			H		H		M	M
	大学物理(一)			H		H		M	
	大学物理(二)			H		H		M	
	近世代数 ▲			H		H		M	
	概率论基础			H		H		M	
	常微分方程			H		H		M	

续表

课程性质	课程名称	毕业要求							
		理想信念	家国情怀	专业素养	人文精神	研究能力	国际视野	终身学习	合作交流
选修	复变函数			H		H		M	
	实变函数▲		L	H		H		M	
	统计学			H		H		M	
	微分几何			H		H		M	
	泛函分析▲			H		H		M	
	数值分析			H		H		M	
	拓扑学▲			H		H		M	
	偏微分方程▲			H		H		M	
	毕业论文			M		M	L	H	
	数学专业导论	L		M			M	L	
	高等几何			L		L			
	代数选论			L		L			
	随机过程			L		L			
	群论基础▲			M		M		L	
	概率论进阶▲			M		M		L	
	数学思想方法	L	L	M	M	M	M	L	
	微分流形			M		M		L	
	现代分析学基础▲			M		M		L	M
	数学学科理解			M	M	M		L	
	实与复分析▲			M		M		L	

续表

课程性质	课程名称	毕业要求							
		理想信念	家国情怀	专业素养	人文精神	研究能力	国际视野	终身学习	合作交流
	代数拓扑▲			M		M		L	
	离散数学			L		L			
	C程序设计			M		L			
	数学实验			L		M		L	
	运筹学			L		L			
	数学建模			M	M	M	L	L	M
	控制论基础			L		L		L	
	微分方程数值解			L		L		L	
	动力系统基础			L		L		L	
	凸分析			L		L		L	
	竞赛数学			M	L	M	L	M	L
	高观点下的中学数学			L		M		L	
	数学教育心理学	L	L		M	M	L	L	L
	教育实习	L	L		M	M	L	L	M
	哈密顿方程*			L		L	L	L	
	交换代数*			L		L	L	L	
	随机微分方程*			L		L	L	L	
	最优控制理论*			L		L	L	L	

注：在该矩阵中用特殊符号表示对于每一项毕业要求指标点达成相关联的课程。H 代表教学环节对毕业要求高支撑，M 代表教学环节对毕业要求中支撑，L 代表教学环节对毕业要求低支撑。

八、课程对毕业要求的支撑强度权重

课程对毕业要求的支撑强度权重

课程性质		课程名称	毕业要求																				
			理想信念		家国情怀		专业素养		人文精神		研究能力			国际视野		终身学习		合作交流					
			1-1	1-2	2-1	2-2	3-1	3-2	4-1	4-2	5-1	5-2	5-3	6-1	6-2	7-1	7-2	8-1	8-2	8-3			
通识教育课程	必修	思想道德修养与法律基础（2020级）思想道德与法治（2021级开始）	0.1	0.14	0.1	0.1				0.15													
		中国近现代史纲要	0.05	0.14		0.1			0.1	0.1													
		马克思主义基本原理	0.1		0.1				0.1	0.1							0.1						
		毛泽东思想和中国特色社会主义理论体系概论	0.1	0.14	0.2	0.1			0.2	0.2							0.1						
		习近平新时代中国特色社会主义思想概论	0.1	0.16	0.2	0.1			0.2	0.2													
		形势与政策I	0.1	0.14		0.1								0.5	0.5								
		形势与政策II	0.1	0.14		0.1								0.5	0.5								
		四史	0.1		0.2	0.1																	
		体育	0.05			0.05						0.1	0.1					0.5	0.5	0.5			
		国防教育	0.05	0.14		0.1					0.15	0.15	0.15			0.2							
		中文写作				0.05			0.2	0.1							0.1						
		大学外语					0.12	0.15															

续表

课程性质	课程名称	毕业要求																	
		理想信念		家国情怀		专业素养		人文精神		研究能力			国际视野		终身学习		合作交流		
		1-1	1-2	2-1	2-2	3-1	3-2	4-1	4-2	5-1	5-2	5-3	6-1	6-2	7-1	7-2	8-1	8-2	8-3
专业教育课程 必修	信息技术	0.1				0.12	0.1												
	劳动教育			0.1	0.05				0.05	0.1					0.2	0.1	0.5	0.5	0.5
	大学生心理健康（2021级开始）	0.1		0.1	0.05			0.2	0.1						0.2				
	数学分析 1																		
	高等代数 1					0.04	0.03			0.03	0.03	0.03							
	解析几何					0.04	0.03			0.03	0.03	0.03							
	数学分析 1 习题课						0.03			0.03	0.03	0.03							
	高等代数 1 习题课						0.03			0.03	0.03	0.03							
	解析几何习题课						0.03			0.03	0.03	0.03							
	数学分析 2					0.04	0.03			0.03	0.03	0.03							
	高等代数 2					0.04	0.03			0.03	0.03	0.03							
	数学分析 2 习题课						0.03			0.03	0.03	0.03							
	高等代数 2 习题课						0.03			0.03	0.03	0.03							
	数学分析 3					0.04	0.03			0.03	0.03	0.03							
	数学分析 3 习题课						0.03			0.03	0.03	0.03							
	大学物理（一）					0.04	0.03			0.03	0.03	0.03							
	大学物理（二）					0.04	0.03			0.03	0.03	0.03							
	近世代数 ▲					0.04	0.03			0.03	0.03	0.03							

329

续表

课程性质	课程名称	理想信念		家国情怀		专业素养		人文精神		研究能力			国际视野		终身学习		合作交流		
		1-1	1-2	2-1	2-2	3-1	3-2	4-1	4-2	5-1	5-2	5-3	6-1	6-2	7-1	7-2	8-1	8-2	8-3
	概率论基础					0.04	0.03			0.03	0.03	0.03							
	常微分方程					0.04	0.03			0.03	0.03	0.03							
	复变函数					0.04	0.03			0.03	0.03	0.03							
	实变函数▲					0.04	0.03			0.03	0.03	0.03							
	统计学					0.04	0.03			0.03	0.03	0.03							
	微分几何					0.04	0.03			0.03	0.03	0.03							
	泛函分析▲					0.04	0.03			0.03	0.03	0.03							
	数值分析					0.04	0.03			0.03	0.03	0.03							
	拓扑学▲					0.04	0.03			0.03	0.03	0.03							
	偏微分方程					0.04	0.03			0.03	0.03	0.03							
	毕业论文														0.4	0.5			
选修	数学专业导论																		
	群论基础▲																		
	概率论进阶▲																		
	数学思想方法																		
	微分流形▲																		
	现代分析学基础▲																		
	数学学科理解																		
	实与复分析▲																		

续表

课程性质	课程名称	毕业要求																			
		理想信念		家国情怀		专业素养		人文精神		研究能力			国际视野		终身学习		合作交流		
		1-1	1-2	2-1	2-2	3-1	3-2	4-1	4-2	5-1	5-2	5-3	6-1	6-2	7-1	7-2	8-1	8-2	8-3
	代数拓扑 ▲																		
	C 程序设计																		
	数学实验																		
	数学建模																		
	竞赛数学																		
	高观点下的中学数学																		
	数学教育心理学																		
	教育实习																		

注：对"七、课程与毕业要求对应关系矩阵"中的高支撑（H）课程进行权重分配，同一个指标点下的多门高支撑课程的权重之和应为 1。

九、辅修课程说明

辅修课程面向全校学生开设，是为学生拓宽知识面，增强适应性而提供的选择。

1. 辅修专业课程

辅修专业课程包括本专业人才培养方案"辅修专业"一栏标注为"是"的学科基础课程和专业主干课程。符合主修专业毕业要求，并修满不少于 41 学分的学生，颁发数学与应用数学专业辅修证书。

2. 辅修学位课程

辅修学位课程包括本专业人才培养方案"辅修学位"一栏标注为"是"的学科基础课程和专业主干课程。学生必须修满不少于 50 学分。符合《东北师范大学本科学生学士学位授予细则》规定的学生，授予理学辅修学士学位。

东北师范大学
统计学专业人才培养方案

一、培养目标

本专业培养理想信念坚定、品学兼优，具备扎实数学基础和统计学理论方法，具有良好数据思维习惯和统计学素养，能熟练运用专业软件分析数据并解决实际问题，在科研、教育部门从事研究和教学工作或在企事业单位、金融、保险、IT 等行业从事调查咨询和数据分析等工作的卓越统计学人才。

培养目标分解如下：

1. **政治坚定、理想远大、品德高尚、素质全面：** 政治素质过硬，坚决拥护中国共产党的领导。具备正确的世界观、人生观、价值观和良好的思想道德品质，吃苦耐劳的劳动精神，拥有作为合格公民的基本意识和社会责任感，全面发展。

2. **基础理论扎实、专业素养深厚：** 具有扎实的数学基础，掌握统计学的基本思想、基本理论和方法，融合相关领域专业知识，具有惯性的数据思维逻辑和良好的统计学专业素养。

3. **具备专业的数据分析技术、具有优秀的实践解困能力：** 能够独立设计调查问卷并开展调查研究，能够熟练运用统计学专业软件搜集、处理、分析数据并解释结果，具有运用所学知识解决实际问题的能力。

4. **高级科研人才：** 专业理论功底深厚，热爱科研和教育事业，具有国际视野、前沿学科站位、优秀科研气质和学术潜力的研究型拔尖创新人才。

5. **精英行业人才：** 专业基础扎实，相关交叉领域知识广博，具有一定的统计建模和数据挖掘技术，具有团队合作意识和人际交流技巧，具有较强的自学能力，善于发现、处理和解决实际问题的应用型拔尖创新人才。

二、毕业要求

毕业要求与毕业要求分解指标点

毕业要求	毕业要求分解指标点
1. 理想信念：具备良好的政治素质，坚持党的领导，拥护党的基本路线、方针；遵守国家法律、法规；具备正确的世界观、人生观、价值观和良好的思想道德品质，拥有作为合格公民的基本意识和社会责任感	1-1 掌握马克思列宁主义、毛泽东思想、邓小平理论、"三个代表"重要思想科学发展观和习近平新时代治国理论；坚定共产主义理想和中国特色社会主义信念；拥护中国共产党的领导，拥护党的基本路线、方针、政策
	1-2 遵守国家法律、法规；遵守校规、校纪
	1-3 具备正确的世界观、人生观、价值观和良好的思想道德品质，拥有作为合格公民的基本意识和社会责任感
2. 家国情怀：尊重中华民族历史和文化，维护祖国统一和民族团结，热爱祖国；关心时事政治和国家发展；具有为国家繁荣和社会进步甘于奉献的责任和担当	2-1 尊重和传承中华民族悠久历史和文化，维护祖国统一和民族团结，坚持国家和人民的利益高于一切，自觉接受爱国主义教育
	2-2 关心时事政治，关注世界格局和国家发展
	2-3 具有实事求是、勤奋自强、知行合一、勇于创新的科学精神，具有为国家的繁荣昌盛和人类社会的文明进步甘于奉献的责任和担当
3. 专业素养：具备扎实的数学基础，掌握统计学的基本理论和方法；了解相关交叉学科领域的知识；具备良好的数据思维习惯，具有熟练运用专业软件采集、处理、分析数据的能力；能够合理运用方法和技术解决实际问题	3-1 具备扎实的数学基础，掌握统计学的基本理论、基本知识和基本方法；了解教育统计、生物统计、金融统计、工业统计等交叉领域相关知识
	3-2 能够设计调查问卷，采集调查数据，开展调查研究，撰写调查报告；能够针对数据问题运用统计学理论和方法进行统计建模；具备良好的数据思维习惯，能够熟练运用专业软件筛选、处理、描述和分析数据
	3-3 能够在现象中发现问题，进而将实际问题转化为专业问题，评估问题的复杂性和可解决性；能够明确问题属性，合理选择统计方法或模型；能够熟练运用相应方法和技术开发解决方案
4. 人文精神：具备一定的人文艺术与社会科学知识；尊重人的人格、尊严和价值，尊重人的理性和精神追求；诚实守信，对人友善	4-1 具备一定的人文艺术与社会科学知识
	4-2 以人为本，尊重人的人格、尊严和价值，尊重人的理性和精神追求；诚实守信，对人友善
5. 研究能力：熟练掌握文献检索技术，具备文献综述的写作能力；具有批判意识和辩证思维，具有反思惯性和创新的科学精神；具有发现新问题、提炼新观点、透析新现象的能力；具备融通知识、重构理论的潜力	5-1 熟练掌握文献检索技术，具备文献综述的写作能力；掌握信息资料的搜集途径、方法和技术
	5-2 具有理性批判、辩证思维、谨慎求证的科学精神；具有反思惯性和求是意识
	5-3 具有发现新问题、提炼新观点、透析新现象的能力；具备融通知识、重构理论的潜力

续表

毕业要求	毕业要求分解指标点
6. 国际视野：了解专业领域国内外的学科发展、前沿问题和焦点研究；具有较高的英语水平，能熟练阅读和翻译本专业的英文文献，具备一定的学术英语交流技能	6-1 了解专业领域国内外的学科发展，参加国际性学术论坛或科研报告，参与国际性学术会议的组织；具有较高的英语水平，能熟练阅读和翻译本专业的英文文献，具备一定的学术英语交流技能
	6-2 了解专业领域内的前沿问题和焦点研究，能够结合所学知识和技能发表相关看法和评论
7. 终身学习：具有端正的学习态度和内生的学习动力；能够合理地规划学习任务、完成学习目标、达成学习效果；具备知识更新理念，能够在不断探索中挖掘学习乐趣、享受学习过程	7-1 具有端正的学习态度和内生的学习动力，具有创新的学习精神和坚忍不拔的学习意志
	7-2 能够主动、勤奋、合理地规划学习任务、完成学习目标、达成学习效果
	7-3 具备知识更新理念，能够在不断探索中挖掘学习乐趣、享受学习过程，将学习延续终生
8. 交流合作：了解与人交流的方法，具备与人沟通的能力；具有团队协作意识	8-1 了解与人交流的方法和渠道，具备与人沟通的能力和技巧，能够准确理解别人的观点、有效表达自己的见解
	8-2 具有团队协作意识，了解团队建制和角色分工，具有成功的团队合作经历

三、毕业要求与培养目标对应关系矩阵

毕业要求与培养目标对应关系矩阵

毕业要求	培养目标				
	培养目标 1	培养目标 2	培养目标 3	培养目标 4	培养目标 5
理想信念	√			√	√
家国情怀	√			√	√
专业素养		√	√	√	√
人文精神	√	√			
研究能力		√	√	√	
国际视野		√		√	
终身学习				√	√
交流合作			√		√

四、学制与修业年限

标准学制 4 年，修业年限 3～6 年。

五、 最低毕业学分和授予学位

本专业学生毕业要求最低修满 151 学分 (2021 级开始，2020 级 148 学分)。其中，通识教育课程最低修满 48 学分 (2021 级开始，2020 级 45 学分)；专业教育课程最低修满 88 学分；发展方向课程最低修满 15 学分。符合毕业要求者，准予毕业，颁发统计学专业毕业证书。

符合《中华人民共和国学位授予条例》及《东北师范大学本科学生学士学位授予细则》规定者，授予理学学士学位。

六、 课程设置及学分分配

本专业课程主要由通识教育课程、专业教育课程、发展方向课程构成。课程设置及学分分配见下表。

课程设置及学分分配表

课程类别			学分		学分小计
通识教育课程	必修	思想政治教育	19	42 (2021 级开始，2020 级 39 学分)	48 (2021 级开始，2020 级 45 学分)
		体育与国防教育 · 体育	4		
		体育与国防教育 · 国防教育	2		
		劳动教育	2 (2021 级开始，其中 1 学分依托相关课程，不计入总学分)		
		心理健康教育	2 (2021 级开始)		
		交流表达与信息素养 · 信息技术	4		
		交流表达与信息素养 · 大学外语	8		
		交流表达与信息素养 · 中文写作	2		
	选修	思想政治与社会科学	6 (学生至少在人文与艺术和社会与行为科学类课程中各修满 2 学分)		
		人文与艺术			
		自然科学			
专业教育课程	必修	学科基础课程 · 大类平台课程	29	60	88
		学科基础课程 · 专业基础课程	7		
		专业主干课程	24		
		综合实践课程	10 (应用实践 6 学分、毕业论文 4 学分)		
	选修	专业系列课程	18		
	发展方向课程		15		15
	总学分要求		151 (2021 级开始，2020 级 148 学分)		

1. 通识教育课程

通识教育课程最低修满 48 学分（2021 级开始，2020 级 45 学分）。其中，通识教育必修课程修满 42 学分（2021 级开始，2020 级 39 学分），通识教育选修课程最低修满 6 学分。

通识教育课程目录

课程类别	课程编码	课程名称		学分	总学时	其中：实践学时		其他学时	开课学期	开课时间	开课单位
						实验学时					
思想政治教育	1152361982009	思想道德修养与法律基础（2020 级）		3	54				秋	1	马克思主义学部
	1152361982013	思想道德修养与法治（2021 级开始）		3	54				春	2	
	1151791950007	中国近现代史纲要		3	54				秋	3	
	1151791953010	马克思主义基本原理		3	54				春	4	
	1152361953012	毛泽东思想和中国特色社会主义理论体系概论		5	90			36	春	4	
	1151792019008	习近平新时代中国特色社会主义思想概论		2	36				秋	5	
	1151791987005	形势与政策 I		1	18				秋	1	
	1151791987006	形势与政策 II		1	18				春秋	1—8	
	1152362020016	中共党史	四选一	1	18				秋	3	
	1152362020017	新中国史		1	18				秋	3	
	1152362020018	改革开放史		1	18				秋	3	
	1152362020019	社会主义发展史		1	18				秋	3	
	1151772020007	体育 1		0.5	24			20	秋	1	
	1151772020008	体育 2		0.5	24			24	春	2	

续表

课程类别		课程编码	课程名称	学分	总学时	其中: 实践学时			开课学期	开课时间	开课单位
						实验学时	其他学时				
体育与国防教育	体育	11517720020009	体育 3	0.5	24		20		秋	3	体育学院
		11517720020010	体育 4	0.5	24		24		春	4	
		11517720020011	体育 5	0.5	24		24		秋	5	
		11517720020012	体育 6	0.5	24		24		春	6	
		11517720020013	体育 7	0.5	0				秋	7	
		11517720020014	体育 8	0.5	0				春	8	
	国防教育	11517720015005	军事理论	1	18				春秋	1—2	教育学部
		11517720015006	军事训练	1	120		120		秋	1	
劳动教育		11523220020001	劳动教育 (2021 级开始)	1	18		8		春秋	1—8	教育学部
心理健康教育		11500120020105	大学生心理健康 (2021 级开始)	2	36				秋	1	学生心理发展指导中心
交流表达与信息素养	中文写作	11516420015001	中文写作	2	36				春秋	1—2	文学院
	大学外语		大学外语 1	4	72				秋	1	外国语学院
			大学外语 2	4	72				春	2	
	信息技术	11517120015001	信息技术 1 (计算机基础)	2	54	36			秋	1	信息科学与技术学院
		11517120015002	信息技术 2 (算法与程序设计基础)	2	54	36			春	2	
通识教育选修课程			此部分课程参见依托相关课程,不计入总学分。	6					春秋	1—8	

注: 劳动教育课程共 2 学分, 其中 1 学分依托相关课程, 不计入总学分。

2. 专业教育课程

专业教育课程由学科基础课程、专业主干课程、综合实践课程、专业系列课程组成。前三类课程为必修课程，专业系列课程为选修课程。专业教育课程最低修满 88 学分，其中学科基础课程 36 学分，专业主干课程 36 学分，综合实践课程 10 学分（应用实践 6 学分、毕业论文 4 学分），专业系列课程最低修满 18 学分。

课程名称后标记"▲"表示荣誉课程。符合《东北师范大学关于本科荣誉课程建设和荣誉学位管理的指导意见》《数学与统计学院本科荣誉课程和荣誉学位管理办法》规定的学生，颁发荣誉学位证书。

课程名称后标记"※"表示学科理解课程。

专业教育课程目录

课程类别	课程编码	课程名称	学分	总学时	其中：实践学时		预修课程编码	开课学期	建议修读学期	辅修专业或辅修学位课程		备注
					实验学时	其他学时				辅修专业	辅修学位	
学科基础课程（大类平台课程）	115170 1948301	数学分析 1	5	90				秋	1		是	29 学分
	115170 1948307	高等代数 1	4	72				秋	1		是	
	115170 1948311	解析几何	4	72				秋	1			
	115170 2007304	数学分析 1 习题课	0	36		36		秋	1			
	115170 2007309	高等代数 1 习题课	0	36		36		秋	1			
	115170 2007312	解析几何习题课	0	36		18		秋	1			
	115170 1948302	数学分析 2	6	108			115170 1948301	春	2			
	115170 1948308	高等代数 2	6	108			115170 1948307	春	2			
	115170 2007305	数学分析 2 习题课	0	36		36		春	2			
	115170 2007310	高等代数 2 习题课	0	36		36		春	2			

续表

课程类别	课程编码	课程名称	学分	总学时	实验学时	其他学时	预修课程编码	开课学期	建议修读学期	辅修专业	辅修学位	备注
	1151701948303	数学分析3	4	72			11517701948302 11517701948308 11517701948311	秋	3			
专业基础课程	115170 2007306	数学分析3 习题课	0	36		36		秋	3		是	7学分
	115170 2020530	统计学导论▲	1	18		18		春	4	是	是	
	115170 1958531	概率论基础▲	3	54			11517701948302	秋	3	是	是	
	115170 1958532	统计学▲	3	54			11517701958531	春	4	是	是	
专业主干课程	115170 1958422	实变函数	3	72			11517701948303	春	4			24学分
	115170 1977533	随机过程▲	3	72			11517701958325	春	4			
	115170 2005534	回归分析	3	54	18		11517701958326	秋	5	是	是	
	115170 2020535	统计计算	3	54	27		11517701958326	秋	5	是	是	
	115170 2020536	渐近理论▲	3	54	18		11517701958325	秋	5			
	115170 2020537	抽样调查与试验设计	3	54	18			秋	5	是	是	
	115170 2005538	多元统计分析	3	54	18		11517701958326	春	6	是	是	
	115170 2005539	时间序列分析	3	54	18		11517701958326	春	6	是	是	
综合实践课程	115170 2007540	应用实践	6	216		216		秋	7		是	10学分
	115170 1950402	毕业论文	4	144		144		春	8		是	

续表

课程类别	课程编码	课程名称	学分	总学时	其中:实践学时 实验学时	其他学时	预修课程编码	开课学期	建议修读学期	辅修专业或辅修学位课程 辅修专业	辅修学位	备注
专业系列课程		统计学模块										
	1151702008524	统计案例分析▲	3	54	54			春	6	是	是	最低修满18学分
	1151702020541	非参数统计▲	3	54	18			春	6			
	1151702020542	贝叶斯统计	3	54	18			春	6			
	1151702015552	统计建模	3	54	18		1151702005532	春	6			
	1151702020543	统计思想综论▲※	2	36				秋	7			
	1151702020544	统计机器学习▲	3	54	18			秋	7	是	是	
	1151702020545	文本数据挖掘	3	54	18			秋	7			
	1151702020546	统计学专业英语	2	36	18	18		秋	7			
		数据科学模块										
	1151701998391	C程序设计	2	36	36			秋	3			
	1151702020547	Python数据分析	3	54	54			春	4	是	是	
	1151702020548	数据库原理与应用	3	54	18	18		春	4			
	1151702020549	最优化原理及其算法▲	3	54	18	18		秋	5			
	1151702020550	分布式系统与云计算	3	54	18	18		秋	5			
	1151702020551	数据可视化	3	54	18	18		春	6			

续表

课程类别	课程编码	课程名称	学分	总学时	其中：实践学时		预修课程编码	开课学期	建议修读学期	辅修专业或辅修学位课程		备注
					实验学时	其他学时				辅修专业	辅修学位	
		数学与经济模块										
	115170200837 1	离散数学	3	54			1151701948308 1151701948311	秋	3			
	115170202055 2	微观经济学	3	54				秋	3			
	115170202055 3	宏观经济学	3	54				秋	3			
	115170200539 2	数学实验	2	36	36		1151701948322	秋	5			
	115170199537 2	运筹学	2	36			1151701948303 1151701948308 1151701948311	春	4			
	115170194832 2	常微分方程	3	54			1151701948303 1151701948308 1151701948311	春	4			
	115170197732 3	复变函数	3	54			1151701948303 1151701948322	春	4			
	115170197742 3	泛函分析	3	72			1151701977323 1151701958324	秋	5			

续表

| 课程类别 | 课程编码 | 课程名称 | 学分 | 总学时 | 其中：实践学时 | | 预修课程编码 | 开课学期 | 建议修读学期 | 辅修专业或辅修学位课程 | | 备注 |
					实验学时	其他学时				辅修专业	辅修学位	
	1151701995393	数学建模	2	36			1151701948303 1151701948308 1151701948311	秋	5			
	1151702020554	计量经济学	2	36	36		1151701958531	秋	5			
	1151702011356	数学思想方法	1	18			1151701948327	春	6			
	1151702008402	高观点下的中学数学	3	54			1151701977423	春	6			

3. 发展方向课程

发展方向课程是任意选修课程模块，须修读不少于 15 学分。学生可以根据个人兴趣和未来发展需要，在辅修专业课程、辅修学位课程、教师教育课程等课程模块中自主选择，也可以在全校开设的所有课程中任意选择。有意从事教师职业的学生须选择教师教育课程作为发展方向课程，具体课程参见数学与应用数学专业（公费师范）中的教师教育课程目录。

根据本专业的人才培养定位，建议选修数学类、经济类、工商类、环境科学类、地理类、生命科学类、计算机及软件类课程。

七、课程与毕业要求对应关系矩阵

课程与毕业要求对应关系矩阵

课程性质	课程名称	理想信念			家国情怀			专业素养			人文精神		研究能力			国际视野		终身学习			交流合作	
		政治坚定	遵纪守法	修身尚德	热爱祖国	心怀天下	责任担当	专业知识	专业技术	实践	人文知识	人文素养	检索能力	科学精神	学术潜力	国际站位	聚焦前沿	学习意识	学习方法	学习惯性	交流技巧	协作意识
通识教育必修课程	思想道德修养与法律基础（2020级）思想道德与法治（2021级开始）	H		H	H	M	H				M							L	L	L		
	中国近现代史纲要										H	H										
	马克思主义基本原理	H		H	M		M				H	H						M	M	M		
	毛泽东思想和中国特色社会主义理论体系概论	H		H	H		H				H	H						M	M	M		
	习近平新时代中国特色社会主义思想概论	H		H	H		H				H	H						M	M	M		
	形势与政策Ⅰ				H	H	M									M	M					
	形势与政策Ⅱ				H	H	M									M	M					
	四史	H		H	H		H				M	M		M		M		M	M			

续表

课程性质	课程名称	毕业要求																			
		理想信念			家国情怀			专业素养			人文精神		研究能力			国际视野		终身学习			交流合作	
		政治坚定	遵纪守法	修身尚德	热爱祖国	心怀天下	责任担当	专业知识	专业技术	专业实践	人文知识	人文素养	检索能力	科学精神	学术潜力	国际站位	聚焦前沿	学习意识	学习方法	学习惯性	交流技巧	协作意识
	体育	M									M	M		L	L	L		M	M	H		H
	国防教育				H	H	H										M					
	劳动教育			M			M					H										
	中文写作	H		H					M		H	H			M			L	L	L		
	大学生心理健康（2021级开始）	H		H	H		H				H	H			M			M	M	M		
	大学外语								M		M	M	H		M	H		M	M		H	
	信息技术							H	H	H	M	M		H	M			L	L	L		
专业教育必修课程	数学分析1							H						H	H							
	高等代数1							H						H	H							
	解析几何							H						H	H							
	数学分析1习题课							M						M	M			H	H	H		
	高等代数1习题课							M						M	M			H	H	H		
	解析几何习题课							M						M	M			H	H	H		
	数学分析2							H						H	H							
	高等代数2							H						H	H							

续表

课程性质	课程名称	理想信念 政治坚定	理想信念 修身尚德	家国情怀 热爱祖国	家国情怀 责任担当	专业素养 专业知识	专业素养 专业技术	专业素养 专业实践	人文精神 人文知识素养	研究能力 检索能力	研究能力 科学精神	研究能力 学术潜力	国际视野 国际站位	国际视野 聚焦前沿	终身学习 学习意识	终身学习 学习方法	终身学习 学习惯性	交流合作 交流技巧	交流合作 协作意识
	数学分析 2 习题课					M					M	M			H	H	H		
	高等代数 2 习题课					M					M	M			H	H	H		
	数学分析 3					H					H	H							
	数学分析 3 习题课					M	M	H	M		M	M			H	H	H		
	统计学导论 ▲					M	M		M		M	M	M	H	H				
	概率论基础 ▲					H					H	H	M			H			
	统计学 ▲					H					H	H	M			H			
	实变函数					H					M	M				M			
	随机过程 ▲					H	H				H	H	M	H		M			
	回归分析					H	M	H			H	M							
	统计计算						H	H								M			
	渐近理论 ▲					H					H	M	H	M					
	抽样调查与试验设计					H	H	H	M	H	H	M	H	M		H		H	
	多元统计分析					H	M	M		H		M							H
	时间序列分析					H	M	H	M	H		M						H	
	应用实践	M	M			M										H	H	H	H

课程性质	课程名称	毕业要求																				
		理想信念			家国情怀			专业素养			人文精神		研究能力			国际视野		终身学习			交流合作	
		政治坚定	遵纪守法	修身尚德	热爱祖国	心怀天下	责任担当	专业知识	专业技术	专业实践	人文知识	人文素养	检索能力	科学精神	学术潜力	国际站位	聚焦前沿	学习意识	学习方法	学习惯性	交流技巧	协作意识
	毕业论文							M	H	H	M	M	H	M	M	M	M	H	H	H	H	
	统计案例分析 ▲								L	M	L	L			L	L	L	M	M		M	M
	非参数统计 ▲							M						M	M	M	L					
	贝叶斯统计							L							L	L						
	统计建模								M	L			L	L	L	M		L	L	L		
	统计思想综论 ▲※							M	L	L			L	M	M	M	M	L	L	L	M	
	统计机器学习 ▲							M	M	L				L	L	L	L	M	M		M	
	文本数据挖掘							L	M	M			M		M							
选修	统计学专业英语							L	L	L				L	L	M		M	M	L	M	L
	C 程序设计							M	M	M			L		L	L	L	L	L		L	L
	Python 数据分析							M	L	M			L		L	L						
	数据库原理与应用							M	L	L				M	M							
	最优化原理及其算法 ▲							M	L	L					M				L			
	分布式系统与云计算							L	M	M					L			M	L	L	L	L
	数据可视化								M						L				L		L	L
	离散数学							L							L							

续表

课程性质	课程名称	理想信念 政治坚定	理想信念 遵纪守法修身尚德	家国情怀 热爱祖国	家国情怀 心怀天下责任担当	专业素养 专业知识	专业素养 专业技术实践	人文精神 人文知识素养	研究能力 检索能力	研究能力 科学精神能力	研究能力 学术潜力	国际视野 国际站位	国际视野 聚焦前沿	终身学习 学习意识	终身学习 学习方法	终身学习 学习惯性	交流合作 交流技巧	交流合作 协作意识
	微观经济学					M		M			L							
	宏观经济学					M		M			L							
	数学实验						L	M		L	L				L			
	运筹学					M					L							
	常微分方程					L					L							
	复变函数					L					L							
	泛函分析					M				L	L							
	数学建模						L	M			L		L					
	计量经济学					M		L			L							
	数学思想方法					L				M	L	L	L		L			
	高观点下的中学数学					L				M	L	L		M	L			

注：该矩阵中 H 代表教学环节对毕业要求高支撑，M 代表教学环节对毕业要求中支撑，L 代表教学环节对毕业要求低支撑。可加注 * 标记课程为与每项毕业要求达成关联度最高的课程。

八、课程对毕业要求的支撑强度权重

课程对毕业要求的支撑强度权重

课程性质	课程名称	毕业要求															
		理想信念		家国情怀		专业素养		人文精神		研究能力		国际视野		终身学习		交流合作	
		政治坚定	遵纪守法修身尚德	热爱祖国	心怀天下责任担当	专业知识	专业技术实践	人文知识	人文素养	科学检索能力	学术科学精神潜力	国际站位	聚焦前沿	学习意识学习方法	学习惯性	交流技巧	协作意识
通识教育必修课程	思想道德修养与法律基础(2020级) 思想道德与法治(2021级开始)	0.15	1	0.15	0.1				0.15								
	中国近现代史纲要							0.1									
	马克思主义基本原理	0.15	0.15					0.1	0.1								
	毛泽东思想和中国特色社会主义理论体系概论	0.15	0.15	0.15	0.2			0.2	0.2								
	习近平新时代中国特色社会主义思想概论	0.15	0.15	0.15	0.2			0.2	0.2								
	形势与政策Ⅰ		0.1	0.1	0.4												
	形势与政策Ⅱ		0.1	0.1	0.4												
	四史	0.25	0.15	0.15	0.2												
	体育				0.1										0.2		0.5

续表

课程性质	课程名称	理想信念			家国情怀			专业素养			人文精神		研究能力			国际视野		终身学习			交流合作	
		政治坚定	修身尚德	遵纪守法	热爱祖国	心怀天下	责任担当	专业知识	专业技术	专业实践	人文知识	人文素养	检索能力	科学精神	学术潜力	国际站位	聚焦前沿	学习意识	学习方法	学习惯性	交流技巧	协作意识
	国防教育	0.15			0.1	0.2	0.1															
	劳动教育											0.05										
	中文写作		0.1								0.2	0.1										
	大学生心理健康（2021级开始）		0.15		0.1		0.1				0.2	0.1										
	大学外语									0.2						0.5					0.4	
	信息技术									0.2			0.1									
专业教育课程（必修）	数学分析1							0.1						0.2	0.1							
	高等代数1							0.1						0.1	0.1							
	解析几何							0.1						0.1	0.1							
	数学分析1习题课																	0.2	0.1	0.1		
	高等代数1习题课																	0.1	0.1	0.1		
	解析几何习题课																	0.1	0.1	0.1		
	数学分析2							0.1						0.1	0.1							
	高等代数2							0.1						0.1	0.1							
	数学分析3							0.05						0.1	0.1			0.1	0.1	0.1		
	数学分析3习题课																	0.1	0.1	0.1		

续表

课程性质	课程名称	理想信念		修身尚德	家国情怀			专业素养			人文精神		研究能力			国际视野		终身学习			交流合作	
		政治坚定	遵纪守法	修身尚德	热爱祖国	心怀天下	责任担当	专业知识	专业技术	专业实践	人文知识	人文素养	检索能力	科学精神	学术潜力	国际站位	聚焦前沿	学习意识	学习方法	学习惯性	交流技巧	协作意识
	统计学导论 ▲									0.1							0.3	0.1				
	概率论基础 ▲							0.05						0.1	0.1				0.1			
	统计学 ▲							0.05						0.1	0.1				0.1			
	实变函数							0.05														
	随机过程 ▲							0.05							0.1		0.3					
	回归分析							0.05		0.1												
	统计计算							0.05	0.2	0.1												
	渐近理论 ▲							0.05						0.1	0.1	0.5	0.3					
	抽样调查与试验设计							0.05	0.2	0.1			0.3						0.1		0.2	0.25
	多元统计分析							0.05	0.2	0.1												
	时间序列分析							0.05	0.2	0.1												
	应用实践								0.2	0.1			0.3					0.1	0.05	0.1	0.2	0.25
	毕业论文								0.2	0.1			0.3					0.1	0.05	0.1	0.2	
选修	统计案例综合分析 ▲																					
	非参数统计 ▲																					
	统计建模																					
	统计思想综论 ▲※																					
	统计机器学习 ▲																					
	文本数据挖掘																					

续表

课程性质	课程名称	毕业要求																
		理想信念		家国情怀		专业素养		人文精神		研究能力		国际视野		终身学习			交流合作	
		政治坚定	遵纪守法修身尚德	热爱祖国	心怀天下责任担当	专业知识	专业技术实践	人文知识	人文素养	检索能力科学精神	科学潜力学术潜力	国际站位	聚焦前沿	学习意识	学习方法	学习惯性	交流技巧	协作意识
	统计学专业英语																	
	C 程序设计																	
	Python 数据分析																	
	数据库原理与应用																	
	最优化原理及其算法 ▲																	
	分布式系统与云计算																	
	数据可视化																	
	微观经济学																	
	宏观经济学																	
	数学实验																	
	运筹学																	
	泛函分析																	
	数学建模																	
	计量经济学																	
	数学思想方法																	
	高观点下的中学数学																	

注：对"七、课程与毕业要求对应关系矩阵"中的高支撑（H）课程进行权重分配，同一个指标点下的多门高支撑课程的权重之和应为 1。

九、 辅修课程说明

辅修课程面向全校学生开设，是为学生拓宽知识面，增强适应性而提供的选择。

1. 辅修专业课程

辅修专业课程包括本专业人才培养方案"辅修专业"一栏标注为"是"的学科基础课程、专业主干课程和专业系列课程。符合主修专业毕业要求，并修满不少于 27 学分的学生，颁发统计学专业辅修证书。

2. 辅修学位课程

辅修学位课程包括本专业人才培养方案"辅修学位"一栏标注为"是"的学科基础课程、专业主干课程、专业系列课程和毕业论文。学生必须修满不少于 40 学分。符合《东北师范大学本科学生学士学位授予细则》规定的学生，授予理学辅修学士学位。

复旦大学

数学英才试验班教学培养方案（从2021级英才班开始实行）

一、通识教育课程

通识教育课程包括通识教育核心课程和专项教育课程，具体学分要求及课程设置参见学生所在年级数学与应用数学专业培养方案。

二、专业培养课程（100 学分）

专业培养课程包括专业必修课程、限定必修课程和专业进阶课程。

1. 专业必修课程（38 学分）

课程名称	课程代码	学分	周学时	含实践学分	含美育学分	含劳动教育总学时	开课学期	备注
数学分析Ⅰ（英才班）	MATH130154	6	5＋2	1.7			1	
高等代数Ⅰ	MATH120011	5	4＋2	1.7			1	
经典数学思想Ⅰ	MATH130152	2	2＋1	0.7			1	
数学分析Ⅱ（英才班）	MATH130155	6	5＋2	1.7			2	
高等代数Ⅱ	MATH130002	5	4＋2	1.7			2	
经典数学思想Ⅱ	MATH130156	2	2＋1	0.7			2	
几何拓扑选讲	MATH130113	3	4				3	
抽象代数	MATH130005	3	3＋1	0.75			3	
毕业论文（含专题讨论）	MATH130015	6	3	4		32	8	

2. 限定必修课程（42 学分）

限定必修课程分为六个系列，共 26 门，需在以下课程中至少选 12 门课程（其中至少包括 5 门荣誉课程），超出学分可算作专业进阶学分；要求覆盖至少五个系列，其中有两个系列选课门数 >50%。

	课程名称	课程代码	学分	周学时	含实践学分	含美育学分	含劳动教育总学时	开课学期	备注
分析系列（共5门）	常微分方程	MATH130004	3	3+1	0.75			3	
	复变函数	MATH130006	3	3+1	0.75			3	二选一
	复变函数(H)	MATH130006h	4	4+2	1.3			4	
	实变函数	MATH130007	3	3+1	0.75			4	二选一
	实分析(H)	MATH130007h	4	4+2	1.3			4	
	泛函分析	MATH130011	3	3+1	0.75			5	二选一
	泛函分析(H)	MATH130011h	4	4+2	1.3			5	
	傅里叶分析	MATH130052	3	3				春秋	
几何与拓扑系列(共5门)	微分流形	MATH130017	3	3+1	0.75			4	二选一
	微分流形(H)	MATH130017h	4	3+2	1.6			5	
	拓扑学Ⅱ	MATH130112	3	3				5	二选一
	代数拓扑(H)	MATH130112h	4	4+2	1.3			5	
	黎曼几何初步(H)	MATH130145h	4	4+2	1.3			5	
	多复变函数论(H)	MATH130041h	4	4+2	1.3			6	
	代数拓扑与微分形式(H)	MATH130144h	4	4+2	1.3			6	
代数与数论系列(共5门)	现代代数学Ⅰ(H)	MATH130140h	4	4+2	1.3			4	
	现代代数学Ⅱ(H)	MATH130143h	4	4+2	1.3			5	
	抽象代数续论(H)	MATH130068h	4	4+2	1.3			6	
	代数数论初步	MATH130131	3	3				春秋	
	解析数论	MATH130133	3	3				春秋	
	数学模型	MATH130008	3	3				4	
	数理方程(H)	MATH130012h	4	4+2	1.3			5	二选一

续表

	课程名称	课程代码	学分	周学时	含实践学分	含美育学分	含劳动教育总学时	开课学期	备注
应用数学系列(共5门)	数理方程	MATH130012	3	3+1	0.75			6	
	数学控制论(H)	MATH130164h	4	3+2	1.6			6	
	数值代数与优化(H)	MATH130165h	4	4+2	1.3			6	
	现代偏微分方程	MATH130121	3	3				春秋	
概率与统计系列(共3门)	概率论	MATH130009	3	3+1	0.75			5	二选一
	概率论(H)	MATH130009h	4	4+2	1.3			5	
	数理统计	MATH130060	3	3				6	
	随机过程	MATH130044	3	3				春秋	
数学物理系列(共3门)	经典物理选讲	MATH130166	3	3				春秋	
	数学广义相对论	MATH130170	3	3				春秋	
	量子力学 Ⅰ	PHYS130008	4	5				春秋	

注：常微分方程 MATH130004、复变函数 MATH130006、微分流形 MATH130017、数学模型 MATH130008 课程必须修读为英才班学生单独开设课程。

三、专业进阶课程 (20 学分)

英才班学生可在数学与应用数学培养方案中的专业进阶课程列表中选修。以下课程为英才班专设课程。

课程名称	课程代码	学分	周学时	含实践学分	含美育学分	含劳动教育总学时	开课学期	备注
独立学习 Ⅰ	MATH130162	4	4	4			5—8	
独立学习 Ⅱ	MATH130163	4	4	4			5—8	

注：独立学习在第 5、6、7、8 这四个学期中选两次。本课程只向英才班学生开放，以小论文为期末考核要求，成绩只计 P (通过) 与 NP (不通过)。

上海交通大学

数学与应用数学（吴文俊班）专业培养方案（2023级）

一、培养目标与规格

数学与应用数学 (吴文俊班) 专业致力于培养具有坚实的数学基础、严谨的逻辑思维、自主的创新能力的拔尖学科人才；以及在应用数学和交叉学科领域具有突出的数学建模、科学计算和综合分析的复合型创新人才。毕业生具有独特的创新意识、积极的合作精神、卓越的领导能力、开阔的学术视野、坚定的理想信念、健全的人格魅力和强烈的社会责任感。本专业以精英教育的理念统领人才培养工作，培养德、智、体、美、劳全面发展，知识、能力、素质协调统一，具有创新精神和能力的高层次人才。

二、规范与要求

1. 本科教育的基本定位

上海交通大学本科教育以"立德树人"为根本任务，以"价值引领、知识探究、能力建设、人格养成"为人才培养理念，实施与通识教育相融合的宽口径专业教育，使学生成为具备社会责任感、创新精神、实践能力、宽厚基础、人文情怀和全球视野的卓越创新人才。

2. 本科人才培养目标体系构成

围绕落实"四位一体"育人理念，学校构建了可实施、可评测的本科专业人才培养目标体系。学校本科专业培养的目标体系构成包含四个核心要素，即"价值引领、知识探究、能力建设和人格养成"。各专业的培养方案可在此基础上做进一步细化，同时结合本专业的认证标准，提出本专业人才培养目标要求，并做好课程体系与培养目标之间的对应。

(1) 价值引领

A1 坚定理想信念，践行社会主义核心价值观

A2 厚植家国情怀，担当民族伟大复兴重任

A3 立足行业领域，矢志成为国家栋梁

A4 追求真理，树立创造未来的远大目标

A5 胸怀天下，以增进全人类福祉为己任

(2) 知识探究

B1 深厚的基础理论

B2 扎实的专业核心

B3 宽广的跨学科知识

B4 领先的专业前沿

B5 广博的通识教育

(3) 能力建设

C1 审美与鉴赏能力

C2 沟通协作与管理领导能力

C3 批判性思维、实践与创新能力

C4 跨文化沟通交流与全球胜任力

C5 终身学习和自主学习能力

(4) 人格养成

D1 刻苦务实，意志坚强

D2 努力拼搏，敢为人先

D3 诚实守信，忠于职守

D4 身心和谐，体魄强健

D5 崇礼明德，仁爱宽容

三、课程体系构成

1. 通识教育课程

通识教育课程由两部分组成，即公共课程和通识教育核心课程，共 42 学分。公共课程含思想政治类课程、英语、体育等 32 学分；通识核心课程要求修满 10 学分，通识核心课程模块设置为人文学科、社会科学、自然科学、艺术修养、工程科学与技术五个模块，须在人文学科、社会科学、艺术修养、工程科学与技术模块课程中各至少选修 2 学分，其余学分可在 5 个模块课程中任意选修。

2. 专业教育课程

专业教育课程共需修满 95 学分，其中基础必修课程 15 学分，基础选修课程至少修满 22 学分，专业必修课程 28 学分，专业选修课至少修满 30 学分，专业选修课包含专业核心选修和专业方向选修。

3. 专业实践类课程

实践教育课程共需修满 16 学分，其中实验课程 2 学分，军训 2 学分，毕业设计 12 学分。

4. 个性化教育课程

个性化教育课程是学生可任意选修的课程，全部修业期间须修满 6 学分。学分来源为除本专业培养方案中通识教育课程、专业教育课程、专业实践类课程三个模块要求的必修和选修学分之外的所有课程的学分。如，辅修课程学分、任选课程学分、本专业限选模块修满学分要求后多修读的学分、部分专业提供的没有学分要求的专业选修课、大学英语

(3)、(4)、(5) 认可学分的 PRP 等课外科技、学科竞赛和实践创新项目等。

四、学制、毕业条件与学位

　　数学与应用数学专业实行弹性学制，学制 4～6 年，允许学生在取得规定的 159 学分后提前毕业，也允许延长学习年限，但一般不超过 6 年。学生修完本专业培养计划规定的课程及教学实践环节，取得规定的学分，德、智、体考核合格，按照《中华人民共和国学位条例》规定的条件授予理学学士学位。

五、课程设置一览表

1. 通识教育课程　　要求最低学分：42 学分

(1) 公共课程类　　要求最低学分：32 学分

① 必修　　要求最低学分：26 学分

须修满全部。

课程代码	课程名称	学分	总学时	理论学时	实践学时	年级	推荐学期	课程性质	价值贡献	知识贡献	能力贡献	素质贡献	备注
PSY1201	大学生心理健康	1.0	16	16	0	一	1	必修					
KE1201	体育(1)	1.0	32	0	32	一	1	必修					
MIL1201	军事理论	2.0	32	32	0	一	1	必修					
MARX1208	思想道德与法治	3.0	48	48	0	一	1	必修					
MARX1205	形势与政策	0.5	8	8	0	一	1	必修					
MARX1206	新时代社会认知实践	2.0	32	4	28	一	2	必修					
KE1202	体育(2)	1.0	32	0	32	一	2	必修					
MARX1202	中国近现代史纲要	3.0	48	48	0	一	2	必修					
MARX1219	习近平新时代中国特色社会主义思想概论	3.0	48	40	8	二	1	必修					
KE2201	体育(3)	1.0	32	0	32	二	1	必修					
MARX1203	毛泽东思想和中国特色社会主义理论体系概论	3.0	48	48	0	二	2	必修					

续表

课程代码	课程名称	学分	总学时	理论学时	实践学时	年级	推荐学期	课程性质	价值贡献	知识贡献	能力贡献	素质贡献	备注
KE2202	体育(4)	1.0	32	0	32	二	2	必修					
MARX1204	马克思主义基本原理	3.0	48	48	0	三	1	必修					
总计		24.5	456	292	164								

② 英语选修　要求最低学分：6 学分

英语选修课。全部修业期间需修满 6 学分，且须达到学校英语培养目标基本要求，多修读学分计入个性化。

课程代码	课程名称	学分	总学时	理论学时	实践学时	年级	推荐学期	课程性质	价值贡献	知识贡献	能力贡献	素质贡献	备注
FL2201	大学英语 (2)	3.0	48	48	0	一	1	限选					
FL3201	大学英语 (3)	3.0	48	48	0	一	1	限选					
FL4201	大学英语 (4)	3.0	48	48	0	一	1	限选					
FL1201	大学英语 (1)	3.0	48	48	0	一	1	限选					
FL5201	大学英语 (5)	3.0	48	48	0	一	2	限选					
总计		15.0	240	240	0								

(2) 通识核心类模块　要求最低学分：10 学分

须在人文学科、社会科学、艺术修养、工程科学与技术模块课程中各至少选修 2 学分。其余学分可在 5 个模块课程中任意选修。

① 人文学科　要求最低学分：2 学分

见课程组，在人文学科 (2022) 中选择。

② 社会科学　要求最低学分：2 学分

见课程组，在社会科学 (2022) 中选择。

③ 工程科学与技术　要求最低学分：2 学分

见课程组，在工程科学与技术 (2022) 中选择。

④ 艺术修养　要求最低学分：2 学分

见课程组，在艺术修养 (2022) 中选择。

⑤ 自然科学　要求最低学分：0 学分

在该模块没有学分要求。但另外模块最低学分要求都分别达标后，选修此模块课程的学分可计入通识教育核心课程总学分。

见课程组，在自然科学 (2022) 中选择。

2. 专业教育课程　要求最低学分：95 学分

(1) 基础类　要求最低学分：37 学分

① 必修　要求最低学分：15 学分

须修满全部。

课程代码	课程名称	学分	总学时	理论学时	实践学时	年级	推荐学期	课程性质	价值贡献	知识贡献	能力贡献	素质贡献	备注
PHY1600	专业导论 (数学、物理、统计、天文)	1.0	16	16	0	一	1	必修					
PHY1601	力学	4.0	64	64	0	一	1	必修					
PHY1603	电磁学	4.0	64	64	0	一	2	必修					
MATH1803	程序设计	3.0	48	48	0	一	2	必修					
PHY1602	热学	3.0	48	48	0	一	2	必修					
	总计	15.0	240	240	0								

② 数学选修　要求最低学分：14 学分

(A) 数学一　要求最低学分：6 学分　课程最低门数：1 门

课程代码	课程名称	学分	总学时	理论学时	实践学时	年级	推荐学期	课程性质	价值贡献	知识贡献	能力贡献	素质贡献	备注
MATH1607H	数学分析 (荣誉) I	6.0	96	96	0	一	1	限选					
MATH1203	数学分析 I	6.0	96	96	0	一	1	限选					
	总计	12.0	192	192	0								

(B) 数学二　要求最低学分：4 学分　课程最低门数：1 门

课程代码	课程名称	学分	总学时	理论学时	实践学时	年级	推荐学期	课程性质	价值贡献	知识贡献	能力贡献	素质贡献	备注
MATH1608H	数学分析 (荣誉) II	4.0	64	64	0	一	2	限选					
MATH1204	数学分析 II	4.0	64	64	0	一	2	限选					
	总计	8.0	128	128	0								

(C) 数学三　要求最低学分：4 学分　课程最低门数：1 门

课程代码	课程名称	学分	总学时	理论学时	实践学时	年级	推荐学期	课程性质	价值贡献	知识贡献	能力贡献	素质贡献	备注
MATH2607H	数学分析 (荣誉)Ⅲ	4.0	64	64	0	二	1	限选					
MATH2607	数学分析Ⅲ	4.0	64	64	0	二	1	限选					
	总计	8.0	128	128	0								

③ 高等代数选修　　要求最低学分：8 学分

(A) 高等代数一　　要求最低学分：5 学分　　课程最低门数：1 门

课程代码	课程名称	学分	总学时	理论学时	实践学时	年级	推荐学期	课程性质	价值贡献	知识贡献	能力贡献	素质贡献	备注
MATH1405H	高等代数 (荣誉)Ⅰ	5.0	80	80	0	一	1	限选					
MATH1405	高等代数Ⅰ	5.0	80	80	0	一	1	限选					
	总计	10.0	160	160	0								

(B) 高等代数二　　要求最低学分：3 学分　　课程最低门数：1 门

课程代码	课程名称	学分	总学时	理论学时	实践学时	年级	推荐学期	课程性质	价值贡献	知识贡献	能力贡献	素质贡献	备注
MATH1406H	高等代数 (荣誉)Ⅱ	3.0	48	48	0	一	2	限选					
MATH1406	高等代数Ⅱ	3.0	48	48	0	一	2	限选					
	总计	6.0	96	96	0								

(2) 专业类　　要求最低学分：58 学分

① 必修　　要求最低学分：28 学分

须修满全部。

课程代码	课程名称	学分	总学时	理论学时	实践学时	年级	推荐学期	课程性质	价值贡献	知识贡献	能力贡献	素质贡献	备注
MATH2501	常微分方程	4.0	64	64	0	二	1	必修					
MATH2609	复分析	4.0	64	64	0	二	1	必修					
MATH2650	实分析与傅里叶分析	4.0	64	64	0	二	2	必修					
MATH2401	抽象代数	4.0	64	64	0	二	2	必修					
MATH2701	概率论	4.0	64	64	0	二	2	必修					

续表

课程代码	课程名称	学分	总学时	理论学时	实践学时	年级	推荐学期	课程性质	价值贡献	知识贡献	能力贡献	素质贡献	备注
MATH3501	偏微分方程	4.0	64	64	0	三	1	必修					
MATH3602	微分几何	4.0	64	64	0	三	1	必修					
	总计	28.0	448	448	0								

② 专业选修　　要求最低学分：30 学分

专业选修课包含专业核心选修和专业方向选修，专业选修课要求至少修满 30 学分。以下是专业核心选修模块内容，修业期间需至少选 5 门课。

(A) 专业核心选修　　课程最低门数：5 门

课程代码	课程名称	学分	总学时	理论学时	实践学时	年级	推荐学期	课程性质	价值贡献	知识贡献	能力贡献	素质贡献	备注
MATH2802	科学计算	3.0	48	48	0	二	2	限选					
MATH4704	随机过程	3.0	48	48	0	三	1	限选					
MATH3808	微分方程数值解	3.0	48	48	0	三	2	限选					
MATH3705	数理统计	3.0	48	48	0	三	2	限选					
MATH3613	拓扑学基础	3.0	48	48	0	三	2	限选					
MATH3611	泛函分析	3.0	48	48	0	三	2	限选					
MATH4407	图与网络	3.0	48	48	0	四	1	限选					
	总计	21.0	336	336	0								

(B) 专业方向选修

专业选修课包含专业核心选修和专业方向选修，专业选修课要求至少修满 30 学分。以下是专业方向选修模块内容：

课程代码	课程名称	学分	总学时	理论学时	实践学时	年级	推荐学期	课程性质	价值贡献	知识贡献	能力贡献	素质贡献	备注
MATH1403	初等数论	2.0	32	32	0	一	3	限选					
MATH2450	流形上的微积分	2.0	32	32	0	二	3	限选					
MATH3608	变分法	3.0	48	48	0	三	1	限选					
MATH3403	代数数论	3.0	48	48	0	三	1	限选					
MATH4408	编码与密码	3.0	48	48	0	三	1	限选					

续表

课程代码	课程名称	学分	总学时	理论学时	实践学时	年级	推荐学期	课程性质	价值贡献	知识贡献	能力贡献	素质贡献	备注
MATH3806	最优化方法	3.0	48	48	0	三	1	限选					
MATH3710	统计软件与算法	3.0	48	48	0	三	1	限选					
MATH3610	调和分析	3.0	48	48	0	三	1	限选					
MATH3607	复变函数续论	3.0	48	48	0	三	1	限选					
MATH3301	研讨课Ⅰ	3.0	48	48	0	三	1	限选					
MATH3801	数学规划	3.0	48	48	0	三	1	限选					
MATH3502	动力系统	3.0	48	48	0	三	1	限选					
MATH3609	代数几何	3.0	48	48	0	三	1	限选					
MATH3504	偏微分方程续论	3.0	48	48	0	三	2	限选					
MATH4405	李群与李代数	3.0	48	48	0	三	2	限选					
MATH4603	微分几何续论	3.0	48	48	0	三	2	限选					
MATH3505	广义函数	3.0	48	48	0	三	2	限选					
MATH3703	数量经济学	3.0	48	48	0	三	2	限选					
MATH3402	群与代数表示论	3.0	48	48	0	三	2	限选					
MATH4404	组合数学	3.0	48	48	0	三	2	限选					
MATH3706	贝叶斯统计	3.0	48	48	0	三	2	限选					
MATH3707	随机矩阵	3.0	48	48	0	三	2	限选					
MATH3302	研讨课Ⅱ	3.0	48	48	0	三	2	限选					
MATH3612	微分拓扑	3.0	48	48	0	三	2	限选					
MATH4702	时间序列分析	3.0	48	48	0	三	2	限选					
MATH3712	统计学习	3.0	48	48	0	三	2	限选					
MATH4803	数学建模与数学实验	3.0	48	48	0	四	1	限选					
MATH3807	高等计算方法	3.0	48	48	0	四	1	限选					
MATH3708	大数据分析	3.0	48	48	0	四	1	限选					
MATH4701	多元统计	3.0	48	48	0	四	1	限选					
MATH4507	非线性数学物理方法	3.0	48	48	0	四	1	限选					

课程代码	课程名称	学分	总学时	理论学时	实践学时	年级	推荐学期	课程性质	价值贡献	知识贡献	能力贡献	素质贡献	备注
MATH4406	代数拓扑	3.0	48	48	0	四	1	限选					
MATH4703	数理金融	3.0	48	48	0	四	1	限选					
MATH4302	研讨课Ⅲ	3.0	48	48	0	四	1	限选					
MATH4303	研讨课Ⅳ	3.0	48	48	0	四	2	限选					
总计		103.0	1 648	1 648	0								

3. 专业实践类课程　　要求最低学分：16 学分

(1) 实验课程　　要求最低学分：2 学分

必修　　要求最低学分：2 学分

须修满全部。

课程代码	课程名称	学分	总学时	理论学时	实践学时	年级	推荐学期	课程性质	价值贡献	知识贡献	能力贡献	素质贡献	备注
PHY1401	物理学实验导论	2.0	32	0	32	一	1	必修					
总计		2.0	32	0	32								

(2) 军事技能训练　　要求最低学分：2 学分

必修　　要求最低学分：2 学分

须修满全部。

课程代码	课程名称	学分	总学时	理论学时	实践学时	年级	推荐学期	课程性质	价值贡献	知识贡献	能力贡献	素质贡献	备注
MIL1202	军训	2.0	112	0	112	一	1	必修					
总计		2.0	112	0	112								

(3) 专业综合训练　　要求最低学分：12 学分

必修　　要求最低学分：12 学分

须修满全部。

课程代码	课程名称	学分	总学时	理论学时	实践学时	年级	推荐学期	课程性质	价值贡献	知识贡献	能力贡献	素质贡献	备注
MATH4301	毕业设计 (数学)	12.0	192	192	0	四	2	必修					
总计		12.0	192	192	0								

4. 个性化教育课程　　要求最低学分：6 学分

除本专业培养方案中通识教育课程、专业教育课程、实践教育课程三个模块要求学分之外的所有学分均可计入。

课程代码	课程名称	学分	总学时	理论学时	实践学时	年级	推荐学期	课程性质	价值贡献	知识贡献	能力贡献	素质贡献	备注
MATH2303	学术英语写作	2.0	32	32	0	二	3	必修					
	总计	2.0	32	32	0								

华 东 师 范 大 学

数学与应用数学 (拔尖) 本科培养方案 (2023)

一、 指导思想

落实《关于制订全育人理念下专业培养方案的指导意见》文件要求，全面贯彻党的教育方针，以立德树人为根本任务，持续完善德智体美劳全面培养的育人体系，全面提升学生的数学素养、创新思维意识和综合实践能力，培养有志于服务国家战略需求且具有厚实数学基础和较强创新能力的数学与应用数学后备人才。

二、 培养目标

以立德树人为根本任务，利用成熟和先进的数学教育理论，创新数学人才培养方式，注重学科交叉和科教结合，激发学生学习兴趣和内在动力，全面提升学生的数学素养、创新意识和综合实践能力，培养具有国际视野、家国情怀和人文精神，创新潜力强、专业能力精、综合素质优，敢于挑战科学重大问题的数学青年英才。通过推动数学教育信息化、数学学习智能化，聚焦课程教学团队专业化和可持续发展建设，探索具有中国特色的数学拔尖人才培养的师大模式。

经过四年严格的数学训练，学生应具有优良的政治品格，出色的数学专业修养，坚实的学科交叉基础，良好的科研素养和坚强的意志品质。通过专业课程的深入学习和数学科研的强化训练，具备在基础数学或应用数学某个方向从事当代学术前沿问题研究的基本能力。学生毕业后可进入国内外基础科学领域和国家重大战略需求关键领域继续深造。毕业5 年后能掌握本专业领域最前沿的研究动态，并在相关问题上取得一定的研究成果，得到同行的关注。

具体培养目标为：

1. 坚持中国共产党的领导，具有高度的社会责任感，具备良好的科学文化素养和健全的人格，具有良好的社会适应能力和职业素养，身心健康，为了理想和信念甘于奉献和勇于奋斗。

2. 具有扎实的数学基础和专业知识，掌握从事数学和数学应用的理论和技术研究的基本方法，潜心研究，具备追求基础理论创新和突破的能力。

3. 具有较强的逻辑思维能力、形象思维能力和知识整合能力，具备批判性思维和创新性思维，乐于探索和发现新思路和新方法，具备良好的沟通表达能力、团队合作意识和国际交流能力。

4. 具有终身学习能力和专业发展意识，注重个人素养的不断提升，能熟练运用现代信息技术，关注数学发展的国内外最新进展，在学习和工作中表现出担当和进步，勇于实践和创新。

三、毕业要求

本专业毕业要求	毕业要求指标点
1. 明德乐群 注重个人修养，具有深厚的家国情怀，关心民族和人类社会的发展	1.1 家国情怀 理解和认同中国特色社会主义，坚持共产党的领导，具有立足中国大地、服务国家和社会发展的志向和信仰精神
	1.2 遵纪守法 遵守法律法规，具有良好的法治素养
	1.3 思想品德 具有正确的价值观和道德观，尊重他人，具有良好的言行修养和人文素养
2. 基础扎实 具有扎实的基础，具有深厚的专业素养	2.1 专业素养 系统掌握数学的基本理论、基本知识和基本技能，具有深厚的数学基础、宽广的知识面和优秀的数学修养
	2.2 科学精神 具有良好的科学精神和较强的逻辑思维与推理能力，初步具备将实际问题抽象为数学问题，并利用数学知识来分析和解决的能力
	2.3 学科交叉 了解数学在其他相关学科中的应用方法以及其他学科对数学发展的推动作用，具备良好的物理学、计算机学等相关学科的专业知识
3. 身心健康 追求健康生活，能够悦纳并不断完善自己，保持积极向上的状态；能够发现生活中的美，拥有高雅的审美志趣	3.1 心理健康 具有敏锐的洞察力和觉醒力，能够应对压力和管理自己的情绪
	3.2 体育运动 至少掌握一项运动技能，具有良好的运动习惯
	3.3 美育实践 具备一定审美的能力和素养，能经常参加美育实践活动
4. 国际视野 关心人类社会的发展，了解世界主要的文明文化和政治制度，能够立足中国熟悉世界，也能够立足世界看中国	4.1 了解世界 知晓并理解世界主要的文明和文化，对政治制度有判断力，具备跨文化交流能力，知晓当今世界的热点和人类发展面临的问题，并能做出客观判断和具有把世界变得更加美好的意愿

续表

本专业毕业要求	毕业要求指标点
	4.2 科学视野 了解数学研究的国内外最新动态和发展趋势,关注相关研究领域的研究进展;具有广泛的科学视野,了解数学与前沿科技,如人工智能、大数据、生物医药、智能制造等方向的联系,并关注数学在其中应用的发展动态
5. 反思探究 敢于挑战,不断尝试新事物;运用已有知识探索未知世界	5.1 创新思维 具有格局思维、批判性思维和创造性思维,形象思维和逻辑思维协调、均衡发展
	5.2 知识整合 具备较强的知识整合能力,以及不断探索和发现问题、解决问题的能力
	5.3 创新能力 拥有学术研究或创新创业项目的良好体验,初步具备开展原创性研究的能力
6. 持续发展 具有终身发展的自主意识,不断革新自我知识和能力结构,学会学习,学会发展	6.1 终身学习 对学习充满好奇心,掌握学习的工具和学习的方法
	6.2 沟通合作 具有较好的语言表达能力和社会沟通能力,勇于表达个人见解,具备良好的团队合作精神,能在团队活动中发挥积极作用
	6.3 信息技术 具备熟练运用现代化信息技术的能力

四、毕业要求与培养目标关系矩阵

毕业要求	培养目标			
	目标 1	目标 2	目标 3	目标 4
要求 1:明德乐群	√			√
要求 2:基础扎实		√	√	√
要求 3:身心健康	√			
要求 4:国际视野	√			√
要求 5:反思探究		√	√	√
要求 6:持续发展		√	√	√

五、课程结构及学分要求

1. 课程体系学分设置

总学分:145 学分。公共必修课程 38 学分,占 26.2%。通识教育课程 8 学分,占 5.5%。专业教育课程 99 学分,占 68.3%。这其中有实践学分 36.5,占 25.1%。

2. 课程修读要求和建议

(1) 完成培养计划表规定的学分课程要求及养成教育方案达标要求，方能毕业。

(2) 开展进阶式学术训练，要求：

大一、大二：掌握各门数学专业基础知识，熟悉数学专业英语；大二、大三：在进修高阶专业基础课与研究生课程的同时，通过课程学习确定研究兴趣，参与、主持科研项目，提高研究能力；大三、大四：通过科研训练、参与国内外交流，能够明确研究方向，产出初步成果。另外，学生须完成至少 4 学分师生共研课程，修读途径：修读本科研究班、科研训练、讨论班。

(3) 强基计划学生须在大四选修至少 6 学分研究生基础课程。

(4) 学制：四年，最长修读年限：6 年 (含休学)，学位：理学学士。

(5) 学生毕业时的体质健康测试成绩和等级，按毕业学年体质健康测试总分的 50% 与其他学年总分平均得分的 50% 之和进行评定，评定成绩达不到 50 分者按结业或肄业处理。

(6) 完成培养计划表规定的学分课程要求及养成教育方案达标要求，方能毕业。

3. 修读建议

通识课程共 8 学分，要求人类思维与学科史论至少 1 学分，经典阅读至少 1 学分，模块课程 4 学分 (其中"文化、审美与诠释"系列必修 2 学分)，分布式课程不做必修要求，其余学分可在任意模块中自由选择。学生修读的人类思维与学科史论课程学分可抵充其他三类通识课程的学分。学生修读的跨专业课程学分可抵充分布式课程学分。数学专业主要培养学生的逻辑思维、抽象思维、批判性思维和创造性思维，特别是批判性和创造性思维往往是学生在专业学习过程中有所欠缺的，因此建议学生在修读通识教育课程时选择相关的课程，在模块课程中重点修读"理性、科学与发展""实践、技术与创新""思辨、推理与判断"中的课程。

劳动与创造 2 学分，可以用创新创业学分抵充。

计算机类公共必修课包含 1 学分的计算机综合项目实践，建议学生在第三或第五学期修读。

专业进阶课程中包含限制性选修 (限选) 课程，学生须修满至少 14 学分限选课程。各方向的限选课程包括：

(1) 分析方向：集合论引论，泛函分析，偏微分方程；

(2) 代数方向：代数学 Ⅱ，有限群表示论；

(3) 几何与拓扑方向：流形上的分析，代数几何，同调论；

(4) 应用数学方向：动力系统；

(5) 运筹与控制方向：最优化方法；

(6) 科学计算方向：数值分析；

(7) 概率与统计方向：数理统计。

学生可根据感兴趣的方向参考上述课程列表进行选择。

专业自主选修课程包括跨学科自主选修课程、跨校自主选修课程和本硕连接课程。

对于跨学科自主选修课程，学生可选修第二外语如法语、德语等，和其他学科如物理、统计、计算机等专业课程。在跨校自主选修课程中，学生可修读外校学期中或暑期学校的数学类课程，经过认定后可抵学分。在本硕连接课程中，建议学生修读讨论班，以及研究生学位基础和学位专业课程。课程清单见下表。

课程代码	研究生课程名称	学分	课程类别
MATH2811102117	概率论	4	学位基础课 (必修)
MATH2811102116	代数学 (Ⅰ)	4	学位基础课 (必修)
MATH2811102115	实分析与复分析 (Ⅰ)	4	学位基础课 (必修)
MATH2811102114	几何与拓扑 (Ⅰ)	4	学位基础课 (必修)
MATH2811102225	科学计算	4	学位基础课 (必修)
MATH2811102226	代数学 (Ⅱ)	3	学位基础课 (必修)
MATH2811102227	实分析与复分析 (Ⅱ)	3	学位基础课 (必修)
MATH2811102228	几何与拓扑 (Ⅱ)	3	学位基础课 (必修)
MATH2811102100	数学教育研究方法	3	学位专业课 (必修)
MATH2811102097	矩阵计算	3	学位专业课 (必修)
MATH2811102089	非线性分析及其应用	3	学位专业课 (必修)
MATH2811102024	微分拓扑	3	学位专业课 (必修)
MATH2811102144	偏微分方程现代理论	3	学位专业课 (必修)
MATH2811102179	泛函分析	3	学位专业课 (必修)
MATH2811102183	微分方程数值解	3	学位专业课 (必修)
MATH2811102190	动力系统	3	学位专业课 (必修)
MATH2811102193	数学解题原理和方法	3	学位专业课 (必修)
MATH2821102098	现代数学教育研究导论	3	学位专业课 (必修)
MATH2821102132	线性与非线性控制系统	3	学位专业课 (必修)
MATH2811102229	代数几何Ⅰ(硕士)	3	学位专业课 (必修)
MATH2811102230	表示论 (硕士)	3	学位专业课 (必修)
MATH2811102231	李代数	3	学位专业课 (必修)
MATH2811102232	黎曼几何	3	学位专业课 (必修)
MATH2811102233	微分方程定性理论	3	学位专业课 (必修)
MATH2811102234	非线性数学物理	3	学位专业课 (必修)
MATH2811102235	组合数学与图论	3	学位专业课 (必修)
MATH2811102236	人工智能的数学方法	3	学位专业课 (必修)
MATH2811102237	最优化理论	3	学位专业课 (必修)
MATH2811102239	数学教育心理研究基础	3	学位专业课 (必修)

六、专业核心课程

课程代码	课程名称	学分
MATH0031131116	高等代数 I (H)	5
MATH0031131135	数学分析 I (H)	5
MATH0031131117	高等代数 II (H)	5
MATH0031131136	数学分析 II (H)	5
MATH0031131118	现代几何基础 (H)	5
MATH0031131137	数学分析 III (H)	5

七、培养计划表

分类	课程名称	学分	开课学期 1	2	3	4	5	6	7	8	暑期短学期 1	2	3	总学时 理论	实验	实习	上机	合计	备注
公共必修	思政类	17																	
	英语类	6																	
	计算机类	5																	
	体育类	4																	
	军事理论	2																	
	劳动与创造	2																	
	心理健康	2																	
	学分要求	38																	26.21%
通识教育课程	人类思维与学科史论	人类思维与学科史论																	
		学分要求	1																
	经典阅读	伟大的智慧																	
		学分要求	1																
	模块课程	理性、科学与发展																	
		文化、审美与诠释	2																
		伦理、教育与沟通																	

续表

分类	课程名称	学分	开课学期									暑期短学期			总学时					备注
			1	2	3	4	5	6	7	8	1	2	3	理论	实验	实习	上机	合计	
	思辨、推理与判断																		
	实践、技术与创新																		
	价值、社会与进步																		
	选修学分	4																	
分布式课程	文艺体育系列																		
	科学技术系列																		
	社会人文系列																		
	教育心理系列																		
	选修学分	2																	
	学分要求	8																		5.52%

续表

分类	课程代码	课程名称	学分	开课学期								暑期短学期			总学时					备注
				1	2	3	4	5	6	7	8	1	2	3	理论	实验	实习	上机	合计	
相关学科基础课程	MATH0031111003	基础物理I	3			√									72				72	
	MATH0031121022	基础物理II	3				√								72				72	
		学分要求	6												144				144	
专业教育课程 专业必修	MATH0031131116	高等代数I(H)	5	√											72	72			144	
	MATH0031131135	数学分析I(H)	5	√											72	72			144	
	MATH0031131117	高等代数II(H)	5		√										90	36			126	
	MATH0031131118	现代几何基础(H)	5		√										72	18			90	
	MATH0031131136	数学分析II(H)	5		√										90	36			126	
	MATH0031131137	数学分析III(H)	5			√									72	72			144	
	MATH0031131140	常微分方程(H)	3			√									54	18			72	
	MATH0031171000	代数学I(H)	3			√									54	18			72	
	MATH0031131125	拓扑学(H)	3				√								54	18			72	
	MATH0031131126	实分析(H)	3				√								54	18			72	
	MATH0031131142	概率统计初步(H)	3				√								54				54	
	MATH0031131122	复分析(H)	3					√							54	18			72	
	MATH0031131123	微分几何(H)	3					√							54	18			72	
	MATH0031171001	本科生研究班I(H)	1					√								2			2	

续表

分类	课程代码	课程名称	学分	开课学期								暑期短学期			总学时					备注
				1	2	3	4	5	6	7	8	1	2	3	理论	实验	实习	上机	合计	
	MATH0031131143	本科生研讨班III(H)	1	√												2			2	
	MATH0031131134	科研训练(H)	2							√						108			108	
	MATH0031131902	毕业论文	8								√					288			288	
		学分要求	63												846	814			1660	
专业限制选修	MATH0031182010	集合论引论	2	√											36				36	
	MATH0031131050	数值分析	3				√								54	18			72	
	MATH0031131112	代数学II	3				√								54				54	
	MATH0031131062	泛函分析	3					√							54				54	
	MATH0031131806	最优化方法	3					√							54	18			72	
	MATH0031132169	动力系统	3					√							54				54	
	MATH0031132213	概率论与随机过程	3					√							54				54	
	MATH0031132992	代数几何	3					√							54	18			72	
	MATH0031131085	偏微分方程	3						√						54				54	
	MATH0031132170	有限群表示论	3						√						54				54	
	MATH0031132220	同调论	3						√						54				54	
	MATH0031172001	流形上的分析	3						√						54				54	
		选修学分	14												630	54			684	至净

续表

分类	课程代码	课程名称	学分	开课学期								暑期短学期			总学时					备注
				1	2	3	4	5	6	7	8	1	2	3	理论	实验	实习	上机	合计	
专业任意选修	MATH003113232208	数学建模实践	1											√	18				18	
	MATH003113232202	C++语言程序设计	3			√									36	36			72	
	MATH003113232066	生物数学	2				√								36				36	
	MATH003113232127	数学实验与建模	3				√								36	36			72	
	MATH003113232205	数据结构	3				√								54				54	
	MATH003113231086	运筹学	3					√							36	36			72	
	MATH003113232132	傅里叶分析	3					√							54				54	
	MATH003113232172	信息安全	3					√							54				54	
	MATH003113232180	图论及其应用	3					√							54				54	
	MATH003113232185	现代数论	3					√							54				54	
	MATH003113231003	微分方程数值解	3						√						54	18			72	
	MATH003113232063	组合数学	3						√						54				54	
	MATH003113232179	离散几何	3						√						54				54	
	MATH003113232195	人工智能的数学基础	3						√						36	18			54	
	MATH003113232206	离散优化选讲	1						√						18				18	
	MATH003113232214	多元统计与时间序列分析	3						√						54				54	
	MATH003113232124	算法引论	3							√					54				54	
	MATH003113232146	多复变与复几何	3							√					54				54	

续表

分类	课程代码	课程名称	学分	开课学期									暑期短学期			总学时					备注
				1	2	3	4	5	6	7	8	1	2	3	理论	实验	实习	上机	合计	
	MATH0031132171	随机微分方程	3							√					54				54	
	MATH0031132175	数字图像处理	2							√					36	18			54	
	MATH0031132183	现代控制理论	2							√					36				36	
	MATH0031132200	数理金融初步	3							√					54				54	
	MATH0031132201	整体微分几何初步	3							√					54				54	
		选修学分	8												1044	162			1206	
		专业自主选修	8																	
		学分要求	99												2664	1030			3694	68.28%
全程总计			145												2664	1030			3694	
备注																				

八、养成教育方案

全面贯彻党的教育方针，以立德树人为根本任务，以培养卓越毕业生为导向，以培养学生的思维和精神为核心，内容设计要把握形象思维、逻辑思维、格局思维的训练及人文精神、科学精神、信仰精神的养成，基于学校本科生共同核心素养，围绕专业培养的毕业要求，紧密衔接第一课堂，坚持五育并举和三全育人，助力新一代后备拔尖创新领军人才的成长。

1. 以学院专业课程教育为基础，围绕培养方案中人才培养的目标与规格，对标课程体系建设中对养成教育的支撑目标和达成度的需求，围绕专业特色进行建设。

养成教育由学院设计与专业相关，与通识性、学科交叉性相关的活动。培养内容坚持"德智体美劳"五育并举，德育以涵养学生家国情怀，激发学生树立"科研报国"信念为目标，以"书院与学院携手共育"的方式开展；智育以促进学科认知，提升专业素养为目标，以"书院搭台、学院主导"为主的方式开展；体育、美育、劳育以强健体魄、陶冶审美情趣、增强文化自信以及养成热爱劳动的习惯为目标，以"书院引导、学院参与、学生自主"的方式开展。

课程培养对专业素养有强支撑，对信息技术、学科交叉、终身学习有较强支撑，但在道德民治、科学人文、沟通合作、国际视野方面有所缺乏，因此养成教育将结合此需求，形成强支撑，并对学科交叉、终身学习予以延续提升。同时，针对形象思维和创造性思维予以补充训练，对批判性思维和逻辑思维予以延续培养。

2. 预留第二课堂中学生自主性空间，减少第二课堂、规定动作，而以设定目标、提供保障、搭建平台为主，鼓励学生根据自身需求和兴趣进行自由选择，激发学生的自我管理和创新能力。

活动模块	活动系列	参与要求	达标要求
思想素质	新生入学教育	必选	参加
	毕业生离校教育		
	主题班会、团日活动		参加，每学年至少参加 8 次
	团校/党校/卓越领袖训练营	任选	参加，并结业
	数学学科史宣讲团		参加，并完成宣讲任务
志愿服务	科普活动志愿者	任选	大学期间服务时长不少于 12 小时
	公益活动志愿者		
	学术活动志愿者		
社会实践	寒暑假社会实践	任选	参加，并提交 1 分总结报告
	区县挂职锻炼		
	日常社会实践活动		
心理健康	心理健康测试	必选	参加

续表

活动模块	活动系列	参与要求	达标要求
	心理健康月		大学期间至少一次
体育运动	体育俱乐部活动 (含校公体俱乐部)	必选	参加
	运动会等各类体育活动	任选	大学期间至少一次
	定向越野、迷你马拉松等		
美育实践	校史剧观演	任选	参加，大学期间至少 4 次，修读艺术系列通识课后可不做要求
	原创数学话剧观演		
	传统文化、民俗文化赏析		
	艺术鉴赏与体验课程		
	"寻美" 系列活动		
	校、院级学生艺术团		
全球胜任力	学术前沿报告	必选	本科期间参加学院组织的学术报告不少于 8 次
	"批判思维" 沙龙		大学期间至少一次
	中外学子交流活动	任选	大学期间至少参加 2 次
	境外交流分享会		
	各类境外交流项目		
	数学文化学术沙龙		
	国际学术会议		
	国际组织实习		
生涯发展	专业英语	必选	
	师生交流活动		每学年至少 1 次
	学业指导工作坊	任选	本科期间至少参加 2 次，修读相关通识课程后不做要求
	数字智能应用前沿参访		
	生涯规划指导		
人文素养	阅读活动	必选	4 次阅读活动
	科普创作与科学传播	任选	大学期间至少参加 1 次
	数学智力运动会		
创新创业	数学青年科学家班主任工作坊	必选	大学期间至少参加 1 次
	数学竞赛		大学期间至少参加 1 次
	数学建模大赛		
	美国数学建模大赛		
	大学生双创训练计划项目		结题

续表

活动模块	活动系列	参与要求	达标要求
	数学创新人才训练营	任选	结业
	双创分享交流活动		参加
	综合类创新创业赛事		参加
	科研工作坊		
学生自主设计、参与		任选	根据内容由书院或学院审核

九、 课程设置、养成教育与毕业要求的关系矩阵

根据各课程、养成教育活动的目标与学生能力达成的相关度，填写如下关系矩阵。用符号表示相关度：H—高度相关；M—中等相关；L—弱相关。

数学与应用数学课程设置、养成教育与毕业要求的关系矩阵

课程	毕业要求					
	要求 1	要求 2	要求 3	要求 4	要求 5	要求 6
思政类	H			M		
英语类				H		M
计算机类				M		H
体育类	M		H			
军事理论	H					
劳动与创造	M		H			
通识教育课程				L	H	M
基础物理Ⅰ		H		M	M	
基础物理Ⅱ		H		M	M	
数学分析Ⅰ(H)		H		H	M	
数学分析Ⅱ(H)		H		H	M	
数学分析Ⅲ(H)		H		H	M	
高等代数Ⅰ(H)		H		H	M	
高等代数Ⅱ(H)		H		H	M	
现代几何基础 (H)		H		H	M	
常微分方程 (H)		H		H	M	
代数学Ⅰ(H)		H		H	M	
拓扑学 (H)		H		H	M	

续表

课程	毕业要求					
	要求 1	要求 2	要求 3	要求 4	要求 5	要求 6
实分析 (H)		H		H	M	
概率统计初步 (H)		H		H	M	
复分析 (H)		H		H	M	
微分几何 (H)		H		H	M	
本科生研究班 I (H)		H		H	M	
本科生研究班 II (H)		H		H	M	
科研训练 (H)		M		H	H	M
毕业论文		H		H	M	
集合论引论		H		H	M	
数值分析		H		H	M	
代数学 II		H		H	M	
泛函分析		H		H	M	
最优化方法		H		H	M	
动力系统		H		H	M	
概率论与随机过程		H		H	M	
代数几何		H		H	M	
偏微分方程		H		H	M	
有限群表示论		H		H	M	
同调论		H		H	M	
流形上的分析		H		H	M	
C++ 语言程序设计		H		H	M	
生物数学		H		H	M	
数学实验与建模		H		H	M	
数据结构		H		H	M	
运筹学		H		H	M	
傅里叶分析		H		H	M	
信息安全		H		H	M	
图论及其应用		H		H	M	
现代控制理论		H		H	M	
现代数论		H		H	M	

续表

课程	毕业要求					
	要求 1	要求 2	要求 3	要求 4	要求 5	要求 6
微分方程数值解		H		H	M	
组合数学		H		H	M	
离散几何		H		H	M	
人工智能的数学基础		H		H	M	
多元统计与时间序列分析		H		H	M	
算法引论		H		H	M	
多复变与复几何		H		H	M	
随机微分方程		H		H	M	
数字图像处理		H		H	M	
数理金融初步		H		H	M	
整体微分几何初步		H		H	M	
思想素质	H			M	M	H
志愿服务	H	M	M			M
社会实践	H	M	M		M	M
心理健康	M		H			
体育运动			H			M
美育实践	M		H			
全球胜任力	M	M		H	H	M
创新创业		H		M	H	H
生涯发展	M		M	M	M	H
人文科学素养		M	M	H		M

南 京 大 学
数学与应用数学主修培养方案

一、专业简介

  本专业设立于 1999 年，2003 年入选江苏省品牌专业建设点，2007 年成为教育部高等学校 I 类特色专业建设点，2008 年成为国家理科人才培养基地，分别在 2009 年和 2020 年入选国家"拔尖计划"1.0 和 2.0 项目，2012 年成为"十二五"江苏省高等学校重点专业，2019 年入选江苏省品牌专业建设工程并入选国家一流本科专业建设点。2020 年成为"强基计划"招生专业。

  本专业将学科优势转化为人才培养优势，以创新教育观念贯穿本科教学，构建了新型人才培养模式和课程体系，打造了多个高水平本科教学团队，实施研究性教学，培养了若干个世界一流数学家和应用数学家以及一大批其他学科和行业的优秀领军人物，人才培养的质量受到了广泛赞誉和高度评价。

二、学制、总学分与学位授予

  本专业学制四年，专业应修总学分 150 分，包括通识通修课程 (必修) 67 学分，毕业论文 (必修)5 学分，专业学术类及交叉复合类学科专业课程 (必修) 45 学分，多元发展课程 (选修) 33 学分；就业创业类学科专业课程 (必修) 47 学分，多元发展课程 (选修) 31 学分。

  学生在学校规定的学习年限内，修完本专业教育教学计划规定的课程，获得规定的学分，达到教育部规定的《国家学生体质健康标准》综合考评等级，准予毕业，符合学士学位授予要求者，授予理学学士学位。

三、培养目标

  放眼世界数学发展，以世界数学发展主流和重大前沿问题为导向，培养基础厚、视野宽、素质高、能力强的国际一流未来领军人物和拔尖人才；以主动适应相关学科发展为导向，培养一批数学基础扎实的交叉复合型人才；以我国经济、科技、文化发展的多元化需要为目标，培养大批知识面广、创新能力强的高水平数学应用型人才。

四、毕业要求

1. 具有正确的人生观、价值观、道德观和高度的社会责任感；始终坚持中国共产党的领导；爱国、诚信、友善、守法；具备良好的科学、文化素养；掌握科学的世界观和方法论，掌握认识世界、改造世界和保护世界的基本思路与方法；能够适应科学和社会的发展。

2. 接受系统的数学思维训练，掌握数学科学的思想方法，具有扎实的数学基础和良好的数学语言表达能力；了解数学的历史概况和广泛应用，以及当代数学的新进展。

3. 系统地掌握数学与应用数学专业的基本理论、基本方法和基本技能。

4. 能综合运用所学的理论、方法和技能提出并解决相关领域内科研或应用中的具体问题。

5. 能熟练地使用计算机，包括常用编程语言、工具以及一些数学软件等，具有编写应用程序的能力。

6. 能熟练掌握一门外语，具备参与国际学术交流活动的能力；掌握资料查询、文献检索以及运用现代技术获取相关信息的基本方法。

7. 具备良好的自然科学和人文社会科学知识；具有较好的文化道德修养和健康的心理素质；具有团队合作精神、创新意识、国际视野和竞争力。

8. 掌握体育运动的一般知识和基本方法，具有一定的军事基本知识，形成良好的体育锻炼和卫生习惯，具有健康的体魄，达到《国家学生体质健康标准》综合考评等级和军事训练标准。

五、成果导向关系矩阵

培养目标	毕业要求	课程	项目
	1. 具有正确的人生观、价值观、道德观和高度的社会责任感；始终坚持中国共产党的领导；爱国、诚信、友善、守法；具备良好的科学、文化素养；掌握科学的世界观和方法论，掌握认识世界、改造世界和保护世界的基本思路与方法；能够适应科学和社会的发展	大学生必修思政课系列	社会实践

续表

培养目标	毕业要求	课程	项目
放眼世界数学发展，以世界数学发展主流和重大前沿问题为导向，培养高层次、厚基础的国际一流未来领军人物和拔尖人才；以主动适应相关学科发展为导向，培养一批数学基础扎实的交叉复合人才；以我国经济、科技、文化发展的多元化需要为目标，培养大批知识面广、创新能力强的高水平数学应用型人才	2. 接受系统的数学思维训练，掌握数学科学的思想方法，具有扎实的数学基础和良好的数学语言表达能力；了解数学的历史概况和广泛应用，以及当代数学的新进展	分析学课程群、代数学课程群、几何课程群、常微分方程、离散数学、复变函数、概率论基础、数学的思想方法、数理逻辑系列、数学系列讲座、数学研究与实践	全国大学生数学竞赛、阿里巴巴全球数学竞赛、丘成桐大学生数学竞赛、南京大学基础学科论坛
	3. 系统地掌握数学与应用数学专业的基本理论、基本方法和基本技能	实变函数、泛函分析、偏微分方程、拓扑学、伽罗瓦理论、经典力学的数学方法、常微分方程几何理论、模论与表示论初步、整函数与亚纯函数、几何课程群、代数与拓扑课程群、导出范畴、随机微分方程、近代回归分析、毕业论文、数学研究与实践	全国大学生数学建模竞赛、阿里巴巴全球数学竞赛、丘成桐大学生数学竞赛、美国大学生数学建模竞赛、智能算法与数据科学应用创新大赛 (江苏国家应用数学中心)、大学生创新训练项目、"挑战杯"全国大学生课外学术科技作品竞赛、中国"互联网＋"大学生创新创业大赛、南京大学拔尖计划国际交流项目、江苏省大学生自然科学知识竞赛
	4. 能综合运用所学的理论、方法和技能提出并解决相关领域内科研或应用中的具体问题	概率类课程群、统计类课程群、随机过程课程群、数值方法课程群、优化课程群、时间序列分析、精算数学、矩阵计算、运筹学基础、信息论基础、计算流体力学引论、多元迭代分析、并行计算方法引论、数学建模、数学研究与实践	
	5. 能熟练地使用计算机，包括常用编程语言、工具以及一些数学软件等，具有编写应用程序的能力	计算机与数据库课程群、数学研究与实践	
	6. 能熟练掌握一门外语，具备参与国际学术交流活动的能力；掌握资料查询、文献检索以及运用现代技术获取相关信息的基本方法	大学英语、数学研究与实践	

续表

培养目标	毕业要求	课程	项目
	7. 具备良好的自然科学和人文社会科学知识；具有较好的文化道德修养和健康的心理素质；具有团队合作精神、创新意识、国际视野和竞争力	数理科学类新生导学课、大学物理课程群、微观经济学、数学研究与实践	
	8. 掌握体育运动的一般知识和基本方法，具有一定的军事基本知识，形成良好的体育锻炼和卫生习惯，具有健康的体魄，达到《国家学生体质健康标准》综合考评等级和军事训练标准	大学体育、军事理论及技能训练	南京大学运动会

六、课程体系

1. 通识通修课程

通识通修课程应修学分 67 分，包括通修课 53 学分和通识课 14 学分。

课程类别	课程号	课程名称	学分	学期	性质	理论/实践	备注	说明
通识课程	学生毕业前应获得至少 14 个通识学分。其中，"悦读经典计划""科学之光"育人项目至少各选修 1 个学分，美育应选修 2 个学分，劳育应选修 2 个学分 (含 1 个劳动教育课程学分、1 个劳动教育实践学分)。其他通识必修学分要求按照国家相关规定执行。							
通修课程/思政课	00000080A	形势与政策		1–1	通修	理论		
	00000100	思想道德与法治	3	1–1	通修	理论		
	00000041	中国近现代史纲要	3	1–2	通修	理论 + 实践		
	00000080B	形势与政策		1–2	通修	理论		
	00000080C	形势与政策		2–1	通修	理论		
	00000110	马克思主义基本原理	3	2–1	通修	理论 + 实践		
	00000090A	习近平新时代中国特色社会主义思想概论 (理论部分)	2	2–1	通修	理论		
	00000090B	习近平新时代中国特色社会主义思想概论 (实践部分)	1	2–2	通修	理论		

续表

课程类别	课程号	课程名称	学分	学期	性质	理论/实践	备注	说明
	00000130A	毛泽东思想和中国特色社会主义理论体系概论（理论部分）	2	2-2	通修	理论 + 实践		
	00000080D	形势与政策		2-2	通修	理论		
	00000130B	毛泽东思想和中国特色社会主义理论体系概论（实践部分）	1	3-1	通修	理论 + 实践		
	00000080E	形势与政策		3-1	通修	理论		
	00000080F	形势与政策		3-2	通修	理论		
	00000080G	形势与政策		4-1	通修	理论		
	00000080H	形势与政策		4-2	通修	理论		
通修课程/军事课	00050030	军事技能训练	2	1-1	通修	实践		
	00050010	军事理论	2	1-2	通修	理论		
通修课程/数学课	11000010A	数学分析	5	1-1	通修	理论	准入	
	11000020A	高等代数	4	1-1	通修	理论	准入	
	11000030	解析几何	2	1-1	通修	理论	准入	
	11000010B	数学分析	5	1-2	通修	理论	准入	
	11000020B	高等代数	4	1-2	通修	理论	准入	
通修课程/英语课	00020010A	大学英语（一）	4	1-1	通修	理论		
	00020010B	大学英语（二）	4	1-2	通修	理论		
通修课程/体育课	00040010A	体育（一）	1	1-1	通修	实践		
	00040010B	体育（二）	1	1-2	通修	实践		
	00040010C	体育（三）	1	2-1	通修	实践		
	00040010D	体育（四）	1	2-2	通修	实践		

2. 学科专业课程

针对专业学术、交叉复合和就业创业三种发展路径，数学与应用数学专业在专业课程设计上，立足于数学与应用数学的专业定位，将专业学术类和交叉复合类融会贯通，对就业创业类作出针对性设计。其中，专业学术和交叉复合融通类应修学科专业课程 45 学分，针对专业学术和交叉复合融通类要求专业知识更高的特点，设置了数学研究与实践、实变函数、泛函分析、偏微分方程、拓扑学 5 门专业核心课程，修读要求为学科基础课程 28 学分，专业核心课程 17 学分。就业创业类，即应用模块 (基础方向) 应修学科专业课程 47 学分，针对就业创业类要求应用能力更强的特点，设置了数学研究与实践、拓扑学、实变函数与泛函分析、数理统计、运筹学基础、信息论基础 6 门专业核心课程，修读要求为学科基础课程 28 学分，专业核心课程 19 学分。根据数学学科专业特点设置了以项目为载体的课程：数学研究与实践，2 学分。

课程类别	课程号	课程名称	学分	学期	性质	理论/实践	备注	说明
学科基础课程	11000270	程序设计与算法语言	4	1-2	平台	理论 + 实验	准出	
	12000010A	大学物理实验 (一)	2	1-2	平台	实验	准出	
	24020010A	大学物理 (上)	4	1-2	平台	理论	准出	
	11000010C	数学分析	5	2-1	平台	理论	准出	
	11000040	常微分方程	3	2-1	平台	理论	准出	
	11000070	近世代数	3	2-1	平台	理论	准出	
	11000050	复变函数	3	2-2	平台	理论	准出	
	11000060	概率论基础	4	2-2	平台	理论	准出	
专业核心课程	该课程模块共有 2 个课程子模块：数学与应用数学专业核心课、应用模块 (基础方向) 专业核心课，需最少完成子模块数：1							
数学与应用数学专业核心课	11000250	数学研究与实践	2	1-1 至 4-2	核心	理论 + 实践	准出项目制课程	
	11010010	实变函数	4	3-1	核心	理论	准出	
	11010030	偏微分方程	4	3-1	核心	理论	准出	
	11010040	拓扑学	3	3-1	核心	理论	准出	
	11010020	泛函分析	4	3-2	核心	理论	准出	
应用模块 (基础方向) 专业核心课	11000250	数学研究与实践	2	1-1 至 4-2	核心	理论 + 实践	准出项目制课程	
	11010040	拓扑学	3	3-1	核心	理论	准出	
	11030000	数理统计	3	3-1	核心	理论	准出	
	11000280	运筹学基础	4	3-2	核心	理论	准出	
	11020300	信息论基础	3	3-2	核心	理论	准出	
	11090060	实变函数与泛函分析	4	3-2	核心	理论	准出	

3. 多元发展课程

为满足学生多元发展的需求，数学与应用数学专业在多元发展课程的设计上，针对专业学术、交叉复合、就业创业类三种发展路径作出不同设计。针对专业学术和交叉复合类专业知识要求更高的特点，结合专业学术和交叉复合类的专业特色制订的修读建议为：应选修学分 33 分，专业学术类和交叉复合类在专业选修课程中修读不少于 21 学分的课程，其中，一级专业选修课中离散数学、数值分析、微分几何、数据库概论 4 门选 3 门，数值分析、微分几何为保研必选；在跨专业选修课中修读不少于 7 学分的课程。针对就业创业类应用能力更强的特点，制订的修读建议为：应选修 31 学分，在专业选修课中修读不少于 13 学分的课程，其中，一级专业选修课中数据库概论、数值分析、微分几何 3

门选 2 门；在跨专业选修课中修读不少于 9 学分的课程。学生可选修全校各专业开放选修课程或者可选全校创新创业平台课程，其中创新创业实践要求为 2 学分；学生参加交换学习后，可根据《南京大学本科生交流学习课程认定及学分转换管理办法》，对交换学习过程中取得的校外学分进行转换；学生通过参与学校认定的育人项目，可申请认定"一二课堂融通"课程学分并记入综合评价成绩单的第一部分，鼓励增强学生的创新精神、创业意识和创新创业能力；针对学习能力较强的同学设置了调和分析、同调代数、代数几何、李群李代数、模论与表示论初步、伽罗瓦理论 6 门荣誉课程，其中伽罗瓦理论为数学与应用数学强基班、拔尖班必选课程；开设问题驱动下的高年级研讨课经典力学的数学方法、常微分方程几何理论、整函数与亚纯函数、有限域上的椭圆曲线、分析专题选讲。

课程类别	课程号	课程名称	学分	学期	性质	理论/实践	备注	说明
专业选修课课程	该课程模块共有 2 个课程子模块: 数学与应用数学专业选修课、应用模块 (基础方向) 专业选修课, 需最少完成子模块数: 1							
专业选修课程/数学与应用数学专业选修课	该课程模块共有 2 个课程子模块: 数学与应用数学一级专业选修、数学与应用数学其他专业选修, 最少修读学分: 21							
数学与应用数学一级专业选修课	11000100	数据库概论	4	2-1	选修	理论 + 实验		保研必选: 数值分析、微分几何, 最少修读门数: 3
	11000090	离散数学	3	2-2	选修	理论		
	11000290	数值分析	4	2-2	选修	理论 + 实验		
	11010050	微分几何	3	3-2	选修	理论		
	11090620	数学史	2	2-1	选修	理论		
	77001400	数学建模	2	2-1, 3-1, 4-1	选修	理论 + 实践		
	11010110	常微分方程几何理论	3	3-1	选修	理论		
	11010200	伽罗瓦理论	3	3-1	选修	理论		
	11090550	经典力学的数学方法	3	3-1	选修	理论		
	91110060	整函数与亚纯函数	3	3-1	选修	理论		
	11010120	分析专题选讲	2	3-2	选修	理论		
	11010130	有限域上的椭圆曲线	3	3-2	选修	理论		
	11010210	模论与表示论初步	3	3-2	选修	理论		
	11013050	流形上几何	3	4-2	选修	理论	本研贯通	
	11000230	多复变复几何初步	3	4-1	选修	理论	本研贯通	
	11011000	分析学	3	4-1	选修	理论	本研贯通	
	11011060	复分析	3	4-1	选修	理论	本研贯通	
	11011070	调和分析	3	4-1	选修	理论	本研贯通	

续表

课程类别	课程号	课程名称	学分	学期	性质	理论/实践	备注	说明
	11012000	代数学	3	4-1	选修	理论	本研贯通	
	11012040	基础数论	3	4-1	选修	理论	本研贯通	
	11012050	组合数学	3	4-1	选修	理论	本研贯通	
	11012080	李群李代数	3	4-1	选修	理论	本研贯通	
	11013030	黎曼几何	3	4-1	选修	理论	本研贯通	
	11013060	代数几何	3	4-1	选修	理论	本研贯通	
	11013070	微分拓扑	3	4-1	选修	理论	本研贯通	
	11090260	几何分析	3	4-1	选修	理论	本研贯通	
	11090270	数学的思想方法	2	4-1	选修	理论	本研贯通	
	11090320	双曲型偏微分方程	3	4-1	选修	理论	本研贯通	
	11090420	模形式导引	3	4-1	选修	理论	本研贯通	
数学与应用数学其他专业选修	11090530	薛定谔算子谱理论和动力系统	3	4-1	选修	理论	本研贯通	
	11011040	现代数学系列讲座	1	4-1, 4-2	选修	理论	本研贯通	
	11011010	分析学Ⅱ	3	4-2	选修	理论	本研贯通	
	11011030	偏微分方程(续)	3	4-2	选修	理论	本研贯通	
	11011050	动力系统	3	4-2	选修	理论	本研贯通	
	11012010	代数学Ⅱ	3	4-2	选修	理论	本研贯通	
	11012020	代数数论	3	4-2	选修	理论	本研贯通	
	11012030	代数 K 理论	3	4-2	选修	理论	本研贯通	
	11012060	交换代数	3	4-2	选修	理论	本研贯通	
	11012070	同调代数	3	4-2	选修	理论	本研贯通	

续表

课程类别	课程号	课程名称	学分	学期	性质	理论/实践	备注	说明
	11013020	紧黎曼曲面	3	4-2	选修	理论	本研贯通	
	11013040	代数拓扑	3	4-2	选修	理论	本研贯通	
	11014000	导出范畴	3	4-2	选修	理论	本研贯通	
	11070030	变分理论	3	4-2	选修	理论	本研贯通	
	11090210	遍历理论	3	4-2	选修	理论	本研贯通	
	11090230	变分法与最优控制和偏微分方程	3	4-2	选修	理论	本研贯通	
	11090240	代数几何 II	3	4-2	选修	理论	本研贯通	
	11090480	复动力系统	3	4-2	选修	理论	本研贯通	
	11090600	代数表示论	3	4-2	选修	理论	本研贯通	
专业选修课程/专业选修课		该课程模块共有 2 个课程子模块：应用模块（基础方向）一级学科选修，应用模块（基础方向）其他选修，最少修读学分：13						
应用模块（基础方向）一级学科选修	11000100	数据库概论	4	2-1	选修	理论＋实验		最少修读门数：2
	11000290	数值分析	4	2-2	选修	理论＋实验		
	11010050	微分几何	3	3-2	选修	理论		
	11090620	数学史	2	2-1	选修	理论		
应用模块（基础方向）其他选修	77001400	数学建模	2	2-1, 3-1, 4-1	选修	理论＋实践		
	11000090	离散数学	3	2-2	选修	理论		
	11010010	实变函数	4	3-1	选修	理论		
	11010030	偏微分方程	4	3-1	选修	理论		
	11090550	经典力学的数学方法	3	3-1	选修	理论		

续表

课程类别	课程号	课程名称	学分	学期	性质	理论/实践	备注	说明
跨专业选修课程	11010020	泛函分析	4	3-2	选修	理论		
	11011000	分析学	3	4-1	选修	理论	本研贯通	
	11012000	代数学	3	4-1	选修	理论	本研贯通	
	11012040	基础数论	3	4-1	选修	理论	本研贯通	
	11012050	组合数学	3	4-1	选修	理论	本研贯通	
	11090260	几何分析	3	4-1	选修	理论	本研贯通	
	11090270	数学的思想方法	2	4-1	选修	理论	本研贯通	
	11011040	现代数学系列讲座	1	4-1, 4-2	选修	理论	本研贯通	
	11011050	动力系统	3	4-2	选修	理论	本研贯通	
	11090230	变分法与最优控制和偏微分方程	3	4-2	选修	理论	本研贯通	
跨专业选修课程	该课程模块共有 2 个课程子模块: 数学与应用数学跨专业选修课、应用模块 (基础方向) 跨专业选修课,需最少完成子模块数: 1							
跨专业选修课程/数学与应用数学跨专业选修课	该课程模块共有 3 个课程子模块: 数学与应用数学跨专业选修 A、数学与应用数学跨专业选修 B、数学与应用数学跨专业选修 C,最少修读学分: 7							
数学与应用数学跨专业选修 A	11021010	常微分方程数值分析	3	4-1	选修	理论	本研贯通	
	11021020	偏微分方程现代数值方法	3	4-1	选修	理论	本研贯通	
	11021030	矩阵计算	3	4-1	选修	理论	本研贯通	
	11021040	计算流体力学引论	3	4-1	选修	理论	本研贯通	
	11022020	网络最优化	3	4-1	选修	理论	本研贯通	
	11022040	组合优化	3	4-1	选修	理论	本研贯通	

续表

课程类别	课程号	课程名称	学分	学期	性质	理论/实践	备注	说明
	11030420	数理逻辑基础	3	4-1	选修	理论	本研贯通	
	11090580	现代最优化理论与方法	3	4-1	选修	理论	本研贯通	
	11090610	机器学习：数学理论与应用	3	4-1	选修	理论	本研贯通	
	11000240	数学优化：理论与方法	3	4-2	选修	理论	本研贯通	
	11021060	多元迭代分析	3	4-2	选修	理论	本研贯通	
	11090520	数理逻辑 II	3	4-2	选修	理论	本研贯通	
	11030110	时间序列分析	2	3-2	选修	理论	本研贯通	
	11030120	多元统计分析	4	3-2	选修	理论	本研贯通	
	11030130	精算数学	3	3-2	选修	理论	本研贯通	
	11031050	统计机器学习	3	3-2	选修	理论＋实验	本研贯通	
数学与应用数学跨专业选修 B	11031010	随机过程	3	4-1	选修	理论	本研贯通	
	11031020	高等概率论	3	4-1	选修	理论	本研贯通	
	11031040	近代回归分析	3	4-1	选修	理论	本研贯通	
	11090440	统计计算	3	4-1	选修	理论＋实验	本研贯通	
	11031000	高等数理统计	3	4-2	选修	理论	本研贯通	
	11031030	随机微分方程	3	4-2	选修	理论	本研贯通	
	11090490	随机优化	3	4-2	选修	理论	本研贯通	
	24020010B	大学物理（下）	4	2-2	选修	理论		
数学与应用数学跨专业选修 C	09000020	微观经济学	3	3-1	选修	理论		
	11000300	数值代数	4	3-1	选修	理论＋实验		
	11020210	数值最优化	4	3-1	选修	理论		

续表

课程类别	课程号	课程名称	学分	学期	性质	理论/实践	备注	说明
	11030010	应用随机过程	4	3-1	选修	理论		
	11030100	风险统计	3	3-1	选修	理论		
	11090390	数据分析	3	3-1	选修	理论		
	22010050	计算机网络	4	3-1	选修	理论		
	11000280	运筹学基础	4	3-2	选修	理论		
	11020000	偏微分方程数值解法	4	3-2	选修	理论		
	11020300	信息论基础	3	3-2	选修	理论		
	11020400	计算机图形学	3	3-2	选修	理论＋实验		
	12000080	理论力学	3	3-2	选修	理论		
	91110010	并行计算方法引论	2	3-2	选修	理论		
	11021050	有限元方法	3	4-2	选修	理论		
跨专业选修课程/应用模块（基础方向）跨专业选修课		该课程模块共有 3 个课程子模块：应用模块（基础方向）跨专业选修 A、应用模块（基础方向）跨专业选修 B、应用模块（基础方向）跨专业选修 C，最少修读学分：9						
应用模块（基础方向）跨专业选修 A	11021030	矩阵计算	3	4-1	选修	理论	本研贯通	
	11021040	计算流体力学引论	3	4-1	选修	理论	本研贯通	
	11022020	网络最优化	3	4-1	选修	理论	本研贯通	
	11022040	组合优化	3	4-1	选修	理论	本研贯通	
	11030420	数理逻辑基础	3	4-1	选修	理论	本研贯通	
	11090580	现代最优化理论与方法	3	4-1	选修	理论	本研贯通	
	11090610	机器学习：数学理论与应用	3	4-1	选修	理论＋实验	本研贯通	
	11000240	数学优化：理论与方法	3	4-2	选修	理论	本研贯通	

续表

课程类别	课程号	课程名称	学分	学期	性质	理论/实践	备注	说明
	11021060	多元近代分析	3	4-2	选修	理论	本研贯通	
	11030110	时间序列分析	2	3-2	选修	理论	本研贯通	
	11030120	多元统计分析	4	3-2	选修	理论	本研贯通	
	11030130	精算数学	3	3-2	选修	理论	本研贯通	
应用模块 (基础方向) 跨专业选修 B	11031050	统计机器学习	3	3-2	选修	理论＋实验	本研贯通	
	11031010	随机过程	3	4-1	选修	理论	本研贯通	
	11031040	近代回归分析	3	4-1	选修	理论	本研贯通	
	11090440	统计计算	3	4-1	选修	理论＋实验	本研贯通	
	11090490	随机优化	3	4-2	选修	理论	本研贯通	
	24020010B	大学物理（下）	4	2-2	选修	理论		
	09000020	微观经济学	3	3-1	选修	理论		
	11000300	数值代数	4	3-1	选修	理论＋实验		
	11020210	数值最优化	4	3-1	选修	理论		
	11030010	应用随机过程	4	3-1	选修	理论		
应用模块 (基础方向) 跨专业选修 C	11030100	风险统计	3	3-1	选修	理论		
	11090390	数据分析	3	3-1	选修	理论		
	22010050	计算机网络	4	3-1	选修	理论		
	22010310	软件工程	3	3-1	选修	理论		
	22010710	数字图像处理	2	3-1	选修	理论		
	11020400	计算机图形学	3	3-2	选修	理论＋实验		
	12000080	理论力学	3	3-2	选修	理论		

续表

课程类别	课程号	课程名称	学分	学期	性质	理论/实践	备注	说明
	91110010	并行计算方法引论	2	3-2	选修	理论		
	11021050	有限元方法	3	4-2	选修	理论		
公共选修课程	可选修全校公共选修课程							

4. 毕业论文/设计

要求修读 5 学分。

课程类别	课程号	课程名称	学分	学期	性质	理论/实践	备注	说明
毕业论文/设计	11000200	毕业论文	5	4-1, 4-2	核心	理论＋实践	准出	要求修读5学分

七、专业准入准出

1. 专业准入实施方案

按照《南京大学全日制本科生大类培养分流实施方案》《南京大学全日制本科生专业准入实施方案》执行。

2. 专业准出实施方案

专业准出时间一般为第八学期末，流程为：系统毕业审核是否达标，严格按照培养方案的准出模板执行，准出标准详见以上培养方案。

八、课程结构拓扑图

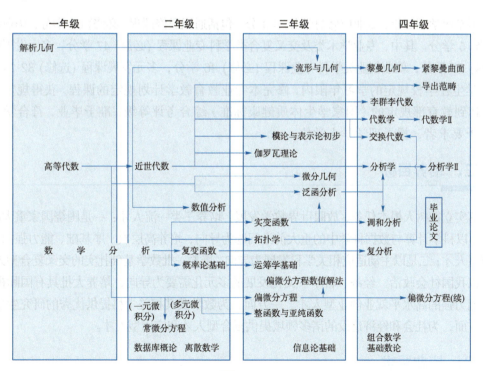

图 3.13

注：有一些高年级课程因为需要的数学基础较多，通常涉及多个学科，如：代数拓扑、微分拓扑、同调代数、代数几何、动力系统等，为简单起见不在以上拓扑图中列出。

南京大学

信息与计算科学主修培养方案

一、专业简介

本专业设立于 1958 年, 原名为计算数学, 1987 年更名为计算数学及其应用软件, 1998 年更名为信息与计算科学, 2008 年入选江苏省特色专业, 2016 年被评为江苏省重点专业, 2020 年入选国家一流本科专业建设点。本专业主要研究的是科学及工程技术领域中数学问题的数值求解的算法、理论及其应用, 拥有了多个在国内有重要影响、特色鲜明的研究方向, 并注重将学科优势转化为人才培养优势, 构建新型的人才培养模式和课程体系, 培养了若干个世界一流计算数学家及大批其他学科和行业的优秀领军人物。

二、学制、总学分与学位授予

本专业学制四年, 专业应修总学分 150 分, 包括通识通修课程 (必修) 67 学分, 毕业论文 (必修) 5 学分。其中, 专业学术类及交叉复合类学科专业课程 (必修) 47 学分, 多元发展课程 (选修) 31 学分; 就业创业类学科专业课程 (必修) 46 学分, 多元发展课程 (选修) 32 学分。

学生在学校规定的学习年限内, 修完本专业教育教学计划规定的课程, 获得规定的学分, 达到教育部规定的《国家学生体质健康标准》综合考评等级, 准予毕业, 符合学士学位授予要求者, 授予理学学士学位。

三、培养目标

落实立德树人根本任务, 放眼世界数学发展, 培养三类一流人才: 一是围绕国家重大战略需求, 以科学计算与数据科学中的重大前沿问题为导向, 培养高层次、厚基础、能力强的学术研究型人才; 二是以主动适应相关学科发展为导向, 培养一批数学基础扎实的交叉复合型人才; 三是以我国社会政治、经济、科学、文化发展的多元化需要为导向, 培养大批具有国际视野、创新能力强的高水平就业创业型人才。一方面, 为数学及其相关学科提供优秀的研究生生源; 另一方面, 为社会和经济建设的诸多领域提供复合型人才和应用型人才。

四、毕业要求

1. 具有正确的人生观、价值观、道德观和高度的社会责任感; 始终坚持中国共产党的领导；爱国、诚信、友善、守法；具备良好的科学、文化素养；掌握科学的世界观和方法论，掌握认识世界、改造世界和保护世界的基本思路与方法；能够适应科学和社会的发展。

2. 接受系统的数学思维训练，掌握数学科学的思想方法，具有扎实的数学基础和良好的数学语言表达能力；了解数学的历史概况和广泛应用，以及当代数学的新进展。

3. 系统地掌握信息与计算科学的基本理论、基本方法和基本技能。

4. 具备数学分析和建模能力，能运用所学的理论、方法和技能解决科研或应用领域中的有关实际问题。

5. 具备编程实现能力，能熟练地使用计算机，包括常用编程语言、工具以及一些数学软件等，能够将设计出的高精度、高效率算法编程实现。

6. 能熟练掌握一门外语，具备参与国际学术交流活动的能力；掌握资料查询、文献检索以及运用现代技术获取相关信息的基本方法。

7. 具备良好的自然科学和人文社会科学知识；具有较好的文化道德修养和健康的心理素质；具有团队合作精神、创新意识、国际视野和竞争力。

8. 掌握体育运动的一般知识和基本方法，具有一定的军事基本知识，形成良好的体育锻炼和卫生习惯，具有健康的体魄，达到《国家学生体质健康标准》综合考评等级和军事训练标准。

五、 成果导向关系矩阵

培养目标	毕业要求	课程	项目
	1. 具有正确的人生观、价值观、道德观和高度的社会责任感；始终坚持中国共产党的领导；爱国、诚信、友善、守法；具备良好的科学、文化素养；掌握科学的世界观和方法论，掌握认识世界、改造世界和保护世界的基本思路与方法；能够适应科学和社会的发展	大学生必修思政课系列	社会实践

培养目标	毕业要求	课程	项目
落实立德树人根本任务，放眼世界数学发展，培养三类一流人才：一是围绕国家重大战略需求，以科学计算与数据科学中的重大前沿问题为导向，培养高层次、厚基础、能力强的学术研究型人才；二是以主动适应相关学科发展为导向，培养一批数学基础扎实的交叉复合型人才；三是以我国社会政治、经济、科学、文化发展的多元化需要为导向，培养大批具有国际视野、创新能力强的高水平就业创业型人才。一方面，为数学及其相关学科提供优秀的研究生生源；另一方面，为社会和经济建设的诸多领域提供复合型人才和应用型人才	2. 接受系统的数学思维训练，掌握数学科学的思想方法，具有扎实的数学基础和良好的数学语言表达能力；了解数学的历史概况和广泛应用，以及当代数学的新进展	分析学课程群、代数学课程群、几何课程群、常微分方程、离散数学、复变函数、概率论基础、数学的思想方法、数理逻辑系列、数学系列讲座、数学研究与实践	全国大学生数学竞赛、阿里巴巴全球数学竞赛、丘成桐大学生数学竞赛、南京大学基础学科论坛
	3. 系统地掌握信息与计算科学的基本理论、基本方法和基本技能	数值方法课程群、优化课程群、偏微分方程数值解法、运筹学基础、信息论基础、常微分方程数值分析、偏微分方程现代数值方法、矩阵计算、计算流体力学引论、有限元方法、多元迭代分析、并行计算方法引论、数学建模、毕业论文、数学研究与实践、经典力学的数学方法、常微分方程几何理论	全国大学生数学建模竞赛、阿里巴巴全球数学竞赛、丘成桐大学生数学竞赛、美国大学生数学建模竞赛、智能算法与数据科学应用创新大赛(江苏国家应用数学中心)、大学生创新训练项目、"挑战杯"全国大学生课外学术科技作品竞赛、中国"互联网+"大学生创新创业大赛、南京大学拔尖计划国际交流项目、江苏省大学生自然科学知识竞赛
	4. 具备数学分析和建模能力，能运用所学的理论、方法和技能解决科研或应用领域中的有关实际问题	数值方法课程群、统计类课程群、分析类课程群、随机过程课程群、概率课程群、运筹与信息计算课程群、优化课程群、计算流体力学引论、数学建模、数学研究与实践	

续表

培养目标	毕业要求	课程	项目
	5. 具备编程实现能力，能熟练地使用计算机，包括常用编程语言、工具以及一些数学软件等，能够将设计出的高精度、高效率算法编程实现	计算机与数据库课程群、数学研究与实践	
	6. 能熟练掌握一门外语，具备参与国际学术交流活动的能力；掌握资料查询、文献检索以及运用现代技术获取相关信息的基本方法	大学英语、数学研究与实践	
	7. 具备良好的自然科学和人文社会科学知识；具有较好的文化道德修养和健康的心理素质；具有团队合作精神、创新意识、国际视野和竞争力	数理科学类新生导学课、大学物理课程群、微观经济学、数学研究与实践	
	8. 掌握体育运动的一般知识和基本方法，具有一定的军事基本知识，形成良好的体育锻炼和卫生习惯，具有健康的体魄，达到《国家学生体质健康标准》综合考评等级和军事训练标准	大学体育、军事理论及技能训练	南京大学运动会

六、课程体系

1. 通识通修课程

通识通修课程应修学分 67 分，包括通修课 53 学分和通识课 14 学分。

课程类别	课程号	课程名称	学分	学期	性质	理论/实践	备注	说明
通识课程	学生毕业前应获得至少 14 个通识学分。其中，"悦读经典计划""科学之光"育人项目至少各选修 1 个学分，美育应选修 2 个学分，劳育应选修 2 个学分 (含 1 个劳动教育课程学分、1 个劳动教育实践学分)。其他通识必修学分要求按照国家相关规定执行。							
通修课程/思政课	00000080A	形势与政策		1–1	通修	理论		
	00000100	思想道德与法治	3	1–1	通修	理论		
	00000041	中国近现代史纲要	3	1–2	通修	理论 + 实践		
	00000080B	形势与政策		1–2	通修	理论		
	00000080C	形势与政策		2–1	通修	理论		
	00000110	马克思主义基本原理	3	2–1	通修	理论 + 实践		
	00000090A	习近平新时代中国特色社会主义思想概论 (理论部分)	2	2–1	通修	理论		
	00000090B	习近平新时代中国特色社会主义思想概论 (实践部分)	1	2–2	通修	理论		
	00000130A	毛泽东思想和中国特色社会主义理论体系概论 (理论部分)	2	2–2	通修	理论 + 实践		
	00000080D	形势与政策		2–2	通修	理论		
	00000130B	毛泽东思想和中国特色社会主义理论体系概论 (实践部分)	1	3–1	通修	理论 + 实践		
	00000080E	形势与政策		3–1	通修	理论		
	00000080F	形势与政策		3–2	通修	理论		
	00000080G	形势与政策		4–1	通修	理论		
	00000080H	形势与政策		4–2	通修	理论		
通修课程/军事课	00050030	军事技能训练	2	1–1	通修	实践		
	00050010	军事理论	2	1–2	通修	理论		
通修课程/数学课	11000010A	数学分析	5	1–1	通修	理论	准入	
	11000020A	高等代数	4	1–1	通修	理论	准入	
	11000030	解析几何	2	1–1	通修	理论	准入	
	11000010B	数学分析	5	1–2	通修	理论	准入	
	11000020B	高等代数	4	1–2	通修	理论	准入	
通修课程/英语课	00020010A	大学英语 (一)	4	1–1	通修	理论		
	00020010B	大学英语 (二)	4	1–2	通修	理论		
	00040010A	体育 (一)	1	1–1	通修	实践		

续表

课程类别	课程号	课程名称	学分	学期	性质	理论/实践	备注	说明
通修课程/ 体育课	00040010B	体育 (二)	1	1–2	通修	实践		
	00040010C	体育 (三)	1	2–1	通修	实践		
	00040010D	体育 (四)	1	2–2	通修	实践		

2. 学科专业课程

针对专业学术、交叉复合和就业创业三种发展路径,信息与计算科学专业在专业课程设计上,立足于信息与计算科学的专业定位,将专业学术类和交叉复合类融会贯通,对就业创业类作出针对性设计。其中,专业学术和交叉复合类应修学科专业课程 47 学分,针对专业学术和交叉复合融通类要求专业知识更高的特点,设置了数学研究与实践、数值代数、实变函数、数值最优化、偏微分方程数值解法 5 门专业核心课程,修读要求为学科基础课程 29 学分,专业核心课程 18 学分。就业创业类,即应用模块 (计算方向) 应修学科专业课程 46 学分,针对就业创业类要求应用能力更强的特点,设置了数学研究与实践、数值代数、实变函数与泛函分析、运筹学基础、数理统计 5 门专业核心课程,修读要求为学科基础课程 29 学分,专业核心课程 17 学分。其中以项目为载体的课程数学研究与实践 2 学分。

课程类别	课程号	课程名称	学分	学期	性质	理论/实践	备注	说明
学科基础课程	11000270	程序设计与 算法语言	4	1–2	平台	理论 + 实验	准出	
	12000010A	大学物理 实验 (一)	2	1–2	平台	实验	准出	
	24020010A	大学物理 (上)	4	1–2	平台	理论	准出	
	11000010C	数学分析	5	2–1	平台	理论	准出	
	11000040	常微分方程	3	2–1	平台	理论	准出	
	11000050	复变函数	3	2–2	平台	理论	准出	
	11000060	概率论基础	4	2–2	平台	理论	准出	
	11000290	数值分析	4	2–2	平台	理论 + 实验	准出	
专业核心课程	该课程模块共有 2 个课程子模块:信息与计算科学专业核心课、应用模块 (计算方向) 专业核心课,需最少完成子模块数:1							
信息与计算科 学专业核心课	11000250	数学研究 与实践	2	1–1 至 4–2	核心	理论 + 实践	准出项目 制课程	
	11000300	数值代数	4	3–1	核心	理论 + 实验	准出	
	11010010	实变函数	4	3–1	核心	理论	准出	
	11020210	数值最优化	4	3–1	核心	理论 + 实验	准出	

续表

课程类别	课程号	课程名称	学分	学期	性质	理论/实践	备注	说明
	11020000	偏微分方程数值解法	4	3–2	核心	理论	准出	
应用模块 (计算方向) 专业核心课	11000250	数学研究与实践	2	1–1 至 4–2	核心	理论 + 实践	准出	
	11000300	数值代数	4	3–1	核心	理论 + 实验	准出	
	11030000	数理统计	3	3–1	核心	理论	准出	
	11000280	运筹学基础	4	3–2	核心	理论	准出	
	11090060	实变函数与泛函分析	4	3–2	核心	理论	准出	

3. 多元发展课程

为满足学生多元发展的需求，信息与计算科学专业在多元发展课程设计上，针对专业学术、交叉复合和就业创业类三种发展路径作出不同设计。针对专业学术和交叉复合类专业知识要求更高的特点，结合专业学术和交叉复合的专业特色制订的修读建议为：应选修学分 31 分，专业学术类和交叉复合类在专业选修课程中修读不少于 21 学分的课程，其中，一级专业选修课近世代数、数据库概论、离散数学、偏微分方程、泛函分析 5 门选 4 门，数据库概论、偏微分方程、近世代数、泛函分析为保研必选课；在跨专业选修课中修读不少于 6 学分的课程。针对就业创业类应用能力更强的特点，制订的修读建议为：应选修 32 学分，在专业选修课中修读不少于 14 学分的课程，其中，一级专业选修课数据库概论、离散数学、信息论基础 3 门选 2 门；在跨专业选修课中修读不少于 9 学分的课程。学生可选修全校各专业开放选修课程或者可选全校创新创业平台课程，其中创新创业实践要求为 2 学分；学生参加交换学习后，可根据《南京大学本科生交流学习课程认定及学分转换管理办法》，对交换学习过程中取得的校外学分进行转换；学生通过参与学校认定的育人项目，可申请认定"一二课堂融通"课程学分并记入综合评价成绩单的第一部分，鼓励增强学生的创新精神、创业意识和创新创业能力。针对学习能力较强的同学设置了泛函分析、偏微分方程现代数值方法、矩阵计算、有限元方法、并行计算方法引论 5 门荣誉课程，其中泛函分析、并行计算方法引论要求本专业拔尖班学生必选。

课程类别	课程号	课程名称	学分	学期	性质	理论/实践	备注	说明
专业选修课程	该课程模块共有 2 个课程子模块：计算专业选修课、专业选修课（计算方向）专业选修课，需最少完成子模块数：1							
专业选修课程/计算专业选修课程	该课程模块共有 2 个课程子模块：计算一级专业选修、计算其他专业选修，最少修读学分：21							
计算一级专业选修	11000070	近世代数	3	2-1	选修	理论		保研必选数据库概论、偏微分方程、近世代数、泛函分析最少修读门数：4
	11000100	数据库概论	4	2-1	选修	理论 + 实验		
	11000090	离散数学	3	2-2	选修	理论		
	11010030	偏微分方程	4	3-1	选修	理论		
	11010020	泛函分析	4	3-2	选修	理论		
	11090620	数学史	2	2-1	选修	理论		
	77001400	数学建模	2	2-1、3-1、4-1	选修	理论 + 实践		
	11000280	运筹学基础	4	3-2	选修	理论		
	11020300	信息论基础	3	3-2	选修	理论		
	11020400	计算机图形学	3	3-2	选修	理论 + 实验		
计算其他专业选修	91110010	并行计算方法引论	2	3-2	选修	理论		
	11021010	常微分方程数值分析	3	4-1	选修	理论	本研贯通	
	11021020	偏微分方程现代数值方法	3	4-1	选修	理论	本研贯通	
	11021030	矩阵计算	3	4-1	选修	理论	本研贯通	
	11021040	计算流体力学引论	3	4-1	选修	理论	本研贯通	
	11022020	网络最优化	3	4-1	选修	理论	本研贯通	
	11022040	组合优化	3	4-1	选修	理论	本研贯通	
	11030420	数理逻辑基础	3	4-1	选修	理论	本研贯通	

续表

课程类别	课程号	课程名称	学分	学期	性质	理论/实践	备注	说明
	11090270	数学的思想方法	2	4-1	选修	理论	本研贯通	
	11090580	现代最优化理论与方法	3	4-1	选修	理论	本研贯通	
	11090610	机器学习：数学理论与应用	3	4-1	选修	理论	本研贯通	
	11011040	现代数学系列讲座	1	4-1, 4-2	选修	理论	本研贯通	
	11000240	数学优化：理论与方法	3	4-2	选修	理论	本研贯通	
	11021050	有限元方法	3	4-2	选修	理论		
	11021060	多元迭代分析	3	4-2	选修	理论	本研贯通	
	11090520	数理逻辑 II	3	4-2	选修	理论	本研贯通	
专业选修课程/应用模块（计算方向）专业选修课	该课程模块共有 2 个课程子模块：应用模块（计算方向）一级专业选修、应用模块（计算方向）其他专业选修，最少修读14学分：14							
应用模块（计算方向）一级专业选修	11000100	数据库概论	4	2-1	选修	理论 + 实验		最少修读门数：2
	11000090	离散数学	3	2-2	选修	理论		
	11020300	信息论基础	3	3-2	选修	理论		
	11090620	数学史	2	2-1	选修	理论		
	77001400	数学建模	2	2-1, 3-1, 4-1	选修	理论 + 实践		
	11020210	数值最优化	4	3-1	选修	理论		
	11020400	计算机图形学	3	3-2	选修	理论 + 实验		
	91110010	并行计算方法引论	2	3-2	选修	理论		
	11021010	常微分方程数值分析	3	4-1	选修	理论	本研贯通	
	11021020	偏微分方程数值方法现代数值方法	3	4-1	选修	理论	本研贯通	

续表

课程类别	课程号	课程名称	学分	学期	性质	理论/实践	备注	说明
应用模块 (计算方向) 其他专业选修	11021030	矩阵计算	3	4-1	选修	理论	本研贯通	
	11021040	计算流体力学引论	3	4-1	选修	理论	本研贯通	
	11022020	网络最优化	3	4-1	选修	理论	本研贯通	
	11022040	组合优化	3	4-1	选修	理论	本研贯通	
	11030420	数理逻辑基础	3	4-1	选修	理论	本研贯通	
	11090270	数学的思想方法	2	4-1	选修	理论	本研贯通	
	11090580	现代最优化理论与方法	3	4-1	选修	理论	本研贯通	
	11090610	机器学习：数学理论与应用	3	4-1	选修	理论	本研贯通	
	11011040	现代数学系列讲座	1	4-1, 4-2	选修	理论	本研贯通	
	11000240	数学优化：理论与方法	3	4-2	选修	理论	本研贯通	
	11021050	有限元方法	3	4-2	选修	理论		
	11021060	多元选代分析	3	4-2	选修	理论	本研贯通	
	11090520	数理逻辑 Ⅱ	3	4-2	选修	理论	本研贯通	
跨专业选修课程	该课程模块共有 2 个课程子模块：计算跨专业选修（计算方向）跨专业选修课，应用模块（计算方向）跨专业选修课，需最少完成子模块数：1							
跨专业选修课程/计算跨专业选修课	该课程模块共有 3 个课程子模块：计算跨专业选修 A、计算跨专业选修 B、计算跨专业选修 C，最少修读学分：6							
	11013050	流形与几何	3	4-2	选修	理论	本研贯通	
	11000230	多复变与复几何初步	3	4-1	选修	理论	本研贯通	
	11011000	分析学	3	4-1	选修	理论	本研贯通	
	11011060	复分析	3	4-1	选修	理论	本研贯通	

续表

课程类别	课程号	课程名称	学分	学期	性质	理论/实践	备注	说明
	11011070	调和分析	3	4-1	选修	理论	本研贯通	
	11012000	代数学	3	4-1	选修	理论	本研贯通	
	11012040	基础数论	3	4-1	选修	理论	本研贯通	
	11012050	组合数学	3	4-1	选修	理论	本研贯通	
	11012060	交换代数	3	4-1	选修	理论	本研贯通	
	11012080	李群李代数	3	4-1	选修	理论	本研贯通	
	11013030	黎曼几何	3	4-1	选修	理论	本研贯通	
	11013060	代数几何	3	4-1	选修	理论	本研贯通	
	11013070	微分拓扑	3	4-1	选修	理论	本研贯通	
	11090260	几何分析	3	4-1	选修	理论	本研贯通	
	11090320	双曲型偏微分方程	3	4-1	选修	理论	本研贯通	
	11090420	模形式导引	3	4-1	选修	理论	本研贯通	
	11090530	薛定谔算子谱理论和动力系统	3	4-1	选修	理论	本研贯通	
计算跨专业选修 A	11011010	分析学 II	3	4-2	选修	理论	本研贯通	
	11011030	偏微分方程（续）	3	4-2	选修	理论	本研贯通	
	11011050	动力系统	3	4-2	选修	理论	本研贯通	
	11012010	代数学 II	3	4-2	选修	理论	本研贯通	
	11012020	代数数论	3	4-2	选修	理论	本研贯通	
	11012030	代数 K 理论	3	4-2	选修	理论	本研贯通	
	11012070	同调代数	3	4-2	选修	理论	本研贯通	
	11013020	紧黎曼曲面	3	4-2	选修	理论	本研贯通	

续表

课程类别	课程号	课程名称	学分	学期	性质	理论/实践	备注	说明
	11013040	代数拓扑	3	4-2	选修	理论	本研贯通	
	11014000	导出范畴	3	4-2	选修	理论	本研贯通	
	11070030	变分理论	3	4-2	选修	理论	本研贯通	
	11090210	遍历理论	3	4-2	选修	理论	本研贯通	
	11090230	变分法与最优控制和偏微分方程	3	4-2	选修	理论	本研贯通	
	11090240	代数几何 II	3	4-2	选修	理论	本研贯通	
	11090480	复动力系统	3	4-2	选修	理论	本研贯通	
	11090600	代数表示论	3	4-2	选修	理论	本研贯通	
	11030110	时间序列分析	2	3-2	选修	理论	本研贯通	
	11030120	多元统计分析	4	3-2	选修	理论	本研贯通	
	11030130	精算数学	3	3-2	选修	理论	本研贯通	
	11031050	统计机器学习	3	3-2	选修	理论＋实验	本研贯通	
	11031010	随机过程	3	4-1	选修	理论	本研贯通	
	11031020	高等概率论	3	4-1	选修	理论	本研贯通	
	11031040	近代回归分析	3	4-1	选修	理论	本研贯通	
	11090440	统计计算	3	4-1	选修	理论＋实验	本研贯通	
	11031000	高等数理统计	3	4-2	选修	理论	本研贯通	
	11031030	随机微分方程	3	4-2	选修	理论	本研贯通	
	11090490	随机优化	3	4-2	选修	理论	本研贯通	
计算跨专业选修 B	24020010B	大学物理（下）	4	2-2	选修	理论		
	09000020	微观经济学	3	3-1	选修	理论		

续表

课程类别	课程号	课程名称	学分	学期	性质	理论/实践	备注	说明
计算跨专业选修 C	11010040	拓扑学	3	3-1	选修	理论		
	11010110	常微分方程几何理论	3	3-1	选修	理论		
	11010130	有限域上的椭圆曲线	3	3-1	选修	理论		
	11010200	伽罗瓦理论	3	3-1	选修	理论		
	11030010	应用随机过程	4	3-1	选修	理论		
	11030100	风险统计	3	3-1	选修	理论		
	11090390	数据分析	3	3-1	选修	理论＋实验		
	11090550	经典力学的数学方法	3	3-1	选修	理论		
	12000080	理论力学	3	3-1	选修	理论		
	22010050	计算机网络	4	3-1	选修	理论		
	11010050	微分几何	3	3-2	选修	理论		
	11010120	分析专题选讲	2	3-2	选修	理论		
	11010210	模论与表示论初步	3	3-2	选修	理论		
	91110060	整函数与亚纯函数	3	3-2	选修	理论		
跨专业选修课程/应用模块 (计算方向) 跨专业选修课程	该课程模块共有 3 个课程子模块：应用模块 (计算方向) 跨专业选修 A，应用模块 (计算方向) 跨专业选修 B，应用模块 (计算方向) 跨专业选修 C，最少修读学分：9							
应用模块 (计算方向) 跨专业选修 A	11011000	分析学	3	4-1	选修	理论	本研贯通	
	11012000	代数学	3	4-1	选修	理论	本研贯通	
	11012040	基础数论	3	4-1	选修	理论	本研贯通	
	11012050	组合数学	3	4-1	选修	理论	本研贯通	
	11011050	动力系统	3	4-2	选修	理论	本研贯通	

续表

课程类别	课程号	课程名称	学分	学期	性质	理论/实践	备注	说明
应用模块（计算方向）跨专业选修 B	11030110	时间序列分析	2	3-2	选修	理论	本研贯通	
	11030120	多元统计分析	4	3-2	选修	理论	本研贯通	
	11030130	精算数学	3	3-2	选修	理论	本研贯通	
	11031050	统计机器学习	3	3-2	选修	理论＋实验	本研贯通	
	11031010	随机过程	3	4-1	选修	理论	本研贯通	
	11031040	近代回归分析	3	4-1	选修	理论	本研贯通	
	11090440	统计计算	3	4-1	选修	理论＋实验	本研贯通	
	11090490	随机优化	3	4-2	选修	理论	本研贯通	
应用模块（计算方向）跨专业选修 C	11000070	近世代数	3	2-1	选修	理论		
	24020010B	大学物理（下）	4	2-2	选修	理论		
	09000020	微观经济学	3	3-1	选修	理论		
	11010010	实变函数	4	3-1	选修	理论		
	11010030	偏微分方程	4	3-1	选修	理论		
	11010040	拓扑学	3	3-1	选修	理论		
	11030010	应用随机过程	4	3-1	选修	理论		
	11030100	风险统计	3	3-1	选修	理论		
	11090390	数据分析	3	3-1	选修	理论＋实验		
	11090550	经典力学的数学方法	3	3-1	选修	理论		
	12000080	理论力学	3	3-1	选修	理论		
	22010050	计算机网络	4	3-1	选修	理论		
	22010310	软件工程	3	3-1	选修	理论		

续表

课程类别	课程号	课程名称	学分	学期	性质	理论/实践	备注	说明
	22010710	数字图像处理	2	3-1	选修	理论		
	11010020	泛函分析	4	3-2	选修	理论		
公共选修课程	可选修全校公共选修课程							

4. 毕业论文/设计

修读 5 学分。

课程类别	课程号	课程名称	学分	学期	性质	理论/实践	备注	说明
毕业论文/设计	11000200	毕业论文	5	4–1, 4–2	核心	理论＋实践	准出	修读 5 学分

七、专业准入准出

1. 专业准入实施方案

按照《南京大学全日制本科生大类培养分流实施方案》《南京大学全日制本科生专业准入实施方案》执行。

2. 专业准出实施方案

专业准出时间一般为第八学期末，流程为：系统毕业审核是否达标，严格按照培养方案的准出模板执行，准出标准详见以上培养方案。

八、课程结构拓扑图

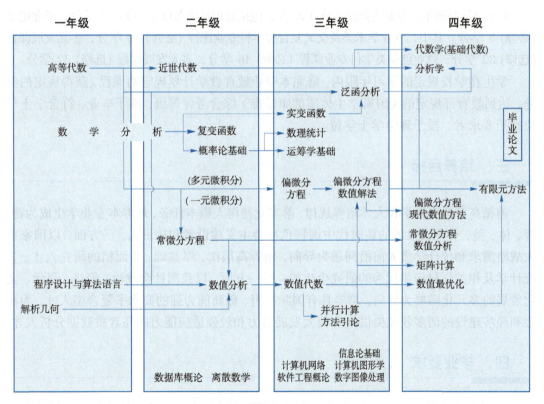

图 3.14

南京大学

统计学主修培养方案

一、专业简介

自 1999 年起，根据教育部要求，数学系原有的概率与统计专业改为统计学专业。本专业主要研究方向为应用数理统计和随机过程理论及其在实际领域中的应用。本专业充分发挥统计学学科的应用优势，构建创新型、应用型的人才培养模式和课程体系，因材施教，培养理论和应用并重、知识与技能相结合、技术与管理相结合、能力与素质相结合，具有国际竞争能力的多层次复合型高级人才。

二、学制、总学分与学位授予

本专业学制四年，专业应修总学分 150 分，包括通识通修课程 (必修) 67 学分，毕业论文 (必修) 5 学分。其中，专业学术类及交叉复合类学科专业课程 (必修) 46 学分，多元发展课程 (选修) 32 学分；就业创业类学科专业课程 (必修) 46 学分，多元发展课程 (选修) 32 学分。

学生在学校规定的学习年限内，修完本专业教育教学计划规定的课程，获得规定的学分，达到教育部规定的《国家学生体质健康标准》综合考评等级，准予毕业，符合学士学位授予要求者，授予理学学士学位。

三、培养目标

遵循高等教育教学和人才培养规律，落实立德树人根本任务，培养本专业学生成为德、智、体、美、劳全面发展的新时代中国特色社会主义建设者和接班人。一方面，以国家重大战略需求和统计学重大前沿问题为导向，培养高层次、厚基础、少而精的研究人才，为统计学及相关学科提供优秀的研究生生源；另一方面，以我国社会政治、经济、科学、文化发展的多元化需要为导向，培养具有国际视野、创新能力强的高水平复合型人才，为社会和经济建设的诸多领域提供具有较大发展潜力和较强适应能力的高素质数据分析人才。

四、毕业要求

1. 具有正确的人生观、价值观、道德观和高度的社会责任感；始终坚持中国共产党的领导；爱国、诚信、友善、守法；具备良好的科学、文化素养；掌握科学的世界观和方法论，掌握认识世界、改造世界和保护世界的基本思路与方法；能够适应科学和社会的发展。

2. 接受系统的数学思维训练，掌握数学科学的思想方法，具有扎实的数学基础和良好的数学语言表达能力；了解数学的历史概况和广泛应用，以及当代数学的新进展。

3. 系统地掌握统计学的基本理论、基本方法和基本技能。

4. 能运用所学的理论、方法和技能解决科研或应用领域中的有关实际问题；了解和掌握现代统计方法，具备良好的数据处理能力，能熟练运用统计软件解决实际问题；具备数据收集、整理与建模分析能力。

5. 能熟练地使用计算机，包括常用编程语言、工具以及一些数学软件等，具有编写应用程序的能力。

6. 能熟练掌握一门外语，具备参与国际学术交流活动的能力；掌握资料查询、文献检索以及运用现代技术获取相关信息的基本方法。

7. 具备良好的自然科学和人文社会科学知识；具有较好的文化道德修养和健康的心理素质；具有团队合作精神、创新意识、国际视野和竞争力。

8. 掌握体育运动的一般知识和基本方法，具有一定的军事基本知识，形成良好的体育锻炼和卫生习惯，具有健康的体魄，达到《国家学生体质健康标准》综合考评等级和军事训练标准。

五、 成果导向关系矩阵

培养目标	毕业要求	课程	项目
	1. 具有正确的人生观、价值观、道德观和高度的社会责任感；始终坚持中国共产党的领导；爱国、诚信、友善、守法；具备良好的科学、文化素养；掌握科学的世界观和方法论，掌握认识世界、改造世界和保护世界的基本思路与方法；能够适应科学和社会的发展	大学生必修思政课系列	社会实践

续表

培养目标	毕业要求	课程	项目
遵循高等教育教学和人才培养规律，落实立德树人根本任务，培养本专业学生成为德、智、体、美、劳全面发展的新时代中国特色社会主义建设者和接班人。一方面，以国家重大战略需求和统计学重大前沿问题为导向，培养高层次、厚基础、少而精的研究人才，为统计学及相关学科提供优秀的研究生生源；另一方面，以我国社会政治、经济、科学、文化发展的多元化需要为导向，培养具有国际视野、创新能力强的高水平复合型人才，为社会和经济建设的诸多领域提供具有较大发展潜力和较强适应能力的高素质数据分析人才	2. 接受系统的数学思维训练，掌握数学科学的思想方法，具有扎实的数学基础和良好的数学语言表达能力；了解数学的历史概况和广泛应用，以及当代数学的新进展	分析学课程群、代数学课程群、几何课程群、常微分方程、离散数学、复变函数、概率论基础、数学的思想方法、数理逻辑系列、数学系列讲座、数学研究与实践	全国大学生数学竞赛、阿里巴巴全球数学竞赛、丘成桐大学生数学竞赛、南京大学基础学科论坛
	3. 系统地掌握统计学的基本理论、基本方法和基本技能	统计类课程群、随机过程课程群、概率课程群、运筹学基础、时间序列分析、精算数学、数据分析、统计机器学习、毕业论文、学术研究与实践、经典力学的数学方法、常微分方程几何理论	全国大学生数学竞赛、阿里巴巴全球数学竞赛、丘成桐大学生数学竞赛、美国大学生数学建模竞赛、智能算法与数据科学应用创新大赛（江苏国家应用数学中心）、大学生创新训练项目、"挑战杯"全国大学生课外学术科技作品竞赛、中国"互联网＋"大学生创新创业大赛、南京大学拔尖计划国际交流项目、江苏省大学生自然科学知识竞赛
	4. 能运用所学的理论、方法和技能解决科研或应用领域中的有关实际问题；了解和掌握现代统计方法，具备良好的数据处理能力，能熟练运用统计软件解决实际问题；具备数据收集、整理与建模分析能力	数值方法课程群、统计类课程群、分析类课程群、随机过程课程群、概率课程群、运筹与信息计算课程群、优化课程群、计算流体力学引论、数学建模、数学研究与实践	
	5. 能熟练地使用计算机，包括常用编程语言、工具以及一些数学软件等，具有编写应用程序的能力	计算机与数据库课程群、数学研究与实践	

续表

培养目标	毕业要求	课程	项目
	6. 能熟练掌握一门外语，具备参与国际学术交流活动的能力；掌握资料查询、文献检索以及运用现代技术获取相关信息的基本方法	大学英语、数学研究与实践	
	7. 具备良好的自然科学和人文社会科学知识；具有较好的文化道德修养和健康的心理素质；具有团队合作精神、创新意识、国际视野和竞争力	数理科学类新生导学课、大学物理课程群、微观经济学、数学研究与实践	
	8. 掌握体育运动的一般知识和基本方法，具有一定的军事基本知识，形成良好的体育锻炼和卫生习惯，具有健康的体魄，达到《国家学生体质健康标准》综合考评等级和军事训练标准	大学体育、军事理论及技能训练	南京大学运动会

六、课程体系

1. 通识通修课程

通识通修课程应修学分 67 分，包括通修课 53 学分和通识课 14 学分。

课程类别	课程号	课程名称	学分	学期	性质	理论/实践	备注	说明
通识课程	学生毕业前应获得至少 14 个通识学分。其中，"悦读经典计划""科学之光"育人项目至少各选修 1 个学分，美育应选修 2 个学分，劳育应选修 2 个学分 (含 1 个劳动教育课程学分、1 个劳动教育实践学分)。其他通识必修学分要求按照国家相关规定执行。							

续表

课程类别	课程号	课程名称	学分	学期	性质	理论/实践	备注	说明
通修课程/思政课	00000080A	形势与政策		1–1	通修	理论		
	00000100	思想道德与法治	3	1–1	通修	理论		
	00000041	中国近现代史纲要	3	1–2	通修	理论 + 实践		
	00000080B	形势与政策		1–2	通修	理论		
	00000080C	形势与政策		2–1	通修	理论		
	00000110	马克思主义基本原理	3	2–1	通修	理论 + 实践		
	00000090A	习近平新时代中国特色社会主义思想概论 (理论部分)	2	2–1	通修	理论		
	00000090B	习近平新时代中国特色社会主义思想概论 (实践部分)	1	2–2	通修	理论		
	00000130A	毛泽东思想和中国特色社会主义理论体系概论 (理论部分)	2	2–2	通修	理论 + 实践		
	00000080D	形势与政策		2-2	通修	理论		
	00000130B	毛泽东思想和中国特色社会主义理论体系概论 (实践部分)	1	3–1	通修	理论 + 实践		
	00000080E	形势与政策		3–1	通修	理论		
	00000080F	形势与政策		3–2	通修	理论		
	00000080G	形势与政策		4–1	通修	理论		
	00000080H	形势与政策		4–2	通修	理论		
通修课程/军事课	00050030	军事技能训练	2	1–1	通修	实践		
	00050010	军事理论	2	1–2	通修	理论		
通修课程/数学课	11000010A	数学分析	5	1–1	通修	理论	准入	
	11000020A	高等代数	4	1–1	通修	理论	准入	
	11000030	解析几何	2	1–1	通修	理论	准入	
	11000010B	数学分析	5	1–2	通修	理论	准入	
	11000020B	高等代数	4	1–2	通修	理论	准入	
通修课程/英语课	00020010A	大学英语 (一)	4	1–1	通修	理论		

续表

课程类别	课程号	课程名称	学分	学期	性质	理论/实践	备注	说明
	00020010B	大学英语 (二)	4	1–2	通修	理论		
通修课程/体育课	00040010A	体育 (一)	1	1–1	通修	实践		
	00040010B	体育 (二)	1	1–2	通修	实践		
	00040010C	体育 (三)	1	2–1	通修	实践		
	00040010D	体育 (四)	1	2–2	通修	实践		

2. 学科专业课程

针对专业学术、交叉复合和就业创业三种发展路径，统计学专业在专业课程设计上，立足于统计学的专业定位，将专业学术类和交叉复合类融会贯通，对就业创业类作出针对性设计。其中，专业学术和交叉复合融通类应修学科专业课程 46 学分，针对专业学术和交叉复合融通类要求专业知识更高的特点，设置了数学研究与实践、数理统计、应用随机过程、实变函数、泛函分析 5 门专业核心课程，修读要求为学科基础课程 29 学分，专业核心课程 17 学分。就业创业类，即应用模块 (统计方向) 应修学科专业课程 46 学分，针对就业创业类要求应用能力更强的特点，设置了数学研究与实践、数理统计、应用随机过程、实变函数与泛函分析、运筹学基础 5 门专业核心课程，修读要求为学科基础课程 29 学分，专业核心课程 17 学分。其中以项目为载体的课程：数学研究与实践 2 学分。

课程类别	课程号	课程名称	学分	学期	性质	理论/实践	备注	说明
	11000270	程序设计与算法语言	4	1–2	平台	理论 + 实验	准出	
	12000010A	大学物理实验 (一)	2	1–2	平台	实验	准出	
	24020010A	大学物理 (上)	4	1–2	平台	理论	准出	
学科基础课程	11000010C	数学分析	5	2–1	平台	理论	准出	
	11000040	常微分方程	3	2–1	平台	理论	准出	
	11000050	复变函数	3	2–2	平台	理论	准出	
	11000060	概率论基础	4	2–2	平台	理论	准出	
	11000290	数值分析	4	2–2	平台	理论 + 实验	准出	
专业核心课程	该课程模块共有 2 个课程子模块：统计学专业核心课、应用模块 (统计方向) 专业核心课，需最少完成子模块数：1							
统计学专业核心课	11000250	数学研究与实践	2	1–1 至 4–2	核心	理论 + 实践	准出项目制课程	
	11010010	实变函数	4	3–1	核心	理论	准出	
	11030000	数理统计	3	3–1	核心	理论	准出	
	11030010	应用随机过程	4	3–1	核心	理论	准出	
	11010020	泛函分析	4	3–2	核心	理论	准出	

续表

课程类别	课程号	课程名称	学分	学期	性质	理论/实践	备注	说明
应用模块(统计方向)专业核心课	11000250	数学研究与实践	2	1–1 至 4–2	核心	理论 + 实践	准出项目制课程	
	11030000	数理统计	3	3–1	核心	理论	准出	
	11030010	应用随机过程	4	3–1	核心	理论	准出	
	11000280	运筹学基础	4	3–2	核心	理论	准出	
	11090060	实变函数与泛函分析	4	3–2	核心	理论	准出	

3. 多元发展课程

为满足学生多元发展的需求，统计学专业在多元发展课程设计上，针对专业学术、交叉复合和就业创业类三种发展路径作出不同设计。针对专业学术和交叉复合类专业知识要求更高的特点，制订的修读建议为：应选修学分 32 分，专业学术类和交叉复合类在专业选修课程中修读不少于 21 学分的课程，其中，一级专业选修课中数据库概论、近世代数、多元统计分析、偏微分方程 4 门选 3 门，近世代数、偏微分方程、多元统计分析为保研必选；在跨专业选修课中修读不少于 6 学分的课程。针对就业创业类应用能力更强的特点，制订的修读建议为：应选修 32 学分，在专业选修课中修读不少于 13 学分的课程，一级专业选修课中数据库概论、多元统计分析、信息论基础 3 门选 2 门；在跨专业选修课中修读不少于 9 学分的课程。学生可选修全校各专业开放选修课程或者可选全校创新创业平台课程，其中创新创业实践要求为 2 学分；学生参加交换学习后，可根据《南京大学本科生交流学习课程认定及学分转换管理办法》，对交换学习过程中取得的校外学分进行转换；学生通过参与学校认定的育人项目，可申请认定"一二课堂融通"课程学分并记入综合评价成绩单的第一部分，鼓励增强学生的创新精神、创业意识和创新创业能力。针对学习能力较强的同学设置了时间序列分析、高等数理统计、高等概率论、多元统计分析、数据分析 5 门荣誉课程，其中多元统计分析、时间序列分析课程为统计学拔尖班必选课程。

课程类别	课程号	课程名称	学分	学期	性质	理论/实践	备注	说明
专业选修课程	该课程模块共有 2 个课程子模块：统计学子模块：统计学专业选修课，应用模块（统计方向）专业选修课							保研必选近世代数、偏微分方程、多元统计分析
专业选修课程/统计学专业选修课	该课程模块共有 2 个课程子模块：统计学一级专业选修、统计学其他专业选修，最少修读学分：21							最少修读门数：3
统计学一级专业选修	11000070	近世代数	3	2-1	选修	理论		
	11000100	数据库概论	4	2-1	选修	理论＋实验		
	11010030	偏微分方程	4	3-1	选修	理论		
	11030120	多元统计分析	4	3-2	选修	理论		
	11090620	数学史	2	2-1	选修	理论		
	77001400	数学建模	2	2-1, 3-1, 4-1	选修	理论＋实践		
	11030100	风险统计	3	3-1	选修	理论		
	11090390	数据分析	3	3-1	选修	理论＋实验		
	11030110	时间序列分析	2	3-2	选修	理论	本研贯通	
	11030130	精算数学	3	3-2	选修	理论	本研贯通	
	11031050	统计机器学习	3	3-2	选修	理论＋实验	本研贯通	
统计学其他专业选修	11031010	随机过程	3	4-1	选修	理论	本研贯通	
	11031020	高等概率论	3	4-1	选修	理论	本研贯通	
	11031040	近代回归分析	3	4-1	选修	理论	本研贯通	
	11090270	数学的思想方法	2	4-1	选修	理论	本研贯通	
	11090440	统计计算	3	4-1	选修	理论＋实验	本研贯通	
	11011040	现代数学系列讲座	1	4-1, 4-2	选修	理论	本研贯通	
	11031000	高等数理统计	3	4-2	选修	理论	本研贯通	
	11031030	随机微分方程	3	4-2	选修	理论	本研贯通	

续表

课程类别	课程号	课程名称	学分	学期	性质	理论/实践	备注	说明
专业选修课程/应用模块（统计方向）专业选修课	11090490	随机优化	3	4-2	选修	理论	本研贯通	
	该课程模块共有 2 个课程子模块：应用模块（统计方向）一级选修，应用模块（统计方向）其他专业选修，最少修读学分：13							
应用模块（统计方向）一级选修	11000100	数据库概论	4	2-1	选修	理论＋实验		最少修读门数：2
	11020300	信息论基础	3	3-2	选修	理论	准出	
	11030120	多元统计分析	4	3-2	选修	理论		
	11090620	数学史	2	2-1	选修	理论		
	77001400	数学建模	2	2-1, 3-1, 4-1	选修	理论＋实践		
	11030100	风险统计	3	3-1	选修	理论		
	11090390	数据分析	3	3-1	选修	理论＋实验		
	11030110	时间序列分析	2	3-2	选修	理论	本研贯通	
	11030130	精算数学	3	3-2	选修	理论	本研贯通	
应用模块（统计方向）其他专业选修	11031050	统计机器学习	3	3-2	选修	理论＋实验	本研贯通	
	11031010	随机过程	3	4-1	选修	理论	本研贯通	
	11031020	高等概率论	3	4-1	选修	理论	本研贯通	
	11031040	近代回归分析	3	4-1	选修	理论	本研贯通	
	11090270	数学的思想方法	2	4-1	选修	理论	本研贯通	
	11090440	统计计算	3	4-1	选修	理论＋实验	本研贯通	
	11011040	现代数学系列讲座	1	4-1, 4-2	选修	理论	本研贯通	
	11031000	高等数理统计	3	4-2	选修	理论	本研贯通	
	11031030	随机微分方程	3	4-2	选修	理论	本研贯通	

续表

课程类别	课程号	课程名称	学分	学期	性质	理论/实践	备注	说明
跨专业选修课程	11090490	随机优化	3	4-2	选修	理论	本研贯通	
跨专业选修课程/统计跨专业选修课程	该课程模块共有 2 个课程子模块：统计跨专业选修课程、应用模块（统计学）跨专业选修课，需最少完成子模块数：1							
	该课程模块共有 3 个课程子模块：统计跨专业选修课程子模块：统计跨专业选修 A、统计跨专业选修 B、统计跨专业选修 C，最少修读学分：6							
统计跨专业选修 A	11013050	流形与几何	3	4-2	选修	理论	本研贯通	
	11000230	多复变与复几何初步	3	4-1	选修	理论	本研贯通	
	11011000	分析学	3	4-1	选修	理论	本研贯通	
	11011060	复分析	3	4-1	选修	理论	本研贯通	
	11011070	调和分析	3	4-1	选修	理论	本研贯通	
	11012000	代数学	3	4-1	选修	理论	本研贯通	
	11012040	基础数论	3	4-1	选修	理论	本研贯通	
	11012050	组合数学	3	4-1	选修	理论	本研贯通	
	11012060	交换代数	3	4-1	选修	理论	本研贯通	
	11012080	李群李代数	3	4-1	选修	理论	本研贯通	
	11013030	黎曼几何	3	4-1	选修	理论	本研贯通	
	11013060	代数几何	3	4-1	选修	理论	本研贯通	
	11013070	微分拓扑	3	4-1	选修	理论	本研贯通	
	11090260	几何分析	3	4-1	选修	理论	本研贯通	
	11090320	双曲型偏微分方程	3	4-1	选修	理论	本研贯通	
	11090420	模形式导引	3	4-1	选修	理论	本研贯通	
	11090530	薛定谔算子谱理论和动力系统	3	4-1	选修	理论	本研贯通	

续表

课程类别	课程号	课程名称	学分	学期	性质	理论/实践	备注	说明
	11011010	分析学 II	3	4-2	选修	理论	本研贯通	
	11011030	偏微分方程 (续)	3	4-2	选修	理论	本研贯通	
	11011050	动力系统	3	4-2	选修	理论	本研贯通	
	11012010	代数学 II	3	4-2	选修	理论	本研贯通	
	11012020	代数数论	3	4-2	选修	理论	本研贯通	
	11012030	代数 K 理论	3	4-2	选修	理论	本研贯通	
	11012070	同调代数	3	4-2	选修	理论	本研贯通	
	11013020	紧黎曼曲面	3	4-2	选修	理论	本研贯通	
	11013040	代数拓扑	3	4-2	选修	理论	本研贯通	
	11014000	导出范畴	3	4-2	选修	理论	本研贯通	
	11070030	变分理论	3	4-2	选修	理论	本研贯通	
	11090210	遍历理论	3	4-2	选修	理论	本研贯通	
	11090230	变分法与最优控制和偏微分方程	3	4-2	选修	理论	本研贯通	
	11090240	代数几何 II	3	4-2	选修	理论	本研贯通	
	11090480	复动力系统	3	4-2	选修	理论	本研贯通	
	11090600	代数表示论	3	4-2	选修	理论	本研贯通	
统计跨专业选修 B	11021010	常微分方程数值分析	3	4-1	选修	理论	本研贯通	
	11021020	偏微分方程现代数值方法	3	4-1	选修	理论	本研贯通	
	11021030	矩阵计算	3	4-1	选修	理论	本研贯通	
	11021040	计算流体力学引论	3	4-1	选修	理论	本研贯通	
	11022020	网络最优化	3	4-1	选修	理论	本研贯通	

续表

课程类别	课程号	课程名称	学分	学期	性质	理论/实践	备注	说明
	11022040	组合优化	3	4-1	选修	理论	本研贯通	
	11030420	数理逻辑基础	3	4-1	选修	理论	本研贯通	
	11090580	现代最优化理论与方法	3	4-1	选修	理论＋实验	本研贯通	
	11090610	机器学习：数学理论与应用	3	4-1	选修	理论	本研贯通	
	11000240	数学优化：理论与方法	3	4-2	选修	理论	本研贯通	
	11021060	多元选代分析	3	4-2	选修	理论	本研贯通	
	11090520	数理逻辑 II	3	4-2	选修	理论	本研贯通	
	11000090	离散数学	3	2-2	选修	理论		
	11000290	数值分析	4	2-2	选修	理论＋实验		
	24020010B	大学物理（下）	4	2-2	选修	理论		
	09000020	微观经济学	3	3-1	选修	理论		
	11010040	拓扑学	3	3-1	选修	理论		
统计跨专业选修 C	11010110	常微分方程几何理论	3	3-1	选修	理论		
	11010200	伽罗瓦理论	3	3-1	选修	理论		
	11020210	数值最优化	4	3-1	选修	理论		
	11090550	经典力学的数学方法	3	3-1	选修	理论		
	11000280	运筹学基础	4	3-2	选修	理论		
	11010020	泛函分析	4	3-2	选修	理论		
	11010050	微分几何	3	3-2	选修	理论		
	11010120	分析专题选讲	2	3-2	选修	理论		
	11020000	偏微分方程数值解法	4	3-2	选修	理论		

续表

课程类别	课程号	课程名称	学分	学期	性质	理论/实践	备注	说明
跨专业选修课程/应用模块(统计学)跨专业选修课	11020300	信息论基础	3	3-2	选修	理论		
	11020400	计算机图形学	3	3-2	选修	理论＋实验		
	12000080	理论力学	3	3-2	选修	理论		
	91110010	并行计算方法引论	2	3-2	选修	理论		
	11021050	有限元方法	3	4-2	选修	理论		该课程模块共有 3 个课程子模块：应用模块 (统计学) 跨专业选修 A、应用模块 (统计学) 跨专业选修 B、应用模块 (统计学) 跨专业选修 C，最少修读学分：9
应用模块 (统计学) 跨专业选修 A	11011000	分析学	3	4-1	选修	理论	本研贯通	
	11012000	代数学	3	4-1	选修	理论	本研贯通	
	11012040	基础数论	3	4-1	选修	理论	本研贯通	
	11012050	组合数学	3	4-1	选修	理论	本研贯通	
	11011050	动力系统	3	4-2	选修	理论	本研贯通	
	11021010	常微分方程数值分析	3	4-1	选修	理论	本研贯通	
	11021020	偏微分方程现代数值方法	3	4-1	选修	理论	本研贯通	
应用模块 (统计学) 跨专业选修 B	11021030	矩阵计算	3	4-1	选修	理论	本研贯通	
	11022020	网络最优化	3	4-1	选修	理论	本研贯通	
	11022040	组合优化	3	4-1	选修	理论	本研贯通	
	11030420	数理逻辑基础	3	4-1	选修	理论	本研贯通	
	11090580	现代优化理论与方法	3	4-1	选修	理论	本研贯通	
	11090610	机器学习：数学理论与应用	3	4-1	选修	理论		

续表

课程类别	课程号	课程名称	学分	学期	性质	理论/实践	备注	说明
	11000240	数学优化：理论与方法	3	4-2	选修	理论	本研贯通	
	11021060	多元选代分析	3	4-2	选修	理论	本研贯通	
	11000070	近世代数	3	2-1	选修	理论		
	11000090	离散数学	3	2-2	选修	理论		
	11000290	数值分析	4	2-2	选修	理论 + 实验		
	24020010B	大学物理（下）	4	2-2	选修	理论		
	11010010	实变函数	4	3-1	选修	理论		
应用模块（统计学）跨专业选修 C	09000020	微观经济学	3	3-1	选修	理论		
	11010030	偏微分方程	4	3-1	选修	理论		
	11010040	拓扑学	3	3-1	选修	理论		
	11020210	数值最优化	4	3-1	选修	理论		
	11090550	经典力学的数学方法	3	3-1	选修	理论		
	22010050	计算机网络	4	3-1	选修	理论		
	22010310	软件工程	3	3-1	选修	理论		
	22010710	数字图像处理	2	3-1	选修	理论		
	11020000	偏微分方程数值解法	4	3-2	选修	理论		
	11020400	计算机图形学	3	3-2	选修	理论 + 实验		
	12000080	理论力学	3	3-2	选修	理论		
	91110010	并行计算方法引论	2	3-2	选修	理论		
	11021050	有限元方法	3	4-2	选修	理论		
公共选修课程	可选修全校公共选修课程							

4. 毕业论文/设计

修读 5 学分。

课程类别	课程号	课程名称	学分	学期	性质	理论/实践	备注	说明
毕业论文/设计	11000200	毕业论文	5	4-1, 4-2	核心	理论＋实践	准出	修读 5 学分

七、专业准入准出

1. 专业准入实施方案

按照《南京大学全日制本科生大类培养分流实施方案》《南京大学全日制本科生专业准入实施方案》执行。

2. 专业准出实施方案

专业准出时间一般为第八学期末，流程为：系统毕业审核是否达标，严格按照培养方案的准出模板执行，准出标准详见以上培养方案。

八、课程结构拓扑图

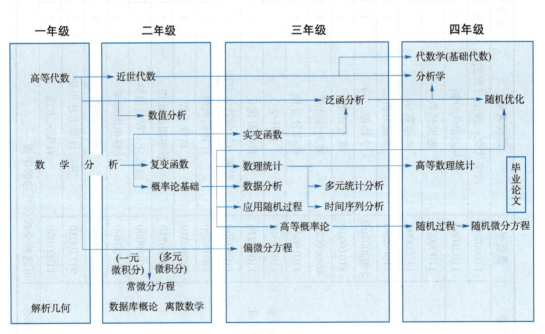

图 3.15

浙江大学
数学与应用数学（求是科学班）专业培养方案（2023级）

一、培养目标

(1) 培养德智体美劳全面发展、基础扎实、心理健康、学习自主，富有创新精神和创新能力、优秀综合素质的数学研究人才和未来数学领军人物；

(2) 具有深厚数学基础，掌握扎实的数学研究基本方法；

(3) 具备良好的数学思维能力；

(4) 了解数学与应用数学的理论前沿、应用前景和最新发展动态，掌握数学专业资料、文献的查询、检索，以及运用现代信息技术撰写科研论文，为其继续深造成为数学研究后备人才打下扎实基础；

(5) 培养学生对知识的自我更新的能力，具有创新意识和开阔的国际视野；

(6) 具备基本的数学建模能力，计算机应用与软件编程、开发能力和正确地收集数据、处理数据的能力；

(7) 培养学生适应实际工作的能力，使学生具备到高校、科研机构、高新技术企业从事数学研究、数学教育、图形图像及信号处理、自动控制、统计分析、信息管理、科学技术和计算机应用等工作。

二、毕业要求

1. 数学与应用数学基础知识

掌握数学基本知识 (包括分析学、代数学、几何学、点集拓扑、常微分方程、概率论、微分几何、复变函数等核心课程的基础知识)；

掌握数学各主要分支的专业基础知识；

掌握一些数学建模、统计、计算机编程等方面的基本知识。

2. 学习能力

有较强的自学能力和团队协作能力。能够通过数学资料与文献查询，组织与参与小型讨论班、各类短期课程、暑期学校等，进行知识更新，扩大视野。

3. 分析问题能力

能够将数学的基本知识和主要研究方法应用于数学实际问题，通过数学计算、数学推导、计算机模拟、逻辑推理与几何直观等进行推理与判断，以获得相关结论。

4. 研究能力

能够基于数学与应用数学的基本原理, 通过阅读数学文献, 发现问题或提出问题, 并找到解决问题的方法; 针对实际生活与工程技术中出现的问题, 能够通过数学建模, 归纳为数学问题, 运用数学、统计以及计算数学的方法加以解决。

5. 数学应用能力

针对不同的行业需要, 能够综合运用各种代数、分析、几何与拓扑、统计、计算数学等知识制定解决问题的方案。

6. 团队合作能力

能够在多学科背景下的团队中承担个体、团队成员以及负责人的角色。

7. 沟通交流能力

针对学生、或本专业、非本专业人士以及社会公众, 能够进行有效教学与交流, 具备较广阔的国际视野, 能够在跨文化背景下进行沟通和交流。

三、专业核心课程

点集拓扑、分析学 I、分析学 III、常微分方程 (甲)、复变函数、代数学 II、微分几何 (甲)、概率论、分析学 II、代数学 III、几何学、代数学 I。

四、推荐学制

4 年。

五、最低毕业学分

145+8 学分。

六、授予学位

理学学士。

七、学科专业类别

数学类。

八、课程设置与学分分布

1. 通识课程 (68.5 学分)

(1) 思政类课程 (18.5 学分)

① 必修课程 (17 学分)

课程号	课程名称	学分	周学时	建议学年学期
371E0010	形势与政策 I	1.0	0.0—2.0	一 (秋冬)+ 一 (春夏)
551E0070	思想道德与法治	3.0	2.0—2.0	一 (秋冬)
551R0010	中国近现代史纲要 (H)	3.0	3.0—0.0	一 (春夏)
551E0100	马克思主义基本原理	3.0	3.0—0.0	二 (秋冬)/二 (春夏)
551E0110	习近平新时代中国特色社会主义思想概论	3.0	2.0—2.0	三 (秋冬)/三 (春夏)
551E0120	毛泽东思想和中国特色社会主义理论体系概论	3.0	3.0—0.0	三 (秋冬)/三 (春夏)
371E0020	形势与政策 II	1.0	0.0—2.0	四 (春夏)

② 选修课程 (1.5 学分)

课程号	课程名称	学分	周学时	建议学年学期
011E0010	中国改革开放史	1.5	1.5—0.0	二 (秋)/二 (冬)/二 (春)/二 (夏)
041E0010	新中国史	1.5	1.5—0.0	二 (秋)/二 (冬)/二 (春)/二 (夏)
551E0080	中国共产党历史	1.5	1.5—0.0	二 (秋)/二 (冬)/二 (春)/二 (夏)
551E0090	社会主义发展史	1.5	1.5—0.0	二 (秋)/二 (冬)/二 (春)/二 (夏)

(2) 军体类课程 (10.5 学分)

体育 I、II、III、IV、V、VI 为必修课程，要求在前 3 年内修读；四年级修读体育 VII——体测与锻炼 (五年制在五年级修读体育 VIII——体测与锻炼)。详细修读办法参见《浙江大学 2019 级本科生体育课程修读办法》。学院单独开设游泳课程，作为学生大一学年体育必修课程，学生可选择一秋冬或一春夏学期修读，也可通过考核申请免修。同时单独开设水上运动 (481Z0041、481Z0042、481Z0043、481Z0044)、形体舞蹈 (481Z0051、481Z0052、481Z0053、481Z0054)、素质拓展 (481Z0011、481Z0012、481Z0013、481Z0014) 三个系列课程供学生选修；连续修读完任一课程的 I、II，可获得浙江大学体育技能中级证书，连续修读完任一课程的 I、II、III、IV，可获得浙江大学体育技能高级证书。

(3) 外语类课程 (4 学分)

外语类课程最低修读要求为 4 学分，其中 3 学分为外语类课程选修学分，1 学分为"英语水平测试"或"小语种水平测试"必修学分。学校建议一年级学生的课程修读计划是"大学英语 III"和"大学英语 IV"，并根据新生入学分级考试或高考英语成绩预置相应级别的"大学英语"课程，学生也可根据自己的兴趣爱好修读其他外语类课程 (课程号带 "F" 的课程)；二年级起学生可申请学校"英语水平测试"或"小语种水平测试"。详细修读办法参见《浙江大学本科生"外语类"课程修读管理办法》(2018 年 4 月修订)(浙大本发〔2018〕14 号)。

课程号	课程名称	学分	周学时	建议学年学期
03110021	军训	2.0	+2	一 (秋)
481E0030	体育 I	1.0	0.0—2.0	一 (秋冬)
481E0040	体育 II	1.0	0.0—2.0	一 (春夏)
031E0011	军事理论	2.0	2.0—0.0	二 (秋冬)/二 (春夏)
481E0050	体育 III	1.0	0.0—2.0	二 (秋冬)
481E0060	体育 IV	1.0	0.0—2.0	二 (春夏)
481E0070	体育 V	1.0	0.0—2.0	三 (秋冬)
481E0080	体育 VI	1.0	0.0—2.0	三 (春夏)
481E0090	体育 VII——体测与锻炼	0.5	0.0—1.0	四 (秋冬)/四 (春夏)

① 必修课程 (1.0 学分)

课程号	课程名称	学分	周学时	建议学年学期
051F0600	英语水平测试	1.0	0.0—2.0	一 (秋冬)

② 选修课程 (3.0 学分)
修读以下课程或其他外语类课程 (课程号带 "F" 的课程)

课程号	课程名称	学分	周学时	建议学年学期
051R0020	大学英语 III (H)	3.0	2.0—2.0	一 (秋冬)
051R0030	大学英语 IV (H)	3.0	2.0—2.0	一 (春夏)
05186010	英语口语	1.0	0.0—2.0	二 (秋冬)/二 (春夏)
05186020	英语写作	2.0	2.0—0.0	二 (秋冬)/二 (春夏)
051F0140	法语 I	3.0	2.0—2.0	二 (秋冬)

(4) 计算机类课程 (2 学分)

课程号	课程名称	学分	周学时	建议学年学期
211R0020	计算机科学基础 (H)	2.0	2.0—0.0	一 (秋冬)
211Z0070	程序设计基础与实验	4.0	3.0—2.0	一 (秋冬)
211R0030	Python 程序设计 (H)	3.0	3.0—0.0	一 (春夏)

(5) 自然科学通识类课程 (23 学分)

课程号	课程名称	学分	周学时	建议学年学期
821Q0002	分析学 I	5.0	4.0—2.0	一 (秋冬)
821Q0003	代数学 I	5.0	4.0—2.0	一 (秋冬)
061R0060	普通物理学 I (H)	4.0	4.0—0.0	一 (春夏)
821Q0004	分析学 II	5.0	4.0—2.0	一 (春夏)
061R0070	普通物理学 II (H)	4.0	4.0—0.0	二 (秋冬)

(6) 通识选修课程 (10.5 学分)

通识选修课程下设"中华传统""世界文明""当代社会""文艺审美""科技创新""生命探索"及"博雅技艺"等 6+1 类。每一类均包含通识核心课程和普通通识选修课程。通识选修课程修读要求为：

① 至少修读 1 门通识核心课程；

② 至少修读 1 门"博雅技艺"类课程；

③ 理工农医学生在"中华传统""世界文明""当代社会""文艺审美"四类中至少修读 2 门；人文社科学生在"科技创新""生命探索"两类中至少修读 2 门；

④ 在通识选修课程中自行选择修读其余学分；

⑤ 若上述①项所修课程同时也属于上述第②或③项，则该课程也可同时满足第②或③项要求。

(7) 美育类课程 (1 门)

要求学生修读 1 门美育类课程。可修读通识选修课程中的"文艺审美"类课程、"博雅技艺"类中艺术类课程以及艺术类专业课程。

(8) 劳育类课程 (1 门)

要求学生修读 1 门劳育类课程。可修读学校设置的公共劳动平台课程或院系开设的专业实践劳动课程。

2. 专业基础课程 (9 学分)

课程号	课程名称	学分	周学时	建议学年学期
061Q0012	几何学	4.0	4.0—0.0	一 (秋冬)
821Q0006	代数学 II	5.0	4.0—2.0	一 (春夏)

3. 专业课程 (52.5 学分)

(1) 专业必修课程 (26.5 学分)

以下课程必修。

课程号	课程名称	学分	周学时	建议学年学期
06110130	点集拓扑	3.0	3.0—0.0	一 (春夏)
061Q0056	常微分方程 (甲)	3.5	3.0—1.0	二 (秋冬)
821Q0005	分析学 III	5.0	4.0—2.0	二 (秋冬)
821Q0007	代数学 III	4.0	4.0—0.0	二 (秋冬)
751Q0006	复变函数	3.5	3.0—1.0	二 (春夏)
821Q0010	微分几何 (甲)	4.0	4.0—0.0	二 (春夏)
061Q0059	概率论	3.5	3.0—1.0	三 (秋冬)

(2) 专业选修课程 (12 学分)

核心选修课程 (12 学分)

课程号	课程名称	学分	周学时	建议学年学期
061Q0032	科学计算	3.0	2.0—2.0	二 (春夏)
82120110	抽象代数续论	3.0	3.0—0.0	二 (春夏)
06191040	微分流形	3.0	3.0—0.0	三 (秋冬)
06195270	交换代数	3.0	3.0—0.0	三 (秋冬)
821Q0008	偏微分方程 (甲)	3.0	3.0—0.0	三 (秋冬)
821Q0009	泛函分析 (甲)	3.0	3.0—0.0	三 (秋冬)
06121370	数理统计	4.0	4.0—0.0	三 (春夏)
06191030	实分析	3.0	3.0—0.0	三 (春夏)

(3) 实践教学环节 (6 学分)

其中 "数学研讨课 A" 和 "数学研讨课 B" 只要选一门。

课程号	课程名称	学分	周学时	建议学年学期
75189030	数学暑期学校 A	2.0	+2	一 (短)
75189040	数学暑期学校 B	2.0	+2	二 (短)
82120150	数学研讨课 A	2.0	2.0—0.0	二 (春夏)
82120160	数学研讨课 B	2.0	2.0—0.0	二 (春夏)

(4) 毕业论文 (设计) (8 学分)

课程号	课程名称	学分	周学时	建议学年学期
75189010	毕业论文	8.0	+10	四 (春夏)

4. 个性修读课程 (15 学分)

个性修读课程学分是学校为学生设置的自主发展学分。学生可利用个性修读课程学分，自主选择修读感兴趣的本科课程 (通识选修课程认定不得多于 2 学分)、研究生课程或经认定的境内、外交流的课程。学生须至少修读 1 门由其他学院开设的课程类别为"专业课"或"专业基础课程"且不在本专业培养方案内的课程。

课程号	课程名称	学分	周学时	建议学年学期
061Z0090	普通物理学实验 I	1.5	0.0—3.0	一 (春夏)
061R0430	普通化学 (H)	3.0	3.0—0.0	二 (秋冬)
061Z0100	普通物理学实验 II	1.5	0.0—3.0	二 (秋冬)
82120650	初等数论	3.0	3.0—0.0	二 (春夏)
06120950	离散数学	3.0	3.0—0.0	三 (秋冬)
06121291	时间序列分析	3.0	3.0—0.0	三 (秋冬)
06191080	代数拓扑	3.0	3.0—0.0	三 (秋冬)
82120090	渐近法与摄动理论	3.0	3.0—0.0	三 (秋冬)
82190020	群与代数表示引论	3.0	3.0—0.0	三 (秋冬)
82190030	黎曼曲面	3.0	3.0—0.0	三 (秋冬)
82190080	数据结构和算法	4.0	3.0—2.0	三 (秋冬)
06121400	数值代数	3.0	3.0—0.0	三 (春夏)
06191050	黎曼几何	3.0	3.0—0.0	三 (春夏)
06191310	控制理论基础	3.0	3.0—0.0	三 (春夏)
06191360	随机过程	3.0	3.0—0.0	三 (春夏)
06191430	现代数学进展	2.0	2.0—0.0	三 (春夏)
06191500	同调代数	3.0	3.0—0.0	三 (春夏)
061R0200	数学建模 (H)	3.0	2.0—2.0	三 (春夏)
82120080	应用拓扑	4.0	3.0—2.0	三 (春夏)
82120100	人工神经网络模型与算法	3.0	3.0—0.0	三 (春夏)
82120640	回归分析	3.0	3.0—0.0	三 (春夏)
82190050	李群与李代数	3.0	3.0—0.0	三 (春夏)
82190070	代数数论	3.0	3.0—0.0	三 (春夏)
82190140	代数几何	3.0	3.0—0.0	三 (春夏)
82120120	广义函数论	2.0	2.0—0.0	三 (夏)
06120340	多元统计分析	3.5	3.0—1.0	四 (秋冬)
06121170	前沿数学专题讨论 △	3.0	3.0—0.0	四 (秋冬)

续表

课程号	课程名称	学分	周学时	建议学年学期
06191020	复分析	3.0	3.0—0.0	四 (秋冬)
06191090	现代偏微分方程	3.0	3.0—0.0	四 (秋冬)
82120130	现代调和分析	3.0	3.0—0.0	四 (秋冬)
82190060	交换代数与代数几何	3.0	3.0—0.0	四 (秋冬)

5. 第二课堂 (+4 学分)

6. 第三课堂 (+2 学分)

7. 第四课堂 (+2 学分)

学生可通过以下任一修读方式获得"第四课堂"学分:

(1) 赴境外高校等参加并完成与我校共建的 2+2、3+X 等联合培养项目;

(2) 赴境外高校等参加交流项目并获得有效课程学分;

(3) 赴境外高校等参加 4 周及以上的各类交流项目,并提供修读证明等相关材料;

(4) 赴境外高校等参加少于 4 周的交流项目且没有获得有效课程学分的,须再修读 1 门经学校认定的国际化课程且考核通过;

(5) 参加线上境外交流项目并达到《浙江大学本科生线上境外交流与合作项目管理办法 (试行)》(浙大本发〔2022〕4 号) 中关于"国际化模块"的要求;

(6) 参加线上境外交流项目,但未达到《浙江大学本科生线上境外交流与合作项目管理办法 (试行)》(浙大本发〔2022〕4 号) 中关于"国际化模块"要求的,须再修读 1 门经学校认定的国际化课程且考核通过;

(7) 已获得第三课堂 2 学分并核定成绩者,使用其多余学分中的 2 学分替换"第四课堂"的,须再修读 1 门经学校认定的国际化课程且考核通过。

中法数学英才班培养方案

一、培养目标

中法数学英才班 (以下称"中法班") 的培养目标是学习借鉴法国在数学人才培养模式方面的传统领先优势，联合中国科学技术大学 (以下称"中国科大") 的基础教学力量与法国的数学力量共同培养中国数学人才。

二、组织和管理模式

中法班学制为四年。即先用 2.5 学年完成法国 1.75 学年的预科教育。在前 2.5 年，学生须完成数学类和物理类专业的本科基础课程 (大约对应于我校目前的数学分析、线性代数、微分方程引论、实分析、复分析、概率论、微分几何、微分流形、泛函分析、拓扑学 (点集拓扑部分)、近世代数、群与代数表示论、数论、力学、热学、电磁学、光学、理论力学、电动力学、量子力学、统计力学等)。后 1.5 学年是限制性选修课 (相当于目前我校数学类研究生基础课程) 和自由选修课。法语能够达到欧洲语言标准的 B2 水平。

三、入选和滚动模式

中法班按年招生，每届学生 25 名左右。根据学生自主报名的原则，在新生入学时，综合高考成绩、自主招生成绩、入学复试成绩和参加数学竞赛等情况，由中方教育委员会组织面试、择优录取。录取的学生可于每学期结束后自愿申请退出中法班。不论何种原因退出中法班后，不得申请再次转入。

四、专业、方向设置

系	专业	方向
数学系	数学与应用数学	基础数学
计算与应用数学系	数学与应用数学	应用数学
概率统计系	数学与应用数学	概率统计

五、学制、授予学位及毕业要求

学制：标准学制 4 年，弹性学习年限 3—6 年。第 4 年推荐部分优秀同学赴法进修。

授予学位：理学学士。

毕业要求：完成培养方案要求的课程要求和学分要求，并通过毕业论文答辩。

课程设置分类及学分比例如下：

分类	学分	比例/%
校定通修课程	71.5	41
专业基础课程	58	33
专业核心课程	30	17
专业选修课程	≥9	5
自由选修课程	≥0	0
毕业论文	8	4
合计	176.5	100

六、修读课程要求

1. 校定通修课程设置

学科分类	课程名称	学时	学分	开课学期	建议年级
国防教育 4	军事理论	40	2	秋	1
	军事技能	10/60	2	秋	1
劳动教育 1	劳动教育	0/32	1	秋	3
通识类 8	核心通识课程		7	春、夏、秋	1、2、3
	"科学与社会"研讨课	20	1	秋→春	1
★法语类 20	法语Ⅰ	0/200	5	秋	1
	法语Ⅱ	0/200	5	春	1
	综合法语	20/40	2	夏	1
	法语Ⅲ	0/160	4	秋	2
	法语Ⅳ	0/160	4	春	2

续表

学科分类	课程名称	学时	学分	开课学期	建议年级
物理类(理工) 13.5	力学 B	50	2.5	春	1
	热学 B	30	1.5	春	1
	电磁学 A	80	4	春	1
	大学物理—基础实验 B	0/40	1	春	1
	大学物理—综合实验 B	0/20	0.5	秋	2
	光学 B	40	2	春	2
	原子物理 B	40	2	春	2
政治类 17	思想道德与法治	60	3	秋	1
	习近平新时代中国特色社会主义思想概论	40	2	秋	1
	中国近现代史纲要	60	3	春	1
	马克思主义基本原理	60	3	秋	1
	毛泽东思想和中国特色社会主义理论体系概论	40	2	春	2
	形势与政策(讲座)	40	2	秋	3
	思想政治理论课实践	0/80	2	秋	3
体育类 4	基础体育	40	1	秋	1
	基础体育选项	40	1	春	1
	体育选项(1)	40	1	春、秋	2
	体育选项(2)	40	1	春、秋	2
计算机类 4	计算机程序设计 A/B	60/40 60/60	4	秋	1
学分小计			71.5		

注: ★ 表示中法英才班英语类课程为自由选修, 学生根据自己英语水平选班上课。退出中法英才班后, 法语类课程可替代 2 学分英语类课程, 学生须另修满 6 学分英语类课程。

2. 专业基础课程设置

课程名称	学时	学分	开课学期	建议年级
分析 I	80	4	秋	1
分析 I(习题)	0/80	2	秋	1
分析 I(口试)	0/6	0	秋	1
代数 I	80	4	秋	1

续表

课程名称	学时	学分	开课学期	建议年级
代数 I(习题)	0/80	2	秋	1
代数 I(口试)	0/6	0	秋	1
分析 II	80	4	春	1
分析 II(习题)	0/80	2	春	1
分析 II(口试)	0/6	0	春	1
代数 II	80	4	春	1
代数 II(习题)	0/80	2	春	1
代数 II(口试)	0/6	0	春	1
分析与代数基础 (法)	20/40	2	夏	1
分析 III	120	6	秋	2
分析 III(习题)	0/80	2	秋	2
分析 III(口试)	0/6	0	秋	2
代数 III	120	6	秋	2
代数 III(习题)	0/80	2	秋	2
代数 III(口试)	0/6	0	秋	2
分析 IV	120	6	春	2
分析 IV(习题)	0/80	2	春	2
分析 IV(口试)	0/6	0	春	2
代数 IV	120	6	春	2
代数 IV(习题)	0/80	2	春	2
代数 IV(口试)	0/6	0	春	2
学分小计		58		

3. 专业核心课程设置

学科分类	课程名称	学时	学分	开课学期	建议年级
数学类 12	微分几何 (法)	40	2	秋	3
	微分几何 (习题)	0/40	1	秋	3
	泛函分析 (法)	40	2	秋	3
	泛函分析 (习题)	0/40	1	秋	3
	算术与代数 (法)	40	2	秋	3
	算术与代数 (习题)	0/40	1	秋	3

续表

学科分类	课程名称	学时	学分	开课学期	建议年级
	复分析 (法)	40	2	秋	3
	复分析 (习题)	0/40	1	秋	3
物理类 12	理论力学	60	3	秋	2
	电动力学	60	3	秋	2
	热力学与统计力学 B	60	3	秋	3
	量子力学 C	60	3	秋	3
法语类 6	法语 V	0/120	3	秋	3
	法语 VI	0/120	3	春	3
学分小计			30		

4. 专业选修课程设置 (选 9 学分)

课程名称	学时	学分	开课学期	建议年级
交换代数 (法)	40	2	春	3
交换代数 (习题)	0/40	1	春	3
应用数学 (法)	40	2	春	3
应用数学 (习题)	0/40	1	春	3
概率论与鞅论 (法)	40	2	春	3
概率论与鞅论 (习题)	0/40	1	春	3
李群及其表示论 (法)	40	2	春	3
李群及其表示论 (习题)	0/40	1	春	3
学分小计		12		

注：学生须从应用数学、交换代数、李群及其表示论、概率论与鞅论四门课程里至少选修三门课程 (自动包含相应的习题课)。

5. 自由选修课程设置

课程名称	学时	学分	开课学期	建议年级
现代偏微分方程	8	4	春	3
法语 VII	0/4	1	秋	4
代数拓扑 (法)	40	2	秋	4
黎曼曲面 (法)	40	2	秋	4
分布理论 (法)	40	2	秋	4

续表

课程名称	学时	学分	开课学期	建议年级
科学计算 (法)	40	2	秋	4
动力系统 (法)	40	2	春	4
代数几何 (法)	40	2	春	4
应用数学 Ⅱ(法)	40	2	春	4
中法班讨论班	40/40	3	春	4
学分小计		22		

注：学生如希望通过中法双方资助获得赴法资格，必须修读以上 22 学分自由选修课程。

6. 毕业论文 (8 学分)

厦门大学

数学类专业拔尖计划本科阶段培养方案 (2022 级试行)

一、 培养目标

厦门大学数学类专业拔尖计划旨在选拔对数学有浓厚兴趣，学术潜力大，综合能力强，心理素质好的苗子，培养具有家国情怀、人文情怀、世界胸怀，富有原创性、勇攀科学高峰的数学拔尖人才，并逐渐成长为基础数学领域或计算数学领域的专业人才，服务国家重大战略需求。一、二年级以夯实学生数学基础为主要目标，三、四年级以培养创新能力为主要目标。

二、 毕业要求

1. 掌握数学科学的基本理论和基本方法，具备深厚的科学基础。
2. 具有扎实的基础数学专业根底，具备良好的数学素养。
3. 掌握基础数学的理论知识，了解基础数学前沿动态。
4. 掌握应用数学和计算数学的基本思想，具备解决实际问题的基本素质。

三、 学制

四年。

四、 授予学位类型

学生以数学与应用数学专业或信息与计算科学专业本科毕业，授予理学学士学位。

五、毕业要求及授予学位

1. 毕业学分

课程模块	必修		选修 学分	合计	占总学分比例	备注
	门数	学分				
公共基本课程	/	47	0	47	31%	
专业必修课程	16	57	0	57	41%	
毕业论文	1	6	0	6		
通识教育课程	/	1	10	11	28%	
任选课程	/	0	31	31		
总学分	/	111	41	152	/	

2. 修读要求

(1) 原则上需修满 152 学分且满足课程设置中的各部分要求。

(2) 获得至少 2 个创新学分，**拔尖计划学生需至少主持一项"大学生创新创业训练计划"项目。**

(3) 学生需完成不少于 32 学时的劳动教育课程。学生需按照《国家学生体质健康标准 (2014 年修订)》(以下简称《标准》) 进行体质测试。根据《标准》规定，学生毕业时测试成绩达不到 50 分者按结业或肄业处理。

(4) **拔尖计划学生要求在方向选修模块课程中至少选修 12 学分。需至少修读 2 门荣誉课程。** 其中数学与应用数学专业的学生在代数、分析、几何拓扑模块中至少各选 1 门课程；信息与计算科学专业的学生在计算数学模块中至少选 1 门课程。**其中"微分几何"为专业必修课。**

(5) 跨学科基本课程中应至少修满公共艺术课程 2 个学分。

3. 其他说明

(1) **拔尖计划学生的专业核心课为小班课，配备名师进行教学。**

(2) 鼓励本科生参加暑期学校和短期访学 (即课程学习)，按学校规定转换学分。

(3) 学院外请专家短课程，如为满足学生个性化需求开设的"众筹课程"和学院举办的暑期学校短课程等，列入任意选修课程，可计算学分；国际学生、港澳台侨学生遵照《厦门大学本科国际学生、港澳台侨学生学籍与教学管理规定》中的免修规定执行。

(4) 学生在本科阶段选修并通过考核的方向选修模块课，若研究生在本校就读，可申请免听并以本科课程成绩录入。

(5) **坚持动态进出机制，对拔尖计划学生实行年度考核。** 对考核未通过的学生，进行分流或警示，警示半年无效必须退出拔尖班。根据分流情况进行二次选拔，以对拔尖计划学生差额予以补充。具体办法分别参考拔尖计划的考核和分流细则，并以学校相关规定为准。

(6) 中途退出拔尖计划的学生，参照学生所在专业的普通班培养方案执行。

六、分阶段课程设置

1. 公共基本课程　最低必修学分数：47　最低选修学分数：0

课程名称	修读形式	学分	总学时	理论教学学时	实验教学学时	实践教学学时	开课学年	开课学期	备注
体育	必修	4	128						第一学期必修 1 学分，其余学分在以后学期内修完；游泳 1 学分为必修
思想道德与法治	必修	3	48	32		16	一	1	
军事技能	必修	2	3 周				一	1	
大学语文	必修	2	32				一	1	非文史哲学生必修
新时代中国特色社会主义劳动教育	必修	2	32			32	一	1	
中国近现代史纲要	必修	3	48	32		16	一	2	
大学生心理健康	必修	2	32				一	2	
计算机应用基础	必修	1	32	16	16		一	2	信息学院和航空航天学院的学生免修，其他学生必修
C 程序设计基础 A	必修	3	64	32	32		一	2	理工类、医科类、经管类学生必修
大学英语	必修	8	256	128		128	一、二		
形势与政策	必修	2	64	64					8 学时/学期 *8 学期，8 学期考核均合格则课程成绩登记为合格
"四史"专题研究	必修	2	32	16		16	二	2	
毛泽东思想和中国特色社会主义理论体系概论	必修	3	64	48		16	二	1	

续表

课程名称	修读形式	学分	总学时	理论教学学时	实验教学学时	实践教学学时	开课学年	开课学期	备注
习近平新时代中国特色社会主义思想概论	必修	3	64	32		32	二	2	
军事理论	必修	2	32	32			二	2	
马克思主义基本原理	必修	3	48	32		16	三	1	
创新实践	必修	2					四	2	
小计		47							

2. 学科通修课程　最低必修学分数：41　最低选修学分数：0

课程名称	修读形式	学分	总学时	理论教学学时	实验教学学时	实践教学学时	开课学年	开课学期	备注
数学分析（Ⅰ）	必修	4	78	52		16	一	1	拔尖强基小班教学
高等代数（Ⅰ）	必修	4	78	52		16	一	1	拔尖强基小班教学
解析几何	必修	3	52	52			一	1	拔尖强基小班教学
数学分析（Ⅱ）	必修	5	96	64		32	一	2	拔尖强基小班教学
高等代数（Ⅱ）	必修	5	96	64		32	一	2	拔尖强基小班教学
大学物理 B（上）	必修	3	64	48		16	一	2	学科大类课程(专业核心课)，跨学科课程
数学分析（Ⅲ）	必修	5	96	64		32	二	1	拔尖强基小班教学
常微分方程	必修	3	64	48		16	二	1	拔尖强基小班教学
复变函数论	必修	3	64	48		16	二	2	拔尖强基小班教学
概率论	必修	3	64	48		16	三	1	拔尖强基小班教学
实变函数	必修	3	64	48		16	三	1	拔尖强基小班教学
小计		41							

3. 专业必修课程　最低必修学分数：22　最低选修学分数：0

课程名称	修读形式	学分	总学时	理论教学学时	实验教学学时	实践教学学时	开课学年	开课学期	备注
抽象代数	必修	3	64	48		16	二	1	拔尖强基小班教学
大学物理B(下)	必修	4	64	48		16	二	1	专业核心课程，跨学科课程
偏微分方程	必修	3	64	48		16	二	2	专业核心课程
微分几何	必修	3	64	48		16	二	2	拔尖强基小班教学
泛函分析	必修	3	64	48		16	三	2	拔尖强基小班教学
毕业论文	必修	6	16 周				四	2	
小计		22							

4. 通识教育课程　最低必修学分数：1　最低选修学分数：10

课程名称	修读形式	学分	总学时	理论教学学时	实验教学学时	实践教学学时	开课学年	开课学期	备注
跨学科基本课程	选修	10	160						至少修满公共艺术课程 2 个学分
新生研讨课	必修	1	16				一	1	
小计		11							

5. 任选课程　最低必修学分数：0　最低选修学分数：31

(1) 专业任选课

课程名称	修读形式	学分	总学时	理论教学学时	实验教学学时	实践教学学时	开课学年	开课学期	备注
拓扑学	选修	3	64	48		16	三	1	数学与应用数学专业必选
微分流形基础	选修	3	64	48		16	三	2	
数值代数	选修	3	80	48	16	16	三	1	信息与计算科学专业必选
微分方程数值解法	选修	3	80	48	16	16	三	2	
数值逼近	选修	3	80	48	16	16	三	2	
小计		15							

(2) 其他任选课

课程名称	修读形式	学分	总学时	理论教学学时	实验教学学时	实践教学学时	开课学年	开课学期	备注
数学分析（Ⅰ）习题课	选修	1	32	32			一	1	专业选修课
数学分析（Ⅱ）习题课	选修	1	32	32			一	1	
组合数学	选修	2	32	32			一	2	
数理逻辑	选修	1	20	20			一	3	短学期选修课
分析与代数选讲	选修	2	30	30			一	3	
MATLAB 基础	选修	1	20	20			一	3	
数学史	选修	1	20	20			一	3	
初等数论	选修	2	32	32			二	1	专业选修课
数学建模	选修	3	64	40		24	二	2	
Python 编程与数据分析	选修	1	20	10		10	二	3	短学期选修课、创新创业课程、跨学科课程
博弈论	选修	1	20	20			二	3	短学期选修课
解析组合学	选修	2	30	30			二	3	
对称图论	选修	2	30	30			二	3	
图论	选修	3	64	48		16	三	1	专业选修课
半单李代数及其表示	选修	2	32	32			三	1	专业选修课
多复变函数论	选修	2	32	32			三	1	
计算方法	选修	3	80	48	16	16	三	1	
数据分析与矩阵计算	选修	3	64	32	16	16	三	1	
算法与数据结构	选修	3	64	48		16	三	1	创新创业课、跨学科课程
计算机图形学	选修	3	64	32	16	16	三	1	
数值最优化	选修	3	80	48	16	16	三	2	
数学讨论班	选修	1	16				三	2	创新创业课
计算数学讨论班	选修	1	16				三	2	
数理统计	选修	3	64	40		24	三	2	

续表

课程名称	修读形式	学分	总学时	理论教学学时	实验教学学时	实践教学学时	开课学年	开课学期	备注
随机过程	选修	3	64	40		24	三	2	专业选修课
时间序列分析	选修	3	64	48		16	三	2	
多元统计分析	选修	3	64	48		16	三	2	
运筹与优化	选修	3	64	48		16	三	2	

6. 方向选修模块课程 (三/四年)

课程名称	修读形式	学分	总学时	理论教学学时	实验教学学时	实践教学学时	开课学年	开课学期	备注
交换代数	选修	3	48	48			四	1	代数模块
群表示论	选修	3	48	48			四	2	
代数几何	选修	3	48	48			四	1	
实分析	选修	3	48	48			四	1	分析模块
复分析	选修	3	48	48			四	1	
现代泛函分析	选修	3	48	48			四	2	
现代偏微分方程	选修	3	48	48			四	2	
动力系统基础	选修	3	48	48			四	2	
Sobolev 空间	选修	3	48	48			四	1	
黎曼曲面	选修	3	48	48			四	1	几何拓扑模块
代数拓扑	选修	3	48	48			四	2	
黎曼几何	选修	3	48	48			四	2	
现代图论	选修	3	48	48			四	1	应用优化模块
高等组合学	选修	3	48	48			四	2	
算法设计与分析	选修	3	48	48			四	2	
应用数值线性代数	选修	3	48	48			四	1	计算数学模块
高等数值分析	选修	3	48	48			四	1	
偏微分方程数值分析	选修	3	48	48			四	1	
数值优化	选修	3	48	48			四	2	
高等概率论	选修	3	48	48			四	1	概率统计模块
高等数理统计	选修	3	48	48			四	1	

七、课程与毕业要求对应关系表

课程名称	毕业要求			
	1	2	3	4
数学分析（Ⅰ）	√			
高等代数（Ⅰ）	√			
解析几何	√			
数学分析（Ⅱ）	√			
高等代数（Ⅱ）	√			
大学物理 B（上）				√
数学分析（Ⅲ）	√			
常微分方程	√			
抽象代数		√		
大学物理 B（下）				√
偏微分方程		√		
微分几何		√		
复变函数论	√			
实变函数	√			
概率论	√			
泛函分析		√		
毕业论文	√			
拓扑学		√		
微分流形基础		√		
数值代数				√
微分方程数值解法				√
数值逼近				√
数学分析（Ⅰ）习题课		√		
数学分析（Ⅱ）习题课		√		
组合数学				√
数理逻辑			√	
分析与代数选讲			√	
MATLAB 基础				√

续表

课程名称	毕业要求			
	1	2	3	4
数学史			√	
初等数论		√		
数学建模				√
Python 编程与数据分析				√
博弈论				√
解析组合学				√
对称图论				√
图论				√
半单李代数及其表示			√	
多复变函数论			√	
计算方法				√
数据分析与矩阵计算				√
算法与数据结构				√
计算机图形学				√
数值最优化				√
数学讨论班			√	
计算数学讨论班				√
数理统计				√
随机过程				√
时间序列分析				√
多元统计分析				√
运筹与优化				√
交换代数			√	
群表示论			√	
代数几何			√	
实分析			√	
复分析			√	
现代泛函分析			√	
现代偏微分方程			√	
动力系统基础			√	

续表

课程名称	毕业要求			
	1	2	3	4
Sobolev 空间			√	
黎曼曲面			√	
代数拓扑			√	
黎曼几何			√	
现代图论				√
高等组合学				√
算法设计与分析				√
应用数值线性代数				√
高等数值分析				√
偏微分方程数值分析				√
数值优化				√
高等概率论				√
高等数理统计				√

八、修读导引图

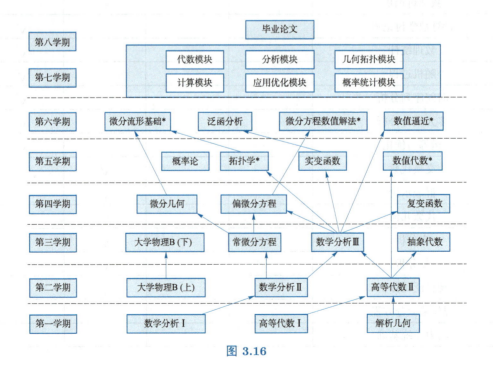

图 3.16

九、补充说明

　　本培养方案从厦门大学 2022 级数学类拔尖计划学生开始试行，并将在实施过程中对细则进行修订或者增补。若有与学校相关政策冲突之处，以学校政策为准。其他未尽事宜，由厦门大学数学科学学院拔尖计划与强基计划工作组负责解释。

数学与应用数学（华罗庚班）专业培养方案（2023）

一、专业简介

华罗庚班（又名"国家基地班"）是山东大学与中国科学院数学与系统科学研究院合作开设的。此班依托于首批建立的五个"国家理科基础科学研究与教学人才培养基地"之一的山东大学数学学院基地班，联合山东大学数学学院一流的学科优势和中国科学院数学与系统科学研究院雄厚的科研实力，共同培养数学研究和数学应用领域的专业人才。中国科学院数学与系统科学研究院参与人才培养全过程，与山东大学共同制定华罗庚班的培养方案和教学大纲，并派专家学者参与教学活动和毕业论文的指导等。华罗庚班按"强调基础，淡化专业，因材施教，兴趣主导"的方针设置培养方案，所设课程以数学与应用数学专业为主，兼顾其他数学专业，强调数学与应用数学的理论和方法的训练，特别是严格的数学思维和科学创新意识的训练，使学生具有很好的数学素养，具备在数学及相关领域进一步深造的坚实基础以及很强的数学应用意识和能力。2019 年数学与应用数学专业入选首批"国家一流专业"。

二、培养目标

华罗庚班的培养目标是联合山东大学的基础教学力量与中国科学院数学与系统科学研究院的研究力量，共同培养一流的数学精英人才。具体地说，培养德智体美劳全面发展，具有坚实的数学基础，掌握数学的基本理论和基本方法，受到严格的数学思维和创新实践的训练，擅长运用数学知识和计算机解决实际问题的高素质综合型人才。本专业的毕业生以攻读数学与相关学科的硕士及博士学位为主，同时可在科技、教育、经济和企事业等部门从事研究、教学工作或在生产经营及管理部门从事实际应用、开发研究和管理工作。

三、毕业要求

本专业学生主要学习基础数学和应用数学方面的基本理论和基本知识，受到数学模型、计算机、数学软件以及实践环节方面的基本训练，要求掌握数学基本知识，具备一定的实际问题建模能力和一定的计算机编写程序的能力。

根据人才培养目标，要求学生达到以下方面的知识、能力和素质要求。

1. 专业知识

具备基础数学和应用数学学科的基本理论、基本知识，并能够运用数学知识建立数学模型和解决实际问题。

指标点 1.1：具有坚实的数学基础，掌握数学科学的基本思想。

指标点 1.2：接受严格系统的数学与应用数学训练，具有良好的抽象思维、逻辑推理和空间想象能力，具有良好的数学表达能力。

2. 问题分析

具有灵活运用数学与应用数学的思想方法进行创新和解决实际问题的能力，分析和认识数学领域中遇到的理论问题，获得可行的解决方案和结果。

指标点 2.1：具有较强的创新意识和批判意识，善于发现、提出问题，具有初步的数学研究能力。

指标点 2.2：有意识涉猎相关学科的基本知识，并尝试运用数学理论和方法对这些学科的具体问题进行数学建模、理论分析及求解。

3. 数学能力

能够基于所学知识进行各种数学能力的锻炼和提升，对数学领域中的复杂问题进行研究。

指标点 3.1：具有较强的抽象思维、逻辑推理、空间想象和计算能力以及较强的数学应用意识，具备较强的进一步深造的潜质。

指标点 3.2：具有一定的自我学习能力和知识更新能力。

指标点 3.3：具有一定的批判性思维能力，一定的科学研究和实际工作能力。

4. 使用现代工具

能够选择和使用恰当的资源、现代信息技术工具，对数学领域中的复杂问题进行理论分析和数学模拟。

指标点 4.1：具备运用图书、期刊等数据库和现代信息技术进行文献检索、分析、整理归纳的能力，了解国内外发展状况及前沿。

指标点 4.2：了解数学相关的软件资源和信息技术工具等，进行理论分析和数学模拟。

5. 职业规范

具有良好的人文社会科学素养、社会责任感、健康的身体和心理素质，能够遵守职业道德和规范。

指标点 5.1：理解社会主义核心价值，树立正确的人生观、价值观和世界观；具有人文社会科学素养、文化修养和高度的社会责任感。

指标点 5.2：具有健康的身体和心理素质。

指标点 5.3：具备良好的科学素养，严谨的思维和崇尚科学的精神，以及良好的思想素质、职业道德和规范等。

6. 沟通与协作

具备良好的沟通和交流能力，具有一定的国际视野，能够在跨文化背景下进行沟通交流和团队协作。

指标点 6.1：熟练掌握一门外语，并能进行有效的沟通和交流。

指标点 6.2：具有一定的国际视野和跨文化的交流、竞争与合作能力。

指标点 6.3：具有团队协作精神，具有较强的适应能力，能够独立或合作开展工作。

7. 终身学习

具有自主学习和终身学习的意识，有不断学习和适应发展的能力。

指标点 7.1：能够认识到自主学习和终身学习在自身发展中的重要性，具有自主学习和终身学习的意识。

指标点 7.2：能够结合自身职业发展的需求，选择合适的发展路径，具有不断自主学习和适应发展的能力。

四、核心课程设置

本专业学科平台基础课程是数学分析，高等代数，代数和几何基础，大学物理等。

专业基础课程是常微分方程，复变函数，实变函数，概率论，数学实验，数论基础等。

专业核心课程是拓扑学，抽象代数，泛函分析，微分几何，微分流形，抽象代数 II 等。

专业选修课程是数学模型，数理统计，随机过程基础，运筹学，应用回归分析，数值分析，代数几何等。

五、主要实践性教学环节 (含主要专业实验)

本专业主要实践性教学环节及主要专业实验包含下列课程：

数学实验，毕业论文 (设计) 等。

六、毕业学分

176 学分 (专业培养计划 157 学分，重点提升计划 7 学分，创新实践计划 4 学分，拓展培养计划 8 学分)。

七、标准学制

4 年，允许最长修业年限为 6 年。

八、授予学位

理学学士。

九、专业培养计划各类课程学时学分比例表

课程性质	课程类别		学分		学时		占总学分百分比	
必修课	通识教育必修课程	理论教学	23	32	400	736	14.65	20.38
		实验教学 课内实验课程	3		96		1.91	
		独立设置实验课程	0		0			
		实践教学 课内实践课程	2		112		1.27	
		独立设置实践课程	4		128		2.55	
	学科平台基础课程	理论教学	30	38	480	736	19.11	24.20
		实验教学 课内实验课程	1		32		0.64	
		独立设置实验课程						
		实践教学 课内实践课程	7		224		4.45	
		独立设置实践课程						
	专业必修课程	理论教学	44	59	696	1192	28.03	37.58
		实验教学 课内实验课程	1		32		0.64	
		独立设置实验课程						
		实践教学 课内实践课程	14		464		8.91	
		独立设置实践课程						
选修课	专业选修课程	理论教学	8.5	16	136	376	5.41	17.84
		实验教学 课内实验课程						
		独立设置实验课程						
		实践教学 课内实践课程	7.5		240		4.78	
		独立设置实践课程						
	通识教育核心课程	理论教学	10	10	160	160	6.37	
		实验教学 课内实验课程						
		独立设置实验课程						
		实践教学 课内实践课程						
		独立设置实践课程						
	通识教育选修课程		2	2	32	32	1.28	
专业培养计划毕业要求总合计			157		3232			

注：专业选修课程只需填写最低修业要求学分与学时数据。

十、数学与应用数学（华罗庚班）专业课程设置及学时分配表

课程类别	课程号/课程组	课程名称	学分数	总学时	总学时分配				考核方式	开设学期	备注
					理论教学	实验教学	实践教学	实践周数			
通识教育必修课程	sd02810750	毛泽东思想和中国特色社会主义理论体系概论	3	56	40	16			考试	6	8学时 spoc
	sd02810740	习近平新时代中国特色社会主义思想概论	3	48	48				考试	6	
	sd02810610	思想道德与法治	3	56	40	16			考试	2	
	sd02810600	马克思主义基本原理	3	56	40	16			考试	4	
	sd02810460	中国近现代史纲要	3	56	40	16			考试	2	
	00070	大学英语课程组	8	240	128		112		考试	1—4	课外112学时
	sd02910630	体育(1)	1	32			32		考试	1	
	sd02910640	体育(2)	1	32			32		考试	2	
	sd02910650	体育(3)	1	32			32		考试	3	
	sd02910660	体育(4)	1	32			32		考试	4	
	sd03011670	计算思维	3	64	32	32			考试	1	
	sd06910010	军事理论	2	32	32				考试	2	
		小计	32	736	400	96	240				
通识教育核心课程		国学修养课程模块	2	32	32				考试	1—6	选2学分
		艺术审美课程模块	2	32	32				考试	1—6	选2学分
		人文学科课程模块	2	32	32				考试	1—6	选2学分
		社会科学课程模块	2	32	32				考试	1—6	选2学分
		自然科学课程模块	2	32	32				考试	1—6	
		工程技术课程模块	2	32	32				考试	1—6	选2学分
		信息社会课程模块	2	32	32				考试	1—6	
		小计	10	160	160						共10学分且务必满足模块要求

续表

课程类别	课程号/课程组	课程名称	学分数	总学时	总学时分配				考核方式	开设学期	备注
					理论教学	实验教学	实践教学	实践周数			
通识教育选修课程	00090	通识教育选修课程组	2	32	32				考查	1—8	任选2学分
		小计	2	32	32						
学科平台基础课程	sd00921230	数学分析(1)	5	96	64		32		考试	1	
	sd00920490	高等代数(1)	4	72	56		16		考试	1	
	sd00922130	代数和几何基础	4	72	56		16		考试	1	
	sd00921240	数学分析(2)	6	112	80		32		考试	2	
	sd00920500	高等代数(2)	5	96	64		32		考试	2	
	sd01020010	大学物理Ⅰ(1)	4	80	48		32		考试	2	
	sd00921250	数学分析(3)	5	96	64		32		考试	3	
	sd01020020	大学物理Ⅰ(2)	4	80	48		32		考试	3	
	sd01020030	大学物理实验	1	32		32			考查	3	劳动教育必修课
		小计	38	736	480	32	224				
专业教育课程	专业必修课程 专业基础课程	sd00932610	新生研讨课	2	48	16		32		考查	1	
		sd00920150	常微分方程	4	72	56		16		考试	3	
		sd00920380	复变函数	4	72	56		16		考试	3	
		sd00921150	实变函数	4	72	56		16		考试	4	
		sd00920420	概率论	4	72	56		16		考试	4	
		sd00931350	数学实验	1	32		32			考试	4	劳动教育必修课
		sd00931211	数论基础(双语)	4	80	48		32		考试	6	
		sd00931060	偏微分方程	4	72	56		16		考试	6	
		小计	27	520	344	32	144				
	专业核心课程	sd00931601	拓扑学(双语)	4	80	48		32		考试	4	
		sd00930180	抽象代数	4	80	48		32		考试	4	
		sd00921200	数理统计	3	56	40		16		考试	5	
		sd00930320	泛函分析	4	72	56		16		考试	5	

续表

课程类别		课程号/课程组	课程名称	学分数	总学时	总学时分配				考核方式	开设学期	备注
						理论教学	实验教学	实践教学	实践周数			
		sd00931650	微分几何	4	80	48		32		考试	5	
		sd00932790	微分流形	4	80	48		32		考试	5	
		sd00932840	抽象代数Ⅱ	3	64	32		32		考试	6	
		sd00932380	毕业论文(设计)	6	160	32		128		考查	8	
			小计	32	672	352		320				
专业选修课程	专业限选课程		A 方向限选模块									
			B 方向限选模块									
			C 方向限选模块									
			……									
			小计									
	专业任选课程	sd00932740	数学模型	3	72	24		48		考试	4	
		sd00921520	随机过程基础	4	72	56		16		考试	5	
		sd00931990	运筹学	4	80	48		32		考试	5	
		sd00931910	应用回归分析	3	72	24		48		考试	6	
		sd00932440	数值分析(双语)	4	80	48		32		考试	6	
		sd00931330	数学内容方法和意义	2	48	16		32		考查	7	
		sd00932880	现代分析基础	3	64	32		32		考试	7	
		sd00932890	代数几何	3	64	32		32		考试	7	
		sd00932650	数据科学导论	3	72	24		48		考试	7	
		sd00932960	调和分析	3	64	32		32		考试	7	
		sd00932950	动力系统	3	64	32		32		考试	7	
		sd00932810	李群和李代数	3	64	32		32		考试	7	
		sd00932830	交换代数	3	64	32		32		考试	7	
		sd00932800	代数拓扑	3	64	32		32		考试	7	
		sd00932820	自守形式	3	64	32		32		考试	7	
		sd00932900	现代微分几何	3	64	32		32		考试	7	

续表

课程类别	课程号/课程组	课程名称	学分数	总学时	总学时分配				考核方式	开设学期	备注
					理论教学	实验教学	实践教学	实践周数			
	sd00932780	现代数论基础	3	64	32		32		考试	8	
	sd00931730	现代数学选讲	2	48	16		32		考查	8	
	小计		55	1184	576		608				选16学分
	专业选修课合计		16	376	136		240				选16学分
专业培养计划合计			157								包含2个国际学分
重点提升计划	sd02810590	"四史"教育系列专题	1	16	16				考试	2	
	sd09010070	形势与政策(1)	0	16	8				考试	1	
	sd09010080	形势与政策(2)	0.5	16	8		8		考试	2	
	sd09010090	形势与政策(3)	0	16	8		8		考试	3	
	sd09010100	形势与政策(4)	0.5	16	8		8		考试	4	
	sd09010110	形势与政策(5)	0	16	8		8		考试	5	
	sd09010120	形势与政策(6)	1	16	8		8		考试	6	
	sd06910050	军事技能	2	168			168		考试	1	
	sd07810220	大学生心理健康教育	2	32	32				考试	1	
	小计		7	312	96		216				
创新实践计划		稷下创新讲堂								1—6	合计修满4学分即可
		齐鲁创业讲堂								1—6	
		创新实践项目(成果)									
	小计		4								
拓展培养计划		主题教育	1								
		学术活动	1								专业自定
		身心健康	0.5								专业自定
		文化艺术									专业自定

续表

课程类别	课程号/课程组	课程名称	学分数	总学时	总学时分配				考核方式	开设学期	备注
					理论教学	实验教学	实践教学	实践周数			
		安全教育	2								必修
		研究创新									专业自定
		就业创业	0.5								专业自定
		社会实践	2								
		志愿服务	1								
		社会工作									专业自定
		社团经历									专业自定
		小计	8								
合计			176								

十一、课程（项目）与毕业要求对应关系表

课程（项目）名称	毕业要求1		毕业要求2		毕业要求3			毕业要求4		毕业要求5			毕业要求6			毕业要求7	
	1.1	1.2	2.1	2.2	3.1	3.2	3.3	4.1	4.2	5.1	5.2	5.3	6.1	6.2	6.3	7.1	7.2
毛泽东思想和中国特色社会主义理论体系概论										H		M		M			
习近平新时代中国特色社会主义思想概论										H		M			M		
思想道德与法治										M		H				L	
马克思主义基本原理										H		M				L	
中国近现代史纲要										M						L	
大学英语课程组													H		M		L
体育(1—4)			M								H				M		
计算思维			M												M		
军事理论				M						M							
通识核心课程模块										M				M	M	M	
数学分析(1—3)	H	H															
高等代数(1—2)	H	H															
代数和几何基础	H																
大学物理I(1—2)				M	M												
大学物理实验				M	M												

续表

课程(项目)名称	毕业要求 1		毕业要求 2		毕业要求 3			毕业要求 4		毕业要求 5			毕业要求 6			毕业要求 7	
	1.1	1.2	2.1	2.2	3.1	3.2	3.3	4.1	4.2	5.1	5.2	5.3	6.1	6.2	6.3	7.1	7.2
新生研讨课	M							M						M		M	
常微分方程	M	M	H	L		M											
复变函数	M	H	M		H	M											
实变函数	M			M	H												
运筹学				M	M				M								
泛函分析	M	M	M		H	H											
抽象代数					M	H	M										
数论基础(双语)	M	M	H	H		M	M										
偏微分方程	M	M		H	M												
微分流形	M				M			M	M								
概率论				H	M				H								
数学实验		M			L			M									
数理统计	M	M			M	M											
微分几何		M		M	M	M											
拓扑学(双语)	M						M										
数值分析(双语)				M		M			H								
毕业论文(设计)	M					M	H	H							M		M

注：对应相关度请分别填写"H""M""L"。

十二、大学英语课程设置及学时分配表

类别	课组号	课程号	课程名称	学分数	总学时	总学时分配		开设学期	备注
						课内教学	实践教学		
大学英语课组	00070	sd03111790	大学基础英语（1）	2	88	32	56	1	根据入学英语分级考试结果分级选修
		sd03111800	大学基础英语（2）	2	88	32	56	2	
		sd03111810	大学综合英语（1）	2	88	32	56	1	
		sd03111820	大学综合英语（2）	2	88	32	56	2	
		sd03111830	通用学术英语（1）	2	88	32	56	1	
		sd03111840	通用学术英语（2）	2	88	32	56	2	
	英语提高课程	sd03111920	科技英语文献阅读与翻译	2	32	32			任选4学分
		sd03111930	中华优秀传统文化英文解读	2	32	32			
		sd03111950	英语演讲与辩论	2	32	32			
		sd03111850	大学基础英语（3）	2	32	32		3	
		sd03111860	大学基础英语（4）	2	32	32		4	
应修小计				8	240	128	112		

武汉大学
强基计划数学与应用数学专业培养方案

一、专业名称

数学与应用数学 (数学强基班)。

二、培养目标

坚持以习近平新时代中国特色社会主义思想为指导，全面贯彻党的教育方针，以立德树人为根本，培养具有坚定民族精神和开阔国际视野、强烈社会责任感和使命感、人格健全、知识宽厚、能力全面的社会主义建设者和接班人。同时致力于培养掌握数学科学和统计学的基本理论与基本方法，具备运用数学及统计知识、使用计算机解决实际问题的能力，受到科学研究的系统训练，能在科技、教育部门从事研究、教学工作或在生产经营、经济及管理部门从事实际应用、开发研究和管理工作的高级专门人才。

本科培养目标：本专业培养具有宽广扎实的数学基础与实际应用领域的专业知识，立志于数学基础理论研究和交叉学科应用，目标远大、视野开阔、思维活跃、勇于创新、德智体美劳全面发展的富有探索精神和创新意识，能够参与国际竞争的拔尖数学人才。

研究生培养目标：身心健康，具有良好的道德品质和学术修养；在本学科内掌握坚实宽广的基础理论和系统深入的专门知识，了解本学科专业的前沿动态，具有独立从事科学研究工作的能力，能在科学或专门技术上做出创造性的成果，愿为社会主义现代化建设事业服务的拔尖数学人才。

三、阶段性考核和动态进出办法

1. 第一阶段考核、分流

(1) 时间：第三学期末。

(2) 考核与分流

有下列情况之一者分流出数学强基计划：主动申请退出数学强基计划的；必修课程有不及格的；全部必修课的平均学分绩点 (GPA) 低于 3.2 (满分为 4.0) 的；违反校纪校规的。

分流出的学生到数学类的其他班级学习，不再享受数学强基计划的相关政策。分流出的空缺可以从数学类的其他班级学生中择优补充。

2. 第二阶段考核、分流

(1) 时间：第六学期末。

(2) 考核与分流

有下列情况之一者分流出数学强基计划：主动申请退出数学强基计划的；必修课程有不及格的；全部必修课的平均学分绩点 (GPA) 低于 3.2 (满分为 4.0) 的；未能达到学校制定的大学英语六级考试成绩标准的；违反校纪校规的。

分流出的学生到数学类的其他班级学习，不再享受数学强基计划的相关政策。分流出的空缺不再补充。

3. 第三阶段考核、分流

(1) 时间：第十学期末。

(2) 考核与分流

参加研究生中期考核，主要考核课程成绩、专业基础知识、专业理论知识。考核合格者，继续直博。考核不合格者，终止直博生培养，可转为硕士生模式培养。

四、大类平台课程

数学分析 (1)(2)(3)、高等代数与解析几何 (1)(2)、常微分方程、抽象代数。

五、学制和学分要求

学制：本硕博 4+5 的九年制 (优秀学生可提前毕业)。

学分要求：本科 155 学分，研究生 37 学分。

研究方向：偏微分方程、多复分析及复几何、泛函分析与非交换分析、微分几何与几何分析、动力系统、代数与数论、小波分析、大规模计算科学、计算材料和生物学、复杂网络、概率与随机分析、数理统计、生物统计、金融数学与保险数学、最优控制与反问题、最优化理论、算法及其应用等。

六、学位授予

(1) 本科阶段，思想品德良好，无违法乱纪行为；按要求修满规定的各类学分，毕业论文通过答辩，成绩合格；外语达到学校的要求，符合以上条件者，准予毕业，并授予理学学士学位。

(2) 研究生阶段，按照学校的相关要求，修满直博规定的各类学分，博士论文通过答辩，成绩合格，外语达到学校要求，符合以上条件者，准予毕业，授予理学博士学位。研究生阶段，不能按照直博条件要求毕业者，可以按照硕士生的相关要求，参加硕士生论文答辩，通过答辩，且成绩合格者，外语达到学校要求，准予以硕士研究生资格毕业，并授予硕士学位。

七、主要实验和实践性教学要求

包括计算实习、科研训练、生产劳动和毕业论文或设计等，一般安排 10~20 周。

八、毕业条件及其他必要说明

1. 完成总学分 155 分。

2. 完成对应专业规定的学分。

3. 选修一门第三学期课程。

4. 完成 2 个创新创业类学分。学科竞赛、大学生创新创业训练项目、社会实践等可转换为创新创业类学分。

5. 达到学校规定的毕业生所必须具备的其他条件。

九、本科阶段课程模块说明

课程模块	必修课学分	选修课学分	合计	占总学分百分比
通识课程	6	6	12	8
公共基础课程	44	7	51	33
大类平台课程	36	/	36	23
专业核心课程	34	/	50	32
专业选修课程	/	16		
跨学院选修课程	/	6	6	4
总学分	120	35	155	

十、专业

数学与应用数学专业。

专业代码：070101。

专业名称：数学与应用数学。

设置了数学强基班、数学与应用数学专业、金融数学方向。

数学强基班必修课程：概率论、复变函数、实变函数、拓扑学、微分几何、泛函分析、广义函数与偏微分方程、毕业论文。

十一、教学计划

课程类别			课程名称	学分数			学时数			修读学期	备注
				总学分	理论学分	实践学分	总学时	理论学时	实践学时		
通识教育课程 12	通识必修课程 6学分	必修	人文社科经典导引	2	2		32	32		1–2	1.所有学生必须修读《人文社科经典导引》《自然科学经典导引》《中国精神导引》 2.所有学生必须选修"中华文化与世界文明"和"艺术体验与审美鉴赏"模块课程，其中"艺术体验与审美鉴赏"课程至少选修 2 学分 3.所有学生必须至少修满 12 学分通识教育课程
			自然科学经典导引	2	2		32	32		1–2	
			中国精神导引	2	2		32	32		1–2	
	通识选修课程 6学分	选修	中华文化与世界文明模块 科学精神与生命关怀模块 社会科学与现代社会模块 艺术体验与审美鉴赏模块	2							
公共基础课程 51	公共基础必修课程 37学分	必修	马克思主义基本原理	2.5	2.5	0	40	40	0	2	"四史"教育模块包括"党史""新中国史""改革开放史"和"社会主义发展史"，要求至少选修 1 门课程
			毛泽东思想和中国特色社会主义理论体系概论	2.5	2.5	0	40	40	0	3	
			中国近现代史纲要	2.5	2.5	0	40	40	0	2	
			思想道德与法治	2.5	2.5	0	40	40	0	1	
			习近平新时代中国特色社会主义思想概论	3	3	0	48	48	0	4	
			大学思政实践课	2	0	2	48	0	48	2–3	
			形势与政策	2	2	0	32	32	0	1–4	
			体育	4	0	4	128	16	112	1–4	
			大学英语	6	6		96	96		1–2	
			军事理论与技能	4	2	2	200	32	168	1–2	
			新时代中国特色社会主义劳动教育	2	0.5	1.5	44	8	36	3–4	

续表

课程类别		课程名称	学分数			学时数			修读学期	备注
			总学分	理论学分	实践学分	总学时	理论学时	实践学时		
		大学生心理健康	2	2		32	20		1—2(三)	
		国家安全教育	1	1		16	16		1	
		"四史"教育模块	1	1		16	16		1—2	
公共基础课选修课程 7学分	限定选修	大学物理(B)上	3.5	3.5		56	56		2	该2门课程为限定选修
		大学物理(B)下	3.5	3.5		56	56		3	
跨学院公共基础课程 ≥7学分	必修	数据科学导论A	3							数智课程：跨学院公共基础课程为必修课程。其中"数据科学导论"为必修课，其他课程"为自选课程
		数据分析与处理A (Python)	3							
		数据分析与处理B (Python)	2							
		数据分析与处理 (SPSS)	2							
		数据结构与程序设计A (Python语言)	4							
		数据结构与程序设计B (Python语言)	3							
		数据结构与程序设计A (C语言)	4							
		数据结构与程序设计B (C语言)	3							
		数据结构与程序设计A (C++语言)	4							
		数据结构与程序设计B (C++语言)	3							
		数据可视化	2							

续表

课程类别			课程名称	学分数			学时数			修读学期	备注
				总学分	理论学分	实践学分	总学时	理论学时	实践学时		
			人工智能与机器学习 A	3							
			人工智能与机器学习 B	2							
专业教育课程	专业准出课程	大类平台课程 必修 36学分	数学分析(1)	4	4		80	80		1	
			数学分析(2)	5	5		96	96		2	
			数学分析(3)	6	6		96	96		3	
			数学分析习题课(1)	1		1	32		32	1	
			数学分析习题课(2)	1		1	32		32	1	
			高等代数与解析几何(1)	4	4		80	80		1	
			高等代数与解析几何(2)	5	5		96	96		2	
			高等代数与解析几何习题课(1)	1		1	32		32	1	
			高等代数与解析几何习题课(2)	1		1	32		32	2	
		专业教育必修课程 34学分	常微分方程	4	3	1	72	48	24	3	
			抽象代数	4	3	1	72	48	24	3	
			复变函数	4	3	1	72	48	24	4	
			实变函数	4	3	1	72	48	24	4	
			微分几何	4	3	1	72	48	24	4	
			拓扑学	4	3	1	72	48	24	5	
			概率论	4	3	1	72	48	24	5	
			泛函分析	4	3	1	72	48	24	5	

续表

课程类别			课程名称	学分数			学时数			修读学期	备注
				总学分	理论学分	实践学分	总学时	理论学时	实践学时		
专业选修课程	学院内选修课程	选修	广义函数与偏微分方程	4	3	1	72	48	24	6	
			毕业论文	6		6	144		144	8	
			数学模型⑩	3	2	1	56	32	24	6	
			数值线性代数	4	3	1	72	48	24	6	
			交换代数	3	2	1	56	32	24	4	
			傅里叶分析	3	2	1	56	32	24	6	
			多复分析	3	2	1	56	32	24	6	
			数值分析	4	3	1	72	48	24	5	
			多尺度分析	3	2	1	56	32	24	6	
			数学实验	3	2	1	56	32	24	6	
			流体力学	3	2	1	56	32	24	6	
			数据库技术	3	2	1	56	32	24	6	
			数理统计	4	3	1	72	48	24	6	
			黎曼几何	4	3	1	72	48	24	6	
			小波分析	3	2	1	56	32	24	6	
			随机过程	4	3	1	72	48	24	5	
			代数拓扑	3	2	1	56	32	24	7	
			计算力学	3	2	1	56	32	24	7	
			数论	3	2	1	56	32	24	7	

续表

课程类别	课程名称	学分数			学时数			修读学期	备注
		总学分	理论学分	实践学分	总学时	理论学时	实践学时		
	调和分析	3	2	1	56	32	24	7	
	应用偏微分方程模型	3	2	1	56	32	24	7	
	优化理论与方法	4	3	1	72	48	24	7	
	代数几何	3	2	1	56	32	24	7	
	微分方程数值解	4	3	1	72	48	24	8	
	线性控制系统	3	2	1	56	32	24	7	
	统计计算	3	2	1	56	32	24	6	
	离散数学	3	3	1	56	32	24	5	
	数据结构与算法	3	2	1	56	32	24	5	
	偏微分方程	4	3	1	72	48	24	5	
	拓扑学	4	3	1	72	48	24	5	
	微分几何	4	3	1	72	48	24	5	
	图论	3	2	1	56	32	24	6	
	宏观经济学	3	2	1	56	32	24	7	
	软件设计方法	3	2	1	56	32	24	7	
	数字图像处理	3	2	1	56	32	24	7	
	运筹学	4	3	1	72	48	24	7	
	国际金融	3	2	1	56	32	24	6	
	多元统计分析	4	3	1	72	48	24	7	

续表

课程类别	课程名称	学分数			学时数			修读学期	备注
		总学分	理论学分	实践学分	总学时	理论学时	实践学时		
	金融工程	3	2	1	56	32	24	6	
	利息理论	3	2	1	56	32	24	5	
	证券投资学	3	2	1	56	32	24	5	
	抽样调查	3	2	1	56	32	24	7	
	泛函分析	4	3	1	72	48	24	6	
	风险管理	3	2	1	56	32	24	6	
	金融数学	3	2	1	56	32	24	6	
	期权期货与衍生工具	3	2	1	56	32	24	6	
	财务管理	3	2	1	56	32	24	7	
	实用回归分析	4	3	1	72	48	24	7	
	金融专题讲座	3	2	1	56	32	24	7	
	计算几何	3	2	1	56	32	24	5	
	数据科学引论	4	3	1	72	48	24	6	
	反问题计算	3	2	1	56	32	24	7	
	量子信息与量子计算基础	3	2	1	56	32	24	7	
	神经网络与深度学习	3	2	1	56	32	24	6	
	Python语言程序设计	3	2	1	56	32	24	4	
	机器学习	4	3	1	72	48	24	5	
	非参数统计	3	2	1	56	32	24	6	

续表

课程类别	课程名称	学分数			学时数			修读学期	备注
		总学分	理论学分	实践学分	总学时	理论学时	实践学时		
	试验设计与方差分析	3	2	1	56	32	24	6	
	生物统计	3	2	1	56	32	24	6	
	计量经济学	3	2	1	56	32	24	7	
	微观经济学	3	2	1	56	32	24	4	
	随机模拟方法	3	2	1	56	32	24	6	
	时间序列分析	4	3	1	72	48	24	6	
	分形几何	3	2	1	56	32	24	6	
	动力系统遍历论	3	2	1	56	32	24	7	
	现代数学专题选讲(1)	2		2	48		48	7	
	现代数学专题选讲(2)	2		2	48		48	7	
	现代数学专题选讲(3)	2		2	48		48	8	
	现代数学专题选讲(4)	2		2	48		48	8	
	基础数学专题	2		2	48		48	7—8	
	应用数学专题	2		2	48		48	7—8	
	概率论专题	2		2	48		48	7—8	
	统计学专题	2		2	48		48	7—8	
	计算数学专题	2		2	48		48	7—8	
	科技强国的数学根基(1)	1	0.5	0.5	20	8	12	1—3	
	科技强国的数学根基(2)	1	0.5	0.5	20	8	12	2—4	
	高等代数能力拓展训练⊜	2		2	48		48	三学期	

续表

课程类别		课程名称	学分数			学时数			修读学期	备注
			总学分	理论学分	实践学分	总学时	理论学时	实践学时		
		数学分析能力拓展训练⊖	2		2	48		48	三学期	
		随机数学专题选讲⊖	2		2	48		48	三学期	
		科研训练①	2	2		32			1—2	
		科研训练②	2	2		32			3—4	
		科研训练③	2	2		32			5—6	
		科研训练④	2	2		32			7—8	
		实习实训1⊖	2		2	48		48	三学期	
		实习实训2⊖	2		2	48		48	三学期	
		实习实训3⊖	2		2	48		48	三学期	
		认知实习1⊖	2		2	48		48	三学期	
		认知实习2⊖	2		2	48		48	三学期	
		认知实习3⊖	2		2	48		48	三学期	
跨学院选修	选修	至少选修6学分								跨学院课程学分，学生毕业审核必须达标

公共基础课程学分：51，占总学分的32.9%

专业基础课程学分：86，专业准出大类平台课程36学分，专业必修34学分，专业选修16学分，占总学分的55.5%

实践教学学分至少39，占总学分的25.2%（实践教学学时至少936，占总学时的33.5%）

选修课程学分：33，占总学分的21.3%（选修课程学时：560，占总学时的20.1%）

强基计划研究生阶段培养详见"武汉大学研究生培养方案"

本科毕业应取得总学分：155学分

注：1. 带回字的课程为创新创业类课程。

2. 带三字的课程为第三学期开设课程。

3. 学时设置应与学分完全对应，按照理论课1学分16学时，实践课1学分24学时填写。

武 汉 大 学

数学自强班 (应用数学与统计学方向) 培养方案 (2024级)

一、数学与统计学院简介

数学与统计学院是武汉大学历史最悠久的单位之一。1893 年武汉大学前身自强学堂创办时就有"算术门"。1913 年组建武昌高等师范学校后一年成立了数学物理部。1922 年由当时的四部改为八系时定名为数学系，1998 年 3 月改名为数学科学学院，1999 年 4 月改名为数学与计算机科学学院，2001 年元月四校合并后的新武汉大学将原四校数学相关学科合并成立了武汉大学数学与统计学院。

学院设有基础数学系、应用数学系、信息与计算科学系、概率与统计科学系、数学研究所及数学协同创新中心等教学科研机构。现有 4 个本科专业：数学与应用数学 (含金融数学方向)、信息与计算科学、统计学、数据科学与大数据技术。并设有国家基础学科拔尖学生培养试验计划——数学弘毅班、基础学科招生改革试点——数学强基班。学院按"数学类"统一招生，学生从第四学期开始进入不同专业、方向学习。

学院拥有数学和统计学 2 个一级学科博士点，5 个二级学科 (基础数学、概率统计、应用数学、计算数学、运筹学与控制论) 具有博士和硕士学位授予权，应用统计专业具有硕士学位授予权。现有教师 110 余人，其中教授 47 人，副教授 52 人。

一百多年来，陈建功、萧君绛、李华宗、汤璪真、吴大任等一批知名数学家曾在此从事教学和科研工作，曾昭安、李国平、张远达、余家荣、路见可、齐民友等著名数学家长期在学院工作，为学院的建设和发展做出了重要贡献。在良好的育人环境中，经过几代人的不懈努力，培养出了一大批国内外知名数学家和数学人才，其中包括丁夏畦、王梓坤、陈希孺、沈绪榜、张明高等中国科学院院士和中国工程院院士。2021 年初，武汉大学数学学科进入 ESI 全球学科排名前 0.5%。

学院教师在偏微分方程、多复分析及复几何、泛函分析与非交换分析、微分几何与几何分析、代数几何、数论与密码、动力系统、调和分析与小波理论、控制与优化理论、偏微分方程数值解、数值分析、生物信息学、复杂网络、随机分析、大偏差理论、生物统计、金融数学等领域开展了大量的教学科研工作，取得了丰硕的成果。

二、培养方案主要内容

1. 专业名称

数学自强班 (应用数学与统计学方向) 的学生专业为信息与计算科学。

2. 培养目标

数学自强班 (应用数学与统计学方向) 坚持以习近平新时代中国特色社会主义思想为指导，全面贯彻党的教育方针，着力培养具有开阔国际视野、宽广扎实的数学理论基础及交叉学科知识，志在基础研究和应用领域潜心钻研，富有科学探索精神和国际竞争力的拔尖创新人才。

3. 招生及阶段性考核和动态进出办法

(1) 第一阶段：招生

① 时间：第一学期初。

② 招生：面向全校全日制普通本科新生公开选拔 20 名左右的学生。

(2) 第二阶段：考核与分流补充

① **考核与分流：**

在本科第一、二、三学年的每个学年结束后，开展考核分流工作。

有下列情况之一者分流出数学自强班：主动申请退出数学自强班者；专业必修课程不及格者；必修课平均学分绩点 (GPA) 低于 3.2 (满绩为 4.0) 者；违反校纪校规者。学生可分流至数学与应用数学、信息与计算科学或者统计学专业。

② **选拔补充：**

在本科第一、第二学年结束后因分流产生的空缺，可面向数学与统计学院学生择优选拔补充。

4. 大类平台课程和必修课程

大类平台课程： 数学分析 (1)(2)(3)、数学分析习题课 (1)(2)、高等代数与解析几何 (1)(2)、高等代数与解析几何习题课 (1)(2)、常微分方程、概率论。

必修课程： 数值线性代数、数值分析、实变函数、数理统计、优化理论与方法、偏微分方程、计算力学、数据科学引论、毕业论文。

5. 学制和学分要求

学制：四年。

总学分：155 学分。

6. 学位授予

若满足毕业生条件，授予理学学士学位，以"信息与计算科学"专业毕业。

7. 主要实验和实践性教学要求

包括计算实习、科研训练、生产劳动和毕业论文或设计等，一般安排 10~20 周。

8. 毕业生条件及其他必要的说明

(1) 完成总学分 155 分。

(2) 完成对应专业规定的学分。

(3) 选修一门第三学期课程。

(4) 完成 2 个创新创业类学分。学科竞赛、大学生创新创业训练项目、社会实践等可转换为创新创业类学分。

(5) 达到学校规定的毕业生所必须具备的其他条件。

9. 培养特色

学校单独制定数学自强班 (应用数学与统计学方向) 培养方案,凸显拔尖创新人才培养目标。院士领衔高水平师资承担课程教学,全程指导学生成长成才。邀请境外知名学者开设前沿课程。配备高水平专家系统指导学生科研训练。实施小班化精细管理,国家级人才计划入选者担任班主任,配置专任教学秘书和专设研修室,提供专项经费支持。培养过程实行动态管理,根据学生思想素质、学习能力等综合表现,经专家组评估,适时开展分流。大三学年结束后,经学院考核和学校审定,符合学校推免生推荐资格、遴选条件和相关要求者可免试攻读研究生,推免不限定去向,校内外均可。

三、教学计划

课程类别		课程名称	学分数				学时数			修读学期	备注
			总学分	理论课学分	实践学分	总学时	理论课学时	实践学时		
通识教育课程 12	通识必修课程（6学分）必修	人文社科经典导引	2	2		32	32		1–2	1. 所有学生须修读人文社科经典导引、自然科学经典导引、中国精神导引 2. 所有学生必须选修"中华文化与世界文明"和"艺术体验与审美鉴赏"模块课程，其中"艺术体验与审美鉴赏"模块课程至少选修 2 学分 3. 所有学生必须至少修满 12 学分通识教育课程
		自然科学经典导引	2	2		32	32		1–2	
		中国精神导引	2	2		32	32		1–2	
	通识选修课程（6学分）选修	中华文化与世界文明模块								
		科学精神与生命关怀模块								
		社会科学与现代社会模块								
		艺术体验与审美鉴赏模块	2							
公共基础课程 48	公共基础必修课程（37学分）必修	马克思主义基本原理	2.5	2.5	0	40	40	0	2	
		毛泽东思想和中国特色社会主义理论体系概论	2.5	2.5	0	40	40	0	3	
		中国近现代史纲要	2.5	2.5	0	40	40	0	2	
		思想道德与法治	2.5	2.5	0	40	40	0	1	
		习近平新时代中国特色社会主义思想概论	3	3		48	48		4	
		大思政实践课	2	0	2	48	0	48	2–3	
		形势与政策	2	2		32	32		1–4	
		体育	4	4					1–6	

续表

课程类别		课程名称	学分数			学时数			修读学期	备注
			总学分	理论课学分	实践学分	总学时	理论课学时	实践学时		
		大学英语	6	6					1—4	"四史"教育模块包括党史、新中国史、改革开放史和社会主义发展史,要求至少选修1门课程
		军事理论与技能	4	2	2	80	32	48	1—2	
		新时代中国特色社会主义劳动教育	2	0.5	1.5	44	8	36		
		大学生心理健康	2	2		32	32		1—2 (三)	
		国家安全教育	1	1		32	32			
		"四史" 教育模块	1	1						
公共基础选修课程 (7学分)	限定选修	大学物理 (B)上	3.5	3.5		56	56		2	该2门课程为限定选修
		大学物理 (B)下	3.5	3.5		56	56		3	
跨学院公共基础课程 (>4学分)	必修	数据科学导论 A	3							数智课程:跨学院公共基础课程。其中数据科学导论与必选课,其他课程为自选课
		数据分析与处理 A (Python)	3							
		数据分析与处理 B (Python)	2							
		数据分析与处理 (SPSS)	2							
		数据结构与程序设计 A (Python)	4							
		数据结构与程序设计 B (Python)	3							
		数据结构与程序设计 A (C)	4							
		数据结构与程序设计 B (C)	3							
		数据结构与程序设计 A (C++)	4							

续表

课程类别		课程名称	学分数			学时数			修读学期	备注
			总学分	理论课学分	实践学分	总学时	理论课学时	实践学时		
		数据结构与程序设计 B (C++)	3							
		数据可视化	2							
		人工智能与机器学习 A	3							
		人工智能与机器学习 B	2							
专业准出课程	大类平台课程(36学分) 必修	数学分析 (1)	4	2	2	80	32	48	1	
		数学分析 (2)	5	3	2	96	48	48	2	
		数学分析 (3)	6	6		96	96		3	
		数学分析习题课 1	1		1	32		32	1	
		数学分析习题课 2	1		1	32		32	1	
		高等代数与解析几何 (1)	4	2	2	80	32	48	1	
		高等代数与解析几何 (2)	5	3	2	96	48	48	2	
		高等代数与解析几何习题课 1	1		1	32		32	1	
		高等代数与解析几何习题课 2	1		1	32		32	2	
专业教育课程		常微分方程	4	3	1	72	48	24	3	
		概率论	4	3	1	72	48	24	4	
		抽象代数	4	3	1	72	48	24	3	
		复变函数	4	3	1	72	48	24	4	

续表

课程类别			课程名称	学分数			学时数			修读学期	备注
				总学分	理论课学分	实践学分	总学时	理论课学时	实践学时		
专业必修课程	专业教育必修课程	必修课程模块A（38学分）	实变函数	4	3	1	72	48	24	4	
			微分几何	4	3	1	72	48	24	4	
			拓扑学	4	3	1	72	48	24	5	
			泛函分析	4	3	1	72	48	24	5	
			数值线性代数	4	3	1	72	48	24	6	
			偏微分方程	4	3	1	72	48	24	6	
			毕业论文	6		6	144		144	8	
		必修课程模块B（37学分）	数值线性代数	4	3	1	72	48	24	3—4	
			数理统计	4	3	1	72	48	24	4	
			实变函数	4	3	1	72	48	24	4	
			数值分析	4	3	1	72	48	24	4—5	
			优化理论与方法	4	3	1	72	48	24	5	
			计算力学	3	2	1	56	32	24	5	
			偏微分方程	4	3	1	72	48	24	5	
			数据科学引论	4	3	1	72	48	24	6	
			毕业论文	6		6	144		144	8	
			数学模型⑩	3	2	1	56	32	24	6	
			交换代数	3	2	1	56	32	24	4	
			傅里叶分析	3	2	1	56	32	24	6	

续表

课程类别			课程名称	学分数			学时数			修读学期	备注
				总学分	理论课学分	实践学分	总学时	理论课学时	实践学时		
专业选修课程	学院内选修课程	选修	多复分析	3	2	1	56	32	24	6	
			数值分析	4	3	1	72	48	24	5	
			多尺度分析	3	2	1	56	32	24	6	
			数学实验	3	2	1	56	32	24	6	
			流体力学	3	2	1	56	32	24	6	
			数据库技术	3	2	1	56	32	24	6	
			数理统计	4	3	1	72	48	24	6	
			黎曼几何	4	3	1	72	48	24	5	
			小波分析	3	2	1	56	32	24	6	
			随机过程	4	3	1	72	48	24	5	
			代数拓扑	3	2	1	56	32	24	7	
			应用随机方法	4	3	1	72	48	24	5	
			数论	3	2	1	56	32	24	7	
			调和分析	3	2	1	56	32	24	7	
			应用偏微分方程模型	3	2	1	56	32	24	7	
			优化理论与方法	4	3	1	72	48	24	7	
			代数几何	3	2	1	56	32	24	7	
			微分方程数值解	4	3	1	72	48	24	8	
			线性控制系统	3	2	1	56	32	24	7	

续表

课程类别	课程名称	学分数			学时数			修读学期	备注
		总学分	理论课学分	实践学分	总学时	理论课学时	实践学时		
	统计计算	3	2	1	56	32	24	6	
	离散数学	3	2	1	56	32	24	5	
	数据结构与算法	3	2	1	56	32	24	5	
	拓扑学	4	3	1	72	48	24	5	
	微分几何	4	3	1	72	48	24	5	
	图论	3	2	1	56	32	24	6	
	宏观经济学	3	2	1	56	32	24	7	
	软件设计方法	3	2	1	56	32	24	7	
	数字图像处理	3	2	1	56	32	24	7	
	运筹学	4	3	1	72	48	24	7	
	国际金融	3	2	1	56	32	24	6	
	多元统计分析	4	3	1	72	48	24	7	
	金融工程	3	2	1	56	32	24	6	
	利息理论	3	2	1	56	32	24	5	
	证券投资学	3	2	1	56	32	24	5	
	抽样调查	3	2	1	56	32	24	7	
	泛函分析	4	3	1	72	48	24	6	
	风险管理	3	2	1	56	32	24	6	
	金融数学	3	2	1	56	32	24	6	

续表

课程类别	课程名称	学分数			学时数			修读学期	备注
		总学分	理论课学分	实践学分	总学时	理论课学时	实践学时		
	期权期货与衍生工具	3	2	1	56	32	24	6	
	财务管理	3	2	1	56	32	24	7	
	实用回归分析	4	3	1	72	48	24	7	
	金融专题讲座	3	2	1	56	32	24	7	
	计算几何	3	2	1	56	32	24	5	
	数据科学引论	4	3	1	72	48	24	6	
	反问题计算	3	2	1	56	32	24	7	
	量子信息与量子计算基础	3	2	1	56	32	24	7	
	神经网络与深度学习	3	2	1	56	32	24	6	
	Python 语言程序设计	3	2	1	56	32	24	4	
	机器学习	4	3	1	72	48	24	5	
	非参数统计	3	2	1	56	32	24	6	
	试验设计与方差分析	3	2	1	56	32	24	6	
	生物统计	3	2	1	56	32	24	6	
	计量经济学	3	2	1	56	32	24	7	
	微观经济学	3	2	1	56	32	24	4	
	随机模拟方法	3	2	1	56	32	24	6	
	时间序列分析	4	3	1	72	48	24	6	
	分形几何	3	2	1	56	32	24	6	

续表

课程类别	课程名称	学分数			学时数			修读学期	备注
		总学分	理论课学分	实践学分	总学时	理论课学时	实践学时		
	动力系统通历论	3	2	1	56	32	24	7	
	现代数学专题选讲(1)	2		2	48		48	7	
	现代数学专题选讲(2)	2		2	48		48	7	
	现代数学专题选讲(3)	2		2	48		48	8	
	现代数学专题选讲(4)	2		2	48		48	8	
	基础数学专题	2		2	48		48	7—8	
	应用数学专题	2		2	48		48	7—8	
	概率论专题	2		2	48		48	7—8	
	统计学专题	2		2	48		48	7—8	
	计算数学专题	2		2	48		48	7—8	
	科技强国的数学根基(1)	1	0.5	0.5	20	8	12	1—3	
	科技强国的数学根基(2)	1	0.5	0.5	20	8	12	2—4	
	高等代数能力拓展训练③	2		2	48		48	三学期	
	数学分析能力拓展训练③	2		2	48		48	三学期	
	随机数学专题选讲③	2		2	48		48	三学期	
	科研训练①	2	2		32			1—2	
	科研训练②	2	2		32			3—4	

续表

课程类别	课程名称	学分数			学时数			修读学期	备注
		总学分	理论课学分	实践学分	总学时	理论课学时	实践学时		
	科研训练③	2	2		32			5~6	
	科研训练④	2	2		32			7~8	
	实习实训⑤	2		2	48		48	三学期	
	实习实训⑤	2		2	48		48	三学期	
	实习实训⑤	2		2	48		48	三学期	
	认知实习 1⑤	2		2	48		48	三学期	
	认知实习 2⑤	2		2	48		48	三学期	
	认知实习 3⑤	2		2	48		48	三学期	
跨学院课程	至少选修 6 学分，跨学院课程学分，学生毕业审核必须达标								
本科毕业应取得总学分：155 学分	公共基础课程学分：48 专业教育课程学分：95，专业准出大类平台课程36学分，专业必修38或37学分，专业选修21或22学分 实践教学学分至少39，占总学分的 25.2%（实践教学学时至少 936，占总学时的 33.5%） 选修课程学分：31，占总学分的 20%（选修课学时：560，占总学时的 17.5%）								

注：1. 带⑩字的课程为创新创业类课程。
2. 带⑤字的课程为第三学期开设课程。
3. 学时设置应与学分完全对应，按照理论课 1 学分 16 学时，实践课 1 学分 24 学时填写。

华中科技大学

数学拔尖基地实验班本科培养方案(2024级)

一、培养目标

培养具有坚定信念和科学人文素养，德、智、体、美、劳全面发展，具备坚实数学基础，扎实的专业知识及研究应用能力、创新意识和国际视野，能在基础数学或应用数学领域勇攀科学高峰的数学拔尖领军人才。

预期毕业五年以上的毕业生：

1. 道德修养：政治立场坚定，职业道德高尚，身心健康，践行社会主义核心价值观，热爱社会主义教育事业，具有良好的人文和教师职业素养。

2. 专业能力：具有扎实的数学基础、很强的创新意识和能力、优秀的综合素质、坚定的科学理想以及广阔的国际视野。

3. 团队合作：具有团队合作意识、人际交流技巧以及一定的领导力，具有团队合作精神，能够处理不断变化的人际关系和工作环境，在多部门之间进行有效沟通与交流。

4. 就业竞争：了解专业领域国内外的学科发展、前沿问题和焦点研究，具有较强的创新意识，能够综合运用多学科知识和现代信息技术开展专业领域的教学和科研工作，在数学及相关领域具有职场竞争力。

5. 终身学习：具有较强的自学能力、良好的跟踪国际学术前沿或应用热点的意识，能够通过终身学习适应职业发展。

6. 服务社会：具有家国情怀，能够瞄准国家重大需求、脚踏实地适应实际工作。

二、毕业要求

通过本专业的学习，毕业生应获得以下几个方面的知识、能力和素养：

1. 专业知识：掌握扎实的分析、代数、几何、概率等数学分支的基础理论知识。

2. 问题分析：具备深入分析和解决数学问题的能力，或将数学知识应用于其他学科和领域，如工程学、经济学、医学、物理学等。

3. 数学思维：能够运用数学知识解决实际问题，具备问题分析、模型构建、模型求解和结果分析的综合数学建模能力。

4. 科研能力：具备创新思维和创新能力，能够探索新的数学理论、工具和方法，具备独立进行科研工作的能力，包括提出问题、独立思考、论证实验、撰写论文等。

5. 团队合作：具备良好的沟通、协调、合作等能力，能够在多学科背景下的团队中承担合适的角色。

6. 终身学习：保持好奇心，不断进取，具有自主学习和终身学习的意识，对数学学科充满热爱和追求。

三、培养特色

坚持厚基础、宽口径、强创新的人才培养模式，实行本科生导师制，按照"品行养成、思维创新、能力培养、知识创新"四位一体教育理念，形成了"基础知识扎实、理工交叉融合"的特色。

四、主干学科

数学。

相关学科：应用数学、信息与计算科学、统计学。

五、学制与学位

修业年限：四年。

授予学位：理学学士。

六、课内必修课程学时学分

课程类别		课程性质	学时	学分	学分占比/%
素质教育通识课程		必修	568	29	18.13
		选修	160	10	6.25
学科（专业）基础课程		必修	1104	59	37.5
		选修	0	0	0
专业课程	专业核心课程	必修	336	21	13.12
	专业选修课程	选修	280	17.5	10.94
集中实践		必修	27 周	17.5	10.94
		选修	8 周	6	3.75
合计			2448+35 周	160	100

七、课外必修课程学时学分

课程名称	学时	学分
思政课社会实践	64	2
军事理论	36	2
军事训练	112 (2 周)	2
劳动教育	32	2
大学生心理健康	32	2
至少参加一次学科类竞赛	32	2
至少参加一次大创项目或数学 JIA 活动或专业教师的科研课题	32	2
合计	340	14

八、实验及实践学时学分

课程类别/名称	课程性质	实验实践学时	实验实践学分
计算机与程序设计基础 (C++)	必修	8	0.5
物理实验 (一)	必修	32	2
物理实验 (二)	必修	24	1.5
抽象代数	必修	8	0.5
数论	必修	8	0.5
数学建模	必修	8	0.5
拓扑学	必修	8	0.5
偏微分方程	必修	8	0.5
微分几何	必修	8	0.5
微分流形	选修	24	1.5
数值分析	选修	16	1
信息论基础	选修	8	0.5
运筹学	选修	8	0.5
数据结构与算法	选修	16	1
微分方程数值解	选修	8	0.5
最优化方法	选修	8	0.5
数理统计	选修	8	0.5

续表

课程类别/名称	课程性质	实验实践学时	实验实践学分
非参数统计	选修	8	0.5
随机过程	选修	8	0.5
数学实验	选修	24	1.5
抽样调查	选修	8	0.5
科技创新活动 (一)	选修	2 周	1.5
科技创新活动 (二)	选修	2 周	1.5
科技创新活动 (三)	选修	2 周	1.5
科技创新活动 (四)	选修	2 周	1.5
科技创新活动 (五)	选修	2 周	1.5
科学研究训练	必修	8 周	4
学科实践	必修	3 周	1.5
毕业设计 (论文)	必修	16 周	12

九、 主要课程及创新创业、校企合作课程

1. 主要课程

数学分析 A、高等代数与解析几何 A、常微分方程 A、复分析、实分析、概率论 A、泛函分析。

2. 创新 (创业) 课程

(1) 创新意识启迪类课程：学科 (专业) 概论、抽象代数、偏微分方程、拓扑学、微分几何。

(2) 创新能力培养类课程：数论、群与表示、微分流形、调和分析、现代数学选讲。

(3) 创新实践训练：数学建模、数学实验。

十、教学进程计划表

1. 素质教育通识课程

课程名称	课程代码	课程性质	课内					课外学时	设置学期
			总学分	总学时	理论学时	实验实践学时	上机学时		
思想道德与法治		必修	2.5	40	40				1
中国近现代史纲要		必修	2.5	40	40				2
马克思主义基本原理		必修	2.5	40	40				3
习近平新时代中国特色社会主义思想概论		必修	3	48	48				3
毛泽东思想和中国特色社会主义理论体系概论		必修	3	48	48				4
形势与政策		必修	1.5	48	48				5—7
中国语文		必修	2	32	32				2
综合英语 (一)		必修	2.5	40	40				1
综合英语 (二)		必修	2.5	40	40				2
大学体育 (一)		必修	1.5	60	60				1—2
大学体育 (二)		必修	1.5	60	60				3—4
大学体育 (三)		必修	1	24	24				5—6
计算机与程序设计基础 (C++)		必修	3	48	40		8		1
从不同的课程模块中修读若干课程，美育类、大学生心理健康课程均不低于 2 学分，总学分不低于 10 学分		选修	10	160	160				2—8
合计			39	728	720		8		

2. 学科 (专业) 基础课程

课程名称	课程代码	课程性质	课内				课外学时	设置学期
			总学分	总学时	理论学时	实验实践学时	上机学时	
大学物理 (A) (一)		必修	4	64	64			2
大学物理 (A) (二)		必修	4	64	64			3
物理实验 (一)		必修	2	32		32		2
物理实验 (二)		必修	1.5	24		24		3
学科概论		必修	1	16	16			1
数学分析 A (一)		必修	5	80	80			1
数学分析 A (一) 习题课		必修	0	32		32		1
数学分析 A (二)		必修	5.5	88	88			2
数学分析 A (二) 习题课		必修	0	32		32		2
数学分析 A (三)		必修	5.5	88	88			3
数学分析 A (三) 习题课		必修	0	32		32		3
高等代数与解析几何 A (一)		必修	5	80	80			1
高等代数与解析几何 A (一) 习题课		必修	0	32		32		1
高等代数与解析几何 A (二)		必修	5.5	88	88			2
高等代数与解析几何 A (二) 习题课		必修	0	32		32		2
常微分方程 A		必修	4	64	64			3
实分析		必修	4	64	64			4
复分析		必修	4	64	64			4
概率论 A		必修	4	64	64			4
泛函分析		必修	4	64	64			5
合计			59	1104	888	216		

3. 专业核心课程

课程名称	课程代码	课程性质	课内					课外学时	设置学期
			总学分	总学时	理论学时	实验实践学时	上机学时		
抽象代数		必修	4	64	56	8			3
数论		必修	3	48	40	8			4
数学建模		必修	2	32	24		8		4
拓扑学		必修	4	64	56	8			5
偏微分方程		必修	4	64	56	8			5
微分几何		必修	4	64	56	8			6
合计			21	336	288	40	8		

4. 专业选修课程

课程名称	课程代码	课程性质	课内					课外学时	设置学期
			总学分	总学时	理论学时	实验实践学时	上机学时		
微分流形		选修 A	1.5	24		24			4
现代数学选讲		选修 A	2	32					6
广义函数与索伯列夫空间		选修 A	3	48					5
群与表示		选修 A	3	48					6
调和分析		选修 A	3	48					7
测度论		选修 A	3	48					7
分形几何		选修 A	3	48					7
代数学		选修 A	4	64					7
泛函分析Ⅱ		选修 A	4	64					7
拓扑学Ⅱ		选修 A	4	64					7
代数几何		选修 A	3	48					7
数值分析		选修 B	3.5	56		16			5
信息论基础		选修 B	3	48		8			6
运筹学		选修 B	3.5	56		8			6
数据结构与算法		选修 B	3	48		16			3
微分方程数值解		选修 B	4	64		8			6

续表

课程名称	课程代码	课程性质	课内					课外学时	设置学期
			总学分	总学时	理论学时	实验实践学时	上机学时		
最优化方法		选修 B	2.5	40		8			7
高等数值分析		选修 B	4	64					7
数理统计		选修 B	3.5	56		8			5
抽样调查		选修 B	3	48		24			4
数学实验		选修 B	1.5	24		8			4
非参数统计		选修 B	2.5	40		8			6
随机过程		选修 B	4	64		8			6
高等概率论		选修 B	4	64					7
高等数理统计		选修 B	4	64					7

专业方向选修课程 (要求从中至少选修 17.5 学分, B 组不超过 3 门)

5. 专业实验及实践

课程名称	课程代码	课程性质	课内					课外学时	设置学期
			总学分	总学时	理论学时	实验实践学时	上机学时		
科技创新活动 (一)		选修	1.5	2 周		2 周			3
科技创新活动 (二)		选修	1.5	2 周		2 周			4
科技创新活动 (三)		选修	1.5	2 周		2 周			5
科技创新活动 (四)		选修	1.5	2 周		2 周			6
科技创新活动 (五)		选修	1.5	2 周		2 周			7
科学研究训练		必修	4	8 周		8 周			6
学科实践		必修	1.5	3 周		3 周			7
毕业设计 (论文)		必修	12	16 周		16 周			8

要求至少选修 6 学分

十一、教学进程学期计划表

第一学年秋季学期

序号	课程名称	课程代码	课程性质	学时	学分
1	思想道德与法治		必修	40	2.5
2	综合英语 (一)		必修	40	2.5
3	大学体育 (一)		必修	30	1
4	计算机与程序设计基础 (C++)		必修	48	3
5	学科概论		必修	16	1
6	数学分析 A (一)		必修	80	5
7	数学分析 (一) 习题课		必修	32	0
8	高等代数与解析几何 A (一)		必修	80	5
9	高等代数与解析几何 A (一) 习题课		必修	32	0
	必修课程总计			398	20

第一学年春季学期

序号	课程名称	课程代码	课程性质	学时	学分
1	中国近现代史纲要		必修	40	2.5
2	中国语文		必修	32	2
3	综合英语 (二)		必修	40	2.5
4	大学体育 (一)		必修	30	0.5
5	大学物理 (A) (一)		必修	64	4
6	物理实验 (一)		必修	32	2
7	数学分析 A (二)		必修	88	5.5
8	数学分析 A (二) 习题课		必修	32	0
9	高等代数与解析几何 A (二)		必修	88	5.5
10	高等代数与解析几何 A (二) 习题课		必修	32	0
	必修课程总计			478	24.5

第二学年秋季学期

序号	课程名称	课程代码	课程性质	学时	学分
1	马克思主义基本原理		必修	40	2.5
2	习近平新时代中国特色社会主义思想概论		必修	48	3
3	大学体育 (二)		必修	30	1
4	大学物理 A (二)		必修	64	4
5	物理实验 (二)		必修	24	1.5
6	数学分析 A (三)		必修	88	5.5
7	数学分析 A (三) 习题课		必修	32	0
8	常微分方程 A		必修	64	4
9	抽象代数		必修	64	4
10	数据结构与算法		选修 B	48	3
11	科技创新活动 (一)		选修	2 周	1.5
	必修课程总计			468	25.5

第二学年春季学期

序号	课程名称	课程代码	课程性质	学时	学分
1	毛泽东思想和中国特色社会主义理论体系概论		必修	48	3
2	大学体育 (二)		必修	30	0.5
3	实分析		必修	64	4
4	复分析		必修	64	4
5	概率论 A		必修	64	4
6	数论		必修	48	3
7	数学建模		必修	32	2
8	抽样调查		选修 B	48	3
9	数学实验		选修 B	24	1.5
10	微分流形		选修 A	24	1.5
11	科技创新活动 (二)		选修	2 周	1.5
	必修课程总计			350	20.5

第三学年秋季学期

序号	课程名称	课程代码	课程性质	学时	学分
1	形势与政策		必修	16	0.5
2	大学体育 (三)		必修	12	0.5
3	拓扑学		必修	64	4
4	偏微分方程		必修	64	4
5	泛函分析		必修	64	4
6	广义函数与索伯列夫空间		选修 A	48	3
7	数值分析		选修 B	56	3.5
8	数理统计		选修 B	56	3.5
9	科技创新活动 (三)		选修	2 周	1.5
必修课程总计				220	13

第三学年春季学期

序号	课程名称	课程代码	课程性质	学时	学分
1	形势与政策		必修	16	0.5
2	大学体育 (三)		必修	12	0.5
3	微分几何		必修	64	4
4	现代数学选讲		选修 A	32	2
5	群与表示		选修 A	48	3
6	随机过程		选修 B	64	4
7	信息论基础		选修 B	48	3
8	运筹学		选修 B	56	3.5
9	微分方程数值解		选修 B	64	4
10	非参数统计		选修 B	40	2.5
11	科学研究训练		必修	8 周	4
12	科技创新活动 (四)		选修	2 周	1.5
必修课程总计				92+8 周	9

第四学年秋季学期

序号	课程名称	课程代码	课程性质	学时	学分
1	形势与政策		必修	16	0.5
2	学科实践		必修	3 周	1.5
3	调和分析		选修 A	48	3
4	测度论		选修 A	48	3
5	分形几何		选修 A	48	3
6	代数学		选修 A	64	4
7	泛函分析Ⅱ		选修 A	64	4
8	拓扑学Ⅱ		选修 A	64	4
9	代数几何		选修 A	48	3
10	最优化方法		选修 B	40	2.5
11	高等数值分析		选修 B	64	4
12	高等概率论		选修 B	64	4
13	高等数理统计		选修 B	64	4
14	科技创新活动 (五)		选修	2 周	1.5
必修课程总计				16+3 周	2

第四学年春季学期

序号	课程名称	课程代码	课程性质	学时	学分
1	毕业设计 (论文)		必修	16 周	12
必修课程总计				16 周	12

十二、毕业要求支撑培养目标的矩阵关系

毕业要求	培养目标 1 道德修养	培养目标 2 专业能力	培养目标 3 团队合作	培养目标 4 就业竞争	培养目标 5 终身学习	培养目标 6 服务社会
1 数学基础		√		√	√	
2 问题分析		√		√	√	
3 数学思维		√		√	√	
4 科研能力		√	√	√	√	√
5 个人和团队	√		√			√
6 终身学习				√	√	√

十三、课程设置对毕业要求的支撑关系矩阵

课程名称	毕业能力要求					
	1 数学基础	2 问题分析	3 数学思维	4 科研能力	5 个人与团队	6 终身学习
素质教育通识课程						
思想道德修养与法律基础					H	
中国近现代史纲要					H	
马克思主义基本原理概论					H	
习近平新时代中国特色社会主义思想概论					H	
毛泽东思想和中国特色社会主义理论体系概论					H	
形势与政策						M
中国语文						M
综合英语 (一)					H	
综合英语 (二)					H	
大学体育 (一)						L
大学体育 (二)						L
大学体育 (三)						L
计算机与程序设计基础 (C++)					M	
学科基础课程						
大学物理 (一)		H				
大学物理 (二)		H				
物理实验 (一)		M				
物理实验 (二)		M				
学科 (专业) 概论					H	
数学分析 A (一)	H					
数学分析 A (二)	H					
数学分析 A (三)	H					
高等代数与解析几何 A(一)	H					
高等代数与解析几何 A(二)	H					
常微分方程 A	H					
复分析	H	M				
概率论 A	H					
实分析	H	M				

续表

课程名称		毕业能力要求					
		1 数学 基础	2 问题 分析	3 数学 思维	4 科研 能力	5 个人 与团队	6 终身 学习
专业 核心 课程	泛函分析	H			H		
	抽象代数	M			H		
	数学建模			H			
	拓扑学	M			H		
	偏微分方程	M					
	微分几何	M			H		
专业 选修 课程	数学实验			M			
	群与表示				H		
	数论				H		
	现代数学选讲				H		
	随机过程		M		M		
	调和分析	M	M				
	测度论	M	M		M		
	分形几何	M	M		M		
	数论	M	M		M		
	代数学			M	M		
	泛函分析Ⅱ		M		M		
	拓扑学Ⅱ		M		M		
实践 环节	科学研究训练				H		
	学科实践						M
	毕业设计 (论文)		H	H	H		H

十四、课程体系结构表

课程性质	第一学期	第二学期	第三学期	第四学期	第五学期	第六学期	第七学期	第八学期
素质教育通识课程	思想道德与法治	中国近现代史纲要	马克思主义基本原理	毛泽东思想和中国特色社会主义理论体系概论	形势与政策	形势与政策	形势与政策	
	综合英语(一)	中国语文	习近平新时代中国特色社会主义思想概论					
	大学体育(一)	综合英语(二)	大学体育(二)	大学体育(二)	大学体育(三)	大学体育(三)		
	计算机与程序设计基础(C++)	大学体育(一)						
学科（专业）基础课程	学科概论	大学物理A(一)	大学物理A(二)	实分析	泛函分析			
	数学分析A(一)	物理实验(一)	物理实验(二)	复分析				
	数学分析A(一)习题课	数学分析A(二)	数学分析A(三)	概率论A				
	高等代数与解析几何A(一)	数学分析A(二)习题课	数学分析A(三)习题课					
	高等代数与解析几何A(一)习题课	高等代数与解析几何A(二)	常微分方程A					
		高等代数与解析几何A(二)习题课						
专业核心课程			抽象代数	数学建模	拓扑学	微分几何		
					偏微分方程			

续表

课程性质	学期							
	第一学期	第二学期	第三学期	第四学期	第五学期	第六学期	第七学期	第八学期
专业选修课程 (要求从中至少选修 17.5学分)			数据结构与算法	抽样调查	数值分析	现代数学选讲	分形几何	
				数学实验	数理统计	群与表示	代数几何	
						随机过程	最优化方法	
						信息论基础	高等数值分析	
						运筹学	高等概率论	
						微分方程数值解	高等数理统计	
						非参数统计		
(本研贯通课程)				微分流形	广义函数与索伯列夫空间		调和分析	
							测度论	
							代数学	
							泛函分析 II	
							拓扑学 II	
专业实验及实践 (要求从中选修 6 学分)			科技创新活动(一)	科技创新活动(二)	科技创新活动(三)	科学研究训练	学科实践	毕业设计 (论文)
						科技创新活动(四)	科技创新活动(五)	

十五、其他说明

科技创新活动包括：学科竞赛 (数学竞赛，数学建模竞赛等)，拔尖 2.0 线上书院、提问与猜想，数学 JIA 计划等。

湘潭大学

数学类韶峰班(拔尖人才培养班)本科人才培养方案

一、专业简介

数学类韶峰班 2014 年设立,是湘潭大学首个基础学科拔尖人才培养实验班。2019 年入选湖南省首批基础学科拔尖学生培养基地。该基地实施单独招生、学业导师和学术导师"双导师制""小班化"教学、"个性化"培养、"协同化"育人,通过强化使命驱动、注重大师引领,激发学生学习兴趣,鼓励学生自主学习、勇于探索、个性化发展,养成批判性思维,培养独立创新能力。

数学类韶峰班依托数学学科拥有信息与计算科学、数学与应用数学国家级一流建设专业,数学一级学科博士点和博士后流动站,湖南国家应用数学中心、教育部重点实验室、省国际合作基地等创新人才培养平台,以及国家教学团队、教育部科技创新团队、全国教育先进集体等优质教研团队。

二、学制与学位

学制四年,授予理学学士学位。

三、培养目标

培养思想政治过硬、专业基础扎实、学术思维活跃、国际视野开阔、发展潜力巨大的数学学科未来领军人才。

四、毕业要求

以德为先,厚植家国情怀,传承红色基因,具有使命担当和责任意识;系统学习数学及信息与计算科学的基本理论和基本方法;接受严谨的数学思维训练,以及计算机应用、科学研究等方面的基本训练;具有较高的科学素养和较强的创新意识,具有科学研究、教学、解决信息技术或科学工程计算中实际问题等方面的基本能力和较强的知识更新能力。

毕业生应获得以下几方面的知识和能力:

1. **专业基础知识**:具有扎实的数学基础,掌握数学与应用数学、信息科学、计算数学的基础理论和基本方法；掌握一些数学建模、统计、计算机编程等方面的基本知识；掌握资料查询、文献检索以及运用现代信息技术获取相关信息的基本方法。

2.专业学习能力：有较强的自主学习能力和团队协作能力；能够通过查阅数学资料与文献，组织或参与小型讨论班、各类短期课程、暑期学校等，进行知识更新，扩大视野。

3.分析问题能力：能够将数学、统计学的基本知识、理论、方法和技能应用于数学实际问题，通过计算、推导、分析、直观与演绎等进行推理与判断，以获取相关科学结论。

4.发现问题能力：能够基于数学与应用数学的基本原理，通过阅读数学文献，发现问题或提出问题，并找到解决问题的方法；针对实际生活与工程技术中出现的问题，能通过数学建模，归纳为数学问题，运用数学、统计以及计算数学的方法加以解决。

5.数学应用能力：了解计算数学、数学与应用数学、信息科学理论及应用的新发展，具有较强的知识更新、技术跟踪及科研创新的能力；针对不同的行业需要，能够综合运用各种代数、分析、几何与拓扑、统计、计算数学等知识制定解决问题的方案。

6.综合素质能力：具有一定的国际视野，能够在跨文化背景下进行沟通和交流；能够在多学科背景下的团队中承担个体、团队成员以及负责人的角色；了解法律法规，具有良好的综合素养和公民意识。

五、主干学科

数学、统计学、计算机科学与技术。

六、专业核心课程

数学分析、高等代数、解析几何、常微分方程、实变函数、泛函分析、复变函数、数学建模、概率论与数理统计、抽象代数、微分几何、拓扑学、数理方程、数值计算方法、运筹与优化。

七、毕业与学位授予条件

1. 本专业学生必须修满 178.5 学分方可毕业。其中必修 145.5 学分，选修至少 33 学分(含自主发展课程 13 学分)。

2. 符合《中华人民共和国学位条例》及《湘潭大学普通本科学士学位授予规定》者，可授予理学学士学位(统计学专业须补修回归分析、多元统计分析、统计计算与软件三门课程，其学分可抵选修课程学分)。

八、课程设置与教学进程表

数学类韶峰班专业课程设置与教学进程表

课程体系	课程属性	开课单位	课程名称	学时	学分	理论线下	理论线上	实验	实践	上机	听力	1	2	3	4	5	6	7	8	考核方式	备注
A类必修公共基础课程	A类必修	马克思院	马克思主义基本原理	40	2.5	32			8							2.5				考试	
		马克思院	毛泽东思想和中国特色社会主义理论体系概论	72	4.5	48			24								4.5			考试	
		马克思院	中国近现代史纲要	40	2.5	32			8			2.5								考试	
		马克思院	思想道德与法治	40	2.5	32			8				2.5							考试	
		马克思院	形势与政策	64	2	32			32										2	考试	1—8学期
		马克思院	思想政治理论课实践	32	2				32								2			考查	
		学工处	军事理论	36	2	16	20						2							考查	
		学工处	大学生心理健康教育	32	2	32						2								考查	
		招就处	大学生职业生涯规划	20	1	8			12			1								考查	
		招就处	大学生就业指导	18	1	8			10									1		考查	
		双创学院	创新创业基础1	16	1	8			8			1								考查	
		双创学院	创新创业基础2	16	1	8			8									1		考查	
		外语学院	大学外语1	48	3	32					16	3								考试	
		外语学院	大学外语2	48	3	32					16		3							考试	
		体教部	大学体育1	36	1	36						1								考试	
		体教部	大学体育2	36	1	36							1							考试	
		体教部	大学体育3	36	1	36								1						考试	
		体教部	大学体育4	36	1	36									1					考试	
	B类必修	文新学院	基础写作	32	2	32							2							考试	
		物理学院	大学物理Ⅱ1	48	3	48							3							考试	
		物理学院	大学物理Ⅱ2	48	3	48								3						考试	
		物理学院	大学物理实验1	32	2			32					2							考试	
		数学学院	计算机程序设计Ⅰ	48	3					48			3							考试	
小计				874	47	592	20	32	150	48	32	10.5	18.5	4	1	2.5	8.5	0	2		

续表

课程体系	课程属性	开课单位	课程名称	学时	学分	理论线下	理论线上	实验	实践	上机	听力	1	2	3	4	5	6	7	8	考核方式	备注
学科基础课程	必修	数学学院	数学类专业导学	8	0.5				8			0.5								考查	
		数学学院	数学分析 II1	128	8	96			32			8								考试	
		数学学院	数学分析 II2	128	8	96			32				8							考试	
		数学学院	数学分析 II3	112	7	80			32					7						考试	
		数学学院	高等代数 II1	112	7	80			32			7								考试	
		数学学院	高等代数 II2	112	7	80			32				7							考试	
		数学学院	解析几何	48	3	32			16			3								考试	
		数学学院	常微分方程 I	64	4	64									4					考试	
		数学学院	复变函数	64	4	48			16						4					考试	
小计				776	48.5	576	0	0	200	0	0	18.5	15	15	0	0	0	0	0		
专业主干课程	必修	数学学院	概率论与数理统计 I	64	4	48			16					4						考试	
		数学学院	抽象代数	64	4	64								4						考试	
		数学学院	数学建模	48	3	30	10		8						3					考试	
		数学学院	数值计算方法	96	6	72				24					6					考试	
		数学学院	实变函数 I	64	4	48			16						4					考试	
		数学学院	运筹与优化	64	4	56				8					4					考试	
		数学学院	泛函分析 I	64	4	48			16							4				考试	
		数学学院	微分几何	64	4	48			16							3				考试	
		数学学院	数理方程 I	48	3	32			16							3				考试	▲
		数学学院	拓扑学	48	3	48											4			考试	
小计				624	39	494	10	0	88	32	0	0	0	8	17	10	4	0	0		
专业选修课程	公共选修	数学学院	创新创业训练	32	2				32										2	考查	
		数学学院	数据库原理与技术 II	32	2	24				8							2			考试	
		数学学院	离散数学	32	2	32										2				考试	
		数学学院	数据结构与算法 II1	32	2	32													2	考试	
		数学学院	数据结构与算法 II2	32	2					32									2	考试	
		数学学院	数学分析选讲 1	32	2	32												2		考试	
		数学学院	数学分析选讲 2	32	2	32												2		考试	
		数学学院	高等代数选讲 1	24	1.5	24												1.5		考试	
		数学学院	高等代数选讲 2	24	1.5	24												1.5		考试	
		数学学院	随机过程 II	32	2	32											2			考试	

续表

课程体系	课程属性	开课单位	课程名称	学时	学分	理论线下	理论线上	实验	实践	上机	听力	1	2	3	4	5	6	7	8	考核方式	备注
		数学学院	机器学习 Ⅱ	32	2	24				8						2				考试	
		数学学院	实用软件工程 Ⅰ	32	2	32													2	考试	
		数学学院	计算机网络技术 Ⅱ	32	2	32										2				考试	
		数学学院	信息论基础	32	2	32										2				考试	
		数学学院	生物统计	32	2	24			8							2				考试	
		数学学院	保险精算	32	2	24			8										2	考试	
		数学学院	科研论文写作	32	2	32													2	考查	研
		数学学院	矩阵不等式	32	2	32												2		考试	研
		数学学院	前沿讲座	8	0.5	8													0.5	考查	
信息与计算科学专业选修		数学学院	并行计算	32	2	24				8							2			考查	
		数学学院	计算流体力学	32	2	24				8									2	考试	
		数学学院	多重网格方法	24	1.5	16				8								1.5		考查	
		数学学院	数字图像处理	32	2	32												2		考试	
		数学学院	面向对象编程基础	32	2	24				8					2					考试	
		数学学院	偏微分方程数值方法	32	2	32											2			考试	研
		数学学院	偏微分方程数值方法程序设计	32	2	32													2	考试	研
		数学学院	大数据工程问题建模与分析	16	1				16									1		考查	♦
数学与应用数学专业选修		数学学院	非线性泛函分析	32	2	32											2			考试	
		数学学院	微分流形	32	2	32												2		考试	
		数学学院	调和分析基础	32	2	32													2	考试	
		数学学院	初等数论	32	2	32									2					考试	
		数学学院	黎曼几何	32	2	32													2	考试	
		数学学院	李代数	32	2	32											2			考试	
		数学学院	实分析	32	2	32												2		考试	
		数学学院	同调代数	32	2	32												2		考试	本研
		数学学院	动力系统	32	2	32													2	考试	▲
		数学学院	图论基础	32	2	32													2	考试	▲
		数学学院	有限群表示论	32	2	32									2					考试	
		数学学院	回归分析	48	3	48											3			考试	必选
		数学学院	多元统计分析 Ⅱ	32	2	32											2			考试	必选

续表

课程体系	课程属性	开课单位	课程名称	学时	学分	理论线下	理论线上	实验	实践	上机	听力	1	2	3	4	5	6	7	8	考核方式	备注
统计学专业选修		数学学院	统计计算与软件Ⅱ	32	2	16			16								2			考试	
		数学学院	金融工程 (期权期货定价理论)	32	2	32													2	考试	
		数学学院	贝叶斯统计	32	2	32												2		考试	
		数学学院	时间序列分析	32	2	24			8										2	考试	
		数学学院	金融工程 (固定收益证券分析)	32	2	32										2				考试	
小计				1392	87	1224	0	0	80	88	0	0	0	2	8	19	17	21	20		

应修专业选修课程 20 学分

自主发展课程	选修	应修自主发展课程 (含文化素质教育课、跨专业选修课) 不少于 13 学分，且其中学生必须修读 "四史" 类课程 1 门、艺术审美类课程 2 学分。 　　　跨专业选修课程修读建议：数据科学与大数据技术、理工类、经济类、管理类等专业课程。

注：课程名称后加 "▲" 的为 "双语课程"，加 "◆" 的为 "行业企业共建、共同讲授课程"。

数学类 (韶峰班) 专业集中实践环节安排表

课程体系	课程属性	开课单位	课程名称	周数/学时	学分	修读学期	备注
集中实践环节	必修	学工处	军训	2 周	2	1	
		数学学院	劳动课	32 学时	1	1—8	
		数学学院	毕业实习	2 周	2	7	
		数学学院	毕业论文 (设计)	11 周	6	8	
合计				15 周/32 学时	11		

注：集中实践环节可按周数或学时数进行安排，填写时请注明单位，如 ×× 周、×× 学时；合计请按周数或学时数分类合计，根据实际情况可保留一或两种单位进行合计。

九、 课程设置与毕业要求的对应关系矩阵

数学类韶峰班专业课程设置与毕业要求的对应关系矩阵

课程名称	毕业要求					
	毕业要求 1	毕业要求 2	毕业要求 3	毕业要求 4	毕业要求 5	毕业要求 6
马克思主义基本原理			M	M		H
毛泽东思想和中国特色社会主义理论体系概论			M	M		H
思想道德与法治			L	M		H
中国近现代史纲要			L	M		M
形势与政策			H	M		H
军事理论			L	L		M
思想政治理论课实践		L	L			H
大学生心理健康教育	L		M			M
大学生职业生涯规划		L	M			M
大学生就业指导			M	M	L	H
创新创业基础 1			H	H		M
创新创业基础 2			H	H		M
大学外语 1		L			L	M
大学外语 2		L			L	M
大学体育 1			L			M
大学体育 2			L			M
大学体育 3			L			M
大学体育 4			L			M
大学物理Ⅱ1	M	M			M	
大学物理Ⅱ2	M	M			M	
大学物理实验Ⅰ		M	H	H		
计算机程序设计Ⅰ	M	M		M		
基础写作Ⅰ				L	M	H
数学类专业导学	M	M				M
数学分析Ⅱ1	H		M	M		
数学分析Ⅱ2	H		M	M		
数学分析Ⅱ3	H		M	M		
高等代数Ⅱ1	H		M	M		
高等代数Ⅱ2	H		M	M		
解析几何	H		M	M		
常微分方程	H		M	M		
复变函数		H	M	M		
数学建模			H	M	H	

续表

课程名称	毕业要求					
	毕业要求 1	毕业要求 2	毕业要求 3	毕业要求 4	毕业要求 5	毕业要求 6
实变函数 I		H	M	M		
运筹与优化		H		M	M	
数值计算方法		H	M		H	
泛函分析 I		H	M	M		
数理方程		H		M	H	
拓扑学	H		M	M		
概率论与数理统计 I		H	H		M	
抽象代数		H	M	M		
微分几何		H	M	M		
军训			L	L		M
毕业实习				H	H	H
毕业论文 (设计)			H	H	H	
劳动课			L	M		M

注：符号 H、M、L 分别表示各门必修课程对毕业要求的支撑强度，H—强，M—中，L—弱。

中 山 大 学

数学与应用数学专业培养方案 (2023级)

一、培养目标

本专业坚持社会主义办学方向，全面落实立德树人根本任务，聚焦培养能够引领未来的人才，坚持以学生成长为中心，坚持通识教育与专业教育相结合，着力提升学生的学习力、思想力、行动力，培养德智体美劳全面发展的社会主义建设者和接班人，同时致力于培养具有扎实的数学理论基础、良好的数学素养，熟悉计算机技能，具有将来从事数学研究和数学教学能力的复合型人才。

二、毕业要求

1. 知识层面

(1) 掌握数学和应用数学基本理论。

(2) 通过查阅文献或实践，能概要、准确地分析当代数学的学术现状和实践应用现状，并撰写相关报告、论文。

(3) 具备一定跨学科专业、跨文化的知识储备。

2. 能力层面

(1) 能自学数学专业及相关专业的内容。

(2) 具有良好的科学创新素养，具备正确处理和分析数据的能力。

(3) 熟练掌握计算机编程语言；中、英文阅读与写作流畅。

(4) 德智体美劳全面发展。

3. 价值层面

(1) 热爱祖国，坚定拥护中国共产党的领导。

(2) 自觉弘扬和传承中华优秀传统文化。

(3) 具有强烈的社会责任感。

(4) 善于分析、思考和研究。

三、授予学位与修业年限

1. 按要求完成学业者授予理学学士学位。

2. 修业年限：四年。

四、 毕业总学分及课内总学时

课程类别		学分要求	所占比例	课程属性
公共必修课 (通识必修课)		39	25%	公必
公共选修课 (通识选修课)		8	5%	公选
专业必修课	大类基础课	32	54%	专必
	专业基础课	38		
	专业核心课	7		
	专业实践课	6		
专业选修课		25	16%	专选
荣誉课程		不列入毕业总学分要求	0	荣誉课程
总学分	毕业总学分要求：<u>155</u> 学分。 其中实践教学学分 (含必修类实践课程和选修类实践课程) 须达到 <u>24</u> 学分。			
总学时	共 <u>2763</u> 学时 + <u>17</u> 周			

五、课程设置及教学计划

课程细类	课程编码	课程名称	学分情况			学时情况			开课学期	对应毕业要求
			总学分	理论学分	实验实践学分	总学时	理论学时	实验实践学时		
公共必修课	FL101 FL102 FL201 FL202	大学外语	8	8	0	144	144	0	1—4	6
	PE101 PE102 PE201 PE202 PE305 PE302	体育	4	0	4	144	0	144	1—6	7
	MAR108	思想道德与法治	3	3	0	54	54	0	1	8、10
	MAR103	中国近现代史纲要	3	3	0	54	54	0	2	8、9
	MAR207	毛泽东思想和中国特色社会主义理论体系概论	3	3	0	54	54	0	3	8、10、11
	MAR202	马克思主义基本原理	3	3	0	54	54	0	4	8、10、11
	MAR115	习近平新时代中国特色社会主义思想概论	3	3	0	54	54	0	2	8、10、11
	MAR109	四史(中共党史)	1	1	0	18	18	0	1	8、10、11
	MAR114	形势与政策	3	1	2	90	18	72	1—8	8、9、10
	PUB199	国家安全教育	1	0.5	0.5	27	9	18	1—8	8、9、10
	PUB121	军事课	4	2	2	36+2周	36	2周	1	7、8
	PUB178	劳动教育	1	0.5	0.5	36	9	27	1—8	7
	PSY199	心理健康教育	2	2	0	36	36	0	1—2	7

续表

课程细类	课程编码	课程名称	学分情况			学时情况			开课学期	对应毕业要求
			总学分	理论学分	实验实践学分	总学时	理论学时	实验实践学时		
公共选修课	学生自主选修	(1) 分为人文与社会、科技与未来、生命与健康、艺术与审美四个模块，其中须审美要求为8学分，艺术与审美包含2学分艺术与审美课程 (2) 学生自主修读且未列入本人本方案的跨院系课程可计入公共选修课学分	8	/	/	≥144	/	/	1—8	3、5、7、8、9、10、11
大类基础课	MA1311	数学分析Ⅰ	6	6	0	108	108	0	1	1
	MA1333	几何与代数Ⅰ	6	6	0	108	108	0	1	1
	MA111	高级语言程序设计实验	1	0	1	36	0	36	1	1、6
	MA107	高级语言程序设计	3	3	0	54	54	0	1	1、6
	PHY128	大学物理（理）上	4	4	0	72	72	0	1	1、3
	MA1322	数学分析Ⅱ	5	5	0	90	90	0	2	1
	MA1344	几何与代数Ⅱ	5	5	0	90	90	0	2	1
	MA1122	离散数学	2	2	0	36	36	0	2	1
专业必修课 / 专业基础课	MA231	数学分析Ⅲ	5	5	0	90	90	0	3	1
	MA203	常微分方程	4	4	0	72	72	0	3	1
	MA207	数值分析	3	3	0	54	54	0	3	1
	MA209	概率论	4	4	0	72	72	0	3	1
	MA301	代数学	4	4	0	72	72	0	4	1
	MA204	复变函数	4	4	0	72	72	0	4	1

续表

课程细类	课程编码	课程名称	学分情况			学时情况			开课学期	对应毕业要求
			总学分	理论学分	实验实践学分	总学时	理论学时	实验实践学时		
	MA206	数据结构与算法	3	3	0	54	54	0	4	1、6
	MA210	数理统计	4	4	0	72	72	0	4	1、5
	MA202	实变函数	4	4	0	72	72	0	4	1
	MA302	泛函分析 I	3	3	0	54	54	0	5	1
专业核心课	MA305	偏微分方程	3	3	0	54	54	0	5	1、2、4
	MA304	微分几何	4	4	0	72	72	0	6	1、2、4
专业实践课	MA400	毕业论文	6	0	6	12周	0	12周	8	2、4、5
基础数学提升模块	MA109	统计学导论	2	2	0	36	36	0	3	1、2、4
	MA216	数学分析进阶	4	4	0	72	72	0	4	1、2
	MA309	随机过程	3	3	0	54	54	0	5	1、2、4
	MA401	拓扑学	3	3	0	54	54	0	6	1、2、4
	MA110	数论基础	3	3	0	54	54	0	3	1、2、4
	MA402	傅里叶分析及其应用	4	4	0	72	72	0	8	2、4
	MA501	泛函分析 II	4	4	0	72	72	0	7	1、2、4
	MA503	现代偏微分方程	4	4	0	72	72	0	8	1、2、4
	MA508	黎曼几何	4	4	0	72	72	0	7	1、2、4
	MA525	李代数	2	2	0	36	36	0	5	1、2、4
	MA447	代数曲线	2	2	0	36	36	0	7	1、2、4
	MA449	代数几何	2	2	0	36	36	0	8	1、2、4

续表

课程细类	课程编码	课程名称	学分情况			学时情况			开课学期	对应毕业要求
			总学分	理论学分	实验实践学分	总学时	理论学时	实验实践学时		
计算机提升和实践模块	MA443	图论	3	3	0	54	54	0	5	1、2、4
	MA510	交换代数	4	4	0	72	72	0	8	1、2、4
	MA208	数据结构与算法实验	2	0	2	72	0	72	4	1、6
	MA312	数据库原理与应用	4	3	1	72	36	36	6	1、6
	MA403	计算机图形学	3	3	0	54	54	0	7	1、6
	MA404	计算机视觉	2	2	0	36	36	0	8	6
	MA405	生产实习、社会实践	2	0	2	3周	0	3周	7	2、10、11
应用数学提升模块	MA303	数学实验与数学软件	3	2	1	72	36	36	5	1、6
	MA313	密码学与信息安全	3	3	0	54	54	0	5	1、2、4
	MA317	应用回归分析	3	3	0	54	54	0	5	1、2、4
	MA306	数字图像处理	3	3	0	54	54	0	6	1、2、4
	MA308	运筹学	3	3	0	54	54	0	6	1、2、4
	MA310	数学模型	2	0	2	36	0	36	6	1、6
	MA407	生物数学	3	3	0	54	54	0	7	3、4
	MA406	非线性动力学及其应用	3	3	0	54	54	0	8	2、4
	MA408	演化博弈论	3	3	0	54	54	0	8	2、3、4
	MA502	控制理论导引	3	3	0	54	54	0	7	1、2、4
	MA504	控制动力学引论	3	3	0	54	54	0	8	1、2、4
	MA506	随机运筹学	3	3	0	54	54	0	8	1、2、4

专业选修课

续表

课程细类	课程编码	课程名称	学分情况			学时情况			开课学期	对应毕业要求
			总学分	理论学分	实验实践学分	总学时	理论学时	实验实践学时		
本研贯通模块	MA6122	高级软件设计	4	4	0	72	72	0	6	1、6
	MA6176	计算统计学	4	4	0	72	72	0	7	3、4
	MA7134	随机分析	4	4	0	72	72	0	7	1、2、4
	MA5131	调和分析	4	4	0	72	72	0	7	1、2、4
	MA5112	现代常微分方程定性理论	4	4	0	72	72	0	7	1、2、4
	MA6102	代数拓扑	4	4	0	72	72	0	7	1、2、4

六、学分分布情况表

学年	学期	公必学分	专必学分	专选开设学分	专选建议修读学分	公选学分
大一	上	11	20	0	0	
	下	8	12	0	0	
大二	上	7.5	16	5	2	
	下	5.5	19	6	2	学生自主选修
大三	上	0.5	6	17	8	
	下	0.5	4	18	10	
大四	上	3	0	39	3	
	下	3	6	28	0	
合计		39	83	113	25	8

中山大学

统计学专业培养方案 (2023级)

一、培养目标

本专业坚持社会主义办学方向，全面落实立德树人根本任务，聚焦培养能够引领未来的人，坚持以学生成长为中心，坚持通识教育与专业教育相结合，着力提升学生的学习力、思想力、行动力，培养德智体美劳全面发展的社会主义建设者和接班人，同时致力于培养具有扎实的概率论和数理统计学基础理论、具有统计计算和分析数据能力的优秀统计人才。本专业的毕业生既具备进一步深造和提高所必需的扎实的理论功底，亦拥有从事业界数据分析等相关工作和研究的应用能力。

二、毕业要求

1. 知识层面

(1) 掌握扎实的概率论与数理统计的基本理论。

(2) 能理解并在实践中运用统计学专业的知识。

(3) 通过查阅文献或实践，能概要、准确地分析统计学专业的学术现状和实践应用现状，并撰写相关报告、论文。

(4) 具备一定跨学科专业、跨文化的知识储备。

2. 能力层面

(1) 具备正确处理和分析试验数据的能力；熟练掌握计算机编程语言 (如 R、Python 等)。

(2) 具有良好的科学创新素养。

(3) 中、英文阅读与写作流畅，能基本使用英语作为日常交流语言。

(4) 德智体美劳全面发展。

3. 价值层面

(1) 热爱祖国，坚定拥护中国共产党的领导。

(2) 自觉弘扬和传承中华优秀传统文化。

(3) 善于分析、思考和研究。

三、授予学位与修业年限

1. 按要求完成学业者授予理学学士学位。
2. 修业年限：四年。

四、毕业总学分及课内总学时

课程类别		学分要求	所占比例	课程属性
公共必修课 (通识必修课)		39	25%	公必
公共选修课 (通识选修课)		8	5%	公选
专业必修课	大类基础课	32	55%	专必
	专业基础课	35		
	专业核心课	12		
	专业实践课	6		
专业选修课		23	15%	专选
荣誉课程		不列入毕业总学分要求	0	荣誉课程
总学分	毕业总学分要求：_155_ 学分。 其中实践教学学分 (含必修类实践课程和选修类实践课程) 须达到 _24_ 学分。			
总学时	共 _2655_ 学时 ＋ _14_ 周			

五、课程设置及教学计划

课程细类	课程编码	课程名称	学分情况			学时情况			开课学期	对应毕业要求
			总学分	理论学分	实验实践学分	总学时	理论学时	实验实践学时		
公共必修课	FL101 FL102 FL201 FL202	大学外语	8	8	0	144	144	0	1—4	7
	PE101 PE102 PE201 PE202 PE305 PE302	体育	4	0	4	144	0	144	1—6	8
	MAR108	思想道德与法治	3	3	0	54	54	0	1或2	8、9、10
	MAR103	中国近现代史纲要	3	3	0	54	54	0	1或2	8、9、10
	MAR207	毛泽东思想和中国特色社会主义理论体系概论	3	3	0	54	54	0	3或4	8、9、10
	MAR202	马克思主义基本原理	3	3	0	54	54	0	3或4	8、9、10
	MAR115	习近平新时代中国特色社会主义思想概论	3	3	0	54	54	0	1或2	8、9、10
	MAR108/MAR109/MAR110/MAR111	四史（改革开放史）/四史（中共党史）/四史（新中国史）/四史（社会主义发展史）(4选1)	1	1	0	18	18	0	1或2	8、9、10
	MAR114	形势与政策	3	1	2	90	18	72	1—8	8、11
	PUB199	国家安全教育	1	0.5	0.5	27	9	18	1—8	8、9、10

课程细类	课程编码	课程名称	学分情况			学时情况			开课学期	对应毕业要求
			总学分	理论学分	实验实践学分	总学时	理论学时	实验实践学时		
	PUB121	军事课	4	2	2	36+2周	36	2周	1	8、9
	PUB178	劳动教育	1	0.5	0.5	36	9	27	1—8	8
	PSY199	心理健康教育	2	2	0	36	36	0	1—2	8
	学生自主修	(1) 分为人文与社会、科技与未来、生命与健康、艺术与审美四个模块，最低学分要求为8学分，其中须包含2学分艺术与审美课程 (2) 学生自主修读且未列入本方案的跨院系课程可计入公共选修课学分	8	/	/	≥144	/	/	1—8	4、6、8、9、10、11
大类基础课	MA1311	数学分析Ⅰ	6	6	0	108	108	0	1	1
	MA1333	几何与代数Ⅰ	6	6	0	108	108	0	1	1
	MA111	高级语言程序设计实验	1	0	1	36	0	36	1	2、5
	MA107	高级语言程序设计	3	3	0	54	54	0	1	2、5
	PHY128	大学物理 (理) 上	4	4	0	72	72	0	1	1、4
	MA1322	数学分析Ⅱ	5	5	0	90	90	0	2	1
	MA1344	几何与代数Ⅱ	5	5	0	90	90	0	2	1
	MA1122	离散数学	2	2	0	36	36	0	2	1
专业必修课	MA231	数学分析Ⅲ	5	5	0	90	90	0	3	1
	MA203	常微分方程	4	4	0	72	72	0	3	1
	MA207	数值分析	3	3	0	54	54	0	3	1

续表

课程细类	课程编码	课程名称	学分情况			学时情况				开课学期	对应毕业要求
			总学分	理论学分	实验实践学分	总学时	理论学时	实验实践学时			
专业基础课	MA209	概率论	4	4	0	72	72	0	3	1
	MA301	代数学	4	4	0	72	72	0	4	1
	MA204	复变函数	4	4	0	72	72	0	4	1
	MA206	数据结构与算法	3	3	0	54	54	0	4	2，5
	MA210	数理统计	4	4	0	72	72	0	4	1，2，5
	MA202	实变函数	4	4	0	72	72	0	4	1
专业核心课	MA317	应用回归分析	3	3	0	54	54	0	5	1，2，5
	MA309	随机过程	3	3	0	54	54	0	5	1，2，5
	MA512	高等概率论	3	3	0	54	54	0	6	1，2
	MA324	多元统计分析及应用	3	3	0	54	54	0	6	1，2，5
专业实践课	MA400	毕业论文	6	0	6	12周	0	12周	8	3，6
专业选修课 理论提升模块	MA109	统计学导论	2	2	0	36	36	0	3	1，2，5
	MA110	数论基础	3	3	0	54	54	0	3	1，4，6
	MA216	数学分析进阶	4	4	0	72	72	0	4	1，4，6
	MA302	泛函分析 I	3	3	0	54	54	0	5	1
	MA319	非参数统计	3	3	0	54	54	0	5	1，2，5
	MA308	运筹学	3	3	0	54	54	0	6	1，2
	MA506	随机运筹学	3	3	0	54	54	0	8	1，2
	MA318	生物统计	3	3	0	54	54	0	5	1，2，5
	MA321	抽样调查与实验设计	3	3	0	54	54	0	5	1，2，5

续表

课程细类	课程编码	课程名称	学分情况			学时情况			开课学期	对应毕业要求
			总学分	理论学分	实验实践学分	总学时	理论学时	实验实践学时		
数据分析模块	MA415	贝叶斯统计	3	3	0	54	54	0	5	1、2、5
	MA616	生存分析	3	3	0	54	54	0	6	1、2、5
	MA511	时间序列分析	3	3	0	54	54	0	6	1、2、5
	MA429	因果推断	3	3	0	54	54	0	6	1、2、5
	MA316	统计计算	3	3	0	54	54	0	7	1、2、5
	MA413	统计学习	3	3	0	54	54	0	7	1、2、5
实践模块	MA208	数据结构与算法实验	2	0	2	72	0	72	4	2、5
	MA303	数学实验与数学软件	3	2	1	72	36	36	5	2、5
	MA310	数学模型	2	0	2	36	0	36	6	2、5
	MA306	数字图像处理	3	3	0	54	54	0	6	2、5
	MA312	数据库原理与应用	4	3	1	72	36	36	6	2、5
	MA403	计算机图形学	3	3	0	54	54	0	7	2、5
	MA405	生产实习、社会实践	2	0	2	3周	0	3周	7	8
	MA404	计算机视觉	2	2	0	36	36	0	8	2、4
	MA408	演化博弈论	3	3	0	54	54	0	8	2、5
本研贯通模块	MA5110	高等统计	4	4	0	72	72	0	7	1
	MA5623	机器学习与数据挖掘	3	3	0	54	54	0	7	1、2、5
	MA5627	数据分析高级编程	3	3	0	54	54	0	7	1、2、5

六、学分分布情况表

学年	学期	公必学分	专必学分	专选开设学分	专选建议修读学分	公选学分
大一	上	11	20	0	0	
	下	8	12	0	0	
大二	上	7.5	16	5	3	
	下	5.5	19	6	2	
大三	上	0.5	6	18	9	学生自主选修
	下	0.5	6	21	6	
大四	上	3	0	24	3	
	下	3	6	8	0	
合计		39	85	82	23	8

四川大学
数学与应用数学 (拔尖计划) 本科专业培养方案

一、培养目标

本班培养系统扎实地掌握数学学科的基本理论和方法，受到系统的科学研究训练，具有科学精神和创新意识，具有发现问题、分析及解决问题的能力，具有宽广的国际视野，能够成长为数学领域的领军人物，并逐步跻身国际一流科学家队伍的数学高级研究型人才。

二、培养要求

以"坚持立德树人，注重文化自信，强化使命驱动；注重基础训练，强化创新意识，全程大师引领"为总方针，通过配备一流的师资，提供一流的学习条件，创造一流的学术氛围，培养具有崇高理想信念、深厚人文底蕴、扎实专业知识、强烈创新意识、宽广国际视野，富有家国情怀和全球竞争力的数学领域未来领军人物。毕业生应达到以下几方面的要求：

1. 思想政治与德育方面

具有正确的人生观、价值观和道德观，爱国、诚信、友善、守法；具有高度的社会责任感；具备良好的科学、文化素养；掌握科学的世界观和方法论，掌握认识世界、改造世界和保护世界的基本思路和方法；具有健康的体魄、良好的心理素质、积极的人生态度；能够适应科学和社会的发展。

2. 业务方面

(1) 接受系统的数学思维训练，掌握数学科学的思想方法，具有扎实的数学基础和较强的数学语言表达能力，具有一定的科学研究和教学能力。

(2) 具备运用数学知识解决实际问题及建立数学模型的初步能力。

(3) 了解数学的历史概况和广泛应用，以及当代数学的新进展。

(4) 掌握资料查询、文献检索以及运用现代技术获取相关信息的基本方法。

(5) 熟练使用计算机 (包括常用语言、工具及一些专用软件)，具有编写应用程序的能力，并掌握一门外语。

(6) 具有深厚的人文底蕴，具备强烈的创新意识和宽广的国际视野。

3. 体育方面

掌握体育运动的一般知识和基本方法, 形成良好的体育锻炼和卫生习惯, 达到国家规定的大学生体育锻炼合格标准。

三、专业核心课程

1. 必修课程 (共 13 门)：数学分析 (I、II、III)、高等代数 (I、II)、解析几何、数论与代数基础、常微分方程、一般拓扑学、实变函数、复变函数、概率论、抽象代数、泛函分析、数学建模与实验、数理统计。

2. 限选课程 (以下 8 门课程中选 5 门)：偏微分方程、科学计算、代数拓扑、凸分析优化、群表示论、无穷维分析、微分方程定性理论、微分几何与拓扑。

3. 限选课程 (共 2 门)：限选大学物理 (理工)III-1、科研训练。

四、修业年限及学习年限

四年；三至六年。

五、毕业最低总学分

159 学分。

六、授予学位

理学学士。

七、教学计划进度表

数学与应用数学 (拔尖计划) 本科教学计划进度表

课程分组	课程类别	课程属性	课程号	课程名	开课单位	学分	总学时	理论学时	实验学时	上机学时	实践学时 (周数)	开课学年学期	完成学分
通识教育	公共基础课	必修	107421030	思想道德与法治	马克思主义学院	3	48	40			8	1秋	
			107060030	中国近现代史纲要	马克思主义学院	3	48	40			8	1春	
			107021030	马克思主义基本原理概论	马克思主义学院	3	48	40			8	2秋	
			107446030	毛泽东思想和中国特色社会主义理论体系概论	马克思主义学院	3	48	40			8	2春	
			107447030	习近平新时代中国特色社会主义思想概论	马克思主义学院	3	48	40			8	2秋或2春	
			107418020	中国共产党历史	马克思主义学院	2	32	30			2	1秋或1春	27(四史教育四选一)
			107419020	社会主义发展史	马克思主义学院	2	32	27			5	1秋或1春	
			102620020	改革开放史	经济学院	2	32	32				1秋或1春	
			106812020	新中国史	历史文化学院	2	32	32				1秋或1春	
			107115000	形势与政策-1	马克思主义学院	0	16	16				1秋	
			107116000	形势与政策-2	马克思主义学院	0	16	16				1春	
			107117000	形势与政策-3	马克思主义学院	0	16	16				2秋	
			107118000	形势与政策-4	马克思主义学院	0	16	16				2春	
			107119000	形势与政策-5	马克思主义学院	0	16	16				3秋	
			107120000	形势与政策-6	马克思主义学院	0	16	16				3春	

续表

课程分组	课程类别	课程属性	课程号	课程名	开课单位	学分	总学时	理论学时	实验学时	上机学时	实践学时（周数）	开课学年学期	完成学分
			107121000	形势与政策-7	马克思主义学院	0	16	16				4 秋	
			107122020	形势与政策-8	马克思主义学院	2	16	16				4 春	
			900001010	军事理论	武装部	1	16	16			1 周	1 秋	
			900005020	军事技能	武装部	2	32				2 周	1 春 S	
			888004010	体育 1	体育学院	1	32	2			30	1 秋	
			888005010	体育 2	体育学院	1	32	2			30	1 春	
			888006010	体育 3	体育学院	1	32	2			30	2 秋	
			888007010	体育 4	体育学院	1	32	2			30	2 春	
			201136010	新生研讨课	数学学院	1	16	16				1 秋	
大学英语课程		必修		通用英语	外国语学院	4	32	32				1 秋	8（通用英语 4 学分，专门用途英语 2 学分多选一，跨文化交际 2 学分多选一）
				专门用途英语	外国语学院	2	32	32					
				跨文化交际	外国语学院	2	32	32					

续表

课程分组	课程类别	课程属性	课程号	课程名	开课单位	学分	总学时	理论学时	实验学时	上机学时	实践学时(周数)	开课学年学期	完成学分
通识教育课程		必修(三大先导课)	999012020	人类文明与社会演进	历史文化学院	2	32	32					6(中华文化四选一)
			999011020	科学进步与技术革命	数学学院	2	32	32					
			999006020	中华文化(文学篇)	文学与新闻学院	2	32	32				2秋或2春	
			999005020	中华文化(历史篇)	历史文化学院	2	32	32				2秋或2春	
			999009020	中华文化(哲学篇)	哲学系	2	32	32				2秋或2春	
			999008020	中华文化(艺术篇)	艺术学院	2	32	32				2秋或2春	
		必修	912002010	大学生心理健康	心理健康中心	1	16	16				1秋	3
			909043020	计算思维与智能方法	计算机基础教学中心	2						1秋	
		选修		通识教育核心课程		2							3
				实践及国际课程周课程		1							
专业教育	学科基础课	必修	2011127040	解析几何	数学学院	4	64	64	16			1秋	41
			201048050	数学分析1	数学学院	5	128	64	64			1秋	
			201097050	高等代数1(双语)	数学学院	5	128	64	64			1秋	
			201049050	数学分析2	数学学院	5	128	64	64			1春	
			201098050	高等代数2(双语)	数学学院	5	128	64	64			1春	

续表

课程分组	课程类别	课程属性	课程号	课程名	开课单位	学分	总学时	理论学时	实验学时	上机学时	实践学时(周数)	开课学年学期	完成学分
专业教育	专业核心课	必修	201050050	数学分析 3	数学学院	5	128	64	64			2 秋	22
			201004040	常微分方程	数学学院	4	64	64				2 秋	
			201052040	数学建模与实验	数学学院	4	64	48		16		2 秋	
			201162040	概率论	数学学院	4	64	64				2 秋	
			201110040	数论与代数基础	数学学院	4	64	64				1 春	
			201107060	抽象代数	数学学院	6	96	96				2 春	
			201047040	数理统计	数学学院	4	64	64				2 春	
	限选(8 选 5)		201015040	复变函数	数学学院	4	64	64				2 春	7
			201043040	实变函数	数学学院	4	64	64				2 春	
			201085030	一般拓扑学	数学学院	3	48	48				2 春	
			201012040	泛函分析	数学学院	4	64	64				3 秋	14
			201102030	凸分析与优化	数学学院	3	48	48				2 春	
			201037040	偏微分方程	数学学院	4	64	64				3 秋	
			201248030	代数拓扑	数学学院	3	48	48				3 秋	
			201249030	科学计算	数学学院	3	48	39		9		3 春	

续表

课程分组	课程类别	课程属性	课程号	课程名	开课单位	学分	总学时	理论学时	实验学时	上机学时	实践学时(周数)	开课学年学期	完成学分
专业教育	专业选修课	限选	201221030	微分几何与拓扑	数学学院	3	48	48				3春	
			201224030	群表示论	数学学院	3	48	48				3春	
			201182030	无穷维分析	数学学院	3	48	48				3春	
			201067030	微分方程定性理论	数学学院	3	48	48				3春	
			202027020	大学物理(理工)Ⅲ-1	物理科学与技术学院	2	32	32				2春	2
			201034020	科研训练	数学学院	2	32	32				3秋	2
		选修		应用数学导论	数学学院	2	32	32				2秋	8
			304053020	算法设计	计算机学院	2	32	32				2春	
			201165020	几何I(全英文)	数学学院	2	32	32				2春S	
			201163020	拓扑I(全英文)	数学学院	2	32	32				2春S	
			202028020	大学物理(理工)Ⅲ-2	物理科学与技术学院	2	32	32				3秋	
			201218010	数学前沿及应用I	数学学院	1	16	16				3秋	
			201058040	数值分析	数学学院	4	64	64				3秋	
			201318030	数值线性代数	数学学院	3	48	48				3秋	
			201035030	利息理论	数学学院	3	48	48				3秋	

续表

课程分组	课程类别	课程属性	课程号	课程名	开课单位	学分	总学时	理论学时	实验学时	上机学时	实践学时（周数）	开课学年学期	完成学分
			201219030	李群李代数	数学学院	3	48	48				3 春	
			201222030	Galois 理论	数学学院	3	48	48				3 春	
			201061040	随机过程	数学学院	4	64	64				3 春	
			201254030	数值实验	数学学院	3	48	32		16		3 春	
			201198030	数值最优化	数学学院	3	48	48				3 春	
			201220020	交换代数	数学学院	2	32	32				3 春	
			201083030	序与拓扑	数学学院	3	48	48				3 春	
			201223010	数学前沿及应用 II	数学学院	1	16	16				3 春	
				微分方程与动力系统	数学学院	3	48	48				3 春	
			201250020	专题讨论班	数学学院	2	32		32			3 春	
			201166020	几何 II (全英文)	数学学院	2	32	32				3 春 S	
			201164020	拓扑 II (全英文)	数学学院	2	32	32				3 春 S	
			201011030	二阶椭圆型方程	数学学院	3	48	48				4 秋	
				数学控制论基础	数学学院	4	64	64				4 秋	
			201225030	范畴论	数学学院	3	48	48				4 秋	
			201046030	数理逻辑	数学学院	3	48	48				4 秋	

续表

课程分组	课程类别	课程属性	课程号	课程名	开课单位	学分	总学时	理论学时	实验学时	上机学时	实践学时(周数)	开课学年学期	完成学分
			201041030	生存分析	数学学院	3	48	48				4秋	
			201040030	软件工程	数学学院	3	64	32		32		4秋	
			201044030	数据结构	数学学院	3	64	48		16		4秋	
			201045020	数据库技术	数学学院	2	48	32		16		4秋	
			201060030	数字信号处理	数学学院	3	48	48				4秋	
			201025030	积分方程数值解	数学学院	3	48	48				4秋	
			201093030	运筹学	数学学院	3	48	48				4秋	
			201105060	分专业个性化培养1	数学学院	6	96	80		16		4秋	
			201159030	广义线性模型	数学学院	3	48	48				4秋	
			202439030	理论力学基础	物理科学与技术学院	3	48	48				4秋	
			201078030	现代数论选讲	数学学院	3	48	48				4春	
			201013030	非参数统计	数学学院	3	48	48				4春	
			201251030	贝叶斯统计	数学学院	3	48	32		16		4春	
			201226030	代数几何	数学学院	3	48	48				4春	
			201227030	黎曼曲面	数学学院	3	48	48				4春	
			201172030	同调代数	数学学院	3	48	48				4春	

续表

课程分组	课程类别	课程属性	课程号	课程名	开课单位	学分	总学时	理论学时	实验学时	上机学时	实践学时(周数)	开课学年学期	完成学分
			202228030	模糊数学及其应用	数学学院	3	48	48				4春	
			201265030	微分流形	数学学院	3	48	48				4春	
			201106060	分专业个性化培养2	数学学院	6	96	80		16		4春	
			201081020	相关数据分析	数学学院	2	48	32		16		4春	
跨学科专业教育	学生自由修读的跨学科课程	必修		非本专业的其他专业课程									至少4
实践教育	实践教育	必修		创新创业教育(社会实践、学科竞赛、科研训练与科技成果、学术社团、志愿服务等)		4							
			201002080	毕业论文与实习	数学学院	8	160				15周	4春	12
小计			课程类别	专业教育	通识教育	实践环节						毕业总学分	
			学分	47	96	59						159	
			占总学分比例	29.56%	60.38%	37.11%							

西安交通大学
数学与应用数学专业培养方案

一、 培养目标

本专业培养德、智、体、美全面发展，具有坚实、宽广的数学基础，掌握应用数学的基本理论、方法和技能，受到良好的科学研究训练，具备在实际应用领域中进行理论分析以及计算机应用能力，能在科技、教育和经济管理等领域从事科学研究、数学建模、应用开发和管理等方面的工作，具有国际视野和竞争力的创新型理科人才。

二、 培养要求

本专业非常重视学生数学基础知识和专业基础知识的学习，同时注重应用所学知识解决实际问题能力以及创新能力的培养。经过四年学习，在打好数学基础理论、掌握数学、应用数学的基本理论和方法的同时，使学生具有良好的实际问题模型化和必要的数值计算的基础，并能在应用领域中进行数学建模、理论分析以及计算机应用能力，能在科技、教育和经济管理等领域从事科学研究、数学建模、应用开发和管理等方面的工作。

三、 主干学科与相关学科

主干学科：数学
相关学科：信息科学、计算机科学与技术

四、 学制、学位授予与毕业条件

学制 4 年，理学学士学位。
毕业条件：最低完成课内 154 学分，及课外实践 8 学分，军事训练考核合格，通过全国英语四级考试 (CET-4)，通过《国家学生体质健康标准》测试，方可获得毕业证书和学位证书。

五、专业分流方案

分流时间：第三学期期末。

分流方案：依照学分成绩按序分流，各专业择优录取。每个专业原则上不超过总人数的 1/3，向上取整。(详见《数学与统计学院本科生大类培养专业分流方案》。)

六、专业大类基础课程

常微分方程、实变函数、复变函数、概率论、数理统计、泛函分析、偏微分方程、近世代数。

七、主要实践环节

小学期实践环节 (包括基本技能训练和专业实习)、军事训练、毕业设计 (论文)、课程 (项目) 设计、综合性实践训练 (研究训练、创新创业训练项目、学科竞赛等) 具体操作实施。

八、选课说明与要求

1. 课程设置表中各模块选修课要求

公共英语课程包括理论课程、实践课程和自主学习三部分，学生需全部选择并完成相关教学要求方可获得相应学分；英语分级为 A、B 级的学生，第一、二学期必修 4 学分，第三、四学期选修 4 学分；英语分级为 C 级的学生第一至四学期必修 8 学分；选修英语辩论课程，应先修公共演讲课程。专业选修课最低选修学分为 10 学分。

2. 集中实践的说明与要求

应用课题实践在第 7 学期进行。结合有关课程，运用所学理论知识进行实践与训练。

3. 必要的先修课条件

选修课程须先修专业大类基础课程和专业核心课程。选修"生命科学模型"必须先选"动力系统初步"。

4. 建议选课清单

选修课为：数学建模、动力系统初步、现代控制理论、运筹学、数论基础、生命科学模型与分析、调和分析。

5. 学生处统一提出课外 8 学分要求以及实施办法

九、课程设置与学分分布

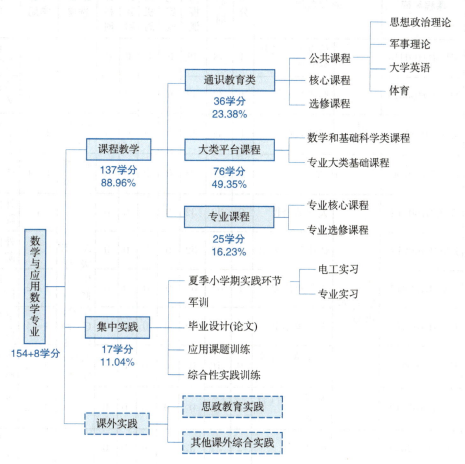

图 3.17

课程类型	课程编码	课程名称		学分	总学时	课内授课	课内实验	课内机时	课外实验	课外机时	必修/选修	开课学期	开课单位
公共课程	MLMD100114	思想政治理论	思想道德修养与法律基础	3	48	48	0	0	0	0	必修13学分	1	马克思主义学院
	MLMD100214		中国近现代史纲要	2	32	32	0	0	0	0		2	马克思主义学院
	MLMD13014		毛泽东思想和中国特色社会主义理论体系概论	4	64	64	0	0	0	0		3	马克思主义学院

课程类型	课程编码		课程名称	学分	总学时	课内授课	课内实验	课内机时	课外实验	课外机时	必修/选修	开课学期	开课单位
公共课程	MLMD100414		马克思主义基本原理	3	48	48	0	0	0	0		4	马克思主义学院
	MLMD100514		形势与政策	1	32	32	0	0	0	0		1—7	马克思主义学院
	MILI100154	国防	国防教育	1	32	32	0	0	0	0	必修1学分	1、2	军事教研室
	PHED100150		体育	2	128	128	0	0	0	0	必修2学分	1—4	体育部
	ENGL100112	综合英语类	大学英语Ⅳ	2	32	32	0	0	0	0	A、B级学生必修4学分；C级学生必修8学分	1	外国语学院
	ENGL100212		通用学术英语	2	32	32	0	0	0	0		2	外国语学院
	ENGL100312		大学英语Ⅲ	4	64	64	0	0	0	0		1—2	外国语学院
	ENGL102312		大学英语Ⅱ	8	128	128	0	0	0	0		1—4	外国语学院
	ENGL100512		大学英语(实践)	0	16	0	0	0	0	0		1—2	外国语学院
	ENGL100712		大学英语(自主学习)	0	16	0	0	0	0	0		1—2	外国语学院
	ENGL102612	拓展英语类	英语写作	2	32	32	0	0	0	0	A、B级学生选修4学分	3	外国语学院
	ENGL102712		英汉互译	2	32	32	0	0	0	0		3	外国语学院
	ENGL102812		新闻英语	2	32	32	0	0	0	0		3	外国语学院
	ENGL102912		高级英语	2	32	32	0	0	0	0		3	外国语学院
	ENGL103012		公共演讲	2	32	32	0	0	0	0		3	外国语学院
	ENGL103112		学术英语听说	2	32	32	0	0	0	0		3	外国语学院
	ENGL103212		拓展技能类英语(实践)	0	16	0	0	0	0	0		3	外国语学院

续表

课程类型	课程编码	课程名称	学分	总学时	课内授课	课内实验	课内机时	课外实验	课外机时	必修/选修	开课学期	开课单位
	ENGL103312	拓展技能类英语(自主学习)	0	16	0	0	0	0	0		3	外国语学院
	ENGL103812	商务英语	2	32	32	0	0	0	0		4	外国语学院
	ENGL104012	高级英语视听说	2	32	32	0	0	0	0		4	外国语学院
	ENGL104212	欧洲文化渊源	2	32	32	0	0	0	0		4	外国语学院
	ENGL104412	西方礼仪文化	2	32	32	0	0	0	0		4	外国语学院
	ENGL103812	美国文化	2	32	32	0	0	0	0		4	外国语学院
	ENGL104812	英语辩论	2	32	32	0	0	0	0		4	外国语学院
	ENGL104012	学术英语读写	2	32	32	0	0	0	0		4	外国语学院
	ENGL104112	拓展文化类英语(实践)	0	16	0	0	0	0	0		4	外国语学院
	ENGL104212	拓展文化类英语(自主学习)	0	16	0	0	0	0	0		4	外国语学院
基础通识类课程			基础通识类选修课任选 6 学分,基础通识类核心课限选 6 学分,共计 12 学分									
通识教育类小计			必修 20 学分,选修 16 学分,共计 36 学分									
数学和基础科学类课程	COMP200153	大学计算机基础 I	3	56	40	0	16	0	0	必修47学分	1	计教中心
	COMP200653	C 程序设计	2	48	24	0	24	0	0		3	计教中心
	BIME200313	生命科学基础 I	3	52	44	0	8	0	0		4	生命学院
	MATH010007	数学专业导论	1	16	16	0	0	0	0		1	数学与统计学院
	MATH210107	数学分析	16	256	256	0	0	0	0		1,2,3	数学与统计学院
	MATH210207	高等代数与几何	10	160	160	0	0	0	0		1,2	数学与统计学院
	PHYS260109	大学物理 I	10	160	160	0	0	0	0		2,3	物理学院

续表

课程类型	课程编码	课程名称	学分	总学时	课内授课	课内实验	课内机时	课外实验	课外机时	必修/选修		开课学期	开课单位
	PHYS280109	大学物理实验Ⅰ	2	64	64	0	0	0	0			2,3	物理学院
数学和基础科学类课程小计			必修47学分，共计47学分										
专业大类基础课程	MATH342207	常微分方程	4	64	64	0	0	0	0	必修29分	修学学分	3	数学与统计学院
	MATH311107	实变函数	3	48	48	0	0	0	0			4	数学与统计学院
	MATH311207	复变函数	3	48	48	0	0	0	0			4	数学与统计学院
	MATH325107	概率论	4	64	64	0	0	0	0			4	数学与统计学院
	MATH325207	数理统计	4	64	64	0	0	0	0			5	数学与统计学院
	MATH311307	泛函分析	4	64	64	0	0	0	0			5	数学与统计学院
	MATH311407	偏微分方程	4	64	64	0	0	0	0			5	数学与统计学院
	MATH311507	近世代数	3	48	48	0	0	0	0			5	数学与统计学院
专业大类基础课程小计			必修29学分，共计29学分										
专业核心课程	MATH413107	数值分析	3	48	48	0	0	0	12	必修15分	修学学分	4	数学与统计学院
	MATH325307	随机过程	3	48	48	0	0	0	0			5	数学与统计学院
	MATH411607	拓扑学	3	48	48	0	0	0	0			6	数学与统计学院
	MATH411707	微分几何	3	48	48	0	0	0	0			6	数学与统计学院
	MATH425407	数据分析与统计软件	3	56	46	0	10	0	0			6	数学与统计学院
专业核心课程小计			必修15学分，共计15学分										
专业选修课程	MATH512107	数学建模	2	32	24	0	8	0	0			5	数学与统计学院
	MATH512207	动力系统初步	2	32	32	0	0	0	0			6	数学与统计学院

续表

课程类型	课程编码	课程名称	学分	总学时	课内授课	课内实验	课内机时	课外实验	课外机时	必修/选修	开课学期	开课单位
	MATH514607	近代数学选讲	2	32	32	0	0	0	0	选修10学分	6	数学与统计学院
	MATH512307	现代控制理论	2	32	32	0	0	0	0		7	数学与统计学院
	MATH512407	运筹学	2	32	32	0	0	0	0		7	数学与统计学院
	MATH511807	数论基础	2	32	32	0	0	0	0		7	数学与统计学院
	MATH512507	生命科学模型与分析	2	32	24	0	8	0	0		8	数学与统计学院
	MATH511907	调和分析	2	32	32	0	0	0	0		8	数学与统计学院
专业选修课程小计			选修 10 学分，共计 10 学分									
集中实践	MILI100254	军训	1	16	16	0	0	0	0	必修17学分	1	军事教研室
	EPRA300152	电工实习	1	40	30	10	0	0	0		小学期(2)	工程坊
	SCTR400107	科研讲座	0	32	32	0	0	0	0		小学期(2)	数学与统计学院
	SCTR400207	应用课题训练	2	40	16	0	24	0	0		7	数学与统计学院
	PRAC400107	专业实习	3	0	0	0	0	0	0		小学期(3)	数学与统计学院
	GRDE400107	毕业设计	10	0	0	0	0	0	0		8	数学与统计学院
集中实践小计			必修 17 学分，共计 17 学分									
总计			154 学分									

十、指导性教学计划

第一学期			第二学期		
课程编码	课程名称	学分	课程编码	课程名称	学分
COMP200153	大学计算机基础Ⅰ	3	MLMD100214	中国近现代史纲要	2
MLMD100114	思想道德修养与法律基础	3	MILI100154	国防教育	1
PHED100150	体育	0.5	PHED100150	体育	0.5
ENGL100112 ENGL100312 ENGL102312	大学英语Ⅳ 大学英语Ⅲ 大学英语Ⅱ	2	ENGL100212 ENGL100312 ENGL102312	通用学术英语 大学英语Ⅲ 大学英语Ⅱ	2
MATH210107	数学分析	6	MATH210107	数学分析	6
MATH210207	高等代数与几何	5	MATH210207	高等代数与几何	5
MATH010007	数学专业导论	1	PHYS260109	大学物理	5
MILI100254	军训	1	PHYS280109	大学物理实验Ⅰ	1
合计	必修 21.5 学分		合计	必修 22.5 学分	

* 选修基础通识类课程 2 学分
* 本学期总学分 23.5 学分

* 本学期总学分 22.5 学分

第三学期			第四学期		
课程编码	课程名称	学分	课程编码	课程名称	学分
MLMD103014	毛泽东思想和中国特色社会主义理论体系概论	4	MLMD100414	马克思主义基本思想	3
COMP200653	C 程序设计	2	PHED100150	体育	0.5
PHED100150	体育	0.5	BIME200313	生命科学基础Ⅰ	3
PHYS260109	大学物理	5	MATH311107	实变函数	3
PHYS280109	大学物理实验Ⅰ	1	MATH311207	复变函数	3
MATH210107	数学分析	4	MATH325107	概率论	4
MATH342207	常微分方程	4	MATH413107	数值分析	3
合计	必修 20.5 学分		合计	必修 19.5 学分	

* 英语分级 A、B 级学生选修 2 学分，C 级学生必修 2 学分
* 本学期总学分 22.5 学分

* 英语分级 A、B 级学生选修 2 学分，C 级学生必修 2 学分
* 选修基础通识类课程 2 学分
* 本学期总学分 23.5 学分

续表

小学期 (2)			第五学期		
课程编码	课程名称	学分	课程编码	课程名称	学分
EPRA300152	电工实习	1	MATH325207	泛函分析	4
SCTR400107	科研讲座	0	MATH325207	数理统计	4
			MATH325307	随机过程	3
			MATH311407	偏微分方程	4
			MATH311507	近世代数	3
			合计	必修 18 学分	
			在以下选修课中选修 2 学分		
合计	必修 1 学分		MATH512107	数学建模	2

* 本学期总学分 1 学分

* 选修基础通识类课程 2 学分
* 本学期总学分 22 学分

第六学期			小学期 (3)		
课程编码	课程名称	学分	课程编码	课程名称	学分
MATH411607	拓扑学	3	PRAC400107	专业实习	3
MATH411707	微分几何	3			
MATH425407	数据分析与统计软件	3			
合计	必修 9 学分				
在以下选修课中选修 2 学分			合计	必修 3 学分	
MATH512207	动力系统初步	2			
MATH514607	近代数学选讲	2	* 本学期总学分 3 学分		

* 选修基础通识类课程 2 学分
* 本学期总学分 13 学分

续表

第七学期			第八学期		
课程编码	课程名称	学分	课程编码	课程名称	学分
SCTR400207	应用课题训练	2	GRDE400107	毕业设计	10
MLMD100514	形势与政策	1	合计	必修 10 学分	
合计	必修 3 学分		在以下选修课中选修 2 学分		
在以下选修课中选修 4 学分			MATH512507	生命科学模型	2
MATH511807	数论基础	2	MATH511907	调和分析	2
MATH512307	现代控制理论	2	* 选修生命科学模型必须先选动力系统初步 * 选修基础通识类课程 2 学分 * 本学期总学分 14 学分 * 到本学期期末，总学分不得少于 154 学分。其中通识教育类课程必修 20 学分；选修不少于 16 学分；数学和基础科学类课程必修 47 学分；专业大类基础课程必修 29 学分；专业核心课程必修15 学分；专业选修课程选修不少于 10 学分；集中实践环节 17 学分		
MATH512407	运筹学	2			
* 选修基础通识类课程 2 学分 * "形势与政策" 在第 1—7 学期完成，共 1 学分 * 本学期总学分 9 学分					

西安交通大学
信息与计算科学专业培养方案

一、 培养目标

本专业培养德、智、体、美全面发展，具有坚实、宽广的数学基础，掌握信息与计算科学的基本理论、方法和技能，受到良好的科学研究训练，具备在实际应用领域中进行信息处理、科学与工程计算以及软件开发能力，能在科技、教育和经济管理等领域从事科学研究与计算、应用开发和管理等方面的工作，具有国际视野和竞争力的创新型理科人才。

二、 培养要求

本专业学生主要学习信息与计算科学的基本理论、方法和技能。经过四年学习，在掌握计算科学、信息科学的基本理论、方法和技能的同时，非常重视学生数学基础知识和专业基础知识的学习，同时注重应用所学知识解决科学与工程实际问题能力以及创新能力的培养。使学生具有良好的数值和非数值程序设计的基础，并具有根据实际问题进行数学建模、算法设计和编程实现的能力，初步具备在计算科学、信息科学及相关领域从事科学研究以及解决实际问题的能力。

三、 主干学科与相关学科

主干学科：数学。
相关学科：信息科学、计算机科学与技术。

四、 学制、学位授予与毕业条件

学制 4 年，理学学士学位。
毕业条件：最低完成课内 153.5 学分，及课外实践 8 学分，军事训练考核合格，通过全国英语四级考试 (CET-4)，通过《国家学生体质健康标准》测试，方可获得学位证和毕业证。

五、专业分流方案

分流时间：第三学期期末。

分流方案：依照学分成绩按序分流，各专业择优录取。每个专业原则上不超过总人数的 1/3，向上取整。(详见《数学与统计学院本科生大类培养专业分流方案》。)

六、专业大类基础课程

常微分方程、实变函数、复变函数、概率论、数理统计、泛函分析、偏微分方程、近世代数。

七、主要实践环节

小学期实践环节 (包括基本技能训练和专业实习)、军事训练、毕业设计 (论文)、课程 (项目) 设计、综合性实践训练 (研究训练、创新创业训练项目、学科竞赛等) 具体操作实施。

八、选课说明与要求

1. 课程设置表中各模块选修课要求

公共英语课程包括理论课程、实践课程和自主学习三部分，学生需全部选择并完成相关教学要求方可获得相应学分；英语分级为 A、B 级的学生，第一、二学期必修 4 学分，第三、四学期选修 4 学分；英语分级为 C 级的学生第一至四学期必修 8 学分；选修英语辩论课程，应先修公共演讲课程。专业选修课最低选修学分为 10 学分。

2. 集中实践的说明与要求

科学计算实践在第 7 学期进行。结合有关课程，运用所学理论知识进行实践与训练。

3. 必要的先修课条件

选修课程须先修专业大类基础课程和专业核心课程。

4. 建议选课清单

专业选修课分成计算数学与信息两个模块，每个模块必选够 4 学分，最低选修课学分为 10 学分。

计算数学模块：数理金融、数值代数，组合与图论、物理学与偏微分方程。

信息模块：小波分析及其应用、计算智能、数字图像处理、凸分析、近代数学选讲。

5. 学生处统一提出课外 8 学分要求以及实施办法

九、课程设置与学分分布

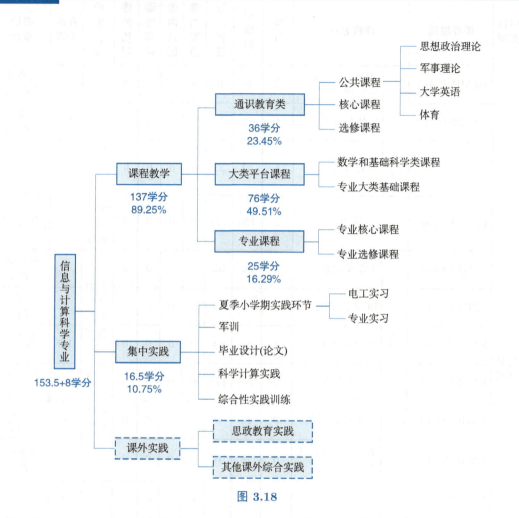

图 3.18

课程类型	课程编码	课程名称	学分	总学时	课内授课	课内实验	课内机时	课外实验	课外机时	必修/选修	开课学期	开课单位
思想政治理论	MLMD100114	思想道德修养与法律基础	3	48	48	0	0	0	0	必修13学分	1	马克思主义学院
	MLMD100214	中国近现代史纲要	2	32	32	0	0	0	0		2	马克思主义学院
	MLMD103014	毛泽东思想和中国特色社会主义理论体系概论	4	64	64	0	0	0	0		3	马克思主义学院

续表

课程类型	课程编码		课程名称	学分	总学时	课内授课	课内实验	课内机时	课外实验	课外机时	必修/选修	开课学期	开课单位
公共课程	MLMD100414		马克思主义基本原理	3	48	48	0	0	0	0		4	马克思主义学院
	MLMD100514		形势与政策	1	32	32	0	0	0	0		1-7	马克思主义学院
	MILI100154	国防	国防教育	1	32	32	0	0	0	0	必修1学分	1、2	军事教研室
	PHED100150		体育	2	128	128	0	0	0	0	必修2学分	1-4	体育部
	ENGL100112	综合英语类	大学英语Ⅳ	2	32	32	0	0	0	0	A、B级学生必修4学分；C级学生必修8学分	1	外国语学院
	ENGL100212		通用学术英语	2	32	32	0	0	0	0		2	外国语学院
	ENGL100312		大学英语Ⅲ	4	64	64	0	0	0	0		1-2	外国语学院
	ENGL102312		大学英语Ⅱ	8	128	128	0	0	0	0		1-4	外国语学院
	ENGL100512		大学英语(实践)	0	16	0	0	0	0	0		1-2	外国语学院
	ENGL100712		大学英语(自主学习)	0	16	0	0	0	0	0		1-2	外国语学院
	ENGL102612	拓展英语类	英语写作	2	32	32	0	0	0	0	A、B级学生选修4学分	3	外国语学院
	ENGL102712		英汉互译	2	32	32	0	0	0	0		3	外国语学院
	ENGL102812		新闻英语	2	32	32	0	0	0	0		3	外国语学院
	ENGL102912		高级英语	2	32	32	0	0	0	0		3	外国语学院
	ENGL103012		公共演讲	2	32	32	0	0	0	0		3	外国语学院
	ENGL103112		学术英语听说	2	32	32	0	0	0	0		3	外国语学院
	ENGL103212		拓展技能类英语(实践)	0	16	0	0	0	0	0		3	外国语学院

课程类型	课程编码	课程名称	学分	总学时	课内授课	课内实验	课内机时	课外实验	课外机时	必修/选修	开课学期	开课单位
	ENGL103312	拓展技能类英语(自主学习)	0	16	0	0	0	0	0		3	外国语学院
	ENGL103812	商务英语	2	32	32	0	0	0	0		4	外国语学院
	ENGL104012	高级英语视听说	2	32	32	0	0	0	0		4	外国语学院
	ENGL104212	欧洲文化渊源	2	32	32	0	0	0	0		4	外国语学院
	ENGL104412	西方礼仪文化	2	32	32	0	0	0	0		4	外国语学院
	ENGL103812	美国文化	2	32	32	0	0	0	0		4	外国语学院
	ENGL104812	英语辩论	2	32	32	0	0	0	0		4	外国语学院
	ENGL104012	学术英语读写	2	32	32	0	0	0	0		4	外国语学院
	ENGL104112	拓展文化类英语(实践)	0	16	0	0	0	0	0		4	外国语学院
	ENGL104212	拓展文化类英语(自主学习)	0	16	0	0	0	0	0		4	外国语学院
基础通识类课程			基础通识类选修课任选 6 学分，基础通识类核心课限选 6 学分，共计 12 学分									
通识教育类小计			必修 20 学分，选修 16 学分，共计 36 学分									
数学和基础科学类课程	COMP200153	大学计算机基础 I	3	56	40	0	16	0	0	必修47学分	1	计教中心
	COMP200653	C 程序设计	2	48	24	0	24	0	0		3	计教中心
	BIME200313	生命科学基础 I	3	52	44	0	8	0	0		4	生命学院
	MATH010007	数学专业导论	1	16	16	0	0	0	0		1	数学与统计学院
	MATH210107	数学分析	16	256	256	0	0	0	0		1,2,3	数学与统计学院
	MATH210207	高等代数与几何	10	160	160	0	0	0	0		1,2	数学与统计学院
	PHYS260109	大学物理 I	10	160	160	0	0	0	0		2,3	物理学院

续表

课程类型	课程编码	课程名称	学分	总学时	课内授课	课内实验	课内机时	课外实验	课外机时	必修/选修	开课学期	开课单位
	PHYS280109	大学物理实验Ⅰ	2	64	0	64	0	0	0		2,3	物理学院
数学和基础科学类课程小计			必修47学分，共计47学分									
专业大类基础课程	MATH342207	常微分方程	4	64	64	0	0	0	0	必修29学分	3	数学与统计学院
	MATH311107	实变函数	3	48	48	0	0	0	0		4	数学与统计学院
	MATH311207	复变函数	3	48	48	0	0	0	0		4	数学与统计学院
	MATH325107	概率论	4	64	64	0	0	0	0		4	数学与统计学院
	MATH325207	数理统计	4	64	64	0	0	0	0		5	数学与统计学院
	MATH311307	泛函分析	4	64	64	0	0	0	0		5	数学与统计学院
	MATH311407	偏微分方程	4	64	64	0	0	0	0		5	数学与统计学院
	MATH311507	近世代数	3	48	48	0	0	0	0		5	数学与统计学院
专业大类基础课程小计			必修29学分，共计29学分									
专业核心课程	MATH413107	数值分析	3	48	48	0	0	0	12	必修15学分	4	数学与统计学院
	MATH414107	数字信号处理	3	48	48	0	0	0	16		5	数学与统计学院
	MATH414207	矩阵分析	3	48	48	0	0	0	0		6	数学与统计学院
	MATH413207	偏微分方程数值解法	3	48	48	0	0	0	16		6	数学与统计学院
	MATH325407	最优化方法	3	48	48	0	0	0	0		6	数学与统计学院
专业核心课程小计			必修15学分，共计15学分									
专业选修课程	MATH513307	数值代数	2	32	32	0	0	0	0	选修10学分	6	数学与统计学院
	MATH514307	小波分析及其应用	2	32	32	0	0	0	0		6	数学与统计学院

续表

课程类型	课程编码	课程名称	学分	总学时	课内授课	课内实验	课内机时	课外实验	课外机时	必修/选修	开课学期	开课单位
	MATH411707	微分几何	3	48	48	0	0	0	0		6	数学与统计学院
	MATH514607	近代数学选讲	2	32	32	0	0	0	0		6	数学与统计学院
	MATH513407	凸分析	2	32	32	0	0	0	0		7	数学与统计学院
	MATH513507	数理金融	2	32	32	0	0	0	0		7	数学与统计学院
	MATH513607	物理学与偏微分方程	2	32	32	0	0	0	0		7	数学与统计学院
	MATH514507	计算智能	2	32	32	0	0	0	0		7	数学与统计学院
	MATH513707	组合与图论	2	32	32	0	0	0	0		8	数学与统计学院
	MATH514707	数字图像处理	2	32	32	0	0	0	0		8	数学与统计学院
专业选修课程小计			选修 10 学分，共计 10 学分									
集中实践	MILI100254	军训	1	16	16	0	0	0	0	必修16.5学分	1	军事教研室
	EPRA300152	电工实习	1	40	30	10	0	0	0		小 2	工程坊
	SCTR400107	科研讲座	0	32	32	0	0	0	0		小 2	数学与统计学院
	SCTR400307	科学计算实践	1.5	40	8	0	32	0	0		7	数学与统计学院
	PRAC400107	专业实习	3	0	0	0	0	0	0		小 3	数学与统计学院
	GRDE400107	毕业设计	10	0	0	0	0	0	0		8	数学与统计学院
集中实践小计			必修 16.5 学分，共计 16.5 学分									
总计			153.5 学分									

十、指导性教学计划

第一学期			第二学期		
课程编码	课程名称	学分	课程编码	课程名称	学分
COMP200153	大学计算机基础 I	3	MLMD100214	中国近现代史纲要	2
MLMD100114	思想道德修养与法律基础	3	MILI100154	国防教育	1
PHED100150	体育	0.5	PHED100150	体育	0.5
ENGL100112 ENGL100312 ENGL102312	大学英语 Ⅳ 大学英语 Ⅲ 大学英语 Ⅱ	2	ENGL100212 ENGL100312 ENGL102312	通用学术英语 大学英语 Ⅲ 大学英语 Ⅱ	2
MATH210107	数学分析	6	MATH210107	数学分析	6
MATH210207	高等代数与几何	5	MATH210207	高等代数与几何	5
MATH010007	数学专业导论	1	PHYS260109	大学物理	5
MILI100254	军训	1	PHYS280109	大学物理实验 I	1
合计	必修 21.5 学分		合计	必修 22.5 学分	

* 选修基础通识类课程 2 学分
* 本学期总学分 23.5 学分

* 本学期总学分 22.5 学分

第三学期			第四学期		
课程编码	课程名称	学分	课程编码	课程名称	学分
MLMD103014	毛泽东思想和中国特色社会主义理论体系概论	4	MLMD100414	马克思主义基本思想	3
			PHED100150	体育	0.5
COMP200653	C 程序设计	2	BIME200313	生命科学基础 I	3
PHED100150	体育	0.5	MATH311107	实变函数	3
PHYS260109	大学物理	5	MATH311207	复变函数	3
PHYS280109	大学物理实验 I	1	MATH325107	概率论	4
MATH210107	数学分析	4	MATH325207	数值分析	3
MATH342207	常微分方程	4	合计	必修 19.5 学分	
合计	必修 20.5 学分				

* 英语分级 A、B 级学生选修 2 学分，C 级学生必修 2 学分
* 本学期总学分 22.5 学分

* 英语分级 A、B 级学生选修 2 学分，C 级学生必修 2 学分
* 选修基础通识类课程 2 学分
* 本学期总学分 23.5 学分

续表

小学期 (1)			第五学期		
课程编码	课程名称	学分	课程编码	课程名称	学分
EPRA300152	电工实习	1	MATH311307	泛函分析	4
SCTR400107	科研讲座	0	MATH325207	数理统计	4
			MATH414107	数字信号处理	3
			MATH311407	偏微分方程	4
			MATH311507	近世代数	3
合计	必修 1 学分		合计	必修 18 学分	

* 本学期总学分 1 学分

* 选修基础通识类课程 2 学分
* 本学期总学分 20 学分

第六学期			小学期 (2)		
课程编码	课程名称	学分	课程编码	课程名称	学分
MATH414207	矩阵分析	3	PRAC400107	专业实习	3
MATH413207	偏微分方程数值解法	3			
MATH325407	最优化方法	3			
合计	必修 9 学分				
在以下选修课中选修 2 学分					
MATH514307	小波分析及其应用	2			
MATH513307	数值代数	2	合计	必修 3 学分	
MATH411707	微分几何	3			
MATH514607	近代数学选讲	2			

* 选修基础通识类课程 2 学分
* 本学期总学分 13 学分

* 本学期总学分 3 学分

续表

第七学期			第八学期		
课程编码	课程名称	学分	课程编码	课程名称	学分
SCTR400307	科学计算实践	1.5	GRDE400107	毕业设计	10
MLMD100514	形势与政策	1	合计	必修 10 学分	
合计	必修 2.5 学分		在以下选修课中选修 2 学分		
在以下选修课中选修 6 学分			MATH513707	组合与图论	2
MATH513407	凸分析	2	MATH514707	数字图像处理	2
MATH513507	数理金融	2	* 选修基础通识类课程 2 学分 * 本学期总学分 14 学分 * 到本学期期末，总学分不得少于 153.5 学分。其中通识教育类课程必修 20 学分；选修不少于 16 学分；数学和基础科学类课程必修 47 学分；专业大类基础课程必修 29 学分；专业核心课程必修 15 学分；专业选修课程选修不少于 10 学分；集中实践环节 16.5 学分		
MATH513607	物理学与偏微分方程	2			
MATH514507	计算智能	2			
* 选修基础通识类课程 2 学分 * "形式与政策" 在第 1—7 学期完成，共 1 学分 * 本学期总学分 10.5 学分					

统计学专业培养方案

一、 培养目标

本专业培养德、智、体、美全面发展，具有坚实的数学和统计学理论基础，受到良好的科学研究训练，熟练掌握统计数据分析方法和统计软件的应用，具备应用统计方法分析和解决实际问题的能力，能适应我国改革开放和社会主义市场经济建设需要，在实际领域从事数据分析和统计咨询工作的专门人才以及进一步从事统计理论与方法研究的科研后备力量。

二、 培养要求

使学生具有坚实的数学和统计学理论基础及较好的科学素养，熟练掌握和应用统计分析方法，熟练利用计算机进行数据处理和分析，具备解决实际问题的能力。

三、 主干学科与相关学科

主干学科：统计学。
相关学科：数学与应用数学、计算机科学与技术。

四、 学制、学位授予与毕业条件

学制 4 年，理学学士学位。
毕业条件：最低完成课内 152 学分，及课外实践 8 学分，军事训练考核合格，通过全国英语四级考试 (CET-4)，通过《国家学生体质健康标准》测试，方可获得学位证书和毕业证书。

五、 专业分流方案

分流时间：第三学期期末。
分流方案：依照学分成绩按序分流，各专业择优录取。每个专业原则上不超过总人数的 1/3，向上取整。(详见《数学与统计学院本科生大类培养专业分流方案》。)

六、 专业大类基础课程

常微分方程、实变函数、复变函数、概率论、数理统计、泛函分析、随机过程、最优化方法。

七、 主要实践环节

小学期实践环节 (包括基本技能训练和专业实习)、军事训练、毕业设计 (论文)、课程 (项目) 设计、综合性实践训练 (研究训练、创新创业训练项目、学科竞赛等) 具体操作实施。

八、 选课说明与要求

1. 课程设置表中各模块选修课要求
公共英语课程包括理论课程、实践课程和自主学习三部分，学生需全部选择并完成相关教学要求方可获得相应学分；英语分级为 A、B 级的学生，第一、二学期必修 4 学分，第三、四学期选修 4 学分；英语分级为 C 级的学生第一至四学期必修 8 学分；选修英语辩论课程，应先修公共演讲课程。专业选修课最低选修学分为 10 学分。

2. 集中实践的说明与要求
统计咨询与实践在第 7 学期进行。结合有关课程，运用所学理论知识进行实践与训练。

3. 必要的先修课条件
选修课程须先修专业大类基础课程和专业核心课程。

4. 建议选课清单
不确定数据分析、生物统计基础、信息论、贝叶斯统计、高维数据推断、统计学习。

5. 学生处统一提出课外 8 学分要求以及实施办法

九、课程设置与学分分布

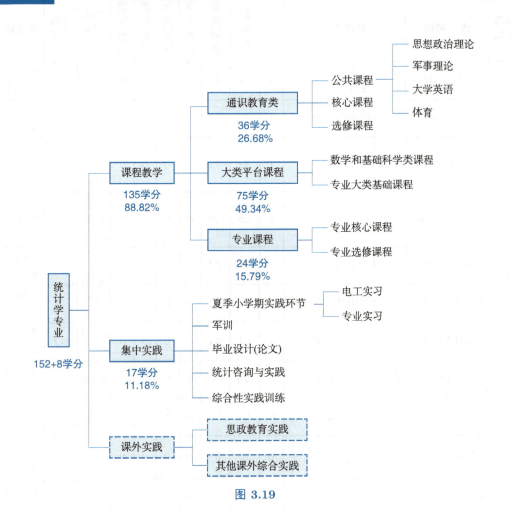

图 3.19

课程类型	课程编码	课程名称	学分	总学时	课内授课	课内实验	课内机时	课外实验	课外机时	必修/选修	开课学期	开课单位
思想政治理论	MLMD100114	思想道德修养与法律基础	3	48	48	0	0	0	0	必修13学分	1	马克思主义学院
	MLMD100214	中国近现代史纲要	2	32	32	0	0	0	0		2	马克思主义学院
	MLMD103014	毛泽东思想和中国特色社会主义理论体系概论	4	64	64	0	0	0	0		3	马克思主义学院

续表

课程类型	课程编码		课程名称	学分	总学时	课内授课	课内实验	课内机时	课外实验	课外机时	必修/选修	开课学期	开课单位
公共课程	MLMD100414		马克思主义基本原理	3	48	48	0	0	0	0		4	马克思主义学院
	MLMD100514		形势与政策	1	32	32	0	0	0	0		1-7	马克思主义学院
	MILI100154	国防	国防教育	1	32	32	0	0	0	0	必修2学分	1、2	军事教研室
	PHED100150		体育	2	128	128	0	0	0	0	必修2学分	1-4	体育部
	ENGL100112	综合英语类	大学英语Ⅳ	2	32	32	0	0	0	0	A、B级学生必修4学分；C级学生必修8学分	1	外国语学院
	ENGL100212		通用学术英语	2	32	32	0	0	0	0		2	外国语学院
	ENGL100312		大学英语Ⅲ	4	64	64	0	0	0	0		1-2	外国语学院
	ENGL102312		大学英语Ⅱ	8	128	128	0	0	0	0		1-4	外国语学院
	ENGL100512		大学英语(实践)	0	16	0	0	0	0	0		1-2	外国语学院
	ENGL100712		大学英语(自主学习)	0	16	0	0	0	0	0		1-2	外国语学院
	ENGL102612	拓展英语类	英语写作	2	32	32	0	0	0	0	A、B级学生选修4学分	3	外国语学院
	ENGL102712		英汉互译	2	32	32	0	0	0	0		3	外国语学院
	ENGL102812		新闻英语	2	32	32	0	0	0	0		3	外国语学院
	ENGL102912		高级英语	2	32	32	0	0	0	0		3	外国语学院
	ENGL103012		公共演讲	2	32	32	0	0	0	0		3	外国语学院
	ENGL103112		学术英语听说	2	32	32	0	0	0	0		3	外国语学院
	ENGL103212		拓展技能类英语(实践)	0	16	0	0	0	0	0		3	外国语学院

续表

课程类型	课程编码	课程名称	学分	总学时	课内授课	课内实验	课内机时	课外实验	课外机时	必修/选修	开课学期	开课单位
	ENGL103312	拓展技能类英语(自主学习)	0	16	0	0	0	0	0		3	外国语学院
	ENGL103812	商务英语	2	32	32	0	0	0	0		4	外国语学院
	ENGL104012	高级英语视听说	2	32	32	0	0	0	0		4	外国语学院
	ENGL104212	欧洲文化渊源	2	32	32	0	0	0	0		4	外国语学院
	ENGL104412	西方礼仪文化	2	32	32	0	0	0	0		4	外国语学院
	ENGL103812	美国文化	2	32	32	0	0	0	0		4	外国语学院
	ENGL104812	英语辩论	2	32	32	0	0	0	0		4	外国语学院
	ENGL104012	学术英语读写	2	32	32	0	0	0	0		4	外国语学院
	ENGL104112	拓展文化类英语(实践)	0	16	0	0	0	0	0		4	外国语学院
	ENGL104212	拓展文化类英语(自主学习)	0	16	0	0	0	0	0		4	外国语学院
基础通识类课程			基础通识类选修课任选 6 学分，基础通识类核心课限选 6 学分，共计 12 学分									
通识教育类小计			必修 20 学分，选修 16 学分，共计 36 学分									
数学和基础科学类课程	COMP200153	大学计算机基础Ⅰ	3	56	40	0	16	0	0	必修47学分	1	计教中心
	COMP200653	C 程序设计	2	48	24	0	24	0	0		3	计教中心
	BIME200313	生命科学基础Ⅰ	3	52	44	0	8	0	0		4	生命学院
	MATH010007	统计专业导论	1	16	16	0	0	0	0		1	数学与统计学院
	MATH210107	数学分析	16	256	256	0	0	0	0		1,2,3	数学与统计学院
	MATH210207	高等代数与几何	10	160	160	0	0	0	0		1,2	数学与统计学院
	PHYS260109	大学物理Ⅰ	10	160	160	0	0	0	0		2,3	物理学院

续表

课程类型	课程编码	课程名称	学分	总学时	课内授课	课内实验	课内机时	课外实验	课外机时	必修/选修	开课学期	开课单位
	PHYS280109	大学物理实验Ⅰ	2	64	64	0	0	0	0		2,3	物理学院
数学和基础科学类课程			必修47学分，共计47学分									
专业大类基础课程	MATH342207	常微分方程	4	64	64	0	0	0	0	必修28学分	3	数学与统计学院
	MATH311107	实变函数	3	48	48	0	0	0	0		4	数学与统计学院
	MATH311207	复变函数	3	48	48	0	0	0	0		4	数学与统计学院
	MATH325107	概率论	4	64	64	0	0	0	0		4	数学与统计学院
	MATH325207	数理统计	4	64	64	0	0	0	0		5	数学与统计学院
	MATH311307	泛函分析	4	64	64	0	0	0	0		5	数学与统计学院
	MATH325307	随机过程	3	48	48	0	0	0	0		5	数学与统计学院
	MATH325407	最优化方法	3	48	48	0	0	0	0		6	数学与统计学院
专业大类基础课程小计			必修28学分，共计28学分									
专业核心课程	MATH525507	矩阵分析	3	48	48	0	0	0	0	必修14学分	4	数学与统计学院
	MATH425407	数据分析与统计软件	3	56	46	0	10	0	0		6	数学与统计学院
	MATH425207	金融统计基础	3	48	48	0	0	0	0		6	数学与统计学院
	MATH525207	机器学习	2	32	32	0	16	0	0		6	数学与统计学院
	MATH425307	大数据分析基础	3	48	48	0	0	0	0		7	数学与统计学院
专业核心课程小计			必修14学分，共计14学分									
	MATH525107	不确定数据分析	2	32	32	0	0	0	0	选修10学分	5	数学与统计学院
	INFT530105	信息论	2.5	40	40	0	0	0	0		5	数学与统计学院

续表

课程类型	课程编码	课程名称	学分	总学时	课内授课	课内实验	课内机时	课外实验	课外机时	必修/选修	开课学期	开课单位
专业选修课	MATH442207	生物统计基础	3	56	40	0	16	0	0		6	数学与统计学院
	MATH525307	高维数据推断	2	32	32	0	0	0	0		7	数学与统计学院
	MATH525407	贝叶斯统计	2	32	32	0	0	0	0		8	数学与统计学院
	MATH542107	统计学习	2	32	32	0	0	0	0		8	数学与统计学院
专业选修课程小计			选修 10 学分，共计 10 学分									
集中实践	MILI100254	军训	1	16	16	0	0	0	0	必修17学分	1	军事教研室
	EPRA300152	电工实习	1	40	30	10	0	0	0		小学期(2)	工程坊
	SCTR400107	科研讲座	0	32	32	0	0	0	0		小学期(2)	数学与统计学院
	MATH525407	统计咨询与实践	2	32	32	0	0	0	0		7	数学与统计学院
	PRAC400107	专业实习	3	0	0	0	0	0	0		小学期(3)	数学与统计学院
	GRDE400107	毕业设计	10	0	0	0	0	0	0		8	数学与统计学院
集中实践小计			必修 17 学分，共计 17 学分									
总计			152 学分(必修 126 学分，选修 26 学分)									

十、指导性教学计划

第一学期			第二学期		
课程编码	课程名称	学分	课程编码	课程名称	学分
COMP200153	大学计算机基础Ⅰ	3	MLMD100214	中国近现代史纲要	2
MLMD100114	思想道德修养与法律基础	3	MILI100154	国防教育	1
PHED100150	体育	0.5	PHED100150	体育	0.5
ENGL100112 ENGL100312 ENGL102312	大学英语Ⅳ 大学英语Ⅲ 大学英语Ⅱ	2	ENGL100212 ENGL100312 ENGL102312	通用学术英语 大学英语Ⅲ 大学英语Ⅱ	2
MATH210107	数学分析	6	MATH210107	数学分析	6
MATH210207	高等代数与几何	5	MATH210207	高等代数与几何	5
MATH010007	统计专业导论	1	PHYS260109	大学物理	5
MILI100254	军训	1	PHYS280109	大学物理实验Ⅰ	1
合计	必修 21.5 学分		合计	必修 22.5 学分	
* 选修基础通识类课程 2 学分 * 本学期总学分 23.5 学分			* 本学期总学分 22.5 学分		
第三学期			第四学期		
课程编码	课程名称	学分	课程编码	课程名称	学分
MLMD103014	毛泽东思想和中国特色社会主义理论体系概论	4	MLMD100414	马克思主义基本原理	3
			PHED100150	体育	0.5
COMP200653	C 程序设计	2	BIME200313	生命科学基础Ⅰ	3
PHED100150	体育	0.5	MATH311107	实变函数	3
PHYS260109	大学物理	5	MATH311207	复变函数	3
PHYS280109	大学物理实验Ⅰ	1	MATH325107	概率论	4
MATH210107	数学分析	4	MATH525507	矩阵分析	3
MATH342207	常微分方程	4	合计	必修 19.5 学分	
合计	必修 20.5 学分		* 英语分级 A、B 级学生选修 2 学分，C 级学生必修 2 学分 * 选修基础通识类课程 2 学分 * 本学期总学分 23.5 学分		
* 英语分级 A、B 级学生选修 2 学分，C 级学生必修 2 学分 * 本学期总学分 22.5 学分					

续表

小学期 (1)			第五学期		
课程编码	课程名称	学分	课程编码	课程名称	学分
EPRA300152	电工实习	1	MATH311307	泛函分析	4
SCTR400107	科研讲座	0	MATH325707	数理统计	4
			MATH325307	随机过程	3
			合计	必修 11 学分	
			在以下选修课中选修 3 学分		
			MATH525107	不确定数据分析	2
合计	必修 1 学分		INFT530105	信息论	2.5

* 本学期总学分 1 学分

* 选修基础通识类课程 2 学分
* 本学期总学分 16 学分

第六学期			小学期 (2)		
课程编码	课程名称	学分	课程编码	课程名称	学分
MATH425407	数据分析与统计软件	3	PRAC400107	专业实习	3
MATH425207	金融统计基础	3			
MATH325407	最优化方法	3			
MATH525207	机器学习	2			
合计	必修 11 学分				
在以下选修课中选修 3 学分			合计	必修 3 学分	
MATH442207	生物统计基础	3			

* 选修基础通识类课程 2 学分
* 本学期总学分 16 学分

* 本学期总学分 3 学分

续表

第七学期			第八学期		
课程编码	课程名称	学分	课程编码	课程名称	学分
MATH425307	大数据分析基础	3	GRDE400107	毕业设计	10
MLMD100514	形势与政策	1	合计	必修 10 学分	
MATH545407	统计咨询与实践	2	在以下选修课中选修 2 学分		
合计	必修 6 学分		MATH525407	贝叶斯统计	2
在以下选修课中选修 2 学分			MATH542107	统计学习	2
MATH525307	高维数据推断	2	* 选修基础通识类课程 2 学分 * 本学期总学分 14 学分 * 到本学期期末，总学分不得少于 152 学分。其中通识教育类课程必修 20 学分；选修不少于 16 学分；数学和基础科学类课程必修 47 学分；专业大类基础课程必修 28 学分；专业核心课程必修 14 学分；专业选修课程选修不少于 10 学分；集中实践环节 17 学分		
* 选修基础通识类课程 2 学分 * "形势与政策"在第 1—7 学期完成，共 1 学分 * 本学期总学分 10 学分					

兰 州 大 学

数学与应用数学专业(强基计划)人才培养方案

一、基本情况

兰州大学数学"强基计划"的学生培养将以数学与统计学院为依托,数学拔尖人才培养是兰州大学数学学科的传统优势之一,以加强拔尖创新数学人才选拔培养为根本,以服务国家发展战略为目标,探索数学学科创新型拔尖人才培养模式。兰州大学的数学学科拔尖人才培养具有悠久的历史,已经积累了丰富的经验。1990 年,教育部"兰州会议"之后,兰州大学数学学科设立了"数学基础科学研究和教学人才培养基地"(简称数学基地)。2006年,在保留原基地班的基础上,又增设了数学隆基班。数学基地于 2008 年成为甘肃省基础科学人才培养基地。2010 年学校获批实施国家"基础学科拔尖学生培养试验计划",由此设立了数学"萃英班",每年选拔 15—20 名综合素质优秀的数学尖子进入该班,由兰州大学萃英学院和数学与统计学院负责实施管理和培养。

兰州大学数学学科"强基计划"以挖掘拔尖学生数学潜力,造就优秀的数学领军人才为目标。"强基计划"学生培养实行小班化授课,选聘优秀教师主讲专业基础课程,精心设计教学内容,聘请国内外学术大师进行短期授课和学术讲座,加强专业基础课程的深度和前沿性,培养学生扎实的专业基础和基本理论。组织系列学术讲座,拓展学生视野。通过项目立项、中期检查和结题答辩,加强学生的学术规范培养和科研训练的过程培养。调动科研导师的积极性,发挥科教融合优势。积极拓展高水平国际交流学习,加强学期制项目交流,鼓励学生参加国内外一流高校的暑期学校,通过"3+1+G"模式开展一体化培养。

二、分阶段培养目标及培养要求

1. 培养阶段及培养目标

(1) 本科阶段

培养目标:兰州大学数学学科"强基计划"以挖掘拔尖学生数学潜力,提升科研能力和学术素养,造就优秀的数学领军人才为目的,着力培养具有家国情怀、人文情怀、世界胸怀,具有坚实的数学理论基础、宽广的学术视野,能够潜心投身数学研究,服务国家重大战略需求,综合素质优秀的数学尖端人才。

培养要求:

① 热爱祖国,拥护中国共产党的领导,努力学习马列主义、毛泽东思想、邓小平理

论、"三个代表"重要思想、科学发展观和习近平新时代中国特色社会主义思想，树立辩证唯物主义和历史唯物主义的世界观。

② 具有良好的思想品德、社会公德和职业道德，恪守学术研究和学术活动道德规范。具有努力奋斗、积极向上的人生态度，不畏困难、勇于探索的创新精神，有为国家富强、民族昌盛而奋斗的志向和责任感。

③ 积极参加社会实践，能够理论联系实际，了解国情社情民情，践行社会主义核心价值观。了解国际动态，关注全球性问题，尊重世界不同文化的差异性和多样性。

④ 具备良好的数学素养和数学思维，深入掌握数学学科的基本理论和思想方法，具备扎实的基础和宽泛的知识面。

⑤ 积极参加科研活动，了解本专业及相关领域最新动态和发展趋势。开展初步的科学研究并受到严格科研训练，拥有探索未知的开创品质，具有进一步从事科学研究的潜力和能力。

⑥ 具有良好的多学科基础知识和素养，具有开阔的科学视野，具有多学科交叉能力和将实际问题转化为抽象数学问题的能力，能够初步建立数学模型并进行理论分析。

⑦ 具有熟练的计算机操作和编写应用程序的能力，熟悉文献检索和其他获取科研信息的方法，具有自主获取知识、更新知识和拓展知识的能力，具有发现与提出科学问题的能力和解决问题的能力。

⑧ 具有良好的书面写作能力，能够独立撰写学术论文和研究报告；具有良好的沟通表达能力，能广泛进行学术交流。

⑨ 具有熟练的外语阅读、听说和写作能力，具有国际视野和国际交流能力。能够熟练运用外语开展学术交流，能熟练阅读本专业的英文文献，并能用英语撰写学术论文。

⑩ 具备健康的体魄，掌握科学锻炼的基本技能，达到国家规定的大学生体育合格标准，身心健康。

(2) 研究生阶段

培养目标：

① 硕士毕业生应是数学方面的高层次专门人才，获得的学科知识初步达到专业化水平。要有良好的学术道德，有一定的创新能力，具备独立进行理论研究或运用数学知识解决实际问题的能力，完成硕士生专业课程学习，达到数学学科培养方案的毕业要求。硕士学位获得者必须达到兰州大学数学学科硕士学位授予标准。

② 博士毕业生应是数学方面的高级人才，具有广博而坚实的数学基础并深入系统地掌握了某一方向的专门知识。要有良好的学术道德，有较高的数学素养和创新能力，具有独立的科学研究能力及教学能力，完成博士生专业课程学习，达到数学学科培养方案的毕业要求。博士学位获得者必须达到兰州大学数学学科博士学位授予标准。

2. 阶段性考核和动态进出办法

强基计划学生实施阶段性考核和动态进出机制。学生入校后，在第二学年末 (本科阶段) 进行第一次考核与分流，考核通过者进入第三学年继续学习。在第三学年末 (本科阶段) 进行第二次考核与分流, 考核通过者进入第四学年 (本研衔接阶段) 继续学习, 自愿放弃者或未通过者退出强基计划 (视为放弃保研资格), 转入相应专业的普通班学习, 同时从普通班中选拔相同数量的优秀学生增补进入强基计划。在第四学年末, 根据本科毕业审核情况, 对符合本科毕业要求并获得学士学位的学生, 通过推荐免试形式进入硕士或博士研究生阶段学习, 没有达到要求的学生退出强基计划。在第五学年末进行第三次考核与分流, 考核通过者根据学生意愿继续攻读相应硕士或博士学位, 对选择仅攻读硕士学位的学生, 自愿放弃或未通过考核的学生, 直接退出强基计划; 对选择仅攻读博士学位的学生, 自愿放弃或未通过考核的学生按照硕士研究生培养或直接退出强基计划。

3. 本硕博衔接办法

强基计划学生按照 "3+1+G" 学制进行本硕博衔接式培养, 其中 "3" 是指 3 年的本科阶段培养, 包括通识教育、专业教育、实践环节等; "1" 是指 1 年的本研衔接阶段, 根据本专业学生可升学深造的研究生专业或方向, 设计相对应的若干衔接课程模块, 学生可自主选择, 该类衔接课程的学分本科阶段与研究生阶段均认可, 衔接模块分为基础数学、计算数学、运筹学与控制论、应用数学、概率论与数理统计等方向; "G" 是指研究生阶段, 其中本硕衔接学习年限可在基本学制 3 年基本学制基础上缩短 1 年, 即 "3+1+2"; 本博衔接学习年限可在本科生直接攻读博士学位 5 年基本学制基础上缩短 1 年, 即 "3+1+4"。

三、 专业学制、学分及授予学位

本科生阶段:

1. 学制

本研贯通培养施行 "3+1+G" 的 "本硕贯通" 或 "本博贯通" 培养模式, 其中 "3" 指本科一、二、三年级, "1" 指用于本研衔接的本科四年级 (通过第三年末考核的学生, 自第四年起享受与研究生同等的学习与研究资源以及助研津贴); "G" 为硕士或博士研究生学习年限, "本硕贯通"G 为 2 年, "本博贯通"G 为 4 年。原则上进入 "本研贯通" 的本科生应于本科学籍前三年完成所有必修课和绝大部分专业选修课、通识课、跨学科课程等的修读任务, 本科学籍第四学年开始在导师建议下选修研究生课程。

2. 学分

强基计划学生本科阶段应修学分不少于 146 学分, 包括通识教育、专业教育、实践环节等; 强基计划学生申请硕士研究生毕业的, 硕士阶段应修总学分不少于 32 学分; 强基计划学生申请博士研究生毕业的, 研究生阶段应修总学分不少于 38 学分。

3. 学位

符合本科毕业及学位授予条件者, 经学校审核, 准予毕业并颁发本科毕业证书及理学学士学位证书。符合硕士毕业和学位授予条件者, 经学校审核, 准予毕业并颁发硕士毕业证书及理学硕士学位证书。符合博士毕业和学位授予条件者, 经学校审核, 准予毕业并颁发博士毕业证书及理学博士学位证书。如未达到硕士、博士毕业要求, 根据前一阶段学习的满足条件颁发相应的学位证书和毕业证书。

四、课程体系

1. 本科生阶段

兰州大学数学学科"强基计划"专业课程体系设置如下：公共必修课 48 学分 (占总课时的 32.9%)，通识教育和跨学科类课程 14 学分 (占总课时的 9.6%)，学科专业课必修课程 60 学分 (占总课时的 41.1%)，学科专业课专业发展课 24 学分 (占总课时的 16.4%)。

实践学分说明：至少修读 7 学分，可修读课程为学科专业发展课中的科研训练 (必选)、数理统计、计算机基础与 C 语言、计算机基础与 C 语言实习、数据结构实习、多元统计分析、数学模型、数学模型实习、时间序列分析。

本科生阶段学分要求见下表。

本科生阶段课程体系结构与学时学分分配总表

课程类型			课程说明	学分	占总学分比例	学时
公共必修课程	公共必修课	思想政治类	包括：思想道德与法治、中国近现代史纲要、马克思主义基本原理、毛泽东思想和中国特色社会主义理论体系概论、习近平新时代中国特色社会主义思想概论、形势与政策	17	32.9%	306
		思想政治类 (选择性必修课)	包括：中共党史、新中国史、改革开放史、社会主义发展史，至少选 1 门课程	2		36
		外语类	大学英语	12		216
		军体类	包括：体育课程和军事训练与军事理论课程	8		292
		美育类	纳入通识教育类课程艺术体验与审美鉴赏模块，按照《兰州大学关于进一步加强和改进美育教育的实施办法》(校党委发〔2020〕103 号) 要求执行	/		/
		劳育类	纳入第二课堂，按照《兰州大学关于进一步加强和改进劳动教育的实施办法》(校党委发〔2020〕104 号) 要求执行	/		/
		心理健康类	大学生心理健康	2		36
		职业生涯规划	贯穿培养全过程,致力于提升学生全面发展和终身发展能力, 提升学生学业和职业规划能力。学分: 2(第 1、3、5、7 学期每学期学分分别是: 0.6; 0.6; 0.4; 0.4)学时: 第 1 学期 4—8 周 (10 课时)　第 3 学期 1—5 周 (10 课时)　第 5 学期 1—4 周 (8 课时)　第 7 学期 1—4 周 (8 课时)	2		36

续表

课程类型			课程说明	学分	占总学分比例	学时
	公共必修环节	第二课堂	学生在校期间须获得至少5个"第二课堂"学分方可毕业。其中社会实践(思想政治类课程实践教学)、生产劳动(劳育)、思想成长为必修部分;创新创业、志愿公益、文体活动、工作履历、技能特长由学生根据需求进行选修	5		/
		阅读、写作与沟通	覆盖培养全过程,学生须阅读书籍(数学文化、数学史)和前沿论文,学生自主选择阅读并撰写读书报告,由导师制教师指导执行并给出分数,在第2、4、6学期末交至学院备案	0		/
		前沿与学科交叉讲座	前6学期开设,每学期不少于2个学时,由各领域专家组成授课团队,以专题讲座形式进行授课,内容包括学科前沿、行业发展方向和学科交叉发展等,提交学习报告	0		/
		国家安全教育(线上课程)	由学校引进相关线上课程资源,学生根据要求进行修读	0		/
		暑期学校	学生在校期间应至少参加1次暑期学校	0		/
		其他必修环节	无	0		/
通识教育类、跨学科类课程	通识教育课程		包括中华文化与世界文明、科学精神与生命关怀、思维训练与科研方法、艺术体验与审美鉴赏4个模块,每个模块要求学生修读不少于2学分的课程,在通识教育类模块总计至少修读8学分(其中修读学校引进网络共享课学分总计不得超过3学分)	8	9.6%	144
	跨学科类课程		包括全校跨学科贯通课程和专业类在地国际化课程,学生需至少修读2学分此类课程。学生如修读非其所在专业开设的专业课程并取得学分(可修读至多4个学分),该学分可认定为跨学科类课程(课程包括:C++程序设计,C++程序设计实习,随机过程,微分方程数值解)。在跨学科类课程模块总计至少修读6学分	6		108
学科专业课程	专业必修课	专业基础课	包括:数学分析(一)、解析几何、高等代数(一)、数学分析(二)、高等代数(二)、普通物理(一)、普通物理(二)、数学分析(三)等课程	34	41.1%	612
		专业核心课	包括:概率论、常微分方程、抽象代数、复变函数、实变函数、数值分析(一)、数值分析实习、数学物理方程、泛函分析、图论等课程	26		468
		集中实践环节	无集中实践环节	0		0

续表

课程类型		课程说明	学分	占总学分比例	学时
专业发展课	专业选修课	专业进阶类课程为专业方向的高阶课程,满足本研贯通一体化长学制培养需求。专业进阶类课程包括:数学导读 (必选)、科研训练 (必选)、微分流形初步、复几何导论、几何与代数、实分析基础、初等数论、微分几何、代数学选讲、拓扑学基础、测度论、分析学选讲、域论与伽罗瓦理论、偏微分方程基础、非线性分析引论、代数学基础、代数拓扑、动力系统、现代计算方法、高等概率统计、运筹学、数值分析 (二)、数理统计、组合数学	18	16.4%	324
		专业交叉类、应用类课程旨在进一步拓宽学生就业、创业实践的渠道,提升学生的职业和创业胜任力。专业交叉类课程包括:计算机基础与 C 语言、计算机基础与 C 语言实习、数据结构、数据结构实习、多元统计分析、统计机器学习			
		专业应用类课程包括:数学模型、数学模型实习、人工智能数学基础、最优化方法、时间序列分析、应用回归分析、大数据分析与统计建模、专业外语			
	毕业设计 (论文)		6		/
荣誉学士学位类课程	荣誉学位占比为 10% 以内,满足以下 3 类其中两项的同学即可以申请荣誉学位,由学院学术委员会讨论授予				
	必修课程	专业基础课和专业核心课平均分 85 分以上 (单科不能低于 80 分)			
	选修课程	选修专业进阶类课程或者专业交叉、应用类课程学分高于 35 学分			
	科研训练	必修课成绩全年级前 50% 且完成以下科研训练之一 ① 获得国家级大学生专业大赛二等奖及以上 ② 发表 SCI、EI 期刊以及国内外权威刊物论文或者发明专利,学生均应为第一作者或发明人			

2. 研究生阶段

研究生阶段学分要求见下表。

研究生阶段课程体系结构与学时学分分配总表

学生类别	学制	最长在学年限	课程学分	必修环节	总学分
本硕贯通学生 (研究生阶段)	3 年	4 年	26	6	32
本硕博贯通学生 (研究生阶段)	5 年	7 年	14	6	20

五、 本科生阶段学时学分分配

1. 公共必修课程：48 学分

公共必修课程由公共必修课和公共必修环节两部分构成。

(1) 公共必修课：48 学分

公共必修课由思想政治类、思想政治类 (选择性必修课)、外语类、军体类、美育类、劳育类、心理健康类、职业生涯规划、第二课堂 9 个课程模块构成。

① 思想政治类：17 学分，包括思想道德与法治、中国近现代史纲要、马克思主义基本原理、毛泽东思想和中国特色社会主义理论体系概论、习近平新时代中国特色社会主义思想概论、形势与政策 6 门必修课程。

② 思想政治类 (选择性必修课)：2 学分，包括中共党史、新中国史、改革开放史、社会主义发展史 4 门课程，至少选修 1 门课程。

③ 外语类：12 学分，包括大学英语 (1/4)、大学英语 (2/4)、大学英语 (3/4)、大学英语 (4/4)4 门必修课程。

④ 军体类：8 学分，包括体育 (1/4)、体育 (2/4)、体育 (3/4)、体育 (4/4)、军事训练与军事理论 5 门必修课程。

⑤ 美育类：纳入通识教育类课程艺术体验与审美鉴赏模块，本模块在公共必修课部分不计学分。

⑥ 劳育类：纳入第二课堂，本模块在公共必修课部分不计学分。

⑦ 心理健康类：2 学分，包括大学生心理健康 1 门必修课程。

⑧ 职业生涯规划：2 学分。

⑨ 第二课堂：5 学分，学生在校期间须获得至少 5 个 "第二课堂" 学分方可毕业，其中社会实践 (思想政治类课程实践教学)、生产劳动 (劳育)、思想成长为必修部分，创新创业、志愿公益、文体活动、工作履历、技能特长由学生根据需求进行选修。

(2) 公共必修环节：0 学分

公共必修环节由阅读写作与沟通、前沿与学科交叉讲座、国家安全教育 (线上课程)、暑期学校、其他必修环节五部分构成。

① 阅读、写作与沟通：0 学分，覆盖培养全过程，学生须阅读书籍 (数学文化、数学史) 和前沿论文，学生自主选择阅读并撰写读书报告，由导师制教师指导执行并给出分数，在第 2、4、6 学期末交至学院备案。

② 前沿与学科交叉讲座：0 学分，前 6 学期开设，每学期不少于 2 学时，由各领域专家组成授课团队，以专题讲座形式进行授课，内容包括学科前沿、行业发展方向和学科交叉发展等，提交学习报告。

③ 国家安全教育：0 学分，包括国家安全教育 (线上课程)1 门必修课，该课程由学校引进相关线上课程资源，学生根据要求进行修读。

④ 暑期学校：0 学分，学生在校期间应至少参加 1 次暑期学校。

公共课学时学分分配表 (必修 43 学分)

课程类型	课程号	课程名称	周学时	学分	开课学期
思想政治类	1309194	思想道德与法治	3	3	1
	1309061	中国近现代史纲要	3	3	2
	1309195	马克思主义基本原理	3	3	3
	1309192	毛泽东思想和中国特色社会主义理论体系概论	3	3	4
	1309193	习近平新时代中国特色社会主义思想概论	3	3	5
	1309064	形势与政策 1	/	2	1
	1309065	形势与政策 2			2
	1309066	形势与政策 3			3
	1309067	形势与政策 4			4
	1039198	形势与政策 5			5
思想政治类 (选择性必修课)	1309110	中共党史	3	2	春秋均开设
	1309111	中华人民共和国史			
	1309112	改革开放史			
	1309113	社会主义发展史			
外语类		大学外语	3	12	1、2、3、4
军体类	5051001	体育 (1/4)	2	4	1
	5051002	体育 (2/4)			2
	5051003	体育 (3/4)			3
	5051004	体育 (4/4)			4
	5605001	军事理论	/	4	1
	5605002	军事技能			2
心理健康类	1087203	大学生心理健康	2	2	1、2
职业生涯规划	1401071	职业生涯发展与规划 1	/	2	1
	1401072	职业生涯发展与规划 2			3
	1401073	职业生涯发展与规划 3			5
	1401074	职业生涯发展与规划 4			7
阅读、写作与沟通	740101001	阅读、写作与沟通		0	
前沿与学科交叉讲座	740101002	前沿与学科交叉讲座		0	
国家安全教育		以学校引进的线上课程为准		0	

续表

课程类型	课程号	课程名称	周学时	学分	开课学期
暑期学校		数学与应用数学专业暑期学校		0	

第二课堂学时学分分配表 (必修 5 学分)

课程类型	课程号		课程名称	周学时	学分	开课学期
第二课堂	1309068	必修	社会实践 (思想政治类课程实践教学)	2	2	5
	1087001		生产劳动 (劳育)		2	
		选修	思想成长		1	
			创新创业		1	
			志愿公益		1	
			文体活动		1	
			工作履历		0	
			技能特长		0	

2. 通识教育类、跨学科类课程: 14 学分

通识教育类、跨学科类课程由通识教育类课程和跨学科类课程两部分构成。

(1) 通识教育类课程: 8 学分

中华文化与世界文明、科学精神与生命关怀、思维训练与科研方法、艺术体验与审美鉴赏 4 个模块为必修模块,每个模块修读不少于 2 学分的课程。通识教育类模块总计至少修读 8 学分,其中修读学校引进网络共享课学分总计不得超过 3 学分。

(2) 跨学科类课程: 6 学分

跨学科类课程由全校跨学科贯通课程和专业类在地国际化课程、非学生所在专业开设的专业课程两类构成。

① 全校跨学科贯通课程和专业类在地国际化课程: 2 学分

在全校跨学科类课程和专业类在地国际化课程范围选修,修读不少于 2 学分的课程。

② 非学生所在专业开设的专业课程: 4 学分

如修读非所在专业开设的专业课程并取得学分 (可修读最多 4 学分),该学分可认定为跨学科类课程 (课程包括: C++程序设计、C++程序设计实习、随机过程、微分方程数值解)。

通识教育类、跨学科类课程学时学分分配表 (必修 14 学分)

课程类型	课程号	课程名称	周学时	学分	开课学期
中华文化与世界文明			2		1—7

续表

课程类型		课程号	课程名称	周学时	学分	开课学期
通识教育类课程	科学精神与生命关怀			2		1—7
	思维训练与科研方法			2	8	1—7
	艺术体验与审美鉴赏			2		1—7
跨学科类课程	跨学科贯通课程			2	修读最少 2 学分	1—7
	专业类在地国际化课程			2		1—7
	非学生所在专业开设的 专业课程	107401017	C++程序设计	3	可修读最多 4 学分	2
		207401001	C++程序设计实习	2		2
		105401014	随机过程	3		6
		105401015	微分方程数值解	4		6

3. 学科专业课程

学科专业课程由专业必修课和专业发展课两类构成，其中专业必修课 60 学分，专业发展课选修 24 学分。

(1) 专业必修课：60 学分

专业必修课由专业基础课、专业核心课两部分构成。

① 专业基础课：34 学分

专业基础课包括普通物理 (一)、普通物理 (二)、数学分析 (一)、数学分析 (二)、数学分析 (三)、高等代数 (一)、高等代数 (二)、解析几何 8 门必修课程。

② 专业核心课：26 学分

专业核心课包括概率论、常微分方程、抽象代数、复变函数、实变函数、数值分析 (一)、数值分析实习、数学物理方程、泛函分析、图论 10 门课程。

(2) 专业发展课：24 学分

专业发展课由专业选修课和毕业设计 (论文) 两部分构成。

① 专业选修课：18 学分

专业选修课由专业进阶类课程、专业交叉类课程和专业应用类课程三类课程构成。

(A) 专业进阶类课程

专业进阶类课程包括数学导读 (必选)、科研训练 (必选)、微分流形初步、复几何导论、几何与代数、实分析基础、初等数论、微分几何、代数学选讲、拓扑学基础、测度论、分析学选讲、域论与伽罗瓦理论、偏微分方程基础、非线性分析引论、代数学基础、代数拓扑、动力系统、现代计算方法、高等概率统计、运筹学、数值分析 (二)、数理统计、组合数学。

(B) 专业交叉类课程

专业交叉类课程包括计算机基础与 C 语言、计算机基础与 C 语言实习、数据结构、数据结构实习、多元统计分析、统计机器学习。

(C) 专业应用类课程

专业应用类课程包括数学模型、数学模型实习、人工智能数学基础、最优化方法、时间序列分析、应用回归分析、大数据分析与统计建模、专业外语。

② 毕业设计 (论文)：6 学分

学科专业课程学时学分分配表 (必修 60 学分)

课程类型		课程号	课程名称	周学时	学分	开课学期
专业必修课	专业基础课 8 门	104401001	数学分析 (一)	6	5	1
		104401006	解析几何	4	3	1
		104401004	高等代数 (一)	6	5	1
		104401002	数学分析 (二)	6	5	2
		104401005	高等代数 (二)	6	5	2
		1402001B(1)	普通物理 (一)	3	3	2
		1402001B(2)	普通物理 (二)	3	3	3
		104401003	数学分析 (三)	6	5	3
	专业核心课 10 门	105401004	概率论	4	3	3
		105401002	常微分方程	3	2	3
		105401010(全英文)	抽象代数	4	3	3
		105401003	复变函数	3	2	4
		105401006	实变函数	4	3	4
		105401001	数值分析 (一)	4	3	4
		205401001	数值分析实习	2	1	4
		105401007	数学物理方程	4	3	5
		105401005	泛函分析	4	3	5
		105401009(双语)	图论	4	3	6

专业发展课程学时学分分配表 (选修 24 学分)

课程类型		课程号	课程名称	周学时	学分	开课学期
		104401001	数学导读 (必选)	1	1	2
		104401006	科研训练 (必选)	2	1	6
		107401054	微分流形初步	3	3	7
		107401036	复几何导论	4	2	8
		107401038	几何与代数	2	2	7
		107401049	实分析基础	4	2	8

续表

课程类型			课程号	课程名称	周学时	学分	开课学期
专业发展课(本硕博贯通课程)	专业选修课	专业进阶类课程	107401004	初等数论	3	3	2
			107401006	微分几何	4	4	5
			107401007	代数学选讲	3	3	5
			107401005	拓扑学基础	4	4	6
			107401015	测度论	2	2	6
			107401008	分析学选讲	2	2	7
			107401010	域论与伽罗瓦理论	3	3	7
			107401044	偏微分方程基础	4	4	7
			107401035	非线性分析引论	4	4	7
			107401032	代数学基础	4	4	7
			107401031	代数拓扑	4	4	7
			107401033	动力系统	4	4	8
			107401055	现代计算方法	4	4	8
			107401037	高等概率统计	4	4	8
			105401011	运筹学	3	3	4
			107401003	数值分析(二)	3	3	5
			105401008	数理统计	4	3	6
			107401013	组合数学	3	3	7
		专业交叉类课程	107401016	计算机基础与 C 语言	3	2	1
			207401002	计算机基础与 C 语言实习	2	1	1
			107401019	数据结构	3	2	5
			207401003	数据结构实习	2	1	5
			105401012	多元统计分析	3	2	5
			107401024	统计机器学习	2	2	6
		专业应用类课程	107401021	数学模型	3	2	4
			207401005	数学模型实习	2	1	4
			107401045	人工智能数学基础	3	3	6
			107401014	最优化方法	3	3	7
			105401013	时间序列分析	2	1	7
			107401060	应用回归分析	3	3	7
			107401029	大数据分析与统计建模	2	2	8
			107401012	专业外语	2	2	8

续表

课程类型	课程号	课程名称	周学时	学分	开课学期
毕业设计	1401064	毕业论文	/	6	7—8

注：专业发展课为**本硕博贯通课程**。

荣誉学士学位课程学时学分分配表

课程类型	修读要求	
荣誉学士学位课程	荣誉学位占比为 10% 以内，满足以下 3 项其中两项的同学即可以申请荣誉学位，由学院学术委员会讨论授予	
	必修课程	专业基础课和专业核心课平均分 85 分以上 (单科不能低于 80 分)
	选修课程	选修专业进阶类课程或者专业交叉、应用类课程学分高于 35 学分
	科研训练	必修课成绩全年级前 50% 且完成以下科研训练之一 ① 获国家级大学生专业大赛二等奖及以上 ② 发表 SCI、EI 期刊以及国内外权威刊物论文或者发明专利，学生均应为第一作者或发明人

六、本科生阶段教学计划

教学计划总体安排一览表

课程类型	课程性质	序号	课程编号	课程名称	学分	周学时	学时总数	理论讲授 线上	理论讲授 线下	习题讨论	实验实践	第一学年 1	第一学年 2	第二学年 3	第二学年 4	第三学年 5	第三学年 6	第四学年 7	第四学年 8
公共必修课程	必修	1	1309060	思想道德与法治	3	3	54		54			54							
	必修	2	1309061	中国近现代史纲要	3	3	54		54				54						
	必修	3	1906062	马克思主义基本原理	3	3	54		54					54					
	必修	4	1309192	毛泽东思想和中国特色社会主义理论体系概论	3	3	54		54						54				
	必修	5	1309193	习近平新时代中国特色社会主义思想概论	3	3	54		54							54			
		6	1309064	形势与政策1							7.2	7.2							
		7	1309065	形势与政策2							7.2		7.2						
	必修	8	1309066	形势与政策3	2		36				7.2			7.2					
		9	1309067	形势与政策4							7.2				7.2				
		10	1039198	形势与政策5							7.2					7.2			
公共必修课程	选修	11	1309110	中共党史					36										
	选修	12	1309111	中华人民共和国史	2	3	36		36										
	选修	13	1309112	改革开放史					36										

续表

课程类型	课程性质	序号	课程编号	课程名称	学分	周学时	学时总数	理论讲授(线上)	理论讲授(线下)	习题讨论	实验实践	1	2	3	4	5	6	7	8
	选修	14	1309113	社会主义发展史					36			36							
	必修	15	5051001	大学外语	12	3	216		216			54	54	54	54				
		16	5051002	体育(1/4)	4	2	144		144			36							
	必修	17	5051003	体育(2/4)									36						
		18	5051004	体育(3/4)										36					
		19		体育(4/4)											36				
	必修	20	5605001	军事理论	4		148	18	18		112	36 +112							
		21	5605002	军事技能															
	必修	22	1087203	大学生心理健康	2	2	36	30	6			36							
		23	1401071	职业生涯发展与规划1		13.5		4.5			9	10							
	必修	24	1401072	职业生涯发展与规划2	2	13.5		4.5			9			10					
		25	1401073	职业生涯发展与规划3		13.5		4.5			9					6			
		26	1401074	职业生涯发展与规划4		13.5		4.5			9							6	
第二课堂	必修	1	1309068	社会实践	2	2	36	36	36		36					36			
	必修	2	1087001	生产劳动(劳育)	2		36	36	36		36								
	必修	3		思想成长	1														

续表

课程类型	课程性质	序号	课程编号	课程名称	学分	周学时	学时总数	理论讲授 线上	理论讲授 线下	习题讨论	实验实践	第一学年 1	第一学年 2	第二学年 3	第二学年 4	第三学年 5	第三学年 6	第四学年 7	第四学年 8
公共必修环节	选修	4		创新创业	1														
	选修	5		志愿公益	1														
	选修	6		文体活动	1														
	选修	7		工作履历	0														
	选修	8		技能特长	0														
	必修	1	740101001	阅读、写作与沟通	0														
	必修	2	740101002	前沿与学科交叉讲座	0														
	必修	3		国家安全教育	0														
	必修	4		暑期学校	0														
	必修	5		其他必修环节	0														
通识教育类、跨学科类课程 通识教育类教育类课程 中华文化与世界文明	选修	1			8		144												
科学精神与生命关怀	选修	2																	

续表

课程类型	课程性质	序号	课程编号	课程名称	学分	周学时	学时总数	理论讲授 线上	理论讲授 线下	习题讨论	实验实践	第一学年 1	第一学年 2	第二学年 3	第二学年 4	第三学年 5	第三学年 6	第四学年 7	第四学年 8
	选修	3		思维训练与科研方法															
	必修	4		艺术体验与审美鉴赏															
跨学科类课程	选修	1		全校跨学科贯通课程															
	选修	2		专业类在地国际化课程	6		108												
	选修	1	107401017	C++程序设计		3						54							
	选修	2	207401001	C++程序设计实习		2						36							
非学生所在专业开设的专业课程	选修	3	105401014	随机过程		3											54		
	选修	4	105401015	微分方程数值解		4											72		

续表

课程类型	课程性质	序号	课程编号	课程名称	学分	周学时	学时总数	理论讲授 线上	理论讲授 线下	习题讨论	实验实践	第一学年 1	第一学年 2	第二学年 3	第二学年 4	第三学年 5	第三学年 6	第四学年 7	第四学年 8
学科专业课程 专业必修课 专业基础课	必修	1	104401001	数学分析（一）	5	6	108		72		36	108							
	必修	2	104401006	解析几何	3	4	72		36		36	72							
	必修	3	104401004	高等代数（一）	5	6	108		72		36	108							
	必修	4	104401002	数学分析（二）	5	6	108		72		36		108						
	必修	5	104401005	高等代数（二）	5	6	108		72		36		90						
	必修	6	107401005	普通物理（一）	3	3	54		54				54						
	必修	7	107401015	普通物理（二）	3	3	54		54		36			54					
	必修	8	104401003	数学分析（三）	5	6	108		72		36			108					
专业核心课	必修	1	105401004	概率论	3	4	72		36		36			72					
	必修	2	105401002	常微分方程	2	3	54		18		36			54					
	必修	3	105401010（全英文）	抽象代数	3	4	72		36		36			72					
	必修	4	105401003	复变函数	2	3	54		18		36				54				
	必修	5	105401006	实变函数	3	4	72		36		36				72				
	必修	6	105401001	数值分析（一）	3	4	72		36		36				72				
	必修	7	205401001	数值分析实习	1	2	36				36				36				
	必修	8	105401007	数学物理方程	3	4	72		36		36					72			
	必修	9	105401005	泛函分析	3	4	72		36		36					72			
	必修	10	105401009（双语）	图论	3	4	72		36		36						72		

续表

课程类型	课程性质	序号	课程编号	课程名称	学分	周学时	学时总数	理论讲授 线上	理论讲授 线下	习题讨论	实验实践	第一学年 1	第一学年 2	第二学年 3	第二学年 4	第三学年 5	第三学年 6	第四学年 7	第四学年 8
专业进阶类课程	选修	1	107401002	数学导读(必选)	1	1	18						18						
	选修	2	107401001	科研训练(必选)	1	2	36				36						36		
	选修	3	107401054	微分流形初步	3	3	54		54									54	
	选修	4	107401036	复几何导论	2	4	36		36										36
	选修	5	107401038	几何与代数	2	2	36		36									36	
专业任选课	选修	6	107401049	实分析基础	2	4	36		36										36
	选修	7	107401004	初等数论	3	3			54			54							
	选修	8	107401006	微分几何	4	4			72							72			
	选修	9	107401007	代数学选讲	3	3			36							36			
	选修	10	107401005	拓扑学基础	4	4			72								72		
	选修	11	107401015	测度论	3	3			54								54		
	选修	12	107401010	域论与伽罗瓦理论	3	3			54									54	
专业发展课	选修	13	107401008	分析学选讲	3	3			54									54	
	选修	14	107401044	偏微分方程基础	4	4	72		72									72	
	选修	15	107401035	非线性分析引论	4	4	72		72									72	
	选修	16	107401032	代数学基础	4	4	72		72									72	
	选修	17	107401031	代数拓扑	4	4	72		72									72	
	选修	18	107401055	现代计算方法	4	4	72		72										72

续表

课程类型	课程性质	序号	课程编号	课程名称	学分	周学时	学时总数	理论讲授 线上	理论讲授 线下	习题讨论	实验实践	1	2	3	4	5	6	7	8
	选修	19	107401033	动力系统	4	4	72		72										72
	选修	20	107401037	高等概率统计	4	4	72		72										72
	选修	21	105401011	运筹学	3	3	54		54						54				
	选修	22	107401003	数值分析(二)	3	3	54		54							54			
	选修	23	105401008	数理统计	3	4	72		36		36						72		
	选修	24	107401013	组合数学	3	3	54		54									54	
专业交叉类课程	选修	1	107401016	计算机基础与C语言	2	3	54		18		36	54							
	选修	2	207401002	计算机基础与C语言实习	1	2	36				36	36							
	选修	3	107401019	数据结构	3	3	54		54		36					54			
	选修	4	207401003	数据结构实习	1	2	54		36		36					36			
	选修	5	105401012	多元统计分析	2	3	54		18		36					54			
	选修	6	107401024	统计机器学习	2	2	36		36		36						36		
专业应用类课程	选修	1	107401021	数学模型	2	3	54		18		36				54				
	选修	2	207401005	数学模型实习	1	2	36		36		36				36				
	选修	3	107401014	最优化方法	3	3	54		54									54	
	选修	4	105401013	时间序列分析	1	2	36		36		36							36	
	选修	5	107401060	应用回归分析	3	3	54		54									36	

续表

课程类型	课程性质	序号	课程编号	课程名称	学分	周学时	学时总数	理论讲授 线上	理论讲授 线下	习题讨论	实验实践	第一学年 1	第一学年 2	第二学年 3	第二学年 4	第三学年 5	第三学年 6	第四学年 7	第四学年 8
	选修	6	107401045	人工智能数学基础	3	3	54		54								54		
	选修	7	107401029	大数据分析与统计建模	2	2	36		36										36
	选修	8	107401012	专业外语	2	2	36		36										36
毕业设计(论文)	必修		1401064	毕业论文	6													10周	
总计					146		2 628		1 971		1 314								

荣誉学士学位类课程	荣誉学位占比为10%以内，满足以下3项其中两项的同学即可以申请荣誉学位，由学院学术委员会讨论授予。
必修课程	专业基础课和专业核心课平均分85分以上(单科不能低于80分)
选修课程	选修专业进阶类课程或者专业交叉，应用类课程学分高于35学分
科研训练	必修课成绩全年级前50%且完成以下科研训练之一 ①获得国家级大学生专业大赛二等奖及以上。 ②发表SCI、EI期刊以及国内外权威刊物论文或者发明专利，学生均应为第一作者或发明人

七、课程体系与培养目标的支撑关系

课程体系与培养目标的关联度矩阵表

教学环节	家国情怀	人文情怀	世界胸怀	坚实的数学理论基础	宽广的学术视野	投身数学研究	服务国家重大战略	数学尖端人才
思想道德与法治	H	M	M					L
中国近现代史纲要	H	M	M					L
马克思主义基本原理	H	M	M					L
毛泽东思想和中国特色社会主义理论体系概论	H	M	M					L
习近平新时代中国特色社会主义思想概论	H	M	H					L
形势与政策	H	L	H					L
中共党史	H	L	H					L
中华人民共和国史	H	M	H					L
改革开放史	H	M	H					L
社会主义发展史	H	M	M					L
大学外语	L	L		L	M	L		M
体育 (1/4) 体育 (2/4) 体育 (3/4) 体育 (4/4)	L	L						
军事理论军事技能	M	L	M				L	L
大学生心理健康	M	L						
职业生涯规划	M			L	L	L	M	L
阅读、写作与沟通	M				L			H

续表

教学环节	家国情怀	人文情怀	世界胸怀	坚实的数学理论基础	宽广的学术视野	投身数学研究	服务国家重大战略	数学尖端人才
前沿与学科交叉讲座	M	L	H	M	M	L	L
数学专业暑期学校			L				
第二课堂		L					
通识教育类课程	L	L	L	L	M	L	L
跨学科贯通课程					M	L	L
数学分析 (一)	M		H	M	M	L	L
解析几何	M		H	M	M	L	L
高等代数 (一)	M		H	M	M	L	L
数学分析 (二)	M		H	M	M	L	L
高等代数 (二)	M		H	M	M	L	L
普通物理 (一)	M		H	M	H	L	L
普通物理 (二)	M		H	M	H	L	L
数学分析 (三)	M		H	M	M		L
概率论	M		H	M	M		L
常微分方程	M		H	M	M	L	L
抽象代数	M		H	M	M		L
复变函数	M		H	M	M		L
实变函数	M		H	M	M		L
数值分析 (Ⅰ)	M		H	M	H	H	L
数值分析实习	M		H	M	H	H	L
数学物理方程	M		H	M	H		L
泛函分析	M		H	M			人才
图论	M		H	M	H		L
数学分析专题讲座 (1)			H	H	M	L	L
高等代数专题讲座 (1)			H	H	M	L	L

续表

教学环节	家国情怀	人文情怀	世界胸怀	坚实的数学理论基础	宽广的学术视野	投身数学研究	服务国家重大战略	数学尖端人才
数学分析专题讲座 (2)				H	H	M	L	L
高等代数专题讲座 (2)				H	H	M	L	L
初等数论				H	H	M	L	L
微分几何		M		H	M	M		L
代数学选讲		M		H	M	M		L
拓扑学基础		M		H	M	M		L
测度论		M		H	M	M		L
分析学选讲		M		H	M	M		L
域论与伽罗瓦理论		M		H	H	M		L
现代偏微分方程基础		M		H	H	M		L
非线性分析引论		M		H	H	M		L
代数学基础		M		H	H	M		L
代数拓扑		M		H	H	M		L
现代计算方法		M		H	H	M		L
动力系统		M		H	H	M		L
高等概率统计		M		H	H	M		L
运筹学		M		H	H	H	H	L
数值分析（Ⅱ）		M		H	M	H	H	L
数理统计		M		H	H	M		L
组合数学		M		H	H	M		L
计算机基础与C语言				L	M	H	H	
计算机基础与C语言实习				L	M	H	H	
数据结构				L	M	H	H	

续表

教学环节	家国情怀	人文情怀	世界胸怀	坚实的数学理论基础	宽广的学术视野	投身数学研究	服务国家重大战略	数学尖端人才
数据结构实习				L	M	H	H	
多元统计分析		M		M	M	H	H	
统计机器学习		M		M	M	H	H	
数学模型		M		H	M	H	M	L
数学模型实习				H	M	H	H	L
最优化方法		M		M	M	H	H	
时间序列分析		M		M	M	H	H	
应用回归分析		M		M	M	H	H	
人工智能数学基础		M		M	M	H	H	
大数据分析与统计建模		M		M	M	H	H	
专业外语								H
毕业设计		M		M	H	H	M	H

注：1. 根据课程对各项培养目标指标点的支撑强度分别用"H(评价)/M(强调)/L(覆盖)"表示课程对该培养目标贡献度的大小。

2. 支撑强度的含义是：该门课程覆盖培养目标指标点的多寡，每门课程对各项培养目标的支撑强度应有具体依据，每项培养目标能够完全被相关的课程支撑。

3. 教学环节：课程、实践环节、训练等，矩阵应覆盖所有教学环节。

南方科技大学
数学与应用数学专业本科人才培养方案(2023级)

一、专业介绍

数学与应用数学专业是南方科技大学数学系的标志性专业,本专业重视学生数学基础知识和专业基础知识的教学,注重培养学生的创新能力和运用数学知识解决实际问题的能力。经过四年学习,本专业学生在基础数学或应用数学某个方向受到科学研究的初步训练,他们中的一部分人能够顺利地进入境内外知名高校攻读研究生,最终成为科研和教学人员;另一部分人走向社会,用在本专业所培养出来的数学特质在各自的工作岗位上发挥积极作用。

二、专业培养目标及培养要求

1. 培养目标

本专业通过系统严格的基础课程的训练和科学研究方法的初步培养,使学生熟练掌握数学科学的基本理论与方法知识、了解数学科学发展的趋势;具有运用数学知识建立数学模型和使用计算机解决实际问题的能力;能在科技、教育、经济和企业、事业等部门从事研究、教学工作或在生产经营及管理部门从事实际应用、开发研究和管理工作;或能继续深造,到高等学校或科研机构的基础数学、应用数学及其他交叉学科继续攻读研究生学位。

2. 培养要求

(1) 知识:掌握基础数学和应用数学学科的基本理论、基本知识、人文社会科学基础、外语综合应用,了解数学科学发展的趋势、学科前沿交叉知识。

(2) 能力:运用数学知识研究实际问题以及计算机编程的基本能力,一定的科学研究和实际工作能力,发现、分析和解决问题的能力,批判性思考和独立工作的能力。

(3) 素质:具有良好的身体和心理素质,具有正确的法律意识、职业道德及很强的社会责任感,具有对多元文化的包容心态和宽阔的国际化视野,勤于思考,善于钻研,具有较强的主动性、责任感与合作性。

三、学制、授予学位及毕业学分要求

1. 学制:4 年。
2. 学位:对完成并符合本科培养方案学位要求的学生,授予理学学士学位。

3. 最低学分要求：本专业毕业最低学分要求为 152 学分。具体要求如下：

课程模块		课程类别	最低学分要求
通识课程	思想政治教育模块	思政类	17
	基础素质培养模块	体育类	4
		军训类	4
		综合素质类	2
		美育类	2
	基础能力培养模块	计算机类	3
		写作类	2
		外语类	14
	人文社科基础模块	人文类	6
		社科类	
		国学类	2
	自然科学基础模块	数学类	12/14
		物理类	10
		化学类	3
		地生类	3
	通专衔接模块	专业导论类	2
专业课程	专业必修课程	专业基础课	13
		专业核心课	13
		集中实践 (毕业论文、实习、科研创新项目等)	14
	专业选修课程	专业选修课	26/24
合计学分			152

注：思想政治教育模块、基础素质培养模块、基础能力培养模块 (外语类、写作类)、人文社科基础模块、通专衔接模块课程的修读要求详见通识培养方案。

四、 自然科学基础模块及基础能力培养模块计算机类课程修读要求

课程类别	课程编号	课程名称	学分	建议修读学期	先修课程	开课单位
	MA101a/ MA117	数学分析 I/ 高等数学 (上)	5/4	第一学年秋季	无	数学系

续表

课程类别	课程编号	课程名称	学分	建议修读学期	先修课程	开课单位
数学类	MA102a/ MA127	数学分析 Ⅱ/ 高等数学（下）	5/4	第一学年 春季	MA101a/ MA117	数学系
	MA107/ MA113	高等代数 Ⅰ/ 线性代数	4	第一学年 秋季	无	数学系
物理类	PHY101/ PHY105	普通物理学（上）/ 大学物理（上）	5/4	第一学年 秋季	无	物理系
	PHY102/ PHY106	普通物理学（下）/ 大学物理（下）	5/4	第一学年 春季	无	物理系
	PHY104B	基础物理实验	2	春秋	1/春秋	物理系
化学类	CH103/ CH105	化学原理/ 大学化学	4/3	第一或二 学年春秋	无	化学系
地生类	BIO103/ BIO102B	生物学原理/ 生命科学概论	3	第一或二 学年春秋	无	生物系
	EOE100	地球科学概论		第一或二 学年春秋	无	地空系、 海洋系、 环境学院
计算机类	CS109/CS110/ CS111/CS112/CS113	计算机程序设计基础/ Java 程序设计基础/ C 程序设计基础/ Python 程序设计基础/ MATLAB 程序设计基础	3	第一或二 学年春秋	无	计算机科学 与工程系

五、进入专业前应修读完成课程的要求

进入专业时间	课程编号	课程名称	先修课程
第一学年结束时 申请进入专业	MA101a/ MA117	数学分析 Ⅰ/ 高等数学（上）	无
	MA102a/ MA127	数学分析 Ⅱ/ 高等数学（下）	MA101a/ MA117

续表

进入专业时间	课程编号	课程名称	先修课程
	MA107/ MA113	高等代数 I/ 线性代数	无
第二学年结束时 申请进入专业	MA101a/ MA117	数学分析 I/ 高等数学 (上)	无
	MA102a/ MA127	数学分析 II/ 高等数学 (下)	MA101a/ MA117
	MA107/ MA113	高等代数 I/ 线性代数	无
	PHY101/ PHY105	普通物理学 (上)/ 大学物理 (上)	5/4
	PHY102/ PHY106	普通物理学 (下)/ 大学物理 (下)	5/4
	PHY104B	基础物理实验	2

注：1. 如本院系所有专业第一学年结束时进专业的学生总人数大于等于院系教研系列教师 (PI) 总人数 ×2×60%，则本院系所有专业可以针对第二学年结束时申请进专业的学生执行所设置的进专业课程要求。

2. 如本院系所有专业第一学年结束时进专业的学生总人数小于院系教研系列教师 (PI) 总人数 ×2×60%，则本院系所有专业针对第二学年结束时申请进专业的学生不执行所设置的进专业课程要求。

3. 如第一学年结束时申请进专业的学生人数超过院系教研系列教师 (PI) 总人数的 4 倍，则本院系可以按照事先确定的规则选拔学生。确定规则时原则上考察学生的专业适应性，不以学分绩为依据 (具体规则由院系制定并提前公布)。

4. 针对第二学年结束时进专业的学生不执行设置要求的院系，如果第二学年结束时申请进专业的学生人数和第一学年结束时已经进专业的学生人数累计超过院系教研系列教师 (PI) 总人数的 4 倍，则本院系可以按照事先确定的规则在申请进专业的学生中进行选拔。确定规则时原则上考察学生的专业适应性，不以学分绩为依据 (具体规则由院系制定并提前公布)。

六、专业课程教学安排一览表

专业必修课教学安排一览表

课程类别	课程编号	课程名称	学分	其中实验/ 实践学分	建议修读 学期	建议先修 课程	开课单位
专业基础课	MA109/ MA111/ MA121	线性代数精讲/ 高等代数 II/ 高等代数 II(H)	4	0	第一学年 春季	MA113/ MA107A	数学系

续表

课程类别	课程编号	课程名称	学分	其中实验/实践学分	建议修读学期	建议先修课程	开课单位
	MA203a/ MA231/ MA213–16	数学分析 Ⅲ/ 数学分析 Ⅲ(H)/ 数学分析精讲	5	0	第二学年 秋季	MA102a/ MA127	数学系
	MA215	概率论	4	0	第二学年 秋季	MA102a/ MA127	数学系
	合计		13	0			
专业核心课	MA202/ MA232	复变函数/ 复变函数 (H)	3	0	第二学年 春季	MA203a/ MA213–16	数学系
	MA201a/ MA230	常微分方程 A/ 常微分方程 A(H)	4	0	第二学年 春季	(MA203a/ MA213–16) 并且 (MA109/ MA111/ MA121)	数学系
	MA301/ MA337	实变函数 / 实变函数 (H)	3	0	第三学年 秋季	MA203a/ MA213–16	数学系
	MA303/ MA336	偏微分方程/ 偏微分方程 (H)	3	0	第三学年 秋季	MA201a/ MA230/ MA201b	数学系
	合计		13	0			
集中实践课程	MA480	科研创新项目	2	2	秋	任何学期	数学系
	MA470	专业实习		2	夏	暑假	数学系
	MA491	毕业论文 (设计)	12	12	春	4/春	数学系
	合计		14	16			
合计			40	16			

注：1. 学生必须从科研创新项目 (包括各类科研活动、科技创新性项目、省级以上竞赛获奖、发表论文、国内外进修以及参加一定量研讨班等，由系里认定学分) 和专业实习中选择一门开展实践。学生可以选择在第一学年后的任何学期开展科研创新项目和专业实习，专业实习时间最低要求为 4 周。

2. 修读 (H) 类课程需要经过选拔，院系统一组织线下选课。

专业选修课教学安排一览表

课程编号	课程名称	学分	其中实验/实践学分	建议修读学期	建议先修课程	开课单位
MA209-16	初等数论	3	0	第二学年秋季	MA109/MA111/MA121	数学系
MA219	抽象代数 (H)	3	0	第二学年秋季	MA109/MA111/MA121	数学系
CS203B	数据结构与算法分析 B	3	1	第二学年秋季	CS205	计算机科学与工程系
CS207	数字逻辑	3	1	第二学年秋季	无	计算机科学与工程系
FIN201	微观经济学	3	0	第二学年秋季	无	金融系
FIN213	金融市场与金融机构	3	0	第二学年秋季	无	金融系
FIN204	宏观经济学	3	0	第二学年春季	无	金融系
MA206	数学建模	3	1	第二学年春季	MA201a/MA201b	数学系
MA208	应用随机过程	3	0	第二学年春季	MA213-16 并且 (MA215/MA212) 并且 (MA109/MA111/MA121)	数学系
MA214	抽象代数	3	0	第二学年春季	MA109/MA111/MA121	数学系
MA210	运筹学	3	0	第三学年春季	MA203a/MA231/MA213-16	数学系
STA201	运筹与优化	3	0	第二学年春季	MA113/MA107	统计与数据科学系
MA234	大数据导论与实践	4	1	第二学年春季	MA204/MA212	数学系
MA205	离散数学	3	0	第二学年春季	MA203a/MA231/MA213-16	数学系
MA323	拓扑学	3	0	第二学年春季	MA214/MA219	数学系

续表

课程编号	课程名称	学分	其中实验/实践学分	建议修读学期	建议先修课程	开课单位
MA204	数理统计	3	0	第二学年春季	MA215/MA212	统计与数据科学系
FMA303	证券投资	3	0	第三学年秋季	MA215/MA212	数学系
FMA304	金融风险管理	3	0	第三学年秋季	MA204/MA212	数学系
MA207	数学实验	3	1	第三学年秋季	MA213-16/MA203a	数学系
MA216	计算金融	3	0	第三学年秋季	(MA215/MA212) 并且 (MA109/MA111/MA121)	数学系
MA228	非寿险精算	3	0	第三学年秋季	MA215/MA212	数学系
MA327	微分几何	3	0	第三学年秋季	MA201a/M201b	数学系
FMA301	计量经济学	3	0	第三学年春季	MA204/MA212	数学系
FMA302	金融经济学	3	0	第三学年春季	MA215/MA212	数学系
FMA307	衍生证券模型与定价	3	0	第三学年春季	MA208	数学系
MA302	泛函分析	3	0	第三学年春季	MA301 并且 MA202 并且 (MA109/MA111/MA121)	数学系
MA304	多元统计分析	3	0	第三学年春季	MA204/MA212	统计与数据科学系
MA314	抽样调查	3	0	第三学年春季	MA204/MA212	统计与数据科学系
MA322	寿险精算	3	0	第三学年春季	MA215/MA212	数学系

续表

课程编号	课程名称	学分	其中实验/实践学分	建议修读学期	建议先修课程	开课单位
MA305	数值分析	3	0	第四学年秋季	MA213-16/MA203a	数学系
MA309	时间序列分析	3	0	第四学年秋季	MA204/MA212	统计与数据科学系
MA423	几何与拓扑讨论班	1	0	第四学年秋季		数学系
MA446	群、图与地图讨论班	1	0	第四学年秋季		数学系
MA321	群表示论	3	0	第四学年秋季	MA214/MA219	数学系
MA401	动力系统	3	0	第四学年秋季	MA201a/MA201b	数学系
MA411	测度论与积分	3	0	第四学年秋季	MA301	数学系
MA407	金融数学选讲	3	0	第四学年秋季		数学系
MA325	偏微分方程数值解	3	0	第四学年春季	MA303	数学系
MA339	现代计算数学高级专题	1	0	第四学年春季	无	数学系
MA409	统计数据分析(SAS)	3	1	第四学年春季	MA329	统计与数据科学系
MA443	现代应用数学高级专题	1	0	第四学年春季	无	数学系
合计		116	6			

注：1. 修读数学分析 I,II,III 系列的同学需要从专业选修课中至少修读 24 学分，修读高等数学 (上)、高等数学 (下)，数学分析精讲序列的同学需要从专业选修课中至少修读 26 学分。

2. 部分专业选修课开课学期可能会发生变动，请以实际开课学期为准。

3. 可选修的课程门数可能会随课程建设的发展而增加，学生可以根据学术导师建议，修读数学系和统计系开设的不在以上列表内的课程，可计入专业选修课学分。

4. 学生选修计算机系开设的离散数学 (CS201) 可以认证数学系开设的离散数学的学分。修读计算机系开设的不在列表内的课程，所得学分经过申请可认证本专业选修课学分。

5. 选课指导：

(1) 建议基础数学学生从以下课程中修读专业选修学分：初等数论、离散数学、抽象代数、拓扑学、微分几何、群表示论、测度论与积分、代数几何、动力系统等；

(2) 建议计算与应用数学学生从以下课程中修读专业选修学分：数学实验、数据结构与算法分析 B、运筹学、数学建模、偏微分方程数值解、数值分析、机器学习、大数据导论与实践等课程。

建议金融数学方向学生从以下课程中修读专业选修学分：金融数学基础、应用随机过程、计算金融、大数据导论、数学建模、数学实验、数据结构与算法分析 B、运筹学、机器学习、金融经济学、证券投资、衍生证券模型与定价；金融风险管理、宏观经济学；微观经济学；计量经济学等在金融数学专业培养方案专业选修课列表上面的课程均可认证该方向学分。

实践性教学环节安排一览表

课程编号	课程名称	学分	其中实验/实践学分	建议修读学期	建议先修课程	开课单位
PHY104B	基础物理实验	2	2	第一学年春季	无	物理系
CS109	计算机程序设计基础	3	1	第一学年春季	无	计算机科学与工程系
CS110	Java 程序设计基础	3	1	第一学年春季	无	计算机科学与工程系
CS111	C 程序设计基础	3	1	第一学年春季	无	计算机科学与工程系
CS112	Python 程序设计基础	3	1	第一学年春季	无	计算机科学与工程系
CS113	MATLAB 程序设计基础	3	1	第一学年春季	无	计算机科学与工程系
MA206	数学建模	3	1	第二学年春季	MA201a/MA201b	数学系
CS203B	数据结构与算法分析 B	3	1	第二学年秋季	CS205	计算机科学与工程系
CS207	数字逻辑	3	1	第二学年秋季	无	计算机科学与工程系
MA234	大数据导论与实践	4	1	第三学年春季	MA204/MA212	数学系
MA409	统计数据分析 (SAS)	3	1	第三学年春季	MA329	统计与数据科学系
MA207	数学实验	3	1	第三学年秋季	MA213-16/MA203a	数学系
MA470	专业实习	2	2	暑假	无	数学系
MA491	毕业论文 (设计)	12	12	第四学年春季	无	数学系
	合计	50	27			

数学与应用数学专业课程结构图

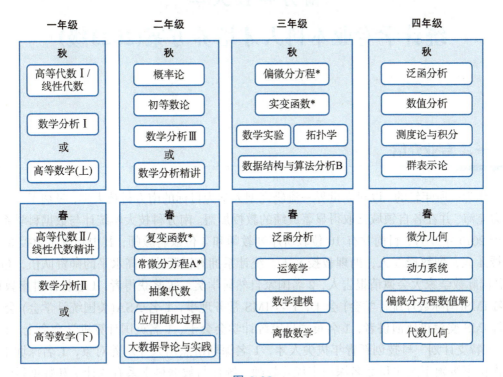

图 3.20

南方科技大学
统计学专业本科人才培养方案(2023级)

一、专业介绍

作为一所年轻的、以建立世界一流研究型大学为目标的南方科技大学,吸纳了一大批精力充沛、并在各自领域已取得显著成绩的教授加盟。南方科技大学统计与数据科学系成立于 2019 年 4 月,目前共有 16 位教研序列教师和 4 位双聘教师,其中有讲席教授 3 人,教授 4 人,副教授 5 人,助理教授 8 人。统计系拥有国际化、高水平的师资队伍,包括 1 名国际数学家大会邀请报告人,2 名国家自然科学奖二等奖获得者,1 名长江讲座教授,2 名 IMS(国际数理统计学会) 会士,1 名 IMS 常务理事,1 名 ASA(美国统计学会) 会士,1 名 IMS 奖章讲座演讲者,1 名英国皇家统计学会会士、1 名英国计算机学会会士,1 名 "广东特支计划" 科技创新青年拔尖人才,1 名深圳市杰出人才培养对象,1 名深圳市高层次国家级领军人才和 2 名深圳市优秀教师。统计与数据科学系有统计学和数据科学与大数据技术 2 个学科方向,包含生物统计、临床试验、高维数据分析、随机矩阵、时间序列、贝叶斯统计、金融统计、概率统计极限理论、数据科学等主要研究领域。统计学是一门数据收集、整理、分析、推断及预测的综合性学科。统计学的核心是通过研究数据的不确定性,建立统计模型,从而发现数据背后的规律。统计学被广泛地应用在各个领域,包括自然科学、社会科学、生物医学、经济金融、政策制定、人工智能。随着计算机技术的不断提升及数字化进程不断加快,统计学的理论与方法也不断发展,在不同领域发挥越来越重要的作用。

二、专业培养目标及培养要求

1. 培养目标

本专业的目标是培养有志于从事统计科研或数据分析类工作的专门人才。该专业的本科生将具备扎实的数学和统计理论基础,熟练的计算机编程技术,擅长实际数据的统计建模和分析,能够进一步进行与统计学相关的科研或在企事业及政府部门从事数据分析,数据挖掘,统计调查,统计信息管理等相关工作。大数据时代的到来为统计学带来了很多机会和挑战。本专业的毕业生将有牢固的统计理论基础和较广的知识面去把握住这些机会,迎接这些挑战。

2. 培养要求

本专业毕业生应达到以下要求：

(1) 具有扎实的数学基础，掌握统计学的基本理论、基本知识，了解与社会经济统计、生物医药统计或工业统计等有关的自然科学、社会科学、工程技术的基本知识；掌握一门外语，能够较熟练地阅读本专业的外文资料，具备听、说、读、写的基础，掌握资料查询、文献检索及运用现代信息技术获取相关信息的基本方法，受到科学研究的初步训练。

(2) 具有应用统计学知识和原理分析问题和解决问题的基本技能；能熟练使用计算机(包括常用语言、工具和数学软件)，具有编写简单应用程序的能力；具有采集数据，设计调查问卷和处理调查数据的基本能力；具备较强的实践能力和创新能力，以及良好的沟通、表达能力和团队协作精神，有较宽的知识面和一定的人文社会科学素养。

(3) 学生应具有扎实的统计学和数学基础，受到比较严格的科学思维训练，了解统计学发展的历史概况以及当代统计学的某些新发展和应用前景，了解统计学应用的广泛性；具备应用统计学的基本理论分析和解决实际问题的能力；具有熟练使用统计软件进行数据处理的能力；具有较高的统计学应用的素养和一定的创新能力。

三、 学制、授予学位及毕业学分要求

1. 学制：4 年。

2. 学位：对完成并符合本科培养方案学位要求的学生，授予理学学士学位。

3. 最低学分要求：本专业毕业最低学分要求为 153 学分。具体要求如下：

课程模块	课程类别		最低学分要求
通识课程	思想政治教育模块	思政类	17
	基础素质培养模块	体育类	4
		军训类	4
		综合素质类	2
		美育类	2
	基础能力培养模块	计算机类	3
		写作类	2
		外语类	14
	人文社科基础模块	人文类	6
		社科类	
		国学类	2
	自然科学基础模块	数学类	12/14
		物理类	10
		化学类	3

续表

课程模块		课程类别	最低学分要求
		地生类	3
	通专衔接模块	专业导论类	2
专业课程	专业必修课程	专业基础课	11
		专业核心课	18
		集中实践 (毕业论文、实习、科研创新项目等)	14
	专业选修课程	专业选修课	24/22
合计学分			153

注：思想政治教育模块、基础素质培养模块、基础能力培养模块(外语类、写作类)、人文社科基础模块、通专衔接模块课程的修读要求详见通识培养方案。

四、自然科学基础模块及基础能力培养模块计算机类课程修读要求

课程类别	课程编号	课程名称	学分	建议修 读学期	先修课程	开课单位
数学类	MA101a/ MA117	数学分析Ⅰ/ 高等数学(上)	5/4	1 秋	无	数学系
	MA102a/ MA127	数学分析Ⅱ/ 高等数学(下)	5/4	1 春	MA101a/ MA117	数学系
	MA107/ MA113	高等代数Ⅰ/ 线性代数	4	1 秋/1 秋春	无	数学系
物理类	PHY101/ PHY105	普通物理学(上)/ 大学物理(上)	5/4	1 秋	无	物理系
	PHY102/ PHY106	普通物理学(下)/ 大学物理(下)	5/4	1 春	PHY101/ PHY105	物理系
	PHY104B	基础物理实验	2	1—2 春秋	无	物理系
化学类	CH101/CH105	化学原理/大学化学	4/3	1—2 春秋	无	化学系
地生类	BIO103/ BIO102B	生物学原理/ 生命科学概论	3	1—2 春秋	无	生物系

续表

课程类别	课程编号	课程名称	学分	建议修读学期	先修课程	开课单位
计算机类	CS109/CS110/CS111/CS112	计算机程序设计基础/Java 程序设计基础/C 程序设计基础/Python 程序设计基础	3	1—2 春秋	无	计算机系

五、 进入专业前应修读完成课程的要求

进入专业时间	课程编号	课程名称	先修课程
第一学年结束时申请 (1+3) 进入专业	MA101a/ MA117	数学分析 I /高等数学 (上)	无
	MA102a/MA127	数学分析 II/高等数学 (下)	MA101a/MA117
	MA107/MA113	高等代数 I /线性代数	无
	PHY101/PHY105	普通物理学 (上)/大学物理 (上)	无
	PHY102/PHY106	普通物理学 (下)/大学物理 (下)	PHY101/PHY105
	CS109/CS110/CS111/CS112	计算机程序设计基础/Java 程序设计基础/C 程序设计基础/ Python 程序设计基础	无
第二学年结束时申请 (2+2) 进入专业	MA101a/MA117	数学分析 I /高等数学 (上)	无
	MA102a/MA127	数学分析 II/高等数学 (下)	MA101a/MA117
	MA107/MA113	高等代数 I /线性代数	无
	PHY101/PHY105	普通物理学 (上)/大学物理 (上)	无
	PHY102/PHY106	普通物理学 (下)/大学物理 (下)	PHY101/PHY105
	PHY104B	基础物理实验	无
	CH101/CH105	化学原理/大学化学	无
	BIO103/BIO102B	生物学原理/生命科学概论	无
	CS109/CS110/CS111/ CS112	计算机程序设计基础/Java 程序设计基础/C 程序设计基础/ Python 程序设计基础	无

注: 1. 如本院系所有专业第一学年结束时进专业的学生总人数大于等于该院系教研系列教师 (PI) 总人数 ×2×60%, 则该院系所有专业可以针对第二学年结束时申请进专业的学生执行所设置的进专业课程要求。

2. 如本院系所有专业第一学年结束时进专业的学生总人数小于该院系教研系列教师 (PI) 总人数 ×2×60%, 则该院系所有专业针对第二学年结束时申请进专业的学生不执行所设置的进专业课程要求。

3. 如第一学年结束时申请进专业的学生人数超过该院系教研系列教师 (PI) 总人数的 4 倍, 则该院系可以按照事先确定的规则选拔学生。确定规则时原则上考察学生的专业适应性, 不以学分绩为依据 (具体规则由院系制定并提前公布)。

4. 针对第二学年结束时进专业的学生不执行设置要求的院系, 如果第二学年结束时申请进专业的学生人数和第一学年结束时已经进专业的学生人数累计超过该院系教研系列教师 (PI) 总人数的 4 倍, 则该院系可以按照事先确定的规则在申请进专业的学生中进行选拔。确定规则时原则上考察学生的专业适应性, 不以学分绩为依据 (具体规则由院系制定并提前公布)。

六、专业课程教学安排一览表

专业必修课教学安排一览表

课程类别	课程编号	课程名称	学分	其中实验/实践学分	建议修读学期	建议先修课程	开课单位
专业基础课	STA203	概率论基础	3		2/秋	MA102a/MA127	数学系/统计系
	MA203a/MA231/MA213–16	数学分析 Ⅲ/数学分析 Ⅲ(H)/数学分析精讲	5		2/秋	MA102a/MA127	数学系
	MA204	数理统计	3		2/春	MA215/STA203/MA212	统计系
	合计		11				
专业核心课	STA201	运筹与优化	3		2/春	MA107/MA113	统计系
	MA329	统计线性模型	3		3/秋	MA204/MA212	统计系
	MA309	时间序列分析	3		3/秋	MA204/MA212	统计系
	MA308	统计计算与软件	3		3/秋	MA204/MA212	统计系
	MA304	多元统计分析	3		3/春	MA204/MA212	统计系
	STA306	贝叶斯统计	3		3/春	MA329	统计系
	合计		18				
集中实践课程	STA490	毕业论文 (设计)	12	12	4/秋春		统计系
	STA480	科研创新项目 **	2	2	任何学期		统计系
	STA470	专业实习 **	2	2	寒暑假		统计系
	合计		14	14			
合计			43	14			

注：1. 学生必须选择科研创新项目 (包括各类科研活动、科技创新性项目、省级以上竞赛获奖、发表论文、国内外进修以及参加一定量研讨班等，由系里认定学分) 和专业实习中的一门开展实践。学生可以选择在第一学年后的任何学期开展科研创新项目和专业实习，专业实习时间最低要求为 4 周。

2. 部分课程的开课学期可能会发生变动，请以开课单位实际开课学期修读对应课程。

3. 修读数学系的概率论 (MA215) 课程，可以认证概率论基础课程学分。

专业选修课教学安排一览表

课程编号	课程名称	学分	其中实验/实践学分	建议修读学期	建议先修课程	开课单位
MA109/MA111	线性代数精讲/高等代数 Ⅱ	4		1/春	MA113	数学系
CS203B	数据结构与算法分析 B	3	1	2/秋	CS205	计算机科学与工程系
MA201a	常微分方程 A	4		2/春	(MA203a/MA213–16) 并且 (MA109/MA111/MA121)	数学系
MA206	数学建模	3		2/春	MA201a/MA230/MA201b	数学系
MA208	应用随机过程	3		3—4/春	MA213–16 并且 (MA215/MA212) 并且 (MA109/MA111/MA121)	数学系
MA214	抽象代数	3		2/春	MA109/MA111/MA121	数学系
MA202	复变函数	3		2/春	MA203a/MA213–16	数学系
MA322	寿险精算	3		2/春	MA215/MA212	数学系
MAS221	统计学习的基本原理	2		2/夏	MA215/MA212	数学系
MA228	非寿险精算	3		3/秋	MA215/MA212	数学系
MA303	偏微分方程 *	3		3/秋	MA201a/MA201b	数学系
MA301	实变函数 *	3		3/秋	MA203a/MA213–16	数学系

续表

课程编号	课程名称	学分	其中实验/实践学分	建议修读学期	建议先修课程	开课单位
MA305	数值分析	3		3/秋	MA203a/MA213–16	数学系
STA314	抽样调查与试验设计	3		3—4/春	MA204/MA212	统计系
MA333	大数据导论	3		3/春	MA215/MA212	数学系
MA417	非参数统计	3		3/春	MA212/MA204	统计系
MA325	偏微分方程数值解	3		3/春	MA303	数学系
CS405	机器学习	3	1	4/秋	MA107A 并且 MA212	计算机科学与工程系
MA405	生存分析	3		4/秋	MA329	统计系
MA409	统计数据分析 (SAS)	3		3/春	MA329	统计系
STA404	网络科学与计算	3		3/春	MA204	统计系
STA217	数据科学导论	3		2/秋	MA102a/MA102B	统计系
STA435	统计英语写作与演讲	3		3—4/春		统计系
STA204	离散数学及其应用	3		2/秋	MA102B/MA127/MA102a, MA107A/MA113	统计系
STA320	统计学习	3		3/秋	MA204	统计系
合计		76	2			

注：1. 修读数学分析 I,II,III 系列的同学专业选修课学分为 22 学分，修读高等数学 (上)，高等数学 (下)，数学分析精讲序列的同学专业选修课学分为 24 学分。

2. 此培养方案制定后，由统计与数据科学系开设的新课，都可以认定为统计学专业的选修课学分。

3. 部分课程的开课学期可能会发生变动，请以开课单位实际开课学期修读对应课程。

4. 部分研究生课程 (开放给本科生选修)，如 MAT7101 广义线性模型、MAT7035 计算统计、STA5004 函数型数据分析、STA5006 高等随机过程、MAT7102 概率统计专题、MAT8031 高等统计学、STA5103 统计前沿选讲 III、STA5007 高级自然语言处理，也可以认定为选修课学分。

5. 基础科学攀峰班增加的数理课程学分可作为专业选修课学分。

实践性教学环节安排一览表

课程编号	课程名称	学分	其中实验/实践学分	建议修读学期	建议先修课程	开课单位
STA470	专业实习 *	2	2	暑假		统计系
STA480	科研创新项目 *	2	2	任何学期		统计系
STA490	毕业论文 (设计)	12	12	4/秋春		统计系
CS109/ CS110/ CS111/ CS112	计算机程序设计基础/ Java 程序设计基础/ C 程序设计基础/ Python 程序设计基础	3	1	1—2 春秋	无	计算机系
MA110	MATLAB 程序设计	3	1	2/春	无	数学系
CS205	C/C++ 程序设计	3	1	1/春	无	计算机科学与工程系
CS203	数据结构与算法分析	3	1	2/秋	CS205	计算机科学与工程系
CS405	机器学习	3	1	4/秋	MA107A 并且 MA212	计算机科学与工程系
PHY104B	基础物理实验	2	2	1/春秋		
	合计	33	23			

统计学专业课程结构图

时间	一年级	二年级	三年级	三/四年级
秋季	数学分析 I/ 高等数学 (上)	数学分析 III/ 数学分析精讲	统计线性模型	生存分析
	高等代数 I/ 线性代数	概率论/ 概率论基础	时间序列分析	计算统计
		魅力统计 (滚动)	统计计算与软件	实变函数
		数据科学导论	统计学习	高等统计学
春季	数学分析 II/ 高等数学 (下)	数理统计	多元统计分析	毕业设计
	线性代数 (滚动)	运筹与优化	贝叶斯统计	专业实习/科研创新项目 (二、三、四年级任意学期开展)

续表

时间	一年级	二年级	三年级	三/四年级
	魅力统计	常微分方程 A	统计数据分析（SAS）	抽样调查与试验设计
		大数据导论	广义线性模型	非参数统计
			统计英语写作与演讲	统计研究论题
				网络科学与计算
				应用随机过程

中国科学院大学
数学与应用数学专业本科培养方案（2023级）

一、专业简介

数学的价值是无法说尽的，有直接和间接的应用，有美学和哲学的价值，是人类智力活动最深刻的产物之一。数学作为一个基本工具在数字与信息时代发挥着日益重要的作用。学习数学，掌握必要的数学能力对一个人的职业发展是十分重要的。自然，从事数学工作的职业被认为是一个很好的职业。

中国科学院大学数学科学学院由中国科学院数学与系统科学研究院为主承办，为学生提供优质的数学教育，同时培养数学领域的领军人才。

数学研究数与形，也研究结构。函数是特别重要的数学概念，它们建立了变量之间的关系。研究函数的最重要的工具是微积分和建立在其上的分析数学。数之间的运算、数系的结构和数系的推广等则是代数学的研究内容。几何研究形，现代几何研究的形包括高维的空间和拓扑，很大一部分是抽象的形，包括流形和概形。

纯数学关注概念的内涵和概念之间的联系，应用数学则考虑解决来自其他学科的问题的数学概念与方法和理论。

二、培养目标与要求

经过系统的学习，学生成为具有良好的道德、科学与文化素养，掌握数学科学的基本理论、方法与技能，能够运用数学知识和数学技术解决实际问题，能够适应数学与科技发展需求进行知识更新，能够在数学及相关领域的学术中心进一步深造，或在数学及相关领域从事一些高质量的科学研究，或在科技、教育、信息产业、经济金融、行政管理等部门从事研究、教学、应用开发和管理等工作的具有领军素质的优秀人才。

要求学生接受系统的数学知识和思维训练、掌握数学科学的思想方法，具有较扎实的数学基础和较强的数学语言表达能力。具备数学研究或运用数学知识解决实际问题的初步能力。了解数学的历史概况和广泛应用，以及当代数学的一些新进展。除了学校规定的物理和计算机课程，鼓励学生学习更多其他学科的课程以开阔自己的视野，体会其他学科的思维方式，增加自己从事交叉研究或应用的能力。

三、授予学位

理学学士学位。

四、学分要求及课程设置

数学与应用数学专业学士学位的总学分要求是 160 学分，其中公共必修课程 77~81 学分，公共选修课程 14 学分，社会实践 4 学分，科研实践 8 学分，毕业论文 (设计)12 学分，专业课 41 学分 (专业必修课 28 学分，专业选修课 13 学分)。

41 学分的专业课程中以下七门数学课程共 28 学分为必修：代数、实分析、复分析、微分几何、拓扑基础、概率论、微分方程，另外还要选修两门 3~4 学分的数学课程。(可选修课程有数理统计、数值分析、随机运筹学、控制论、泛函分析、常微分方程、偏微分方程、数理逻辑、集合论、初等数论等近三十门。)

其余 5~7 学分课程可以在数学、物理、化学、生物、计算机、材料科学、能源科学、工程科学、地球科学、环境科学等国科大开设的本科与研究生理工类专业课程中选择。

另外，数学与应用数学专业的科研实践活动是三年级的专题研讨班，每周 3h，共 8 学分。数学与应用数学专业的毕业论文安排在四年级，在国内期间每周有 2h 的讨论班，研讨与毕业论文有关的选题和文献、研究过程中的进展与问题、论文写作等。

注：对于英语基础类公共必修课所修学分因免修而不足 8 学分的学生，须通过修读其他课程 (公共选修课、专业选修课、其他专业的专业课，体育类选修课除外) 补齐学分。

1. 专业必修课

序号	课程名称	学时	学分	开课学期
1	代数	80	4	2 秋
2	复分析	80	4	2 秋
3	实分析	80	4	2 春
4	拓扑基础	80	4	2 春
5	微分方程	80	4	2 春
6	概率论	80	4	3 秋
7	微分几何	80	4	3 秋

2. 专业选修课 (至少 6 学分)

序号	课程名称	学时	学分	建议预修课程
1	常微分方程	60	3	微积分 A
2	偏微分方程	60	3	微分方程或常微分方程
3	泛函分析	60	3	实分析

续表

序号	课程名称	学时	学分	建议预修课程
4	动力系统	60	3	微分方程或常微分方程
5	初等数论	60	3	无
6	代数数论	60	3	初等数论
7	代数 II	60	3	代数
8	微分流形	60	3	微积分 A
9	代数拓扑基础	60	3	代数
10	代数曲线	60	3	无
11	代数几何	60	3	代数
12	李群	60	3	代数
13	数理逻辑	60	3	无
14	集合论	60	3	无
15	数理统计	80	4	概率论
16	应用随机过程	60	3	概率论
17	多元统计	60	3	数理统计
18	离散数学	60	3	无
19	随机运筹学	60	3	概率论
20	控制论	60	3	微积分、线性代数
21	最优化的数学方法	60	3	微积分、线性代数
22	数值分析	60	3	微分方程、泛函分析
23	微分方程数值解	60	3	微分方程或常微分方程
24	数学建模	60	3	微分方程、概率论
25	科学计算实验	40	2	数值分析
26	符号计算	60	3	线性代数
27	算法与计算复杂度	60	3	线性代数、微分方程
28	密码学	60	3	线性代数、代数

3. 科研实践，研讨班课题

代数中的一些课题

数论中的一些课题

几何中的一些课题

分析中的一些课题

概率论中的一些课题

应用数学中的一些课题 I

应用数学中的一些课题 II

五、数学与应用数学专业本科阶段指导性教学计划

(实际教学计划以每学期公布的为准)

第 一 学 年

秋季学期			春季学期			暑期		
课程名称	学时	学分	课程名称	学时	学分	课程名称	学时	学分
中国近现代史纲要	48	3	思想道德与法治	48	3	社会实践		4
习近平新时代中国特色社会主义思想概论	48	3	科学前沿进展名家系列讲座Ⅱ	18	1			
科学前沿进展名家系列讲座Ⅰ	18	1	微积分Ⅱ	80	4			
艺术与人文修养系列讲座	30	1	线性代数Ⅱ	80	4			
微积分Ⅰ	80	4	热学	60	3			
线性代数Ⅰ	80	4	电磁学	60	3			
力学	60	3	大学写作*	36	2			
大学英语Ⅰ	32	2	大学英语Ⅱ	32	2			
体育Ⅰ	32	1	体育Ⅱ	32	1			
军事理论与技能	148	4	计算机科学导论**	60	3			
外语提高类选修课	32	2	人文社科类选修课		2			
人文社科类选修课		2	形势与政策	8	0.25			
大学生心理健康	32	2						
形势与政策	8	0.25						
小计：14 门		32.25	小计：12 门		28.25			4

注：1.*"大学写作"在第一学年的春、秋季两个学期均开设，学生修读一个学期即可。
2.** "计算机科学导论"与"程序设计基础与实验"选修一门即可。

第 二 学 年

秋季学期			春季学期			暑期		
课程名称	学时	学分	课程名称	学时	学分	课程名称	学时	学分
马克思主义基本原理	48	3	毛泽东思想和中国特色社会主义理论体系概论	48	3			
大学英语Ⅲ	32	2	科学前沿进展名家系列讲座Ⅲ	18	1			

续表

秋季学期			春季学期			暑期		
课程名称	学时	学分	课程名称	学时	学分	课程名称	学时	学分
体育 Ⅲ	32	1	大学英语 Ⅳ	32	2			
微积分 Ⅲ	80	4	体育 Ⅳ	32	1			
光学	60	3	艺术类选修课		1			
基础物理实验	64	2	人文社科类选修课		2			
程序设计基础与实验 *	60	3	形势与政策	8	0.25			
人文社科类选修课		2	原子物理学	60	3			
形势与政策	8	0.25	拓扑基础	80	4			
代数	80	4	实分析	80	4			
复分析	80	4	微分方程	80	4			
			初等数论 **	60	3			
小计：10门+		25.25+	小计：11门+		25.25+			

注：1.*"计算机科学导论" 与 "程序设计基础与实验" 选修一门即可。

2. ** 表示该课程为专业选修课，未计入课程门数和学分小计。

第 三 学 年

秋季学期			春季学期			暑期		
课程名称	学时	学分	课程名称	学时	学分	课程名称	学时	学分
微分几何	80	4	专题研讨课	60	4			
概率论	80	4	科学素养类选修课		2			
专题研讨课	60	4	形势与政策	8	0.25			
创新创业类选修课	20	1	数学选修	≥60	≥3			
形势与政策	8	0.25	任意专业选修 1	≥60	≥3			
任意专业选修 1	≥60	≥3	任意专业选修 2	≥60	≥3			
任意专业选修 2	≥60	≥3	境外访学*					
小计：5门+		13.25+	小计：3门+		6.25+			

注：1. 数学选修课及任意专业选修课未计入课程门数和学分小计。

2. 对于科学素养类课程，学生须修读列表中非本人主修专业院系开设的课程方可认定学分。修读本院系 (数学科学学院) 开设的课程，不计入该类课程修读学分。

3. * 根据三段式培养模式，学生可选择于大三下或大四上通过访学计划前往境外高校学习一个学期。

第 四 学 年

秋季学期			春季学期			暑期		
课程名称	学时	学分	课程名称	学时	学分	课程名称	学时	学分
论文准备或研讨班		5	论文(含研讨班 40 学时)		7			
形势与政策	8	0.25	形势与政策	8	0.25			
数学选修	≥60	≥3	任意专业选修 1	≥60	≥3			
任意专业选修 1	≥60	≥3	任意专业选修 2	≥60	≥3			
任意专业选修 2	≥60	≥3						
境外访学*								
小计：2 门+		5.25+	小计：2 门+		7.25+			

注：1. 三年级和四年级的任意专业选修课中仅有 5~7 学分课程是数学与应用数学专业学士学位要求的。

2. 数学选修课及任意专业选修课未计入课程门数和学分小计。

3. * 根据三段式培养模式，学生可选择于大三下或大四上通过访学计划前往境外高校学习一个学期。

4. "形势与政策"分布在四个学年，每学期 8 学时，共计 2 学分。

5. 外语提高类选修课春、秋两个学期均开设，学生根据自身需求及兴趣修读不少于 2 学分。

6. 人文社科类选修课中，需修读 1 学分"四史类"课程。

附录　"101计划"工作组(26所试点高校名单)

1. 北京大学
2. 清华大学
3. 北京航空航天大学
4. 北京师范大学
5. 首都师范大学
6. 南开大学
7. 天津大学
8. 吉林大学
9. 东北师范大学
10. 复旦大学
11. 上海交通大学
12. 华东师范大学
13. 南京大学
14. 浙江大学
15. 中国科学技术大学
16. 厦门大学
17. 山东大学
18. 武汉大学
19. 华中科技大学
20. 湘潭大学
21. 中山大学
22. 四川大学
23. 西安交通大学
24. 兰州大学
25. 南方科技大学
26. 中国科学院大学

郑重声明

高等教育出版社依法对本书享有专有出版权。任何未经许可的复制、销售行为均违反《中华人民共和国著作权法》，其行为人将承担相应的民事责任和行政责任；构成犯罪的，将被依法追究刑事责任。为了维护市场秩序，保护读者的合法权益，避免读者误用盗版书造成不良后果，我社将配合行政执法部门和司法机关对违法犯罪的单位和个人进行严厉打击。社会各界人士如发现上述侵权行为，希望及时举报，我社将奖励举报有功人员。

反盗版举报电话 （010）58581999　58582371
反盗版举报邮箱 dd@hep.com.cn
通信地址 北京市西城区德外大街 4 号
　　　　高等教育出版社知识产权与法律事务部
邮政编码 100120

读者意见反馈

为收集对教材的意见建议，进一步完善教材编写并做好服务工作，读者可将对本教材的意见建议通过如下渠道反馈至我社。

咨询电话 400-810-0598
反馈邮箱 hepsci@pub.hep.cn
通信地址 北京市朝阳区惠新东街 4 号富盛大厦 1 座
　　　　高等教育出版社理科事业部
邮政编码 100029

防伪查询说明

用户购书后刮开封底防伪涂层，使用手机微信等软件扫描二维码，会跳转至防伪查询网页，获得所购图书详细信息。

防伪客服电话 （010）58582300